Integrierte Produkt- und Justageprozessplanung im Karosseriebau

Integrated Product- and Adjustmentprocess Planning in Body Construction

Von der Fakultät für Maschinenwesen
der Rheinisch-Westfälischen Technischen Hochschule Aachen
zur Erlangung des akademischen Grades eines
Doktors der Ingenieurwissenschaften
genehmigte Dissertation

vorgelegt von

Sebastian Bohr

Berichter:

Univ.-Prof. Dr.-Ing. Achim Kampker
Univ.-Prof. Dr.-Ing. Dipl.-Wirt. Ing. Günther Schuh

Tag der mündlichen Prüfung: 13. Oktober 2017

ERGEBNISSE AUS DER PRODUKTIONSTECHNIK

Sebastian Bohr

Integrierte Produkt- und Justageprozessplanung im Karosseriebau

Herausgeber:
Prof. Dr.-Ing. Dr.-Ing. E. h. Dr. h. c. Dr. h. c. F. Klocke
Prof. Dr.-Ing. Dipl.-Wirt. Ing. G. Schuh
Prof. Dr.-Ing. C. Brecher
Prof. Dr.-Ing. R. H. Schmitt

Band 35/2017

WZL | RWTH AACHEN UNIVERSITY

Fraunhofer IPT

Bibliografische Information der Deutschen Nationalbibliothek
Die Deutsche Nationalbibliothek verzeichnet diese Publikation in der Deutschen Nationalbibliografie; detaillierte bibliografische Daten sind im Internet über http://dnb.ddb.de abrufbar.

Sebastian Bohr:

Integrierte Produkt- und Justageprozessplanung im Karosseriebau

1. Auflage, 2017

Gedruckt auf holz- und säurefreiem Papier, 100% chlorfrei gebleicht.

Apprimus Verlag, Aachen, 2017
Wissenschaftsverlag des Instituts für Industriekommunikation und Fachmedien
an der RWTH Aachen
Steinbachstr. 25, 52074 Aachen
Internet: www.apprimus-verlag.de, E-Mail: info@apprimus-verlag.de

Druck: KN Digital Printforce GmbH, Stuttgart

ISBN 978-3-86359-565-4

D 82 (Diss. RWTH Aachen University, 2017)

Für Sibylle.

Inhaltsübersicht

Inhaltsverzeichnis

Abbildungsverzeichnis

Abkürzungen und Formelzeichen

Abkürzungen

Aufl.	Auflage
Ausg.	Ausgabe
Bd.	Band
Bsp.	Beispiel
bzgl.	bezüglich
bzw.	beziehungsweise
CIRP	College International Pour La Recherche En Productique
d.h.	das heißt
DFC	Datum-Flow-Chain
DGQ	Deutsche Gesellschaft für Qualität
DIN	Deutsches Institut für Normung
EN	Europäische Norm
erw.	erweitert
et al.	et alii
etc.	et cetera
ETH	Eidgenössische Technische Hochschule
f	Funktion
f.	folgende
ff.	fortfolgende
F&E	Forschung und Entwicklung
Hg.	Herausgeber
i.d.R.	in der Regel
ISO	International Organization for Standardization
Jg.	Jahrgang
KC	Key Characteristic
NC	Numeric Control
Nr.	Nummer
o.g.	oben genannt
PEM	Productions Engineering of E-Mobility Components
PMBOK	A Guide to the Project Management Body of Knowledge
REFA	Verband für Arbeitsgestaltung, Betriebsorganisation und Unternehmensentwicklung
S.	Seite
s.o.	siehe oben
SE	Simultaneous Engineering
u.a.	unter anderem
u.g.	unten genannt
VDE	Verband der Elektrotechnik Elektronik
VDI	Verband Deutscher Ingenieure
Verl.	Verlag
vgl.	vergleiche
z.B.	zum Beispiel

Formelzeichen

E_M	Elastizitätsmodul
G	Größter Wert
L, l	Länge
M_i	i-tes Maßkettenglied
M_k	k-tes Maßkettenglied (Kompensationsglied)
M_O	Schließmaß
N_i	Nennmaß
N_o	Nennschließmaß
σ	Varianz
P_o	Theoretisches Höchstmaß einer Maßkette
P_u	Theoretisches Mindestmaß einer Maßkette
T	Toleranz
T_A	Arithmetische Toleranz
T_F	Funktionstoleranz
T_S	Schließmaßtoleranz
T_{ST}	Statistische Toleranz
T_W	Zufallsbestimmte Toleranz
x_i	Zufallswert
α_i	i-ter Linearitätskoeffizient
α_k	k-ter Linearitätskoeffizient
Δl	Längenänderung
ε	Dehnung
ς	Spannung
μ	Erwartungswert

1 Einleitung

1.1 Ausgangssituation und Motivation

Historisch betrachtet stehen Hersteller von Produkten in Form technischer Systeme seit der ersten industriellen Revolution im 19. Jahrhundert in einem progressiv expandierenden und globalisierten Marktumfeld in einem stetig zunehmenden Wettbewerb. Dabei ist die Wettbewerbsarena durch fünf Wettbewerbskräfte gekennzeichnet[1]. Die Resultierende aus den fünf wettbewerbsbestimmenden Kräften entscheidet schließlich über die Rentabilität des investierten Kapitals und damit über den Erfolg der Unternehmung.[2] Daher ist es für das Management eines Unternehmens, welches Produkte plant, entwickelt, herstellt und vermarktet von besonderer Bedeutung, seine Wettbewerbsumwelt zu kennen und auf Veränderungen agil zu reagieren. Geschäftsmodelle spiegeln hierbei als eine Ableitung aus der übergeordneten Strategie die markt- und ressourcenseitige Unternehmensperspektive wider.[3] Ein Geschäftsmodell beschreibt konkret welcher Nutzen, auf welche Art und Weise, für welchen Kunden gestiftet wird und wie damit Umsatz generiert wird. Der gestiftete Nutzen differenziert dabei die Wettbewerbsposition.[4] Die Produktentwicklung als Teil des Innovationsprozesses[5] leistet für die Erzeugung dieses Nutzens einen äußerst wichtigen Beitrag[6]. Für deutsche technologiegetriebene Unternehmen ist ein effektiver und effizienter Innovationsprozess in diesem Kontext von hoher Bedeutung, besonders weil sich das investierte Kapital der deutschen Wirtschaft für Forschung und Entwicklung seit 1991 bis 2013 verdoppelt hat[7]. Zudem steigt der Druck der Wettbewerbskräfte auf das übergeordnete Zielsystem der Produktentwicklung, welches sich aus dem Polylemma der häufig konkurrierenden Kosten-, Zeit- und Qualitätsziele ergibt[8]. Gerade die ständig kürzer werdenden Produktlebenszyklen sowie die in der Regel hoch segmentierten Märkte[9], gepaart mit den Treibern disruptiver Innovationen[10] führen zu einer erhöhten Dynamik und Stärke der Wettbewerbskräfte und schließlich zu einem forcierten Effizienz- und Effektivitätsdruck in der Produktentwicklung. Um in diesem Umfeld die Wettbewerbsfähigkeit kontinuierlich zu behaupten und auszubauen, müssen weitere Anstrengungen für einen schlanken und wirksamen Produktentwicklungsprozess unternommen werden.

Ein wirksamer und häufig unbeachteter Hebel stellt hierbei die Toleranzstrategie in der Produktentwicklung dar. Eine Vielzahl der Produktmerkmale und -funktionen technischer Systeme, die das Nutzen eines Geschäftsmodells stiften, hängen von geometrischen Beziehungen in einem Produkt als Zusammenbaugruppe ab. Beispiele hierfür sind optische Systeme wie Scheinwerfer oder Fotokameras, Uhren, Möbel oder Autos im Gesamtsystem. Die Erzeugung dieser geometrischen Beziehungen und Merkmale

---

[1] Der Markteintritt neuer Konkurrenten, die Gefahr von Ersatzprodukten, die Verhandlungsstärke der Abnehmer und Lieferanten sowie die Rivalität vorhandener Wettbewerber (nach Porter 2014, S. 25).

[2] Porter 2014, S. 25

[3] Gaus 2010, S. 86f.

[4] Schallmo 2013, S. 22f.

[5] Schuh 2012, S. 9

[6] vgl. Eversheim und Schuh 2005, S. 5. Die Innovationsleistung beeinflusst den finanziellen Erfolg eines Unternehmens signifikant.

[7] Wissenschaftsstatistik GmbH im Stiftungsverband für die Deutsche Wissenschaft, S. 4

[8] vgl. Wiendahl 2010, S. 76

[9] Schuh 2012, S. 2

[10] vgl. Albeck 2016, S. 43

beginnt in der Konstruktion und reicht über die Teilefertigung bis zur Montage und beeinflusst in Abhängigkeit der definierten Toleranzen signifikant die Selbstkosten eines Produktes. Während die Konstruktion zur Funktionserfüllung enge Toleranzen favorisiert, steht die Produktion für gröbere Toleranzen ein[11], um hohe Aufwände, die mit der Wahl engerer Toleranzen in der Produktion einhergehen, zu vermeiden[12]. Damit stellt die Festlegung der Toleranzen im Zusammenhang mit der Produktgestaltung (Konstruktion) sowie der Fertigungs- und Montageplanung ein wichtiges Handlungsfeld im Sinne einer integrierten Produkt- und Prozessplanung dar.

Das Justieren, also der geplante Eingriff in eine Maßkette bzw. in eine Zusammenbaugruppe hat die Fähigkeit, Abweichungen von einem idealen geometrischen Maß oder einer idealen Form zu kompensieren und damit gröbere Toleranzen zuzulassen, um ein Produkt wirtschaftlicher herzustellen[13]. Zudem begünstigt das Justieren modulare Produktarchitekturen und damit die Erhöhung des Kommunalitätsgrades in einem Produktprogramm und bietet damit weitere Nutzungspotentiale an[14]. Das Justieren kann als komplementäre Strategie zu einer hochpräzisen Produktherstellung wahrgenommen werden. Allerdings zeigt sich aus vielen Fachgesprächen sowie auf Basis von Erfahrungen aus praktischen Entwicklungsvorhaben, die der Autor in seiner vierjährigen Zugehörigkeit als wissenschaftlicher Mitarbeiter am Werkzeugmaschinenlabor und am Lehrstuhl für Production Engineering of E-Mobility Components (PEM) an der Rheinisch-Westfälischen Technischen Hochschule (RWTH) Aachen in zahlreichen Industrie- und Beratungsprojekten sammeln durfte, dass die Handlungsopportunität des Justierens für einen integrierten und abgestimmten Produkt- und Prozessentwurf häufig pauschal als nicht-wertschöpfende Tätigkeit wahrgenommen und damit nicht in Betracht gezogen wird. Wenn das Justieren dagegen in Betracht gezogen wird, fehlt es an Transparenz und Wissen über die möglichen produkt- und prozessseitigen Justierarten. Außerdem mangelt es an einer systematischen, agilen und fallspezifischen Vorgehensweise, situativ und problemorientiert Lösungsentwurfsvarianten, die ein Justieren berücksichtigen, im Produktentwicklungsprozess auf Basis erster Skizzen und Konzepte in frühen Produktentwicklungsphasen zu entwickeln und zu bewerten.[15] Doch genau diese fehlende Transparenz über den Lösungsraum sowie die fehlende Systematik bei der Lösungsfindung sind wichtige Befähiger eines effektiven Entwicklungsprojekts[16].

1.2 Zielsetzung und Forschungsfrage

Die einleitend aufgeführte Problematik stellt die Motivation für diese Arbeit dar, einen Beitrag zu leisten, um im Produktentwicklungsprozess systematisch Lösungsentwürfe zu erzeugen, die ergänzend zu denen einer hochpräzisen Produktherstellung das Justieren berücksichtigen, um im Hinblick auf das Zielsystem der Produktentwicklung die Wahrscheinlichkeit zu erhöhen, einen besseren Lösungsentwurf zu generieren. Aus diesem Grund müssen Anstrengungen unternommen werden, den Lösungsraum zum Justieren zu erfassen, abzubilden und für die Produktentwicklung zugänglich zu machen. Gleichzeitig muss eine spezifische Systematik für das Justieren in bestehende Entwicklungsvorgehen eingliedert werden, um in frühen Entwicklungsphasen gezielt mit Hilfe der Transparenz über den Lösungsraum

[11] Chase und Parkinson, S. 23
[12] Gerth et al., S. 316ff.
[13] vgl. Hansen 1967, S. 23f.
[14] vgl. Krüll 1993, S.17f.
[15] Diese Erkenntnisse basieren u.a. auf zahlreichen Experteninterviews, die der Autor mit Vertretern aus der Industrie geführt hat.
[16] Lenders 2009, vgl. S. 98

zum Justieren anforderungsgerechte Lösungsvarianten zu erzeugen, die das Justieren berücksichtigen. Diese Lösungsprinzipien für das Justieren müssen in ihrer prozess- und produktbezogenen Gestalt in frühen Phasen der Produktentwicklung antizipiert und berücksichtigt werden. Somit kann das Ziel der Arbeit wie folgt definiert werden:

Ziel der Arbeit ist die Entwicklung einer Methodik sowie eines formalisierten Abbilds des Lösungsraums zum Justieren, um die Planung von integrierten und abgestimmten Produkt- und Prozesslösungen, die ein Justieren berücksichtigen, zu systematisieren und zu verbessern. Dabei soll der Lösungsraum zum Justieren vollumfänglich und gezielt berücksichtigt werden. Mit dem Ergebnis dieser Arbeit wird ein Beitrag geleistet werden, das Potential des Justierens, das sich in der Wahl gröberer Toleranzen gegenüber einer hochpräzisen Produktherstellung manifestiert, gezielter auszuschöpfen.

Um den Betrachtungsbereich der Arbeit festzulegen und den Forschungsprozess auszurichten dienen Forschungsfragen[17]. Die zentrale und leitende Frage des Forschenden, die dieser Arbeit zugrunde liegt und im Rahmen des Forschungsprozesses beantwortet werden soll, ist Folgende:

Wie ist ein Vorgehen zur integrierten Produkt- und Justageprozessplanung im Kontext gängiger Produkt- und Prozessplanungsvorgehen zu gestalten, welches den vollumfänglichen Lösungsraum für das Justieren einbezieht?

Basierend auf der übergeordneten Forschungsfrage müssen Unterfragen formuliert werden, um den Betrachtungsbereich einzugrenzen und die übergeordnete Fragestellung in Teilfragestellungen zu untergliedern, deren Beantwortung jeweils einen Lösungsbeitrag für die übergeordnete Fragestellung darstellen. Folgende Fragen bilden die innere Struktur des Forschungsvorhabens:

- Wie ist der Lösungsraum für das Justieren im Kontext produkt- und prozessbezogener Merkmale gegliedert?
- Wie können in frühen Phasen von Produktentwicklungsprojekten Lösungsvarianten eines integrierten Produkt- und Prozessentwurfs, die ein Justieren, unter Einbeziehung der Kenntnisse über den Lösungsraum zum Justieren berücksichtigen, gezielt erzeugt werden?
- Wie kann die Vielzahl an theoretisch möglichen Lösungsvarianten eines Produkt- und Prozessentwurfs, welche das Justieren berücksichtigen, im Entwicklungsprozess gezielt und aufwandsorientiert gehandhabt werden, um eine favorisierte Lösung zu entwickeln?
- Wie lässt sich ein Vorgehen für die Planung von integrierten Produkt- und Prozessentwürfen, die ein Justieren berücksichtigen, in vorhandene Produkt- und Prozessentwicklungsvorgehen integrieren?

[17] vgl. Kubicek 1976, S. 25

1.3 Forschungskonzeption

Der Forschungsprozess basiert auf einer Erkenntnisperspektive, auf Basis derer der Forschende, angeleitet durch eine methodologische Vorgehensweise, fortschreitet, um neue Erkenntnisse zu gewinnen.[18] Aus diesem Grund wird im Folgenden zur Erläuterung der dieser Arbeit zugrunde liegenden Erkenntnisperspektive, die Arbeit in den wissenschaftstheoretischen Rahmen eingeordnet. Anschließend erfolgt die Darstellung des forschungsmethodologischen Vorgehens.

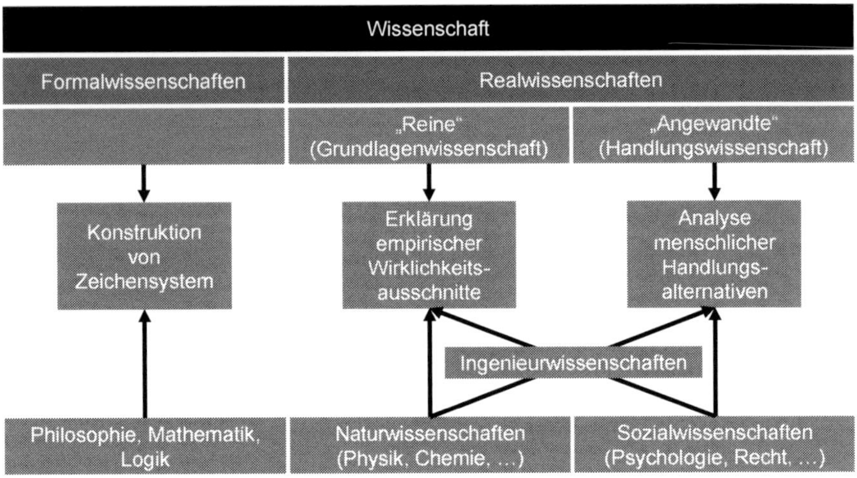

Abbildung 1: Wissenschaftssystematik[19]

Die Wissenschaftstheorie lässt sich nach ULRICH und HILL in die Formal- und Realwissenschaften unterteilen. Formalwissenschaften zielen auf die Konstruktion von Sprachen ab, die auf Basis von Zeichensystemen mit Regeln zur Verwendung dieser Zeichen funktionieren. Beispiele hierfür sind die Philosophie oder die Mathematik.[20] Die Formalwissenschaften beziehen sich nicht auf existierende Objekte und bleiben daher bei der Prüfung der Richtigkeit von Aussagen auf die Suche von Widersprüchen beschränkt.[21] Dagegen differenzieren sich die Realwissenschaften, die wiederum in Grundlagenwissenschaften und angewandte Handlungswissenschaften unterteilt werden. Die Erklärung empirischer Wirklichkeitsausschnitte steht dabei im Fokus der Grundlagenwissenschaften (z.B. Physik und Chemie) und die Analyse menschlicher Handlungsalternativen stellt den Betrachtungsbereich der angewandten Handlungswissenschaften (z.B. Psychologie und Soziologie) dar.[22] [23] Somit differenziert sich die Disziplin der Realwissenschaften durch die Erklärung empirischer Wirklichkeitsausschnitte sowie durch die Analyse menschlicher Handlungsalternativen von den Formalwissenschaften (vgl. Abbildung 1), die sich auf abstrakte Objekte in Form von Zeichensystemen beziehen. Die Ingenieurswissenschaften bewegen

---

[18] vgl. Binder und Kantowsky 1996, S. 3f.
[19] vgl. Ulrich und Hill, S. 305
[20] vgl. Ulrich und Hill, S. 305
[21] vgl. Schanz, S. 2039ff.
[22] vgl. Ulrich und Hill, S. 305
[23] vgl. Ulrich, S. 174

sich im Spannungsfeld der Grundlagenwissenschaften und der angewandten Handlungswissenschaften[24].

Die vorliegende Arbeit ist auf Basis der einleitenden Erläuterungen sowie der Zielformulierung dem Forschungsbereich der Ingenieurswissenschaften zuzuordnen, mit einem deutlichen Schwerpunkt in Richtung der angewandten Handlungswissenschaften. Das zentrale Argument für diese Gewichtung ist, dass Probleme praktisch handelnder Menschen im Prozess der integrierten Produkt- und Prozessentwicklung im Mittelpunkt dieser Arbeit stehen. Für die Gewinnung von wissenschaftlichen Erkenntnissen im Rahmen des Forschungsprozesses wird daher auf Grundlage der praktischen Problemstellung sowie der Zielstellung der systemtheoretische Ansatz herangezogen, sowie für die Erarbeitung der Lösung die Grundlagen der Systemtheorie und insbesondere der Systemtechnik. Die Systemtheorie basiert auf einer ganzheitlichen Betrachtungsweise und verfolgt die Maxime, die Relation zwischen Elementen eines Systems sowie zwischen Systemen selber zu beschreiben[25]. Die Basis bildet das Denken in Systemen, was die Abstraktion und Reduktion von Phänomen aus der Realität, also aus der Praxis in Form von Systemmodellen voraussetzt[26]. Die Systemtheorie kann als eine alle Realwissenschaften umfassende Wissenschaft verstanden werden, die die Gemeinsamkeiten aller Wissensgebiete untersucht und allgemeine Beschreibungs- und Erklärungsmodelle bereitstellt[27]. Mit der Systemtechnik bzw. dem System Engineering wird ergänzend eine Methodik zur Lösung komplexer Probleme zur Verfügung gestellt, die insbesondere dann Anwendung finden kann, wenn eine Vielzahl von Lösungen denkbar ist und es keinen dezidierten Lösungsweg gibt.[28] Daher eignet sich diese Methodik zur systematischen Lösung von Problemen hervorragend für das einleitend motivierte Handlungsfeld der integrierten Produkt- und Justageprozessplanung. Die Systemtechnik basiert auf dem Denken in Systemen und unterstützt die systematische Lösungssuche gegenüber einer intuitiv-schöpferischen Einzelleistung[29]. Die Systemtheorie sowie die Systemtechnik sind zentrale Bestandteile und Werkzeuge des Forschungsprozesses dieser Arbeit. Dabei ist entscheidend, dass der Forschungsprozess auf Basis des systemtheoretischen Ansatzes seinen Ursprung und sein Ende in der Praxis hat[30]. Zudem weist der systemtheoretische Ansatz signifikante Parallelen zu den Ingenieurwissenschaften auf, da dieser Ansatz sich als angewandte Managementlehre und nicht als reine Theorie versteht. Im Besonderen fokussiert sich der systemtheoretische Ansatz auf Probleme und Fragestellungen zweckgebundener und sozialer Systeme, die einer Komplexität und Dynamik unterliegen. Damit gibt der systemtheoretische Ansatz die totale Beherrschbarkeit unternehmerischer Problemstellung auf.[31] Dies unterstreicht die Eignung dieses Ansatzes für das Forschungsvorgehen hinsichtlich des vorliegenden Themenrahmens der Problem- und Zielstellung, nämlich das integrierte Planen und Gestalten von Produkten und Herstellungsprozessen unter zeitlichen, monetären und qualitativen Restriktionen durch Menschen.

Die wissenschaftstheoretische Einordnung sowie die Wahl des Forschungsansatzes geben das Vorgehen zur Gewinnung von Erkenntnissen, also des forschungsmethodologischen Vorgehens, vor.

---

[24] Ulrich, S. 47
[25] Patzak 1982, S. 11
[26] Daenzer 1976, S. 11
[27] vgl. Patzak 1982, S. 11
[28] vgl. Patzak 1982, S. 15
[29] vgl. Patzak 1982, S. 11
[30] vgl. Ulrich, S. 19
[31] Bachmann 2013, S. 6. Bachmann argumentiert auf Basis der Arbeiten von Ulrich und Schwaninger (2011) und Ulrich (1984).

Die angewandten Wissenschaften forcieren den Zuwachs von praktisch nützlichem Wissen für die Herausforderungen praktisch handelnder Menschen, für die noch kein befriedigendes Wissen zur Verfügung steht[32]. „*Wissenschaftlicher Fortschritt vollzieht sich hierbei durch Gewinnung kontraintuitiver Erkenntnisse. Diese erschließen sich dem Wissenschaftler durch die Analyse unbeabsichtigter Wirkungen planvoller Handlungen sowie durch das Aufzeigen von Perspektiven, die Gemeinsamkeiten von zuvor als kategorial verschiedenartig angesehenen Phänomenen erkennen lassen*“[33]. Ein solches kontraintuitives Spannungsfeld von Phänomen weist eben auch das Justieren im Kontext der integrierten Produkt- und Prozessentwicklung auf, das häufig als zu vermeidende und nicht-wertschöpfende Tätigkeit diffamiert wird. In Anbetracht dieses Verständnisses über die Verantwortung der angewandten Handlungswissenschaften schlägt KUBICEK einen explorativen Forschungsprozess vor (vgl. Abbildung 2).

Dieser explorative Forschungszyklus lässt sich als ein iterativer Lernprozess beschreiben, der von theoretischen Absichten geleitet wird und auf systematischem Erfahrungswissen gründet. Durch Fragen an die Realität werden Erkenntnisse über die Realität gewonnen, die wiederum neue Fragen an die Realität ergeben. Im Ergebnis werden wissenschaftliche Aussagen aus diesem iterativen Lernprozess gewonnen.[34]

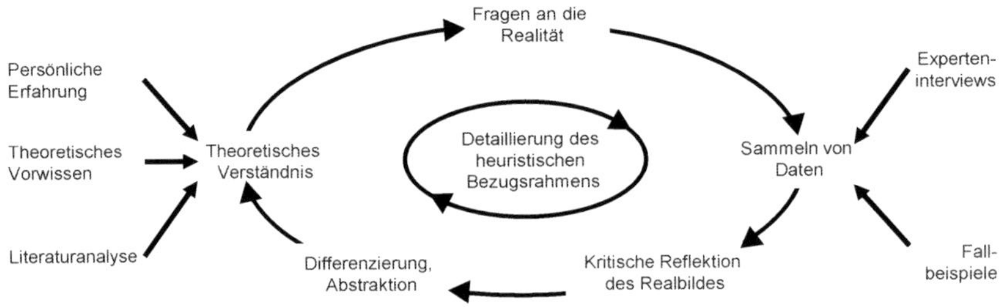

Abbildung 2: Explorativer Forschungszyklus[35][36]

Im Zentrum dieses Lernprozesses steht ein heuristischer Bezugsrahmen, der zu Beginn des Forschungsprozesses das vorliegende Verständnis des Forschers beschreibt und dem Prozess im weiteren Verlauf steuert und einen Rahmen gibt.[37] [38] Der heuristische Bezugsrahmen wird konsekutiv im Fortschritt des iterativen Forschungszyklus weiter konkretisiert und bildet eine theoretische Perspektive und die Quelle des Erkenntnisgewinns über die initiale Problemstellung des Forschers[39].

Der heuristische Bezugsrahmen zu Beginn dieser Arbeit ordnet das Thema Justageplanung in das Spannungsfeld der Disziplinen Toleranzmanagement, integrierte Produkt- und Prozessentwicklung, Konstruktionslehre, Fertigungs- und Montageplanung sowie die Lehre der Beschreibung technischer Systeme und der Systemtechnik/ -theorie ein. Die Interdependenzen des heuristischen Bezugsrahmens

---

[32] vgl. Bachmann 2013, S. 7.
[33] vgl. Bachmann 2013, S. 7. Bachmann argumentiert auf Basis der Argumentation von Kubicek über die Abgrenzung der angewandten Wissenschaften von der empirischen Forschung.
[34] vgl. Kubicek 1976, S. 13f.
[35] Kubicek 1976, S. 12ff.
[36] Tomczak, S. 83f.
[37] Kubicek 1976, S. 12ff.
[38] vgl. Tomczak, S. 55
[39] In Anlehnung an Kubicek 1997, Tomczak 1992, Bachmann 2013, Gartzen 2012.

werden im Verlauf der Arbeit konkretisiert und herausgestellt. Dabei erfolgt die Konkretisierung und Erarbeitung im Sinne der Interaktion von theoretischem Verständnis, Fragen an die Realität, Sammeln von Daten und der kritischen Reflektion des Realbildes sowie der Differenzierung und Abstraktion (vgl. Abbildung 2).

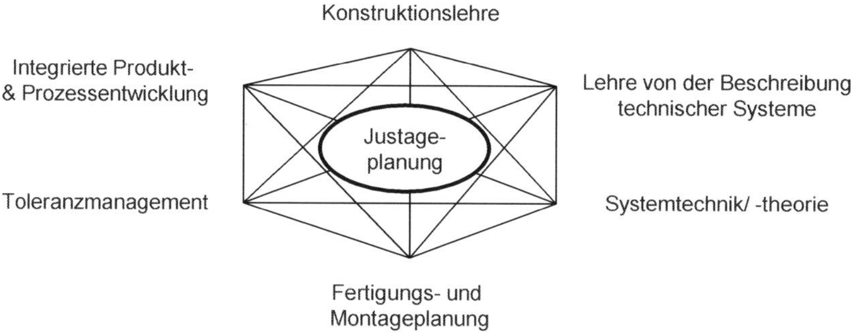

Abbildung 3: Initialer heuristischer Bezugsrahmen

Dabei spielt immer wieder der Bezug zur Praxis eine bedeutende Rolle. Diesen Bezug stellt der Autor durch seine vierjährige Tätigkeit als wissenschaftlicher Mitarbeiter sowohl an dem Werkzeugmaschinenlabor der RWTH Aachen als auch an dem Chair for Production Engineering for E-Mobility Components sicher. Im Rahmen dieser Tätigkeit konnte der Autor im Rahmen von Fachkonferenzen, Forschungsprojekten und zahlreichen Industrieprojekten zu den aufgeführten Disziplinen, die den heuristischen Bezugsrahmen bilden, zahlreiche und umfangreiche praktische Erfahrung sammeln und Kontakte knüpfen, um die konsekutiv erarbeiteten Erkenntnisse im Forschungsprozess immer wieder mit Vertretern aus der Praxis zu diskutieren.

1.4 Aufbau der Arbeit

Der Aufbau der Arbeit orientiert sich an der Strategie der angewandten Forschung nach ULRICH und ist in sieben Kapitel unterteilt. Der Forschungsprozess beginnt und endet dabei in der Praxis.[40]

Das vorliegende **erste Kapitel** stellt die Ausgangssituation und die Motivation sowie die Zielstellung und die Forschungskonzeption der Arbeit dar.

Das darauffolgende **zweite Kapitel** ordnet den Betrachtungsbereich der Arbeit ein. Es werden hierbei grundlegende Begriffe, Zusammenhänge und Sichtweisen erläutert und die Justage im Kontext der integrierten Produkt- und Prozessentwicklung wie auch im Spannungsfeld des Toleranzmanagements eingeordnet. Das zweite Kapitel nimmt zudem die Perspektive der Praxis ein und arbeitet den Handlungsbedarf aus der Praxis heraus.

Auf Basis von pointierten und formalisierten Herausforderungen aus der Praxis werden bekannte theoretische Arbeiten gemäß der Strategie der angewandten Forschung hinsichtlich ihres jeweiligen Lösungsbeitrages im **dritten Kapitel** untersucht und bewertet. Betrachtete Theorien umfassen all jene, die

[40] vgl. Ulrich, S. 192ff.

einen spezifischen Lösungsbeitrag für die Herausforderungen des Handlungsbedarfs aus der Praxis im Kontext des Handlungsfeldes „Justage“ anbieten.

Im **vierten Kapitel** wird auf Basis der Erkenntnisse des zweiten Kapitels (Herausforderungen aus der Praxis) sowie des dritten Kapitels (Handlungsbedarf auf Basis der Untersuchung bestehender theoretischer Ansätze) sowie der dieser Arbeit zugrundeliegenden Zielstellung die Lösung dieser Arbeit konzipiert. Den konkreten Lösungsbeitrag bilden zum einen die Methodik zur integrierten Produkt- und Justageprozessplanung sowie das Lösungsraummodell.

Im **fünften Kapitel** erfolgt dann zunächst die Detaillierung des Lösungsraummodells auf Basis der in Kapitel vier herausgearbeiteten Ansätze und Prämissen und anschließend die Detaillierung der Bestandteile der Methodik zur integrierten Produkt- und Justageprozessplanung.

Im **sechsten Kapitel** wir die entwickelte Lösung in Form der Methodik und des Lösungsraummodells in der Praxis am Beispiel eines ausgewählten Anwendungsfalls überprüft.

Abschließend werden in **Kapitel sieben** die Ergebnisse dieser Arbeit zusammengefasst, kritisch reflektiert und ein Ausblick für weitere Aktivitäten gegeben.

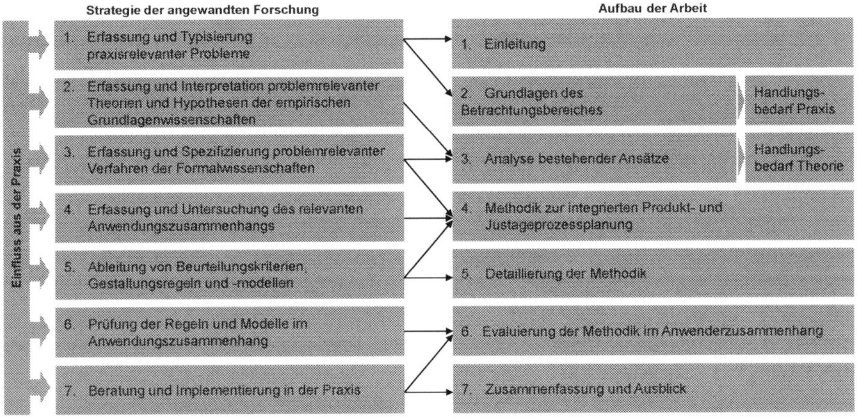

Abbildung 4: Aufbau der Arbeit[41]

[41] In Anlehnung an Ulrich, S. 192ff..

2 Grundlagen des Betrachtungsbereichs

Diese Arbeit verfolgt das Ziel, einen Beitrag zu leisten, den Transformationsprozess von Kundenanforderungen, die sich durch geometrisch abhängige Merkmale beschreiben lassen, hin zu einem Produktentwurf und Plan eines Herstellungsprozesses zu verbessern. Konkret soll durch diesen Beitrag sowohl der Transformationsprozess als auch das finale Planungsergebnis hinsichtlich Effektivität und Effizienz verbessert werden. Daher werden im Folgenden die Grundlagen zu Produkten in Form technischer Systeme und dem Produktentwicklungsprozess im Rahmen einer produkt- und prozessbezogenen Betrachtung erläutert (vgl. 2.1), um dann das zentrale Thema dieser Arbeit, die integrierte Produkt- und Justageprozessentwicklung, als Teil des Toleranzmanagements, in Teilkapitel 2.2 kontextbasiert einzuordnen und zu vertiefen. Auf Basis dieser wissenschafts-theoretischen Betrachtung werden abschließend die Herausforderungen aus der Praxis in Teilkapitel 2.3 erörtert, um die praktische Motivation für das Verfassen der vorliegenden Arbeit sowie die zugrunde liegende Problemstellung auszuarbeiten. Die gesamten Ausführungen werden im weiteren Verlauf der Arbeit als Grundlage vorausgesetzt.

2.1 Produkte und Produktentwicklung

Zunächst werden in den folgenden Abschnitten die Grundlagen zu Produkten und ihren Merkmalen (vgl. 2.1.1), die Beschreibungslogik von Produkten als technische Systeme (vgl. 2.1.2), die Grundlagen zum Prozess der Produktentwicklung sowie Produktherstellung (vgl. 2.1.2), als auch der integrierten Produkt- und Prozessentwicklung (vgl. 2.1.4) erörtert, um das Thema dieser Arbeit sowie die Bedeutung des Justierens einzuordnen und darzustellen.

2.1.1 Produkte und Produktmerkmale

Produkte begegnen uns im Alltag in vielfältiger Form. Betriebssysteme, Zeitungen, die Arbeitskraft des Gärtners, das Auto, das Mobiltelefon, die Taxifahrt zum Bahnhof oder die aus dem Internet heruntergeladene Musikdatei sind Beispiele für Produkte. Diese Produkte unterscheiden sich signifikant in ihren Merkmalen. In dieser Arbeit stehen Produkte in Form technischer Systeme zum Zwecke der Funktionserfüllung im Fokus des Betrachtungsbereichs. Ein Produkt hat definierte Eigenschaften und Funktionen, zu deren Zweck es existiert. Diese Eigenschaften und Funktionen müssen die Anforderungen des späteren Nutzers und Kunden erfüllen. Kundenanforderungen lassen sich nach dem KANO Modell von NORIA KIKANO in drei Kategorien differenzieren.[42] [43] [44] [45] Die drei Kategorien werden durch Basisanforderungen, Leistungsanforderungen und Begeisterungsanforderungen gebildet. Basisanforderungen werden von Kunden vorausgesetzt und nicht besonders wahrgenommen, eine Nichterfüllung führt zu einer starken Unzufriedenheit des Kunden. Leistungsanforderungen führen zu einer der Leistung

---

[42] Masing et al. 2007, S. 377f.
[43] Kano et al. 1984, S. 147
[44] Pucko 2010, S. 24
[45] Bors 1994, S. 94

entsprechenden Zufriedenheit, eine Nichterfüllung zu einer Unzufriedenheit des Kunden. Begeisterungsmerkmale werden dagegen vom Kunden nicht erwartet und führen bei Vorhandensein zu einer überproportionalen Zufriedenheit, wobei das Nichtvorhandensein nicht wahrgenommen wird.[46] [47] [48]

Geplante und ungeplante Eigenschaften und Funktionen eines Produktes, die nicht bewusst vom Kunden wahrgenommen werden und die keine Begeisterung und bei Nichtvorhandensein auch keine Unzufriedenheit auslösen, können im Sinne des heutigen Qualitätsverständnisses als Verschwendung bezeichnet werden. In diesem Kontext ist es die Aufgabe des Qualitätsmanagements sicherzustellen, dass im gesamten Transformationsprozess von der Überführung der Kundenanforderungen in Produktentwürfe, im Produktherstellungsprozess sowie während des Einsatzes eines Produktes, keine Verschwendung auftritt.[49] Damit kommt dem Prozess der integrierten Produkt- und Herstellungsprozessentwicklung eine besondere Aufgabe zu, um dieses übergeordnete Ziel zu erfüllen. Diese Aussage impliziert gleichzeitig, dass die erwarteten Anforderungen und gezielt eingesetzte Begeisterungsmerkmale erfüllt werden müssen.

Damit lässt sich das heutige Qualitätsverständnis wie folgt definieren: „*Erst der vom Kunden vorgenommene Vergleich der Beschaffenheit des Produktes mit seinen Forderungen und Erwartungen prägt Qualitätsmerkmale*“[50].

In diesem Zuge wird der Begriff der Qualitätsmerkmale verwendet, welcher ein Produkt charakterisiert. EHRLENSPIEL et al. bezeichnet ein Merkmal in diesem Zusammenhang als einen Begriff, der wichtige Eigenschaften beschreibt, wobei Eigenschaften alle die sind, die sich aus Beobachtungen, Messergebnissen sowie aus allgemein akzeptierten Aussagen ergeben.[51] In Anlehnung an dieses Verständnis werden im Folgenden Merkmale als die objektivierten und formalisierten Kundenanforderungen in Form von Eigenschaften eines Produktes verstanden, die sich unter anderem zum Abgleich der Kongruenz von Kundenanforderung und realisiertem Produkt eignen.

[46] Pucko 2010, S. 24
[47] Pfeifer und Schmitt 2010b, S. 158
[48] Kano et al. 1984, S. 147f.
[49] Masing et al. 2007, S. 406f.
[50] Masing et al. 2007, S. 372
[51] Ehrlenspiel und Meerkamm 2014, S. 30

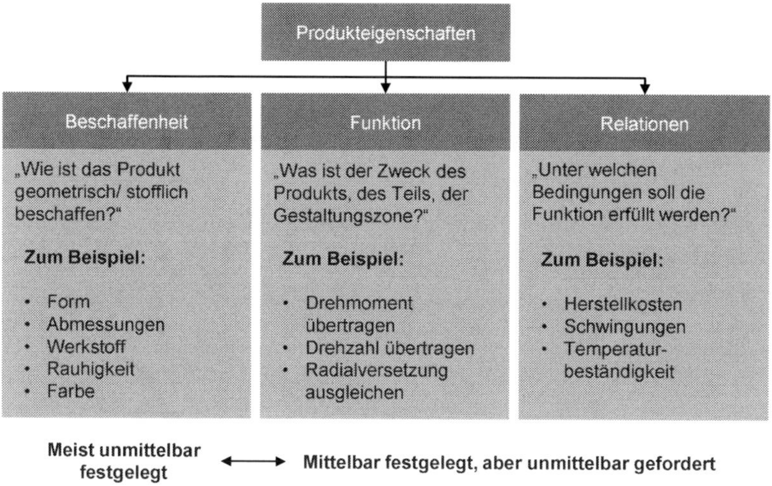

Abbildung 5: Gliederung von Produktmerkmalen[52]

Demnach lassen sich Produktmerkmale für technische Systeme in drei Kategorien unterteilen[53] (vgl. Abbildung 5):

- **Beschaffenheitsmerkmale:** Auf Beschaffenheitsmerkmale lassen sich die Funktionsmerkmale und Relationsmerkmale zurückführen. Beschaffenheitsmerkmale beschreiben die Beschaffenheit, d.h. die Gestalt, die Form und Abmaße, die Farbe, die Verbindungsart oder den Werkstoff eines Produktes. Beschaffenheitsmerkmale können zu jeder Zeit am Produkt bzw. technischen System festgestellt werden.
- **Funktionsmerkmale:** Funktionsmerkmale beschreiben die Funktion, d.h. den Zweck des Produktes. Hierzu sei auch auf die Definition der Funktion eines Produktes, bzw. eines technisches Systems in 2.1.2.1 verwiesen. Ein Funktionsmerkmal ist z.B. die Fähigkeit einer Taschenlampe, das Licht nach Bedarf durch den Benutzer zu fokussieren.
- **Relationsmerkmale:** Relationsmerkmale sind Merkmale bzw. besondere Eigenschaften eines Produktes, die erst durch die Einwirkung von Störgrößen, verursacht z.B. durch den Menschen oder die Interaktion mit anderen Systemen, festzustellen sind. Diese können z.B. Verfärbungen, Verformungen, Geräusche oder Schwingungen sein. Hierzu sei auf das Systemverständnis von Produkten in 2.1.2.4 verwiesen.

Darüber hinaus beschreiben EHRLENSPIEL und MEERKAMM den Zusammenhang zwischen den drei für ein Produkt charakteristischen Merkmalen[54]: Der Konstrukteur legt die Beschaffenheit eines Produktes fest. Er gestaltet Bauteile, bestimmt Werkstoffe, Nominalwerte und Toleranzen. Hierzu gehört zum Beispiel der Einstellbereich der Brennweite eines Objektives. Diese durch den Konstrukteur in der

[52] vgl. Ehrlenspiel 2014, S. 31
[53] Ehrlenspiel 2014, S. 31
[54] Ehrlenspiel und Meerkamm 2014, S. 31

Umsetzung festgelegten Eigenschaften dienen einer Funktion, dem Zweck eines Produktes. Die Funktions- und Relationsmerkmale hängen damit von den Beschaffenheitsmerkmalen grundsätzlich ab, werden jedoch auch als Zustandsmerkmale bezeichnet, da sie mittelbar von einer Ein- bzw. Ausgangsgröße abhängen. Wie am Beispiel des Einstellbereichs der Brennweite eines Objektivs für die Fotografie nachzuvollziehen ist, hängt der tatsächliche Zustand der Brennweite, der die Tiefenschärfe und den Bildausschnitt beeinflusst, von der Eingangsgröße ab, die in der Regel durch eine Drehbewegung am Objektiv beeinflusst wird. Für das Verständnis dieser Arbeit ist festzuhalten, dass zahlreiche Funktionen und Zustände, wie am Beispiel der Kamera dargestellt, von der Beschaffenheit einerseits, also den Nominalwerten und Toleranzen von Komponenten und Baugruppen und der geometrischen Beziehung von Komponenten, aber auch Ein- und Ausgangsgröße abhängen. Toleranzen regeln und limitieren dabei herstellbedingte Abweichungen von dem Ideal- bzw. Nominalwert und sichern dabei die geometrisch abhängige Produktfunktion bzw. Merkmale im Herstellprozess ab[55].

Es kann somit für diese Arbeit festgehalten werden, dass Merkmale einerseits das Produkt ganzheitlich beschreiben und charakterisieren, andererseits im Sinne des Kano-Modells in unterschiedlicher Weise vom Kunden wahrgenommen werden und über die Zufriedenheit des Kunden und damit den Markterfolg eines Produktes entscheiden. Toleranzen[56] sichern dabei die Merkmale ab, indem sie herstellbedingte Abweichungen von idealen Konstruktionsständen begrenzen.

2.1.2 Beschreibung von Produkten als technische Systeme

HUBKA wählt den Begriff des technischen Systems als Abstraktionsbegriff für Maschinenerzeugnisse, die durch Prozesse notwendige Transformationen von Operanden realisieren[57]. In dieser Arbeit wird der Begriff Produkt im Sinne des technischen Systems verstanden. Technische Systeme lassen sich nach HUBKA in vielfältiger Form klassifizieren. Die Klassifikation nach der Funktion des technischen Systems und nach dem Wirkprinzip der Transformation sowie nach dem Typ der Operanden[58] ist in der Literatur allgemein anerkannt und soll hier aufgegriffen werden. Diese Darstellung wird im Folgenden in Anlehnung an PAHL et al. über die Beschreibung technischer Systeme im Funktions- und Wirkzusammenhang hinaus auch im Bau- und Systemzusammenhang beschrieben.[59]

Diese hierarchische Beschreibungslogik, die sich als Detaillierung und logische Verkettung voneinander abhängigen und aufeinander aufbauenden Betrachtungsweisen von einer funktionsorientierten bis hin zu einer physisch und systemorientierten Betrachtungsweise darstellt, ist auch die Grundlage für die in der deutschen Literatur anerkannten und verbreiteten Konstruktionssystematiken. Hierzu gehört insbesondere die VDI 2221, die im Folgenden aufgegriffen wird.[60] Daher wird in 2.1.2.1 der Funktionszusammenhang, in 2.1.2.2 der Wirkzusammenhang, in 2.1.2.3 der Bauteilzusammenhang und schließlich in 2.1.2.4 der Systemzusammenhang als aufeinander aufbauende Betrachtungs- und Beschreibungsperspektiven technischer Systeme erläutert. Die Begriffe der Produktarchitektur und Produktarchitekturgestaltung, die wichtige Begriffe der Produktentwicklung und der Disziplin des Komplexitätsmanagements sind, sind Ebenen-übergreifend zu verstehen und werden daher in 2.1.2.5 kurz erläutert.

---

[55] Behrens 2011, vgl. S.12 und S. 15
[56] Der Begriff der Toleranz und des Toleranzmanagements wird in 2.2 näher erläutert.
[57] Hubka 1984, S. 82
[58] Hubka 1984, S. 82
[59] Pahl et al. 2013, S. 237
[60] vgl. VDI2221

2.1.2.1 Funktionszusammenhang

STEINHILPER greift das Verständnis von HUBKA über das technische System auf und stellt fest: „*Ein technisches Produkt bzw. technisches System dient dazu, eine genau definierte Funktion zu erfüllen.*"[61] Auch hier wird das Produkt als technisches System im speziellen Betrachtungszusammenhang verstanden. In der VDI 2221 wird die Funktion als ein zentrales Element in der Methodik zum Konstruieren und Entwickeln technischer Systeme und Produkte als lösungsneutrale Beziehung zwischen Eingangs- und Ausgangsgröße sowie Zustandsgröße eines Systems definiert[62]. PAHL et al. bezeichnet die Funktion im Kontext eines Produktes, als den gewollten und reproduzierbaren Zusammenhang zwischen einer Eingangs- und Ausgangsgröße, mit dem Ziel, eine Aufgabe zu erfüllen[63].

Die Operanden einer Produktfunktion (Objekt der Ein- und Ausgangsgröße) können nach SCHLOTTMANN et al. dabei in Energie, Stoff und Information gegliedert werden[64]. Diese Gliederung lässt sich auch in anderen neueren Quellen finden und gilt als allgemein anerkannt.[65] [66] [67]

KOLLER, der ebenfalls als Zweck und Berechtigung eines technischen Systems die Erfüllung einer Funktion definiert, leitet auf Basis der drei Operanden Energie, Stoff und Signal, Grundoperationen und Elementarfunktionen her, mit denen der Prozess der Transformation von Operanden von der Eingangs- zur Ausgangsgröße realisiert wird[68] [69] [70]. PAHL et al. gliedert die Gesamtfunktion eines technischen Systems in Teilfunktionen sowie Haupt- und Nebenfunktionen[71], die wiederum in Elementarfunktionen untergliedert werden können[72]. Der Zusammenhang von Funktionen zu einer Funktionskette unterliegt dabei einem Zwangszusammenhang, der beachtet und mit Hilfe der Boolschen Algebra nach DIN EN 60617 beschrieben werden kann [73] [74]. In diesem Zusammenhang führt PAHL et al. den Begriff der Funktionsstruktur ein[75].

KOLLER führt hierzu Klassen von Grundoperationen und Elementarfunktionen als eine Basis auf, aus der sich übergeordnete Funktionalitäten technischer Systeme synthetisieren lassen[76]. Hierbei baut

---

[61] Steinhilper 2008, S. 3
[62] VDI2221, S. 40
[63] Pahl et al. 2007, S. 44
[64] Schlottmann et al. 1977, S. 20
[65] vgl. Ehrlenspiel und Meerkamm 2014, S. 32
[66] vgl. Roth 1994b, S. 81
[67] vgl. Pahl et al. 2007, S. 43
[68] Koller 1994, S. 27f.
[69] vgl. Koller 1994, S. 30f.
[70] Neben dieser Darstellung von Elementarfunktionen nach Koller gibt es weitere Quellen, die die Elementarfunktionen generisch abbilden, wie Rodenacker (Rodenacker W. G.; Methodisches Konstruieren – Grundlagen, Methodik, praktische Beispiele; 1991) oder Krumhauser (Krumhauser, P.; Rechnerunterstützung für die Konzeptphase der Konstruktion; 1974). Auch Ponn und Linemann beschreiben drei Funktionsmodelle nach denen Funktion beschrieben werden können (Ponn, J.; Lindemann, U.; Konzeptentwicklung und Gestaltung technischer Produkte – Optimierte Produkte – systematisch von Anforderungen zu Konzepten; 2008). Neben einem analogen Modell zu Koller, dem umsatzorientierten Modell, führen sie das relationsorientierte und nutzerorientierte Funktionsmodell auf. Für das weitere Verständnis dieser Arbeit soll die Abstrahierung und Klassifizierung der Elementarfunktionen für die Operanden nach Koller verwendet werden.
[71] Pahl et al. 2007, S. 44ff.
[72] Borsdorf 2007, S. 42
[73] Pahl et al. 2007, S. 51
[74] Siehe DIN EN 60617-2
[75] Pahl et al. 2007, S. 45
[76] Koller 1994, S. 33

KOLLER auf dem Verständnis von HUBKA[77] auf, der den transformatorischen Charakter technischer Systeme mit Hilfe der Systemtheorie erfasst. Wodurch eine Funktion zur Transformation eines Operanden realisiert wird, wird im Sinne des von PAHL et al. „Black-Box"-Verständnisses nicht beschrieben[78], hierzu bedarf es wie einleitend geschildert zusätzlich der Beschreibung von Wirkzusammenhängen.

2.1.2.2 Wirkzusammenhang

Mit Hilfe von Funktionsstrukturen bestehend aus Grundoperationen und Elementarfunktionen lassen sich einfache Lösungen auf der untersten Funktionsebene identifizieren, die dann aggregiert die gesamte Lösung für das technische System ergeben [79] [80] [81]. Die Lösungen lassen sich dabei durch physikalische, chemische oder biologische Effekte beschreiben, die durch geometrische und stoffliche Merkmale in einen Wirkungszusammenhang gebracht werden. In dieser Arbeit stehen die physikalischen Effekte im Betrachtungsbereich. Nach PAHL et al. lässt sich festhalten: *„Der Wirkungszusammenhang wird daher von den gewählten physikalischen Effekten und den festgelegten geometrischen und stofflichen Merkmalen bestimmt"*[82]. Neben den physikalischen Effekten einer Lösung für eine Funktion stellt er damit auch die Bedeutung der geometrischen und stofflichen Eigenschaften für die Funktionserfüllung eines Produktes in den Vordergrund (vgl. 2.1.1). Die Unterteilung der relevanten physikalischen Effekte ist in Anlehnung an BORDDORF in Abbildung 6 dargestellt[83].

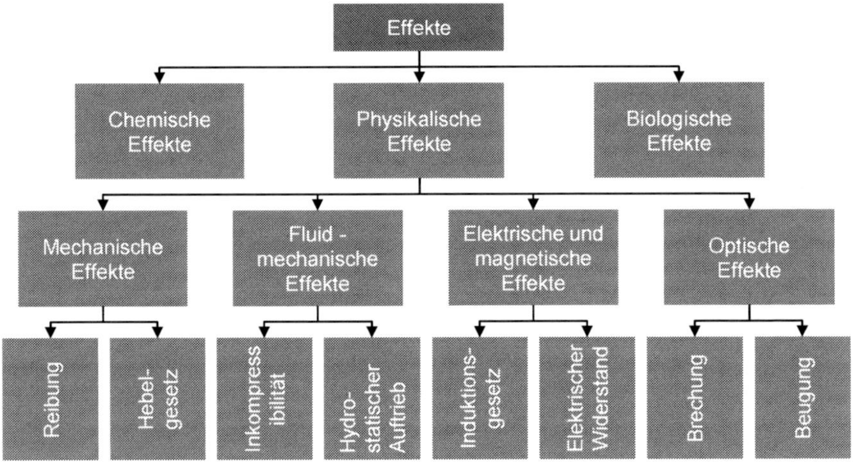

Abbildung 6: Effekte[84]

[77] Hubka und Eder 1988, S. 23f.
[78] Pahl et al. 2007, S. 43
[79] Pahl et al. 2007, S. 51f.
[80] Ehrlenspiel und Meerkamm 2014, S. 252
[81] Dieser Prozess wird als Synthese bezeichnet.
[82] Pahl et al. 2007, S. 52
[83] Borsdorf 2007, S. 43
[84] Borsdorf 2007, S. 43

2.1.2.3 Bauzusammenhang

Die Wirkstruktur bildet die Basis, um Bauteile, Baugruppen und daraus das gesamte technische Gebilde physisch auszugestalten. Die Transformation eines Entwurfs über die Funktions- Wirk- bis hin zur Baustruktur ist dabei die Disziplin der Produktarchitekturgestaltung (vgl. 2.1.2.5). Der Bauzusammenhang gliedert das gesamte technische Gebilde also in bauliche Elemente. Hierbei ist entscheidend, dass bei der Ausgestaltung dieser Aufgabe die Notwendigkeiten der Fertigung und Montage Berücksichtigung finden.[85] Die besondere Bedeutung der stofflichen und geometrischen Produktmerkmale wurde hierzu bereits herausgestellt. Die in diesem Zusammenhang wichtige Betrachtung des Toleranzmanagements erfolgt in 2.2.

2.1.2.4 Systemzusammenhang

Systemtheoretische Ansätze gehen auf die Arbeiten von SHANNON, WIENERS und BAERTALANFFYS zurück, die in ihren Arbeiten das Denken in technischen Systemen erörtern.[86] [87] Das Systemdenken ist nach HABERFELLNER als Denkweise aufzufassen, *„die es ermöglicht, komplexe Erscheinungen* [...] *besser verstehen und gestalten zu können"*[88]. EHRLENSPIEL und MEERKAMM unterstreichen ergänzend die Varianz an Elementen mit unterschiedlichen Eigenschaften, die durch Beziehungen miteinander verknüpft sind[89]. DAENZER abstrahiert und ordnet diese Beziehung weit vor EHRLENSPIEL und MEERKAMM und gliedert Systeme in Subsysteme, wobei die Subsysteme durch die Ein- und Ausgangsgrößen miteinander in Verbindung stehen. Durch die Verbindung der Subsysteme erhält das Gesamtsystem seine Struktur.[90] PAHL et al. nutzt diese Gedanken, um genau dieses Zusammenspiel aus Subsystemen, die eigene technische Teilfunktionen abbilden, Umgebungsstörgrößen und dem Menschen zu beschreiben, vgl. Abbildung 7.[91]

[85] Pahl et al. 2007, S. 56
[86] Ehrlenspiel und Meerkamm 2014, S. 19
[87] Ropohl 2009, S. 72
[88] Haberfellner und Daenzer 1997, S. 4
[89] Ehrlenspiel und Meerkamm 2014, S. 21
[90] Daenzer 1976, S. 11
[91] Pahl et al. 2007, S. 56

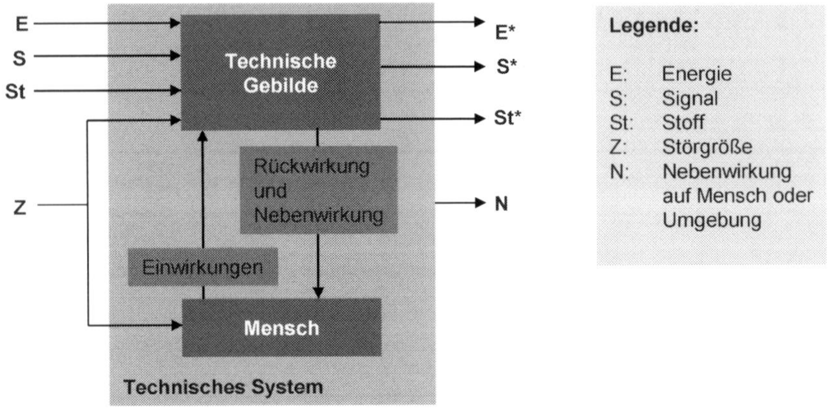

Abbildung 7: Das Produkt als technisches System in Interaktion mit Mensch und Umgebung[92]

Er unterscheidet dabei verschiedene Wirkzusammenhänge, die über die gewollten Zweckwirkungen des Systems hinausgehen[93] (vgl. Tabelle 1). Der Systemzusammenhang beschreibt also auf Basis des Systemverständnisses das Produkt in seiner Interaktion mit dem Menschen und der Umwelt.

Tabelle 1: Wirkzusammenhänge

Zweckwirkung	Funktionale (gewollte) Wirkung als gewünschtes Ergebnis im Sinne der Nutzung.
Einwirkung	Funktionale Beziehung als Handlung des Menschen im technischen System.
Rückwirkung	Funktionale Beziehung des technischen Gebildes auf den Menschen oder auf ein anderes technisches Gebilde.
Störwirkung	Funktionale, nicht gewollte/ unerwünschte Einflüsse von außen auf das technische System, technische Gebilde oder den Menschen, die die Funktionserfüllung beeinträchtigen oder erschweren.
Nebenwirkung	Funktionale unerwünschte und unbeabsichtigte Wirkung des technischen Gebildes bzw. Systems auf den Menschen und auf die Umgebung.

2.1.2.5 Produktarchitektur

Um ein besseres Verständnis über den Zusammenhang zwischen Funktions-, Bau- und Systemstrukturen zu bekommen, ist es wichtig den Begriff der Produktarchitektur genauer zu betrachten.

ULRICH definiert den Begriff der Produktarchitektur als „*the scheme by which the function of a product is allocated to physical components*"[94] und schafft damit den Brückenschlag zwischen dem Funktions- und Bauzusammenhang. PAHL et al. lehnt sich an die Ausführung an und bezeichnet die Produktarchi-

[92] Pahl et al. 2007, S. 56

[93] Pahl et al. 2007, S. 57

[94] Ulrich 1992, S. 1. (Sinnhafte Übersetzung aus dem Englischen: „Die Ordnung, die die Funktion als physische Komponenten abbildet.)

tektur als „*das Beziehungsschema zwischen Funktionsstruktur eines Produktes und seiner physikalischen Struktur, also der Baustruktur*“ [95] und liefert damit zugleich die deutsche Definition des Verständnisses nach ULRICH. Dabei wird die physikalische Struktur auch als Produktstruktur verstanden[96]. Darüber hinaus lanciert PAHL et al. „*die Produktarchitektur wird definiert durch die Funktionsstruktur, die Produktstruktur sowie die Transformationsbeziehung zwischen diesen beiden Strukturen*“ [97].

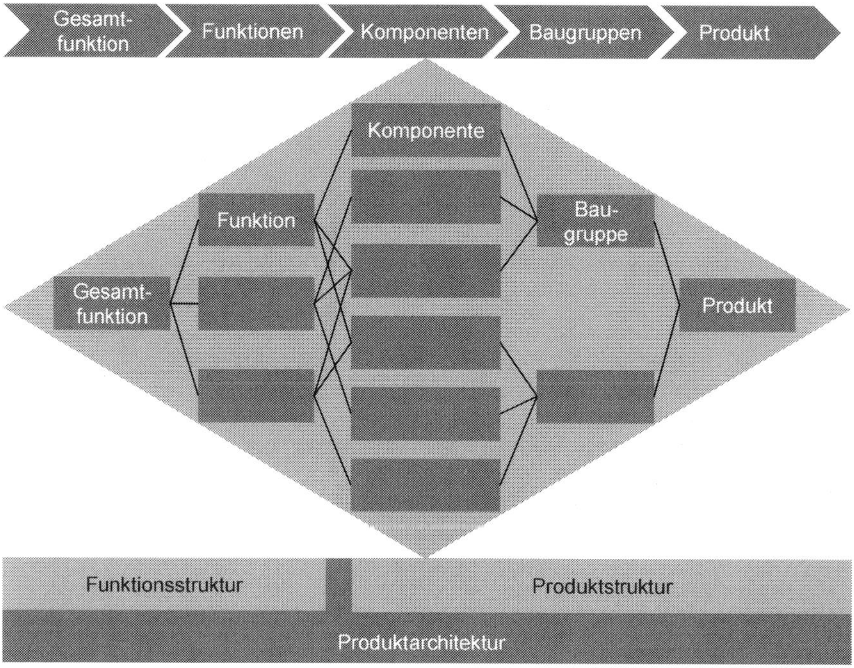

Abbildung 8: Produktarchitektur[98]

Abbildung 8 verdeutlicht den Zusammenhang zwischen Funktions- und Produktstruktur, die aggregiert die Produktarchitektur bilden. Die Produktarchitektur schafft Transparenz darüber, wie die Funktionen in den Komponenten und Baugruppen im Produkt verteilt sind, wo zwischen physischen Elementen der Produktstruktur funktionale Schnittstellen bestehen und welche Funktionen redundant sind.[99] Dabei wird als Schnittstelle die physische Beziehung zwischen den Komponenten eines Produktes verstanden[100]. In Anlehnung an ROTH, PAHL und KOLLER stellt GRADY drei Medien heraus, die über diese Schnittstellen übertragen werden, Energie, Informationen und Materien (vgl. 2.1.2.1), wobei diese z. B.

---

[95] Pahl et al. 2006, S. 684
[96] Pahl et al. 2013, S. 255f.
[97] Pahl et al. 2013, S. 256
[98] Pahl et al. 2013, S. 257
[99] Pahl et al. 2013, S. 265
[100] Ulrich 1992, S. 41f.

in Form von Schrauben, Flüssigkeitsleitungen oder elektrischen Kabeln in Erscheinung treten können.[101] Der Transformationsprozess von der Funktionsstruktur zur Produktstruktur ist dabei als Prozess der Produktarchitekturgestaltung definiert[102]. Hierbei können drei übergreifende Gestaltungsziele für den Prozess der Produktarchitekturgestaltung unterschieden werden[103]:

1. Technische und ökonomische Gestaltungsziele: Die technische Gestaltung hat das Ziel, sowohl technische Lösungen als auch Komponenten und Baugruppen mit dem Fokus auf eine kostengünstige Realisierung zu beschreiben und physisch auszugestalten. Zudem werden Auswirkungen auf den Herstellungs- und Montageprozess gestalterisch berücksichtigt. Ziel ist es bei der Gestaltung durch Wiederverwendung von Wissen, Komponenten und Prozessen, Technologien und Personen Entwicklungszeiten und –kosten zu reduzieren.
2. Variantenorientierte Gestaltungsziele: Dieses übergeordnete Ziel verfolgt die Absicht schneller mit mehr Produkten am Markt vertreten zu sein.
3. Organisatorische Gestaltungsziele: Hier wird das Ziel verfolgt, Aufgabenumfänge abzugrenzen, um eine klare Verantwortungszuweisung der Arbeiten an Lieferanten oder interne Organisationseinheiten zu definieren.

Für das weitere Verständnis in dieser Arbeit seien noch zwei grundsätzliche Typen von Produktarchitekturen unterschieden. Die modulare und die integrale Produktstruktur. Die modulare Bauweise zeichnet sich durch funktional und physisch relativ unabhängige, abgeschlossene Einheiten aus[104]. Dagegen manifestiert sich die integrale Bauweise durch eine hohe funktionale und physische Abhängigkeit ihrer Komponenten[105]. Die Vorteile der modularen Produktarchitektur sind sowohl in der Entwicklung, der Produktion und in der Produktnutzung aufgrund folgender Effekte spürbar: Wiederverwendung, Austauschbarkeit, Erweiterbarkeit, Standardisierbarkeit, Prüfbarkeit und Kombinierbarkeit von Modulen. Dagegen stehen zahlreiche Nachteile wie eine aufwändigere Konstruktion oder fehlende Produktintegrität bzw. Differenzierbarkeit. Die Vor- und Nachteile gelten genau umgekehrt für die integrale Bauweise. Hierzu sei auf weiterführende Literatur verwiesen, vgl. PAHL et al.[106].

2.1.3 Produktentwicklung und Produktentstehungsprozess (PEP)

In den vorangegangenen Ausführungen wurde geschildert, wie auf vier Ebenen Produktmerkmale über die Funktionsstruktur, die Wirkstruktur, die Baustruktur und schließlich die Systemstruktur beschreibbar sind. Die Produktarchitektur schafft dabei den Brückenschlag zwischen der Funktions-, Wirk- und physischen Baustruktur und hat aus Prozesssicht die Aufgabe, den Transformationsprozess von Funktionen zu physischen Bauteilen hinsichtlich drei o.g. zentraler Gestaltungsziele zu realisieren. Über die Gestaltungsziele von Produktarchitekturen hinaus müssen weitere Anforderungen bei der Entwicklung und Herstellung von Produkten ergänzend berücksichtigt werden. Aus der übergreifenden Unternehmensstrategie lassen sich Unternehmensziele ableiten, die wiederum in Form von Subzielen und Maßnahmen operationalisiert werden können[107]. Diese sowohl strategischen als auch operativen Ziele

---

[101] Grady 1993, S. 271
[102] Göpfert 1998, S. 73ff.
[103] Schillings et al. 2009, S. 254
[104] Pahl et al. 2013, S. 257
[105] Pahl et al. 2013, S. 263
[106] Pahl et al. 2013, S. 261f.
[107] Gerybadze 2004, S. 107

manifestieren sich durch interne und externe Anspruchsgruppen.[108] GAUSEMAIER und FINK stellen die Anspruchsgruppen genau in diesem Kontext für die Produktentwicklung dar, hierzu zählen insbesondere Zulieferer, Gewerkschaften, Normen, Kapitelgeber, der internationale Wettbewerb aber auch Verbände und Politik[109]. PONN und LINDEMANN differenzieren in diesem Zusammenhang für die Entwicklung von Produkten kontextbezogene externe Einflussbereiche (u.a. Zulieferer, Wettbewerb, Gesellschaft, Politik) als auch interne Einflussbereiche (u.a. Produkte, Organisation, Wissensmanagement)[110].

Um den Prozess der Entwicklung und Herstellung von Produkten in Berücksichtigung der verschiedenen Interessensgruppen und Ziele erfolgreich abzuschließen, bedarf es planungsorientierter Vorgehensweisen. Im Folgenden soll ein ablauforientierter Ordnungsrahmen von Prozessen nach FALLBÖHMER vorgestellt werden, der dieser Arbeit als Basis dient. Dieser Ordnungsrahmen umfasst die Prozesse der Produktentstehung, die wiederum in die Prozesse der Produktentwicklung und Produktherstellung gegliedert sind.[111] In diesem Abschnitt sollen die Aufgaben der Subprozesse der Produktentwicklung näher vorgestellt werden. Die Aufgaben der Produktherstellung werden im Teilkapitel 2.1.4 näher erläutert. LINNER definiert die Produktentwicklung als einen Prozess zur Erreichung der Serienreife eines Produktes, der mit der finalen Produktionsfreigabe abschließt[112]. BÜRGEL et al. definiert die Produktentwicklung als Prozess zur Erstellung u.a. neuer Produkte unter Verwendung wissenschaftlicher oder technischer Erkenntnisse[113]. Ergänzend schließt sich die Definition von LINDEMANN et al. an, der die Produktentwicklung als einen Unternehmensprozess charakterisiert, *„in dem funktionsfähige und produzierbare Produkte als Ergebnis entstehen“* [114].

Der Begriff der Produktentwicklung soll in dieser Arbeit daher als ein interdisziplinärer Prozess verstanden werden, der auf Basis eines systematischen Vorgehens, unter der Verwendung von Wissen und Methoden sowie Modellen und Hilfsmitteln zur Entwicklung eines herstellbaren Produktes führt. Dieses Verständnis geben auch die in der Literatur zur Produktentwicklung existierenden Arbeiten und Leistungen wieder.

Nach FALLBÖHMER umfasst die Produktentwicklung die drei zentralen Schritte Produktplanung, Konstruktion und Arbeitsvorbereitung. Wird die Produktentwicklung um die Produktherstellung erweitert, so wird in der wissenschaftlichen Literatur von Produktentstehung gesprochen[115]. Im Folgenden werden zum Verständnis der Arbeit die drei Schritte der Produktentwicklung näher erläutert (vgl. Abbildung 9).

---

[108] Schuh und Kampker 2011, S. 7
[109] Gausemeier und Fink 1996, S. 28–29
[110] Ponn und Lindemann 2008, S. 8
[111] Fallböhmer 2000, S. 3
[112] Linner 1995, S. 8
[113] Bürgel et al. 1996, S. 9ff.
[114] Ponn und Lindemann 2008, S. 30
[115] Fallböhmer 2000, S. 3

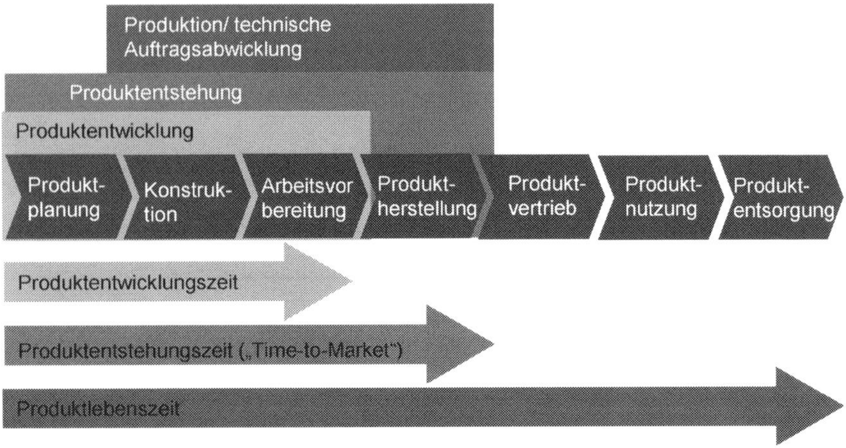

Abbildung 9: Produktentstehungsprozess[116]

2.1.3.1 Produktplanung

In der VDI Richtlinie 2220 „Produktplanung" wird die Produktplanung als der Prozess verstanden, der durch die Vorgaben der Unternehmensziele motiviert und geleitet, systematisch zukunftsträchtige Produktideen hervorbringt und diese weiter verfolgt[117]. Nach FALLBÖHMER umfasst die Produktplanung zusätzlich *„alle Aufgaben, die marktbezogen zur Festlegung des Gestaltungsrahmens für ein herzustellendes Produkt gehören und die zur Abwicklung der Produktentwicklung organisatorisch erforderlich sind"*[118]. GROTE und FELDHUSEN verstehen als Kernergebnis der Produktplanung die Identifikation einer Produktidee, die mit der Initiierung eines Entwicklungsauftrags auf Basis einer Anforderungsliste endet[119]. Nach SEIDEL umfasst die Produktplanung *„diejenigen Tätigkeiten der frühen Phasen des Innovationsprozesses, die auf Basis strategischer Vorgaben die wesentlichen Eigenschaften eines zukünftigen Produktes festlegen"*[120]. Für diese Arbeit soll festgehalten werden, dass die Produktplanung Produktideen hinsichtlich marktbezogener Anforderungen und Unternehmensziele hervorbringt und darüber hinaus zum einen die wesentlichen Produkteigenschaften festgelegt, zum anderen diese in einer Anforderungsliste formalisiert werden. Diese Liste gibt schließlich gemeinsam mit dem Entwicklungsauftrag die Initialzündung für den weiteren Produktentstehungsprozess.

2.1.3.2 Konstruktion

ARNOSCHT analysiert die verschiedenen ablauforientierten Phasen der Konstruktionsprozesse von KOLLER[121], PAHL et al.[122], RODENACKER[123] sowie ROTH[124] und stellt fest, dass sich diese stark ähneln

[116] Fallböhmer 2000, S. 3
[117] VDI2220, S. 2
[118] Fallböhmer 2000, S. 3
[119] Pahl et al. 2013, S. 302
[120] Seidel 2005, S. 10
[121] vgl. Koller 1998
[122] vgl. Pahl et al. 2007
[123] vgl. Rodenacker 1991
[124] vgl. Roth 1994b

und hauptsächlich in der Trennung der Phasen unterscheiden[125] [126]. U.a. aus den von ARNOSCHT analysierten Arbeiten und deren Autoren sowie aus den Arbeiten von EHRLENSPIEL[127] und HUBKA[128] ist nach FALLBÖHMER unter dem Bestreben der Vereinheitlichung die Konstruktionsmethodik nach VDI 2221 (1973) und VDI 2222 (1993) hervorgegangen[129]. Die Konstruktionsmethodik nach VDI Richtlinie 2221 gilt in der Praxis und Literatur als eine anerkannte allgemeine Methodik zum Entwickeln und Konstruieren technischer Systeme sowie zum Strukturieren von Entwicklungsprozessen[130] [131], die sich in insgesamt sieben Arbeitsschritte mit konkreten resultierenden Arbeitsergebnissen gliedern lässt[132]. Die VDI Richtlinie wurde in einem VDI Arbeitsausschuss erarbeitet, in der eine Vielzahl renommierter Konstruktionswissenschaftler (s.o.) und leitende Industriekonstrukteure vertreten waren und stellt einen allgemeinen Vorgehensplan, genauso wie Einzelmethoden zum Konzipieren technischer Systeme[133] dar, die mit den in diesem Kapitel dargestellten Grundlagen konsistent sind.

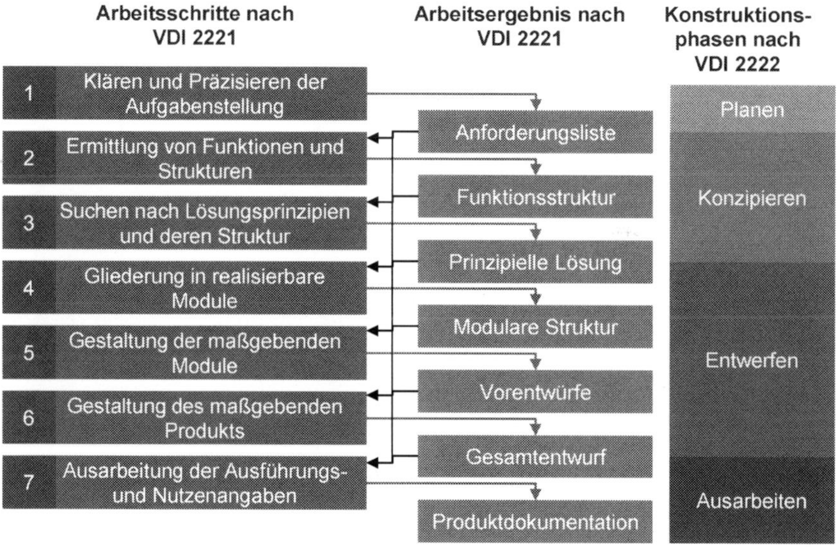

Abbildung 10: Phasenmodelle des Konstruktionsvorgehens[134]

Das Vorgehen nach VDI 2221 ist weder als starr noch als unidirektional vorgegeben, sondern stellt einen Ordnungsrahmen dar, der hochiterativ ist und bei dem Einzelschritte je nach Konstruktionsfall

[125] Arnoscht 2011, S. 48–49
[126] Die vier Phasen der VDI-Richtlinie 2222, Produktplanung, Konzipieren, Entwerfen und Ausarbeiten, geben diese inhaltlich aggregiert sehr gut wieder.
[127] vgl. Ehrlenspiel 1995
[128] vgl. Hubka 1976
[129] Fallböhmer 2000, S. 9
[130] Fallböhmer 2000, S. 9
[131] Ehrlenspiel und Meerkamm 2014, S. 331
[132] VDI2221, S. 9
[133] Pahl et al. 2005, S. 21
[134] Borsdorf 2007, S. 12

übersprungen oder wiederholt werden müssen[135]. Die Konstruktionsfälle werden in der VDI 2222 in Neu-Konstruktion, Varianten-Konstruktion sowie Anpassungskonstruktion unterschieden[136]. Die Eigenschaften der Konstruktionsarten beschreibt EHRLENSPIEL et al. (vgl. Abbildung 11). Insbesondere die ersten vier Schritte der VDI 2222 werden im Wesentlichen nur bei Neukonstruktionen durchlaufen[137].

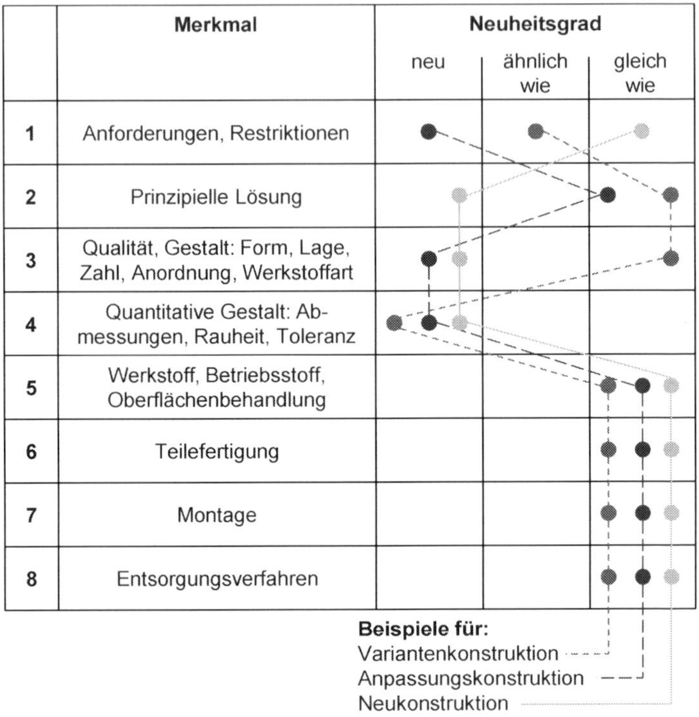

Abbildung 11: Differenzierungsmerkmale von Konstruktionstypen[138]

Die sieben Einzelschritte nach VDI 2221 lassen sich den vier Phasen nach VDI 2222 dem Planen, Konzipieren, Entwerfen und Ausarbeiten zuordnen[139]. Im Folgenden sollen die Phasen und die zugehörigen Arbeitsschritte mit Bezug zu den Phasen nach VDI 2221 kurz erläutert werden, da sie grundlegend für diese Arbeit sind.

Planung (Phase 1 von 4 nach VDI 2222)

---

[135] Ehrlenspiel und Meerkamm 2014, S. 332
[136] Norm VDI 2222, S. 8
[137] Ehrlenspiel 2014, S. 332
[138] Ehrlenspiel 2014, S. 270
[139] Eversheim 1996, S. 97

Mit dem ersten Schritt der VDI Richtlinie 2221 „Klären und Präzisieren der Aufgabenstellung" beginnt das Konzipieren auf Basis eines Entwicklungsvorschlags bzw. -auftrags und bringt als Ergebnis eine Anforderungsliste hervor (vgl. 2.1.3.1). Diese Anforderungsliste kann als eine Detaillierung der Produktidee verstanden werden, die weitere Anforderungen umfassen kann, welche i.d.R. strukturiert und gewichtet werden. Anforderungen werden dabei als qualitative und/ oder quantitative Festlegungen von Eigenschaften oder Bedingungen für ein Produkt verstanden.[140] Die Anforderungsliste ist ein Medium, welches eine Durchgängigkeit der Markt- bzw. Kundenanforderungen und/ oder unternehmensinternen oder weiteren Anforderungen und Vorstellungen der Produktidee durch den Prozess der Produktentstehung anstößt. Daher kommt dem Transformationsprozess u.a. von Kundenanforderungen in messbare technische Anforderungen, also in die Sprache des Ingenieurs, hohe Bedeutung zu, um einen hohen Kundenwert zu erzielen (vgl. 2.1.1).

Konzipieren (Phase 2 von 4 nach VDI 2222)

Im zweiten Schritt werden Funktionen und deren Strukturen ermittelt. Die VDI-Richtlinie versteht unter konstruktiv-methodischen Aspekten unter diesem Punkt des Konzipierens, insbesondere das Erarbeiten und Darstellen der Funktionen und der Funktions- sowie der Wirkstruktur, die aus der Anforderungsliste abgeleitet werden müssen.[141] Hierzu müssen wie in 2.1.2 beschrieben, Lösungsprinzipien und deren Strukturen erarbeitet werden (Schritt 3). Als Ergebnis des Konzipierens ergibt sich die prinzipielle Lösung des technischen Systems.[142] Entscheidend ist, dass in dieser Phase durch die Gestaltung der Produktfunktionen und weiteren Detaillierungen Restriktionen festgelegt werden, die indirekt Einfluss auf die Werkstoff- und Technologieauswahl nehmen können[143]. Dabei ist die erarbeitete prinzipielle Lösung jedoch noch abstrakt und die Gestalt steht nicht im Vordergrund, jedoch bringt diese Phase als erstes Ergebnis Schemata, Handskizzen und grobmaßstäbliche Zeichnungen hervor[144]. Das Ergebnis als Konzept ist dabei als Lösungsidee beschreibbar[145].

Entwerfen (Phase 3 von 4 nach VDI 2222)

Das Ziel der Entwurfsphase ist es, *„das qualitativ funktionierende Produkt aus der Prinziplösung in ein quantitativ funktionsfähiges und fertigbares technisches Gebilde zu überführen"* [146]. Das Entwerfen als dritte Phase im Konstruktionsprozess nach VDI 2222 beginnt mit dem vierten Arbeitsschritt der Richtlinie VDI 2221 „Gliedern in realisierbare Module", in dem die Teilfunktionen und deren prinzipielle Lösungen hinsichtlich verschiedener Zielgrößen bereits in Module gegliedert werden (vgl. auch 2.1.2.5). Das Ergebnis ist die Strukturierung in Hauptfunktionsträger[147]. An diesen Schritt schließt sich das „Gestalten der maßgebenden Module an", was das Gestalten von Teilsystemen umfasst (Schritt 5). In der Regel wird hierbei auf bewährte Lösungen oder Änderungskonstruktionen zurückgegriffen und die Gestaltung nur so weit detailliert, bis erste Investitionsentscheidungen getroffen werden können.[148] Charakteristisch für diesen Schritt ist, dass zwischen Integral- und Differenzialbauweise unterschieden

[140] VDI2221, S. 25–39
[141] VDI2221, S. 25–40
[142] VDI2221, S. 40
[143] Ehrlenspiel 1995, S. 206
[144] Ehrlenspiel 2014, S. 264
[145] Ehrlenspiel 2014, S. 265
[146] Fallböhmer 2000, S. 9
[147] VDI2221, S. 18
[148] VDI2221, S. 25–26

wird (vgl. 2.1.2.5), erste Verbindungsverfahren festgelegt werden sowie die Werkstoffe und Fertigungsart der Teilsysteme festgelegt werden.[149] Im sechsten Schritt werden Teilsysteme über Schnittstellen konkreter verknüpft und i.d.R. dabei die technischen Konzepte für die Teilsysteme angepasst bzw. erweitert.[150] Hierzu gehört die Festlegung und Detaillierung der Verbindungsverfahren durch Form, Abmessungen und Toleranzen[151].

Als Resultat ergeben sich diverse Vorentwürfe, die immer wieder hinsichtlich ihrer Wirtschaftlichkeit bewertet werden müssen. Die geometrischen und stofflichen Merkmale eines Produktes in Form von ein oder mehreren maßstäblichen Entwurfszeichnungen inklusive der Stückliste sind hierbei das Ergebnis zahlreicher Iterationen aus Optimierung von Entwürfen und wirtschaftlichen Bewertungen[152].

Ausarbeiten (Phase 4 von 4 nach VDI 2222)

Im siebten und letzten Schritt der Konstruktionsmethodik werden die Ausführungs- und Nutzungsangaben ausgearbeitet. Hierbei werden Detaillierungsarbeiten geleistet, die eine finale Investitionsentscheidung möglich machen und im positiven Fall in der Festlegung von Bauangaben enden. Mit Letzterem ist die verbindliche Festlegung aller Einzelheiten der Beschaffenheit und Nutzung eines Produktes aufgrund der Anforderungsliste gemeint. Das Ergebnis ist also die Produktdokumentation.[153] Diese Produktdokumentation umfasst die Einzelteil-, Gruppen- und Gesamtzeichnungen, die Stücklisten, Fertigungs-, Montage, Prüf- und Transportvorschriften, Betriebsanleitungen und Benutzerhandbücher.[154]

Es sei angemerkt, dass durch den Konstruktionsprozess zahlreiche Restriktionen bereits früh festgelegt werden, die sowohl die Fertigung, die Logistik als auch die Montage maßgeblich restriktiv beeinflussen. Zu diesem Zweck sind zahlreiche organisatorische Ansätze entwickelt worden, die dem Konstrukteur in dem Produktentwicklungsprozess interdisziplinäre Unterstützung geben, das Wirken seiner Ideen und Entscheidungen für Fertigung, Logistik und Montage abzusehen. Hierzu sei auf das Teilkapitel 2.1.4 „Integrierte Produkt- und Prozessentwicklung“ verwiesen. Zudem unterstützen zahlreiche Einzel- und Konstruktionsmethoden den allgemeinen Konstruktionsprozess auch inhaltlich.

Um die Lösungssuche bei der Konstruktion zu vereinfachen, werden häufig Konstruktionskataloge verwendet. Konstruktionskataloge sind Wissensspeicher, die meist in tabellarischer Form vorliegen und nach methodischem Wissen erstellt werden sowie weitestgehend vollständig und systematisch gegliedert sind[155]. Lösungskataloge sind dabei eine Unterform von Konstruktionskatalogen, die ein annährend vollständiges Spektrum von Lösungen für Aufgaben in verschiedenen Phasen der Konstruktion bieten. Z.B. können Funktionssätzen Lösungen von Funktionen zugeordnet werden oder Funktionen dazugehörige Effekte und den Effekten Effektträger sowie den Effektträgern wiederum notwendige Struktur- und Konturelemente.[156] Eine besondere Bedeutung hierbei kommt den Elementarlösungen zu, aus denen

---

[149] VDI2221, S. 18
[150] VDI2221, S. 26
[151] VDI2221, S. 18
[152] Fallböhmer 2000, S. 9–10
[153] VDI2221, S. 26 und S. 39
[154] Fallböhmer 2000, S. 10
[155] Roth 1994a, S. 421
[156] Roth 1994a, S. 423

sich übergeordnete Aufgaben durch Zusammensetzen lösen lassen.[157] Damit unterstützen Konstruktionskataloge den hier dargestellten Konstruktionsprozess phasenspezifisch.[158] In Anlehnung an die VDI Richtlinie 2222, die sich auch mit dem Aufbau von Konstruktionskatalogen befasst, stellt ROTH folgende Anforderungen an Konstruktionskataloge dar, um diese, anders als bei unverbindlichen Lösungssammlungen, verbindlich und möglichst vielseitig einsetzbar zu gestalten[159].

1. Schneller Informationszugriff und Benutzerfreundlichkeit.
2. Angepasst an den Konstruktionsablauf und unter Berücksichtigung von konstruktionsmethodischen Gesichtspunkten und Verfahren sowie in sich widerspruchsfrei.
3. Erweiterungsfähig, systembeständig sowie im Detail änderbar.

Über die unverbindliche Sammlung und verbindliche Systematisierung von Lösungen hinaus, werden in der Literatur unter dem Begriff Konstruktionskataloge häufig auch Maschinenelemente, Normteile, Werkstoffe oder Zukaufteile zusammengefasst. Solche Kataloge liegen also in vielfältiger Form vor, z.B. in Form von Fach- und Handbüchern, Firmenkatalogen, Prospektsammlungen oder Normhandbüchern.[160] Weitere systematische Leitfäden zur fertigungsgerechten und montagegerechten Produktgestaltung finden sich in BOOTRHROYD et al. „Product Design for Manufacture and Assembly“[161] sowie BRALLA „Handbook of Product Design for Manufacture”[162].

2.1.3.3 Arbeitsvorbereitung

Die Arbeitsvorbereitung ist nach der Produktplanung und der Konstruktion der letzte Schritt der Produktentwicklung. Die Arbeitsvorbereitung lässt sich nach EVERSHEIM sowie SCHLICK grundsätzlich in die Disziplinen der Arbeitsplanung sowie der Arbeitssteuerung unterteilen[163 164 165]. In der Arbeitsplanung wird festgelegt, was, wie und womit hergestellt werden soll, wohingegen in der Arbeitssteuerung festgelegt wird, wie viel, wann, wo und durch wen etwas hergestellt werden soll[166]. Beide Disziplinen unterscheiden sind grundsätzlich dadurch, dass die Arbeitsplanung eine einmalig auftretende Planungsmaßnahme ist, welche die fertigungs- und montagegerechte Herstellung der Produkte absichert und die Arbeitssteuerung[167] alle Planungsfragen löst, die für die Abwicklung eines Fertigungsauftrags notwendig sind[168 169].

---

157 Roth 1994a, S. 1
158 Pahl et al. 2007, S. 152 f.
159 Roth 1994a, S. 2
160 Pahl et al. 2007, S. 150 f.
161 Boothroyd et al. 1994
162 Bralla 1986
163 Eversheim 1989b, S. 2
164 Schlick 2010, S. 458
165 Eversheim in: Brankamp 1975, S. 602
166 Eversheim 1989b, S. 2
167 Die Arbeitssteuerung erfolgt nicht einmalig, sondern wiederholend.
168 Eversheim 1989b, S. 2
169 Eversheim in: Brankamp 1975, S. 602

Die für diese Arbeit zentral wichtige Arbeitsplanung produziert im Ergebnis u.a. die Fertigungsstückliste[170]. In der Arbeitsplanung werden aber auch die Fertigungsmittel festgeschrieben und die Planung der Arbeitsvorgänge, die Ermittlung der Vorgabezeiten, die Kostenplanung, die Methoden- und Investitionsplanung sowie die Materialplanung durchgeführt[171] [172].

Anders als in EVERSHEIM festgehalten[173] wird nach REFA[174] die Arbeitsplanung weiter in Arbeitsablaufplanung und Arbeitssystemplanung gegliedert[175]. Die Kernaufgabe der Arbeitsablaufplanung ist u.a. die Definition von Arbeitsvorgängen, die Erstellung der Arbeitsvorgangsbeschreibung inkl. notwendiger Werkzeuge und Vorrichtungen, die Festlegung der Arbeitsvorgangsreihenfolgen sowie die Ermittlung von Vorgangs- bzw. Vorgabezeiten für Betriebsmittel und Menschen[176] (vgl. Tabelle 2).

Tabelle 2: Aufgaben der Arbeitsablaufplanung[177]

Aufgaben	**Tätigkeiten**
Stücklistenverwaltung	• Erstellen von Fertigungs- und Montagestücklisten
Arbeitsplanerstellung	• Auswahl des Ausgangsteils • Fertigungsmittelauswahl • Arbeitsvorgangsfolgen
Zeitplanung	• Vorgabezeitermittlung
NC-Programmierung	• Erzeugen und Verwalten von Steuerungs-programmen
Prüfplanung	• Erstellen von Prüfplänen und Prüfanweisungen
Kostenplanung	• Kalkulationen • Kostenberechnung • Verfahrensvergleich • Wirtschaftlichkeitsvergleich
Materialplanung	• Bestandsplanung • Beschaffungsplanung • Bereitstellungsplanung

Die Arbeitssystemplanung enthält dagegen eher langfristige Aufgaben, die ausgehend von der Unternehmensstrategie im Rahmen der Fabrikplanung den Standortplan erstellt, welcher ebenfalls die Produkt- und Produktionsstruktur darstellt. Im Sinne einer top-down Planung erfolgt davon abgleitet produktübergreifend die Fertigungsmittelplanung, die Fertigungsmittelbedarfe festlegt sowie die Planung der Personal- und Organisationsstruktur und die Planung des Materialflusssystems. Die einzelnen Aufgaben der Arbeitssystemplanung sind in Tabelle 3 dargestellt[178].

[170] Schlick 2010, S. 458
[171] Eversheim 1989b, S. 2
[172] Eversheim in: Brankamp 1975, S. 602
[173] vgl. Eversheim in: Brankamp 1975, S. 602–604
[174] REFA: Verband für Arbeitsgestaltung, Betriebsorganisation und Unternehmensentwicklung in Deutschland
[175] Feldhusen und Grote 2004, S. 107
[176] Feldhusen und Grote 2004, S. 105–106
[177] Feldhusen und Grote 2004, S. 107
[178] Feldhusen und Grote 2004, S. 107

Tabelle 3: Aufgaben der Arbeitssystemplanung[179]

Aufgaben	**Tätigkeiten**
Flächen- und Standortplanung	• Standortplanung • Generalbebauungsplanung • Layoutplanung
Fertigungsmittelplanung	• Bearbeitungs- und Anlagenprofil ermitteln
Arbeitsplatzgestaltung	• Gestaltung von Arbeitsplätzen nach ergonomischen Richtlinien
Personal- und Organisationsplanung	• Festlegung der Qualifikationsprofile • Planung der organisatorischen Strukturen
Materialfluss- und Logistikplanung	• Anordnung der Lager • Analyse des betrieblichen Materialflusses • Auslegen der Transporteinrichtungen
Investitionsplanung	• Verfahrensvergleiche • Wirtschaftlichkeitsvergleiche

Um die Aufgaben der Fertigungs- und Montageplanung zu ergänzen und über die Klassifizierung der Planungsaufgaben nach REFA hinaus das Verständnis über die Aufgaben und Ziele der Planung von Fertigung und Montage zu erweitern, werden weitere Ausführungen ergänzend betrachtet.

Die Arbeitsvorbereitung kann heute nicht mehr trennscharf von den vorhergehenden Prozessen der Produktentwicklung gesehen werden, da die Fertigungsmittel und Montagevorgänge aus Kosten- oder Zeitgründen häufig schon während der Produktplanung und Konstruktion zwingend antizipiert und berücksichtigt werden müssen. Daher wird in dieser Arbeit die integrierte Produkt- und Prozessplanung gesondert im folgenden Teilkapitel betrachtet (vgl. 2.1.4).

2.1.4 Integration von Produkt- und Prozessentwicklung

Die verfügbaren Technologien und Ressourcen sowie die individuellen Fähigkeiten und Möglichkeiten eines Unternehmens und dessen Netzwerk zur Herstellung eines Produktes sind bei der Entwicklung von Produkten stets maßgeblich beeinflussende und restriktive Faktoren unter den Kosten- sowie Zeitrahmen, als auch den Qualitätsanforderungen in Produktentstehungsprojekten.[180] Daher und aufgrund der Vielzahl an Möglichkeiten zur Lösung einer Fertigungsaufgabe zur Produktherstellung bedarf es einer Planungssystematik[181] sowie einer kritischen Reflektion der Produktentwürfe aus Sicht der Montage und Fertigung[182]. Motiviert durch diese Notwendigkeit wurden bereits zahlreiche Ansätze entwickelt, die den Konstrukteur durch das Erfahrungswissen verschiedener komplementärer Disziplinen (u.a. Prozessplaner und Technologieexperten) während der Produktentwicklung unterstützen, um sein individuelles und umfangreiches Wissen zu ergänzen. Damit wurden im Sinne einer integrierten Produkt- und Prozessgestaltung Beiträge geleistet, die Time-to-Market zu verkürzen, die Entwicklungs- und Herstellungskosten zu reduzieren und die Produktqualität ganzheitlich im Produktentstehungsprozess zu verbessern. Diese Ziele verfolgt zum Beispiel die integrierte und zeitlich parallele Produkt- und Prozessgestaltung, die unter dem Begriff Simultaneous Engineering (SE) bekannt und verbreitet ist.[183]

---

179 Feldhusen und Grote 2004, S. 107
180 Bralla 1986, S. 5 f.
181 Brankamp 1975, S. 85
182 Boothroyd et al. 1994, S. 62
183 Eversheim und Schuh 2005, S. 8

Aufbauend auf Kapitel 2.1.1 bis 2.1.2 werden in Kapitel 2.1.4 zunächst die Begriffe der Produktion, Fertigung, Teilefertigung und Montage eindeutig definiert und ein für diese Arbeit grundlegendes Verständnis über Fertigung und Montage geschaffen. Des Weiteren werden Ansätze zur integrierten Produkt-und Prozessentwicklung vorgestellt. Abschließend werden die Aufgaben und grundlegende Ansätze der Beurteilung von Produkt- und Prozessgestaltungsansätzen im Produktentwicklungsprozess erläutert. Ziel dieses Teilkapitels ist damit über die Erläuterung von Grundlagen und die Definition von Begriffen hinaus, die wechselwirkenden Einflüsse zwischen der Fertigung und Montage mit der Produktgestaltung zu erörtern.

2.1.4.1 Fertigungs- und Montageplanung

Zunächst soll der Begriff der Produktion nach WEBER eingeführt werden, um diese von der Fertigung und Montage abzugrenzen. Die Produktion ist der „*betriebliche Umwandlungs- bzw. Transformationsprozess durch den aus den Einsatzgütern andere Güter oder Dienstleitungen erstellt werden*“[184]. Die Teilefertigung befasst sich dagegen ausschließlich mit der Herstellung von geometrisch bestimmten festen Körpern[185] und die Montage mit dem Zusammenbau von Teilen und/ oder Gruppen zu Erzeugnissen oder Gruppen höherer Erzeugnisebenen in der Fertigung[186]. Damit ist die Fertigung, die die Teilefertigung und Montage umfasst eine spezielle Form der Produktion[187].

Bevor die (Teile-)Fertigung- und Montageplanung[188] näher erörtert wird, ist es zwingend erforderlich den Begriff der Planung zu definieren. Die Planung ist die „*gedankliche Vorwegnahme des zukünftigen Geschehens durch systematische Entscheidungsvorbereitung*“. [189] [190] [191]

Beim Planen geht es also darum, Abläufe, Ereignisse und Situationen zu antizipieren und geeignete Handlungsopportunitäten bereitzuhalten, um systematisch und zielgerichtet Entscheidungen situationsabhängig zu treffen. Im Folgenden sollen die Aufgaben und Umfänge sowie die zeitliche Einordnung der Planung von Fertigung und Montage im Vordergrund stehen.

Die Planung der Teilefertigung und Montage wird im Kern durch die Arbeitsvorbereitung operativ festgelegt (vgl. 2.1.3.3). Dabei sind die Teilefertigung und Montage zwei getrennte Bereiche, die operativ stark vernetzt sind. Es ist wichtig zu unterstreichen, dass diese Planung nicht ausschließlich durch die Arbeitsvorbereitung als organisatorischer Unternehmensbereich und/ oder funktionale Disziplin festgelegt wird, sondern die Planung auch durch die weiteren, der Produktherstellung vorgelagerten Schritte und involvierten Unternehmensbereiche im Produktentwicklungsprozesses signifikant beeinflusst wird. Daraus resultiert dann die Forderung, dass die Arbeitsvorbereitung stets die Konstruktion hinsichtlich der fertigungs- und montagegerechten Gestaltung beraten muss, sowie die konstruktiven Planungsergebnisse kontrollieren sollte. [192] [193] [194]

[184] Weber et al. 2014, S. 9
[185] DIN8580, S. 4
[186] Kratzsch 2000, S. 4
[187] Dangelmaier 1999, S. 4
[188] Im weiteren Verlauf der Arbeit ist mit dem Begriff Fertigung die Teilefertigung gemeint, um das Verständnis beim Lesen zu vereinfachen.
[189] REFA 1985, S. 7
[190] Dangelmaier 1999, S. 6
[191] Kern et al. 1996, S. Zitiert nach Dangelmaier, S.6
[192] Brankamp 1975, S. 602–604
[193] Bralla 1986, S. 6
[194] Whitney 2004, S. 9 f.

Damit kann festgehalten werden, dass die Planung von Teilefertigung und Montage im Sinne der o.g. Begriffsklärung kein zeitlich terminierter Schritt innerhalb eines sequenziellen Vorgehens ist, sondern ein Prozess, der bereits spätestens in der Produktplanung und Konstruktion beginnt und bereichsübergreifend ausgeführt wird. Im Folgenden werden die Begriffe der Teilefertigung, der Montage und die Organisation von Fertigungs- und Montagesystemen in eigenen Absätzen detailliert erörtert.

Teilefertigung

Nach EVERSHEIM lassen sich bei der Planung der Fertigung[195] vier Objekte voneinander unterscheiden, die in der Planung festgelegt werden müssen und die Herstellung von Produkten befähigen. Zum einen die Fertigungsmittel, das Personal, die Infrastruktur (u.a. Gebäude und Flächen) sowie die Transport- und Lagermittel. Alle Objekte dienen der Transformation von Rohmaterialien zu Einzelteilen. Die Fertigungsmittel werden nach EVERSHEIM in Anlagen, Maschinen, Werkzeuge und Vorrichtungen gegliedert.[196] Dabei beschäftigt sich die Fertigungstechnik mit dem direkten Transformationsprozess eines Rohteils zu Zwischenzuständen bzw. Endzuständen[197].

Es ist hierbei für das Verständnis der Bedeutung der integrierten Produkt- und Prozessgestaltung im Rahmen dieser Arbeit äußerst relevant, dass die Merkmale eines Produktes nicht nur über die in der Konstruktion festgelegten werkstoffinhärenten Eigenschaften, sondern auch über die durch den Fertigungsprozess aufgeprägten Eigenschaften entscheidend beeinflusst werden[198]. Insbesondere die Fertigungshistorie, die die Überlagerung der fertigungstechnischen Prozesseinflüsse innerhalb einer Fertigungskette bezeichnet, kann maßgeblich die Produkteigenschaften beeinflussen[199]. Die zentrale Aufgabe der Fertigungsplanung ist es, anforderungsgerecht zu entscheiden, welche Einrichtungen im Sinne der o.g. Objekte bereitgestellt werden müssen und wie diese eingesetzt werden, um die Transformationsaufgabe bestmöglich zu erfüllen und damit einen signifikanten Beitrag zur Wirtschaftlichkeit des produzierenden Unternehmens zu leisten.[200]

Die oben beschriebene Transformationsaufgabe wird also durch das Zusammenspiel der vier o.g. Objekte realisiert und wird im Kern durch die Vernetzung von einzelnen Transformationsschritten, die durch Fertigungsverfahren abgebildet werden, umgesetzt. Dabei dienen Verfahren der Fertigungstechnik der Herstellung geometrisch bestimmter fester Körper[201]. Der Zustand eines Körpers lässt sich durch seine geometrischen und stofflichen Eigenschaften beschreiben. Durch die Fertigung werden die stofflichen und/ oder geometrischen Eigenschaften verändert.[202] Die Norm DIN 8580 unterscheidet die existierenden Fertigungsverfahren in sechs Hauptgruppen, wobei die Veränderung der Form eines Körpers dabei entweder durch das Vermehren, Vermindern, Beibehalten oder Schaffen von Zusammenhalt erzielt wird[203]. Die sechs Hauptgruppen der Fertigungsverfahren können im Sinne der Systemtheorie als die Funktionen, die die Transformation der Ein- und Ausgangsgrößen realisieren, verstanden werden.[204]

---

[195] Im Folgenden ist zur vereinfachten Darstellung mit dem Begriff Fertigung die Teilefertigung gemeint.
[196] Eversheim 1989a, S. 33
[197] Klocke und König 1997, S. 11
[198] Klocke und König 1997, S. 17
[199] Klocke und König 1997, S. 20
[200] Eversheim 1989a, S. 34
[201] DIN8580, S. 7
[202] DIN8580, S. 6
[203] DIN8580, S. 7
[204] Wie in 2.1.2.4 beschrieben, kann ein System als eine Allokation und Vernetzung von Subsystemen verstanden werden. Jedes Subsystem hat eine Teilfunktion, die einen Transformationsschritt eines Inputs zu einem Output

DANGELMAIER definiert in diesem Verständnis ergänzend zur objektbasierten Beschreibung nach EVERSHEIM die Fertigung daher als ein System, welches das Ziel der o.g. Transformationsaufgabe nach DIN 8580 verfolgt. Ein System ist dabei eine selbstständige technisch und organisatorische Allokation von Potenzialfaktoren (Betriebsmittel und Arbeitskräfte).[205] Aufbauend definiert DANGELMAIER die Planung der Fertigung wie folgt: *„Die Planung der Fertigung umfasst alle einmalig zu treffenden Maßnahmen bezüglich der Gestaltung eines Fertigungssystems und der darin stattfindenden Fertigungsprozesse“*[206] Darüber hinaus definiert DANGELMAIER allgemein den Begriff der Fertigungsplanungsaufgabe: *„Eine Fertigungsplanungsaufgabe ist die Aufgabe, für ein Fertigungssystem vorausschauend Plandaten über die qualitative, quantitative und zeitliche Gestaltung und Zuordnung der Elemente dieses Fertigungssystems, die in sich und mit den Ausgangsdaten konsistent sind, für einen definierten zielgerichteten Fertigungsprozess, festzulegen“.*[207]

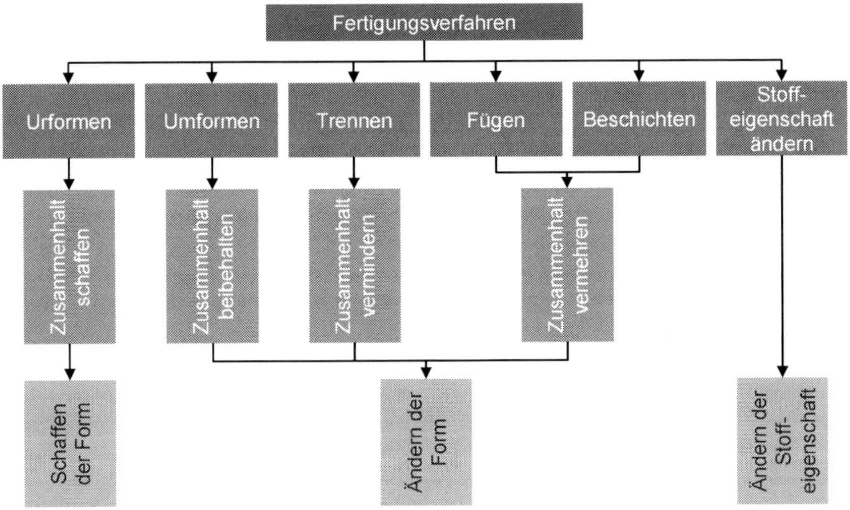

Abbildung 12: Gliederung der Fertigungsverfahren[208]

Montage

Analog zu dem o.g. Verständnis über die Teilefertigung als Aggregation von Transformationsprozessen in einem Fertigungssystem ist die Montage als der *„Zusammenbau von Teilen und/ oder Gruppen zu Erzeugnissen oder zu Gruppen höherer Erzeugnisebene in der Fertigung“*[209] definiert, wobei im

---

beschreibt. Die Subsysteme werden durch die Verknüpfung der In- und Outputs miteinander verbunden und erhalten damit eine Struktur, die durch das gesamte System beschrieben wird.

[205] Dangelmaier 1999, S. 5ff.

[206] Dangelmaier 1999, S. 5

[207] Dangelmaier 1999, S. 6

[208] In Anlehnung an DIN8580, S. 7

[209] Kratzsch 2000, S. 4

Sinne des hier zugrunde liegenden Produktverständnisses ein Erzeugnis mit einer definierten Funktion montiert wird[210], sowie Erzeugnisse mit definierten Geometrien[211]. Daraus kann geschlussfolgert werden, dass die Montage i.d.R. am Ende der Wertschöpfungskette angeordnet ist, da erst in der Montage alle Informations- und Materialflüsse vollständig vereint werden[212], sowie die Aggregation von Prozessergebnissen aus allen vorgelagerten Prozessen der Konstruktion, der Produktion und der Logistik in der Montage zu einem Produkt mit definierter Funktion stattfindet[213]. Ergänzend klassifizieren LOTTER und WIENDAHL die Montage als die Gesamtheit der Vorgänge, die zum Zusammenbau geometrisch bestimmter Körper dient. Diese sind demnach das Fügen, das Handhaben, das Kontrollieren, das Justieren sowie weitere Sonderoperationen.[214] Die Vorgänge bzw. Grundfunktionen der Montage können analog zur Teilefertigung als elementare Transformationsschritte mit dem o.g. Ziel der Montage betrachtet werden.

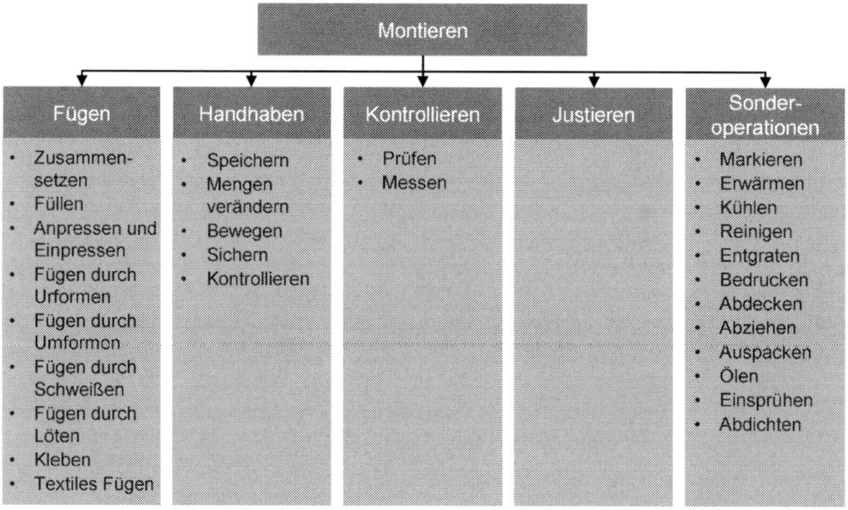

Abbildung 13: Montagefunktionen[215]

Das Fügen wurde bereits als Fertigungsverfahren der vierten Hauptgruppe nach DIN 8580 vorgestellt und ist nach DIN 8593-0 nicht mit dem Montieren gleichzusetzen. Demnach umfasst das Montieren zwar die Anwendung von Fügeverfahren, diese werden aber auch zur Teilefertigung, also nicht nur zum o.g. Zweck der Montage eingesetzt. Gleichzeitig kann nur von Montage gesprochen werden, wenn zusätzliche Vorgänge wie das Handhaben oder Messen eingeschlossen sind.[216]

---

[210] vgl. Kern et al. 1996, S. 1236 Reinhart, G.; Schneider, B.: Montage

[211] Feldmann et al. 2014, S. 8

[212] Eversheim 1989a, S. 4

[213] Whitney 2004, S. 1

[214] Lotter und Wiendahl 2006, S. 2

[215] In Anlehnung an Lotter und Wiendahl 2006, S. 2. Die Prinzipien zum Justieren werden nach Lotter in die Fertigungsverfahren gegliedert, die nach DIN 8580 gegliedert sind. In dieser Arbeit findet das Justieren gesondert Betrachtung, weshalb auf die Prinzipien zum Justieren später eingegangen wird.

[216] DIN8953, S. 2

Das Fügen kann nach DIN Norm 8593-0 in neun Gruppen gegliedert werden. Das Fügen wird dabei als Überbegriff der Gruppen wie folgt definiert: „*Das auf Dauer angelegte Verbinden oder sonstige Zusammenbringen von zwei oder mehr Werkstücken geometrisch bestimmter Form oder von ebensolchen Werkstücken mit formlosem Stoff. Dabei wird jeweils der Zusammenhalt örtlich geschaffen und im Ganzen vermehrt*“ [217]. Die in der ersten Gruppe aggregierten Fügeverfahren des Zusammensetzens sind dabei laut Norm „*ein nicht eindeutig abgegrenzter Sammelbegriff für Fügeverfahren aus den Gruppen 4.1 und 4.3, jedoch auch für einige Verfahren aus den Gruppen 4.4 und 4.8*“[218] Des Weiteren wird laut Norm der Begriff des Zusammenbaus häufig als Synonym für das Montieren verwendet[219].

Das Handhaben ist ebenfalls in der VDI Richtlinie 2860 normativ geregelt. Demnach ist neben dem Fördern und dem Lagern, das Handhaben die dritte Teilfunktion des Materialflusses und wie folgt definiert: „*Handhaben ist das Schaffen, definierte Verändern oder vorübergehende Aufrechterhalten einer vorgegebenen, räumlichen Anordnung von geometrischen bestimmten Körpern in einem Bezugskoordinatensystem*“, dabei können weitere Bedingungen wie Zeit, Menge und Bewegungsbahn vorgegeben sein[220].

Das Handhaben kann durch die Teilfunktionen Speichern (Halten von Mengen), Mengen verändern, Bewegen (Schaffen und Verändern einer definierten räumlichen Anordnung), Sichern (Aufrechterhaltung einer definierten räumlichen Anordnung) und Kontrollieren durch sieben untergeordnete Elementarfunktionen klassifiziert und beschrieben werden[221]. Das Kontrollieren als dritte Funktion des Montierens nach LOTTER et al. wird ebenfalls in der VDI Richtlinie 2860 beschrieben und demnach in Prüfen und Messen untergliedert. Dabei grenzt sich das Prüfen vom Messen ab, indem beim Prüfen festgestellt wird, ob definierte Eigenschaften oder Zustände erfüllt sind, wobei beim Messen Eigenschaften oder Zustände mit vorgegebenen Bezugsgrößen verglichen werden.[222] Da das Messen und Prüfen auch im Kontext der Justage in dieser Arbeit nicht im Fokus des Betrachtungsbereiches stehen, sei hierzu auf weiterführende Literatur verwiesen.

Als vierte Montagefunktion führt Lotter das Justieren auf und gliedert die Justierarten in Anlehnung an SPUR[223] an die Fertigungsverfahren nach DIN 8580[224]. Das Justieren wird als Montagefunktion zur Herstellung eines Produktes aufgeführt jedoch nicht weiter hinsichtlich der Aufgabe oder der Realisierung detailliert und auch nicht in einem produkt- und prozessbezogenen Kontext betrachtet[225]. Neben diesen vier Funktionen der Montage lassen sich abschließend nach LOTTER et al. weitere Operationen zu Sonderoperationen zusammenfassen, wie das Reinigen oder Erwärmen, welche letztendlich die Montage unterstützen.[226]

---

[217] DIN8953, S. 3
[218] DIN8953, S. 3
[219] DIN8953, S. 3
[220] VDI2860, S. 2
[221] VDI2860, S. 4
[222] VDI2860, S. 7
[223] Die von Lotter und Wiendahl aufgeführten Justierarten wurden genauso bereits 1986 von Spur veröffentlicht. Spur et al. 1986, S. 592
[224] Justieren durch Einformen, durch Urformen, durch Trennen, durch Fügen von Ausgleichsteilen, durch Einstellen und Nachbehandeln.
[225] Lotter und Wiendahl 2006, S. 2
[226] Lotter und Wiendahl 2006, S. 2

Analog zu der Beschreibung der Fertigung als ein System, lässt sich die Montage als ein System beschreiben. Konkret wird die Montage als ein System beschrieben, das alle Tätigkeiten zur Durchführung von Montageprozessen in der Montage erfüllt[227] [228]. Dabei ist ein Montageprozess die geordnete Sequenz von Montagefunktionen, die der Realisierung einer Montageaufgabe dient[229]. Im Sinne der o.g. Montageaufgabe unterstützt der Montageprozess somit die räumliche Anordnung, sowie die Realisierung der räumlichen Beziehungen und die Schaffung des Zusammenhalts zwischen Einzelteilen und Baugruppen des zu montierenden Objektes[230].

Organisation von Fertigungs- und Montagesystemen

Organisation beschreibt in Bezug auf Industrieunternehmen *„ein System von dauerhaften Regelungen, welche die Aufgabenbereiche der Aufgabenträger festlegen und die optimale Aufgabenerfüllung gewährleisten"*[231]. Dieser Gedanke kann auf die Produktion, also auf die Fertigung im Sinne der Teilefertigung und Montage übertragen werden. Nach WIENDAHL lässt sich die Organisation durch vier Faktoren charakterisieren.[232] Eine Organisation ist erstens zielorientiert, indem sie Ziele verfolgt. Des Weiteren koordiniert eine Organisation Elemente, die miteinander in Beziehung stehen. Zudem hat eine Organisation Kontinuität, das heißt sie hat für einen definierten Zeitraum Gültigkeit. Viertens werden den Elementen einer Organisation, die aus Sachmitteln und Menschen bestehen, Teilaufgaben zugeordnet, um nach dem Prinzip der Arbeitsteilung einen fokussierten Beitrag zur Erreichung der Ziele der Organisation zu leisten. Neben der Charakterisierung lässt sich eine Organisation grundsätzlich in eine Aufbau- und eine Ablauforganisation gliedern. Die Organisation ordnet und regelt also den Ablauf der Aktivitäten in einem System, die eine Struktur aus Subsystemen beschreibt, welche mit Ein- und Ausgangsgrößen (Material, Energie und Informationen) miteinander verknüpft sind. Zudem regelt die Organisation die Verteilung der Aufgaben auf die Elemente (s.o.).[233] [234] Zu den spezifischen Organisationsformen von Fertigung und Montage sei auf weiterführende Literatur verwiesen. Entscheidend für diese Arbeit ist, dass sowohl die Fertigung als auch Montage als ein System beschrieben werden kann, das durch Organisation in seiner zeitlichen Veränderung und Wirkung beschrieben ist.

2.1.4.2 Integrierte Produkt- und Prozessentwicklung

Da die Herstellung von kundenindividuellen Produkten mit geometrisch abhängigen Merkmalen in der Fertigung und Montage aufgrund zahlreicher Einflüsse immer eine Herausforderung ist, kommt der Bedeutung des Managements dieser Aufgabe im gesamten Produktentstehungsprozess eine hohe Bedeutung zu. Diese Einflüsse manifestieren sich z. B. durch begrenzte Prozessfähigkeiten, die Zwangsweise zu geometrischen Abweichungen sowohl in der Teilefertigung als auch im Zusammenbau in der Montage führen. Die Aufgaben der Konstruktion, des Toleranzmanagements sowie der Produktionsplanung sind daher eng verbunden und müssen eng vernetzt betrachtet werden.[235]

---

[227] Spur et al. 1986, S. 593
[228] Kratzsch 2000, S. 4
[229] Göbel 1999, S. 7
[230] Barthelmess 1987, S. 26
[231] Wiendahl 2010, S. 28
[232] Wiendahl 2010, S. 15
[233] Westkämper und Warnecke 2006, S. 45
[234] Schulte-Zurhausen 2005, S. 39
[235] Schleich und Wartzack 2014, S. 312

Aus diesem Grund sollen im Folgenden kurz organisatorische Ansätze betrachtet werden, die allgemein die Akteure im Produktentstehungsprozess vernetzen. In der Industrie ist der Stage-Gate-Prozess ein häufig verbreiteter Prozessrahmen[236], der dem Produktentwicklungsprozess eine Struktur gibt[237]. Die Gestalt des Stage-Gate-Prozesses unterscheidet sich von Unternehmen zu Unternehmen. Dieser Prozess geht auf ROBERT G. COOPER zurück und ist in zwei Ausführungen in Abbildung 14 und Abbildung 15 dargestellt.

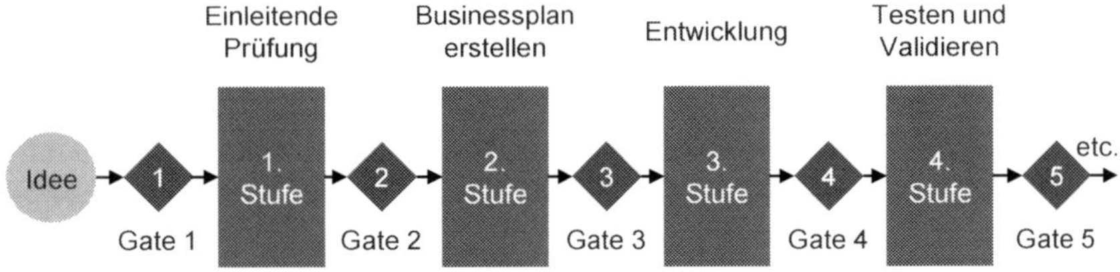

Abbildung 14: Konventioneller Stage-Prozess[238]

Nach COOPER unterteilt ein Stage-Gate-System den Prozess der Produktentwicklung von der Idee bis hin zum Markterfolg (nach COOPER auch Produktinnovationsprozess genannt) in vorbestimmte Stages (Phasen), welche beschriebene und funktionsübergreifende und parallele Aktivitäten beinhalten. Jeder dieser Stages darf erst begonnen werden, wenn in dem vorausgegangenen Gate (Tor) die Freigabe gegeben wurde. In der Regel haben Stage-Gate-Prozess zwischen vier und sechs Phasen.[239]

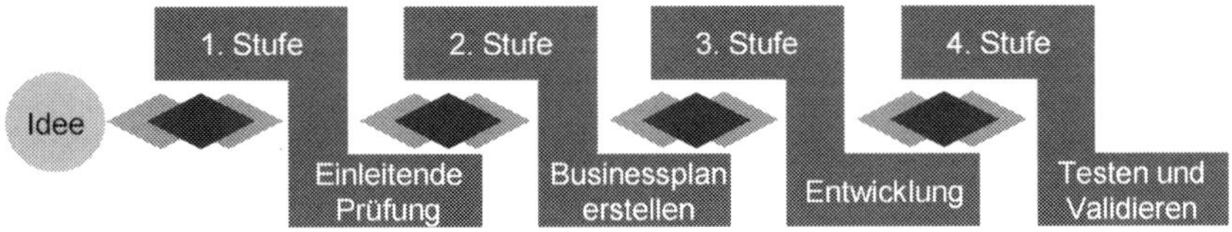

Abbildung 15: Fuzzy-Stage-Gate-Prozess[240]

Typisch für die Entscheidung über den weiteren Verlauf eines Produktentwicklungsprojektes sind die eindeutigen Ergebnisse am Ende eines Gates. Hinsichtlich der weiteren Entscheidung über den Fortschritt eines Projektes wird zwischen Go (Weitermachen), Kill (Abbrechen), Hold (vorübergehendes Aussetzen), Recycle (erneute Bearbeitung), Conditional Go (an Bedingungen geknüpfte Freigabe) unterschieden.[241] Das Conditional Go ist dabei das Alleinstellungsmerkmal des Fuzzy-Sage-Gate-Prozesses, bei dem eine neue Phase unter Auflage von Bedingungen (Conditions) begonnen werden darf, ohne dass die vorherige Phase abgeschlossen ist (vgl. Abbildung 15). In diesem Stage-Gate-Prozess setzen

236 Arnoscht 2011, vgl. S. 49
237 Friedli und Schuh 2012, S. 303
238 Cooper 1994, S. 5
239 Cooper 1994, S. 5
240 Cooper 1994, S. 5
241 Cooper und Edgett 2012, S. 53

Industrieunternehmen häufig SE-Teams[242] ein. In diesem Zusammenhang ergänzt SCHÄPPI den temporären Charakter der SE-Arbeitsweise, bei der Aufgaben parallel bearbeitet und wieder zusammengeführt werden[243].

Neben dem bereits eingeführten Begriff des Simultaneous Engineering werden auch die Begriffe des Team Approach, Concurrent Engineering, Concurrent Design, Overlapping Engineering, Process-Driven Design und Design for Manufacturing gefasst, die zumindest methodische Teilaspekte des Simultaneous Engineerings enthalten. Simultaneous Engineering verfolgt den Ansatz durch funktionsübergreifende und projektorientierte kooperative Entwicklungsorganisationen, die Akteure der Produkt- und Prozessplanung stärker zu vernetzen und dadurch die Entwicklungszeit zu verkürzen und das Entwicklungsergebnis zu verbessern.[244] Eine bewährte kooperative Entwicklungsform stellen dabei die bereits genannten SE-Teams dar[245]. GERST unterstreicht die Verknüpfung der Begriffe System Engineering, Strategic Engineering mit dem Simultaneous Engineering, differenziert aber, dass das System Engineering das Denken in Systemen und Strukturieren eines Problems in Teilschritte während der Produktentwicklung forciert[246], wohingegen das Strategic Engineering das interdisziplinäre Zusammenarbeiten auf das strategische Management ausweitet[247] und grenzt damit die disjunkten Inhalte vom Simultaneous Engineering ab.

Weitere Ansätze zur integrierten Produkt- und Prozessentwicklung lassen sich in KOMOREK am Beispiel der metallverarbeitenden Industrie finden[248], in EHRLENSPIEL und MEERKAMM, die im Kern die Integration von Mensch, Methodik, Organisation und Technik in der Produkt- und Prozessentwicklung betrachten[249]. Ein weiterer zentraler Ansatz zur integrierten Produkt- und Prozessgestaltung existiert von EVERSHEIM und SCHUH, die die drei zentralen Felder der integrierten Produktdefinition und Technologieplanung, der integrierten Produkt- und Produktionsprozessgestaltung sowie des Organisations- und Informationsmanagements als Basis in ihrem Ordnungsrahmen darstellen. Auch sie betonen und nutzen den Einsatz interdisziplinärer Teams im Sinne des Simultaneous Engineerings.[250] PONN und LINDEMANN beschreiben in ihrem Modell die Schnittstellen zwischen den zyklischen Prozessen der strategischen Produktplanung, der Produktentwicklung und der Produktionssystementwicklung und unterstreichen dabei den iterativen Charakter des Prozessmodells[251].

2.1.4.3 Beurteilung von Kosten in Produktentwicklungsprojekten

Im Hinblick auf die Problemstellung dieser Arbeit kommt der Beurteilung von Zwischen- und Teilergebnissen in Produktentwicklungsprojekten eine große Bedeutung zu. Jedes Produktentwicklungsprojekt hat als Basis Qualitätsanforderungen, die im Pflichtenheft festgehalten sind, sowie klare Zeit- und Kostenziele. Das Spannungsfeld der häufig konkurrierenden Kosten-, Zeit- und Qualitätsziele kann als übergeordnetes Polylemma der Produktentwicklung im Kontext der Unternehmensstrategie verstanden

---

[242] SE: Simultaneous Engineering
[243] Schäppi 2005, S. 299
[244] Eversheim, W., In: Selzle, H. Planung und Produktion, Jahrbuch 1991, S. 32-40 1991, S. 33
[245] Eversheim, W., In: Selzle, H. Planung und Produktion, Jahrbuch 1991, S. 32-40 1991, S. 36
[246] Gerst 2002, S. 34 f.
[247] Gerst 2002, S. 35
[248] Komorek 1998
[249] Ehrlenspiel und Meerkamm 2014, S. 195ff.
[250] Eversheim und Schuh 2005, S. 11f.
[251] Ponn und Lindemann 2011, S. 16ff.

werden.[252] [253] Die Beurteilung ist in Produktentwicklungsprojekten ein zentraler Bestandteil von Reviews, die gezielt als interdisziplinäres Werkzeug eingesetzt werden, um verschiedene Perspektiven auf den Projektstatus im Hinblick auf die Ziele Zeit, Kosten und Qualität aufzunehmen. Im Rahmen des Stage-Gate-Prozesses werden dann im Sinne der o.g. Gate-Entscheidungen Go, Kill, Recycle, Go Conditional und Hold konsequente Entscheidungen über den Fortverlauf des Projektes getroffen.[254] Grundsätzlich lässt sich aber auch innerhalb der Bearbeitungsphasen durch z.B. pragmatische, dezentrale monetäre Verfahren wie Vergleichskalkulation oder Kostenschätzungen, ein Konstruktionsentwurf innerhalb einer Entwicklungsphase durch Experten bewerten, was eine häufige und wirksame Methode darstellt[255].

Das Bewerten, genauso wie das Auswählen ist eine disjunkte Methode des Beurteilens, welche nach MEIER wie folgt definiert ist: „*Beurteilen ist ein Prozess zur Unterscheidung von Varianten hinsichtlich der Erfüllung bestimmter Kriterien (Anforderungen) mit dem Ziel, eine fundierte Entscheidung über das weitere Vorgehen vorzubereiten*“[256]. Das Beurteilen verfolgt damit einen objektivierten, nachvollziehbaren und zielorientierten Bewertungsprozess[257]. Dabei unterscheidet sich das Bewerten vom Auswählen dadurch, dass beim Auswählen als Ergebnis eine Menge von geeigneten Lösungen herauskommt, die z.B. definierte Anforderungen oder Merkmale erfüllen. Das Bewerten gibt den möglichen Lösungen dagegen hinsichtlich der Erfüllung von Anforderungen oder Merkmalen einen Wert, woraufhin Lösungen in eine Rangfolge gebracht werden können.[258] Eine häufig verwendete intuitive Methode der Grobbewertung ist hierbei der Paarweise-Vergleich, auch Dominanzmatrix oder Konkurrenzbewertung genannt. Hierzu ist für die Durchführung ein hohes Maß an Kenntnis über die Lösungen sowie ein hohes spezifisches Maß an Erfahrung notwendig.[259]

Eine für diese Arbeit wichtige Dimension der Bewertung sind die Kosten[260]. Aufbauend auf den Untersuchungen sowie Arbeiten von FRANKENBERGER[261] resümiert EHRLENSPIEL, dass geringe Produktkosten immer auf richtige Lösungsentscheidungen während der Entwicklung zurückzuführen sind, aber auch auf die zutreffende Analyse der zur auswahlstehenden Lösungsvarianten[262], womit er die Bedeutung der disjunkten Methoden des Beurteilens, Auswählens und Bewertens für die dieser Arbeit zu Grunde liegenden Fragestellung in Ergänzung um die Analyse unterstreicht. Dabei muss betont werden, dass die Bandbreite der zu analysierenden, zu bewertenden und schließlich auszuwählenden Konzepte

---

[252] Masing et al. 2007, S. 501ff.
[253] vgl. Wiendahl 2010, S. 76
[254] Masing et al. 2007, S. 501ff.
[255] Ehrlenspiel 2014, S. 81
[256] Meier 2002, S. 4
[257] Meier 2002, S. 9
[258] Meier 2002, S. 4
[259] Pahl et al. 2006, S. 166
[260] Dabei sind Kosten „der bewertete Verbrauch von Produktionsfaktoren und Dienstleistungen, der zur Herstellung und/ oder dem Absatz der betrieblichen Leistungen sowie zur Aufrechterhaltung der Betriebseigenschaften erforderlich ist“, also der „bewertete leistungsbezogene bzw. betriebsbedingte Güter oder Dienstleistungsverbrauch in einer Periode“. Irgel 2014, S. 203
[261] Frankenberger 1997 Frankenberger hat in zahlreichen Entwicklungsprojekten in der Industrie die Mechanismen der Zusammenarbeit von Mitarbeiter im Hinblick auf der Ziele Kosten, Zeit, Qualität untersucht. Ehrlenspiel greift diese Untersuchungen auf und gibt die Ergebnisse zusammenfasend wieder.
[262] Ehrlenspiel 2014, S. 25

für die Güte des finalen Ergebnisses und die Zielerfüllung entscheidend ist. Hierbei müssen neben kognitiv-pragmatisch entwickelten Lösungskonzepten auch weitere nicht direkt erkennbare Lösungen des gesamten Lösungsraums systematisch beachtet werden.[263]

Die von FRANKENBERGER geschlossenen Erkenntnisse über den Einfluss der Mitarbeiterkompetenz und besonders der Informationsverfügbarkeit auf den Prozess des Beurteilens während der Produktentwicklung werden maßgeblich von der Erfahrung der Mitarbeiter und deren Kommunikationsverhalten beeinflusst[264], was eine Herausforderung für die funktionsübergreifende Organisation, Auswahl und Qualifikation der Mitarbeiter in einem Unternehmen darstellt. Anders betrachtet lässt sich aus dieser Erkenntnis der Schluss ziehen, das der pragmatische Abruf formalisierten Wissens sowie die methodische Unterstützung in Entwicklungsprozessen erforderlich ist, den Prozess des Beurteilens generisch, objektiv und damit effektiver zu gestalten. In diesem Kontext argumentiert PAHL et al., dass eine Entwicklungs- und Konstruktionsmethodik nie als Ersatz für die kreative Mitarbeiterleistung verstanden werden darf, sondern als Leitfaden, der es gestattet „*intuitiv im Sinne eines geordneten methodischen Vorgehens zweckmäßig zu handeln*“[265].

Das Beurteilen hinsichtlich monetärer Zielgrößen wird vom Kostenmanagement unterstützt. Das Kostenmanagement hat die Aufgabe, gezielt und systematisch die Kosten zu steuern und durch konkrete Maßnahmen die Kosten der Produkte, Prozesse und Ressourcen zu beeinflussen[266], um in Entwicklungsprozessen im betrieblichen Kontext ein Umfeld zu schaffen, das allen beteiligten Akteuren ermöglicht, den monetär bewertbaren Güterverbrauch für die betriebliche Leistungserstellung zu minimieren[267]. EHRLENSPIEL beschäftigt sich ausführlich mit dem Kostenmanagement im Produktentwicklungsprozess und unterstreicht, dass die wichtigsten Hilfsmittel des Kostenmanagements das Sach- und Kostenwissen, die Zusammenarbeit, die Organisation und Motivation sowie ein systematisches Vorgehen sind. Die zahlreichen existierenden Hilfsmittel sind fall- und unternehmensspezifisch anzuwenden, weshalb es keine allgemeingültige und wirksame Methode des Kostenmanagements gibt.[268] Ergänzend argumentiert EHRLENSPIEL, dass neben aufwändigen und vollständigen Vor- und Abschlusskalkulationen, die im letzten Fall auf vollständigen Planungsunterlagen basieren, auch Methoden der Kostenfrüherkennung für das ganze Produkt, aber auch für Einzelteile und Baugruppen notwendig sind. Diese dienen einer schnellen und frühen Abschätzung von Kosten und unterliegen in der Anwendung einer Unschärfe, die vom Fortschritt und der Informationsverfügbarkeit im Entwicklungsprojekt abhängt[269] ZIMMERMANN beschreibt vier Situationen in denen unscharfe Informationen auftreten, dazu gehören Situationen oder Systeme, die nicht greifbar beschrieben werden können, bzw. die unscharf zu beschreibende Phänomene enthalten[270]. In der Literatur werden derartige Situationen, in denen Informationen aufgrund ihrer Komplexität[271] nicht mehr handhabbar sind, als informationelle Unschärfe bezeichnet. Kostenzusammenhänge, im Sinne der Toleranz-Kosten-Relation, sind gerade in frühen Produktentwicklungsphasen in

---

[263] Lenders 2009, S. 98f.

[264] Ehrlenspiel 2014, S. 26. EHRLENSPIEL fasst die Ergebnisse von Frankenberger zusammen.

[265] Pahl und Beelich, S. 778

[266] Frankenberger 1997

[267] Ehrlenspiel 2014, S. 21, Verwendung des Begriffs der Kosten nach Ehrlenspiel S. 7

[268] Ehrlenspiel 2014, S. 79

[269] Ehrlenspiel 2014, S. 457f.

[270] Zimmermann und Rödder, S. 1

[271] Von Komplexität wird gesprochen wenn etwas in sich nicht nur kompliziert, sondern auch im Zustand ständig veränderbar ist. Ulrich und Probst 1991, S. 58

diesem Verständnis unscharf.[272] [273] DERICHS konstatiert in diesem Zusammenhang, dass Unsicherheiten bezüglich der Informationsreife im Produktentwicklungsprozess dadurch entstehen, dass sich der Inhalt einer Information noch mehrmals ändern wird. Dabei sind für die Einschätzung der Informationsreife im Kern vier Aspekte entscheidend, die Häufigkeit, der Zeitpunkt, das Ausmaß sowie die möglichen Ursachen. [274] [275]

Um der Unschärfe Rechnung zu tragen und trotzdem in frühen Produktentwicklungsphasen Lösungsvarianten hinsichtlich der Kosten schnell zu bewerten sind zum einen pragmatische Hilfsmittel notwendig, aber auch ein gutes Risikomanagement. So werden unscharfe Informationen durch Risikoabschätzungen innerhalb des Projektbudgets durch monetäre Rücklagen abgesichert. Risikorücklagen beziehen sich auf einzelne Arbeitspakete[276] innerhalb des Projektes und bilden kumuliert das Projektbudget. Auf Basis einer Arbeitspaketstruktur lassen sich die Rücklagen wiederum auf einzelne Inhalte eines Arbeitspakets unterteilen. Zusätzlich ist das gesamte Projektbudget aufgrund eines dezidierten Projektrisikos noch mit einer sogenannten Management Reserve beaufschlagt.[277] Damit wird zum einen dem Fakt Rechnung getragen, dass in der Produktentwicklung mit unscharfen Informationen pragmatisch gearbeitet werden muss und zum anderen ermöglicht das auf Arbeitsinhalte runtergebrochene Risikomanagement von Produktentwicklungsprojekten eine enthierarchisierte Entscheidungsfindung, sowie Risikoberücksichtigung, sowie ein dezentrales Kostenmanagement. Insgesamt wird damit die Anwendung von dezentralen und schnellen Methoden der Kostenfrüherkennung begünstigt. Abbildung 16 illustriert die Risikoberücksichtigung in Entwicklungsprojekten in Abhängigkeit des Bekanntheitsgrades des Produktes und der Entwicklungsphase.

---

[272] Behrens 2011, S. 74

[273] Merget 2004, S. 29

[274] Eversheim et al., S. 50

[275] Derichs 1997, S. 57

[276] Ein Arbeitspaket kann z.B. die Entwicklung eines abgeschlossenen Teilsystems bzw. Moduls als Teilmenge eines gesamten technisches Systems umfassen. Arbeitspakete dienen in diesem Zusammenhang dazu, umfangreiche Entwicklungsaufgaben zu zergliedern, um sie zum Beispiel zeitlich zu sequenzieren oder unterschiedlichen Bearbeitern zugänglich zu machen. Arbeitspakete geben einem Projekt Struktur und sind Voraussetzung für ein erfolgreiches Projektmanagement.

[277] A guide to the Project Management Body of Knowledge (PMBOK guide) 2013, S. 212–213

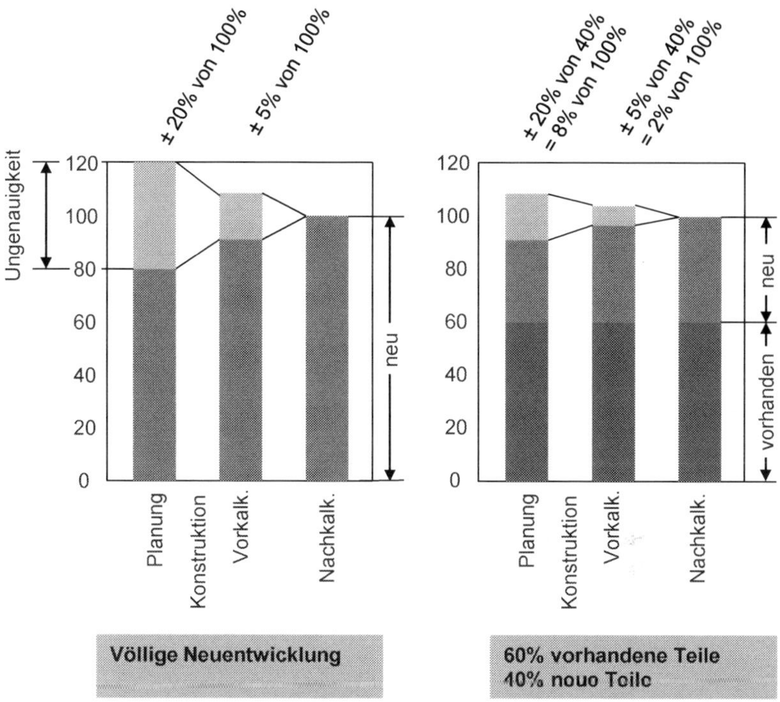

Abbildung 16: Kostenaussagen in Abhängigkeit des Bekanntheitsgrades eines Produktes[278]

Zu den pragmatischen Verfahren der Kostenfrüherkennung gehören u.a. folgende Ansätze[279]:

- Kostenschätzung
- Such- und Ähnlichkeitskalkulationen
- Ermittlung der Kosten auf Basis Hauptkostentreiber (z.B. verwendeter Werkstoff)
- Ermittlung der Kosten durch Bemessungsgleichung
- Kurzkalkulation mit mehreren Einflussgrößen
- Kalkulation mit Kostenwachstumsgesetzen
- Rechnerintegrierte Kalkulation

Ergänzend soll als Grundlage für diese Arbeit die in der wissenschaftlichen Literatur und Praxis verbreitete und anerkannte Kosten- und Leistungsrechnung aufgeführt werden. Diese eignet sich im Besonderen für die Erfassung von Selbstkosten, das Kostencontrolling, für Kostenkalkulationen und Erfassung von Kosten und Leistungen, die sich in Kostenarten-, Kostenstellen- und Kostenträgerrechnung gliedern.[280] Für die Kosten- und Leistungsrechnung sei im Detail, aufgrund der allgemeinen Verbreitung

[278] Ehrlenspiel 2014, S. 416
[279] Ehrlenspiel 2014, S. 462
[280] Schwab 2014, S. 165

und Bekanntheit, auf weiterführende Literatur verwiesen (vgl. Gablers Wirtschaftswissen für Praktiker[281]). Es wird lediglich die Aufteilung der Kostenarten aufgeführt (vgl. Abbildung 17).

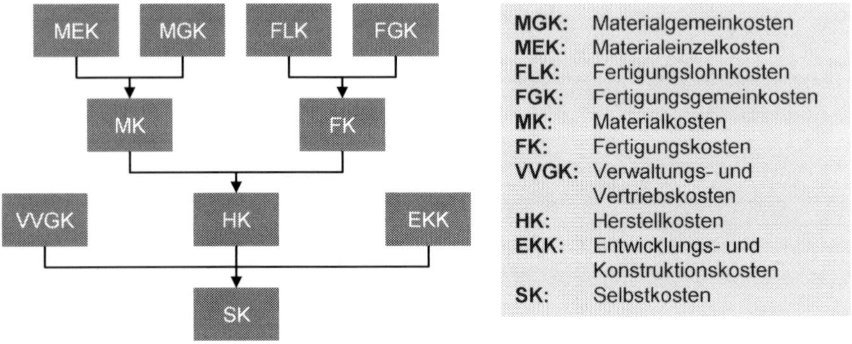

Abbildung 17: Kostenarten nach DIN 32990[282]

Eine Systematisierung der Kostenarten findet sich in der normativen Schrift DIN 32990[283]. Hier werden die Kosten in Fertigungskosten (FK) und Materialkosten (MK) gegliedert, die die Herstellkosten bilden, sowie in Entwicklungs- und Konstruktionskosten (EKK), in Verwaltungs- und Vertriebsgemeinkosten (VVGK) sowie Selbstkosten (SK).[284] Alle diese Kostenarten können zudem in Gemein- und Einzelkosten gegliedert werden[285]. Auf Basis der Selbstkosten sind die im Produktentwicklungsprozess definierten und anfallenden Kosten ausreichend bestimmt[286].

2.2 Toleranzmanagement im Spannungsfeld zwischen hochpräziser Produktherstellung und dem Justieren

Die Herausforderung bei der Herstellung von geometrisch abhängigen Produktmerkmalen manifestiert sich durch Abweichungen[287], die sowohl in der Teilefertigung, als auch beim Zusammenbau von Komponenten und Baugruppen zu Produkten höherer Ebene zwangsweise aggregiert auftreten und durch die Konstruktion in Form von Toleranzen begrenzt werden. Die Ursachen für derartige Abweichungen reichen von der falschen Festlegung von Nominalwerten in der Konstruktion, über die unvermeidbaren fertigungstechnischen Abweichungen, die durch die begrenzte Prozessfähigkeit eines Fertigungsprozesses beschrieben sind, über die Einflüsse von Montagereihenfolgen, unvermeidbaren Ungenauigkeiten bei der Positionierung von Bauteilen oder verstellten Vorrichtungen beim Zusammenbau in der Montage bis hin zu Messungenauigkeiten in der Qualitätssicherung.[288] TRUMPOLD et al. beschreibt

---

[281] Irgel 2014, S. 215ff.
[282] In Anlehnung an DIN 32990 Teil 1, S. 6
[283] DIN 32990 Teil 1, S. 6
[284] vgl. DIN 32990 Teil 1
[285] Bronner 2008, S. 9f.
[286] Pahl et al. 2013, S. 131f.
[287] Konstruktionszeichnung von Produkten stellen Idealzustände dar, die aus verschiedenen Gründen, z.B. aufgrund von Prozessstreuungen in der Realität nicht erreicht werden. Aus diesem Grund werden Abweichungen durch Toleranzen begrenzt. Behrens 2011, S. 1
[288] Praun 2003, S. 97–98

die zahlreichen Einflüsse auf die Präzision von Fertigungsprozessen explizit[289], deren Beherrschung und Reduktion hohen Aufwand verursachen können. Aufgrund dieser Wirkungszusammenhänge ist festzuhalten, dass durch die Festlegung von Toleranzen in der Konstruktion massiv die Anforderungen für Fertigung und Montage vordefiniert werden. Auf Basis dieser Anforderungen werden Prozesse gestaltet und Fertigungs- und Montagemittel passend ausgewählt, wodurch die Herstellungskosten erheblich beeinflusst werden.[290]

Geometrische Abweichungen und die Begrenzung der geometrischen Abweichungen durch Toleranzen sind hierbei die natürliche Sprache zwischen Konstruktion und Produktion[291]. Die Entscheidung über die Festlegung der Toleranzen wird dabei genau in dieser Schnittstelle, im Spannungsfeld zwischen Konstruktion und Produktion getroffen (vgl. 2.1.3.2).

Während die Konstruktion die sichere Erfüllung von geometrisch abhängigen Produktmerkmalen und damit die Leistungsfähigkeit eines Produktes forciert, verfolgt die Produktion die Reduktion von Aufwänden in Fertigung und Montage. Aus diesem Grund kann ein Spannungsfeld zwischen den Zielen der Konstruktion und Produktion festgehalten werden, was sich in der Forderung nach engen Toleranzen (Konstruktion) und gröberen Toleranzen (Produktion) ergibt.[292]

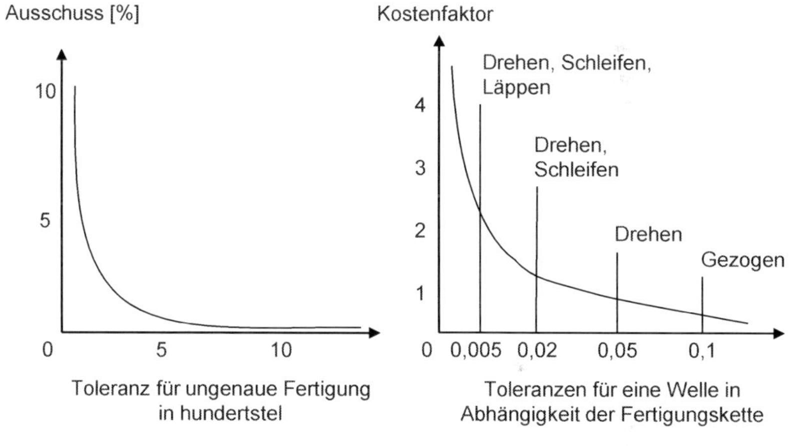

Abbildung 18: Einfluss der Toleranzwahl auf Kosten und Ausschuss[293]

Dieses Spannungsfeld greift BALAKSCHIN implizit bereits früh in der Literatur in Form einer empirischen Toleranz-Kosten- sowie einer Toleranz-Ausschuss-Relation auf und unterstreicht damit das Di-

---

[289] Trumpold et al. 1997, S. 25
[290] Eklund 2002, S. 9–10
[291] Gerth et al., S. 313
[292] Chase und Parkinson, S. 23
[293] Balakschin 1953, S. 68f.

lemma zwischen hohen Prozesskosten und einer höheren Ausschussrate, kombiniert mit einer hochpräzisen Produktherstellung auf der einen Seite und einer gröberen Präzision, verbunden mit niedrigeren Herstellungskosten und geringen Ausschussraten auf der anderen Seite.[294]

Zum Verständnis der Handlungsopportunitäten innerhalb dieses Spannungsfeldes ist es wichtig an den ursprünglichen Sinn der Tolerierung zu erinnern. Toleranzen limitieren herstellungsbedingte Abweichungen, um Qualitätsmerkmale abzusichern und damit vom Kunden geforderte Eigenschaften wie Funktionen von Baugruppen oder ganzen Produkten zu erfüllen.[295] Toleranzen werden also auf Basis von Qualitätsmerkmalen vorgegeben. Diese aus der Produktplanung abgeleiteten Toleranzen sind jedoch im Regelfall nie Einzeltoleranzen, sondern von Qualitätsmerkmalen abgeleitete Toleranzen, die für ein Merkmal oder eine Funktion einer Zusammenbaugruppe gelten, die eben die genannte Absicherung der Kundenanforderungen verfolgt.[296] [297] Dieser Zusammenhang wird in der folgenden Darstellung der Grundlagen zum Toleranzmanagement[298] mit den spezifischen Fachbegriffen, u.a. des Schließmaßes, der Maßkette und der Einzeltoleranz weiter vertieft. Entscheidend ist, dass dem Entwicklungsteam für die Festlegung von Toleranzen bezogen auf Einzelkomponenten einer Zusammenbaugruppe zur Begrenzung von Abweichungen im Herstellungsprozess geometrische Grenzen vorgegeben werden, die sich aus den Kundenanforderungen ergeben. Diese Vorgaben müssen im Herstellungsprozess, d.h. durch die Teilefertigung und/ oder die Montage erreicht werden. Durch die Produkt- und Prozessgestalt kann schließlich auf die Abweichungen Einfluss genommen werden und Toleranzen für einzelne Merkmale oder Komponenten festgelegt und auf Komponentenebene heruntergebrochen werden.

Ist die von Qualitätsmerkmalen abgeleitete Funktionstoleranz aus gestalterischen oder technischen Gründen im Herstellungsprozess kleiner als die zu erwartenden aggregierten Einzelabweichungen, müssen Maßnahmen ergriffen werden, das Qualitätsmerkmal anders abzusichern. In diesem Fall werden Maßnahmen zur Toleranzkompensation[299] [300] im Rahmen der Montage notwendig, die eben diese genannte Differenz im Zuge des Montageprozesses ausgleichen, damit im Ergebnis die auf Qualitätsmerkmalen basierende Toleranz eingehalten wird. Diese Toleranzkompensation als eine geplante und vorgesehene Maßnahme leistet es im Umkehrschluss, wiederum z.B. fertigungs- und montagebedingte Toleranzen auszuweiten, d.h. Abweichungen verstärkt zuzulassen und dadurch möglicherweise Kosten zu sparen[301].

Die grundsätzlichen Handlungsopportunitäten, aus denen ein Team aus Produkt- und Prozessentwicklern in dem oben genannten Spannungsfeld wählen kann, werden also durch zwei Strategiezweige gebildet. Diese im Folgenden dargestellten Strategiezweige unterscheiden sich in ihren Paradigmen. In

[294] vgl. Balakschin 1953, S. 68–69
[295] vgl. 2.1.1.
[296] vgl. Behrens 2011, S. 15
[297] Daher wird in der Praxis häufig von der Funktionstoleranz gesprochen, die für eine Baugruppe gilt, die geschlossen eine Funktion erfüllt.
[298] Bohn und Hetsch 2013, S. 3
[299] Der Begriff Toleranzkompensation wird ohne konkrete Definition häufig in der Literatur verwendet. Es werden auch die Synonyme wie Toleranzausgleich oder das Lösen von Maßketten benutzt. Ein definierter Begriff wird im Anschluss in den Erläuterungen der Grundlagen zum Toleranzmanagement (vgl. 2.2.1) in Teilkapitel „Justage im Kontext der integrierten Produkt- und Prozessentwicklung“ eingeführt (vgl. 2.2.2).
[300] Die Kompensation, z.B. durch Einstellmöglichkeiten, unter der Voraussetzung, dass diese planmäßig und gezielt erfolgen, erlauben die Kompensation von vorangegangenen Abweichungen und tragen dazu bei, die Toleranzsituation zu verbessern. Leuschel 2010, S. 54
[301] Siehe auch Hansen 1967, S. 23

Anlehnung an die Bedeutung des Strategiebegriffs für Unternehmen, wird eine Strategie als eine Definition von langfristigen Zielen verstanden, die es durch die Bestimmung von Maßnahmen und Vorhaltung benötigter Ressourcen zu erreichen gilt[302]. In diesem Sinne kann ein Toleranzstrategiezweig als ein geplantes Vorhaben bezeichnet werden, bei dem es durch definierte und bewusst gewählte Toleranzen und eine damit verbundene Produkt- und Prozessgestalt darum geht, Produktmerkmale zu erzeugen, um im Sinne des Qualitätsverständnisses (vgl. 2.1.1) erfolgreich am Markt zu sein[303]. Die Produkt- und Prozessgestalt entscheidet dabei über die verbrauchten Ressourcen im Produktentwicklungsprozess. Dabei werden im Folgenden zwei Strategiezweige unterschieden, die gemeinsam eine vollständige Strategie bilden, die im Sinne des Strategiebegriffs von MALIK das richtige Handeln in einem ungewissen Lösungsraum bzw. mit ungewissem Ausgang bildet[304]. Die eine Möglichkeit bildet der Strategiezweig, eine geplante Toleranzkompensation im Rahmen der Montage kategorisch für eine Baugruppe oder ein ganzes Produkt abzulehnen und die Toleranzen so zu wählen, dass ein Zusammenbau immer oder zumindest in den meisten Fällen mit einer hohen Wahrscheinlichkeit[305] funktioniert und dadurch geforderte Produktmerkmale und Produktfunktionen hergestellt werden können. Das Paradigma hierbei ist es, Produkte möglichst präzise herzustellen, damit diese ohne eine Toleranzkompensation montiert werden können. Diese hochpräzise Produktherstellung geht mit einer grundsätzlichen engeren Tolerierung einher (vgl. Abbildung 18). Der andere Strategiezweig impliziert, sich für eine Form des Justierens[306] zu entscheiden, also einen geplanten Eingriff in eine Baugruppe/ ein Produkt vorzusehen, d.h. eine Toleranzkompensation durchzuführen, um Produktmerkmale im Rahmen des Zusammenbaus durch Justieren herzustellen[307]. Dabei können Toleranzen ausgeweitet werden (vgl. Abbildung 19), was grundsätzlich Kosteneinsparpotentiale bietet, jedoch auch Mehrkosten durch das Justieren verursacht. Diese Eigenschaften sind charakteristisch für das Paradigma der zweiten betrachteten Teilstrategie des Toleranzmanagements.

Es kann nicht pauschal gesagt werden, welche Handlungsopportunität die Beste ist, auch wenn die plakative Abbildung 19 suggeriert, dass ein Justieren grundsätzlich eine höhere Produktqualität, bei einer gleichzeitigen Ausweitung der Fertigungstoleranzen erzeugen kann[308]. Beide Handlungsopportunitäten müssen sorgsam hinsichtlich der oben vorgestellten Zieldimensionen der Produktentwicklung Zeit, Kosten und Qualität in einer Beurteilung (vgl. 2.1.4.3) gegeneinander abgewogen werden.

Die vorliegende Arbeit fokussiert sich dabei auf den zweiten Strategiezweig, also das Ziel, Lösungen für einen integrierten Produkt- und Prozessentwurf zu generieren, die mit Hilfe des Justierens vorgegebene Produktmerkmale erzeugen. Die übergeordneten Ziele der Produktentwicklung, die aufgeführten

---

302 Chandler 1962, S. 13

303 Diese Strategie bezieht sich also auf das Toleranzmanagement (vgl. Definition Toleranzmanagement).

304 "Strategie ist richtiges Handeln, wenn wir nicht wissen, wie die Zukunft sein wird und dennoch handeln müssen, wobei auch nichts tun ein handeln ist." Malik 2011, S. 13/460, Kapitel 1

305 Wie in 2.2.1.2 dargestellt ist, wird hinsichtlich der zugelassenen Prozessstreuung (gewähltes Sigma-Level) häufig eine festgelegte Wahrscheinlichkeit des Auftretens einer negativ korrelierenden Addition von Abweichungen und eine damit verbundene Nicht-Erfüllung der Erzeugung eines geometrischen Merkmals in Kauf genommen, um zum Beispiel ein geplantes Justieren zu vermeiden. Zusammenbaugruppen die durch negativ korrelierende Abweichungen Produktmerkmale nicht erfüllen, werden entweder als Ausschuss vernichtet oder nachbearbeitet.

306 Die selektive Montage (Heusel in Warnecke 1996, S. 239) bzw. die Auswahlmethode (Balakschin 1953, S.62) wird dem Justieren zugeordnet. Die Argumentation erfolgt in Kapitel 2.2.2..

307 Vgl. 2.2.2.

308 Die Präzision hängt von der Fähigkeit einer Justierung ab, einen Produktzustand zu verändern.

Paradigmen sowie das Vorgehen und die Handlungsschritte, die die Generierung von derartigen Lösungen ermöglichen, charakterisieren dabei den Strategiezweig. Eine vollständige Strategie im Sinne von MALIK muss beide Strategiezweige verfolgen und die Ergebnisse möglicher Lösungsentwürfe durch ein Beurteilen abwägen. Hiermit wird auch der Aussage Rechnung getragen, dass für ein gutes Ergebnis der Produktentwicklung nicht die Analyse und Beurteilung einer Lösungsvariante, sondern die Vielfalt und Auswahl an Lösungen entscheidend ist (vgl. 2.1.4.3). Im Folgenden werden die zentralen Grundlagen beider Strategiezweige erörtert.

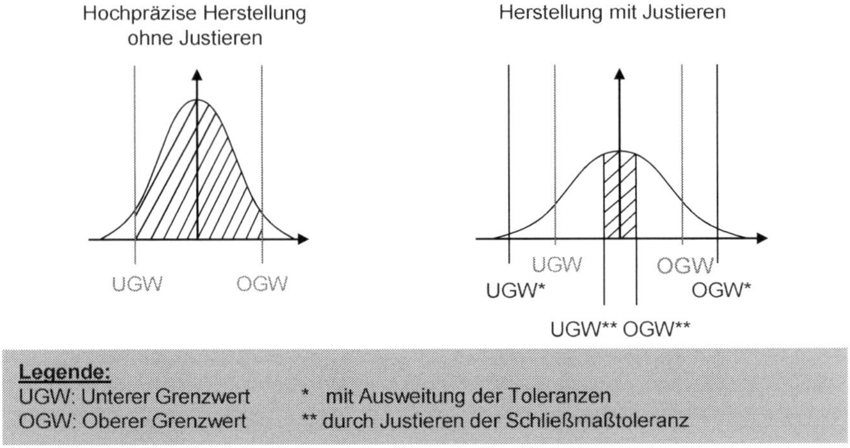

Abbildung 19: Fähigkeit des Justierens[309]

2.2.1 Toleranzmanagement

Das Kapitel 2.2.1 Toleranzmanagement umfasst Grundlagen zu Toleranzen (vgl. 2.2.1.1), die Beschreibung der Ansätze zur arithmetischen und statistischen Toleranzanalyse (vgl. 2.2.1.2), wie auch der Toleranzsynthese (vgl. 2.2.1.3). Im Anschluss wird die Toleranz-Kosten-Relation als weitere Grundlage für diese Arbeit diskutiert (vgl. 2.2.1.4).

2.2.1.1 Grundlagen

Technische Systeme dienen einem Zweck und erfüllen eine oder mehrere Funktionen. Die Beschreibung eines technischen Systems, welches in dieser Arbeit auch mit dem Synonym des Produktes bezeichnet wird, erfolgt durch Merkmale sowohl auf der Einzelteil-, als auch auf der Baugruppen- und Gesamtproduktebene (vgl.2.1.1). In der Montage wird ein Produkt aus Einzelteilen und Baugruppen zusammengebaut, wodurch die finalen Merkmale (Beschaffenheits- und Funktionsmerkmale) hergestellt werden. Das Zusammenspiel aus Baugruppen und Einzelteilen innerhalb einer Baugruppe wird dabei durch Merkmale und Toleranzen sichergestellt.[310] Auch FALLBÖHMER konstatiert, dass Merkmale, welche die Produktfunktion bestimmen, neben der geometrischen Gestalt, von den Toleranzen der Oberflächengüte und den Werkstoffeigenschaften abhängen und damit maßgeblich die Produktfunktion beeinflussen[311].

---

[309] In Anlehnung an Warnecke et al. 1996, S. 239

[310] Merget 2004, S. 18

[311] Fallböhmer 2000, S. 37

Und eben diese in der Konstruktion definierten Eigenschaften eines Produktes bestimmen maßgeblich sowohl die Durchlaufzeit für Fertigung und Montage, als auch die gesamten Herstellungskosten eines Produktes[312]. Aus diesem Grund beschreibt EKLUND die Tolerierung von technisches Systemen und deren Komponenten als eine Aufgabe, die von Konstruktion, Fertigung, Montage, Qualitätsmanagement und Kostenrechnung gemeinsam erfüllt werden muss[313].

Nach TRUMPOLD et al. beschreibt dabei die Toleranz, die erlaubte Abweichung zwischen einem Ist- und einem Soll-Wert. Mathematisch beschrieben ist die Toleranz T die Differenz zwischen dem größten erlauben Wert G und dem kleinsten erlaubten Wert K eines messbaren Merkmals:[314]

$$T = G - K$$

Toleranzen lassen sich nach TRUMPOLD et al. grundsätzlich in drei Kategorien unterteilen (vgl. Abbildung 20)[315]: In Funktionstoleranzen, stoffliche und geometrische Toleranzen. Funktionstoleranzen beschreiben die Leistungsmerkmale eines Produktes, wie z.B. das Beschleunigungsverhalten eines Sportwagens. Stoffliche Toleranzen beschreiben die werkstoffspezifischen Materialeigenschaften, wie z.B. das elastische oder plastische Werkstoffverhalten unter äußeren Einwirkungen. Geometrische Toleranzen sind die erlaubten geometrischen Abweichungen eines Produktes, Baugruppe oder Einzelteils. Hierbei weisen die Definitionen der Produktmerkmale (vgl. Abbildung 5) und die der Toleranzen naturgemäß eine hohe Kongruenz auf.

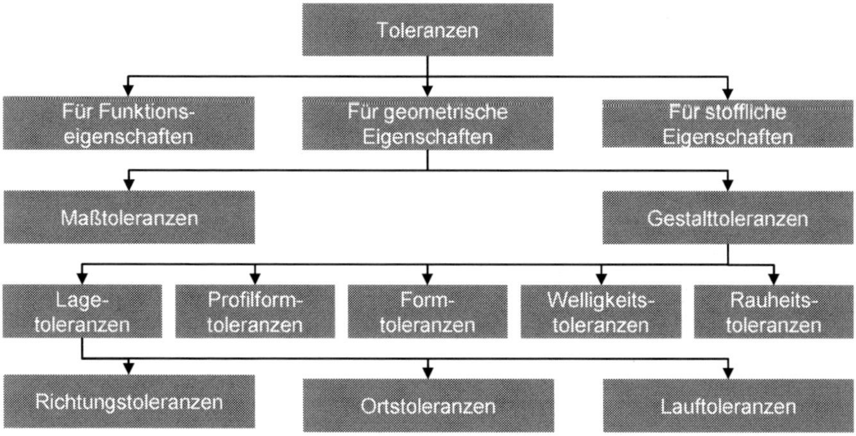

Abbildung 20: Gliederung der Toleranzen[316]

Wie in Abbildung 20 zu sehen ist, können die für diese Arbeit relevanten geometrischen Eigenschaften weiter in Maßtoleranzen und Gestalttoleranzen unterteilt werden. Diese geometrischen Toleranzen sind einer der häufigsten Gründe für Qualitätsprobleme in der industriellen Produktion[317]. Für diese Arbeit

---

[312] Fallböhmer 2000, S. 8
[313] Eklund 2002, S. 9
[314] Trumpold et al. 1997, S. 4
[315] Trumpold et al. 1997, S. 5f.
[316] In Anlehnung an Trumpold et al. 1997, S. 5.
[317] Merget 2004, S. 18

sind daher die Maß-, Form- und Lagetoleranzen von besonderer Bedeutung, da diese die Vorhersage von Funktions- und Montagefähigkeit ermöglichen[318].

„Der Begriff Maß wird in der Fertigungstechnik für die quantitative Bestimmung der Länge verwendet. Das in der Zeichnung angegebene Maß wird als Nennmaß bezeichnet. Das tatsächliche Maß, das sogenannte Ist-Maß, weicht fertigungsbedingt immer vom Nennmaß ab. Die zulässige Abweichung in eine Richtung wird als Abmaß bezeichnet. Man unterscheidet das obere und das untere Abmaß, wobei das Vorzeichen die jeweilige Richtung zum Nennmaß angibt“[319]. Maßtoleranzen beschreiben im Sinne der initialen Definition der Toleranz die zugelassene Differenz zwischen dem oberen und unterem Abmaß eines Einzelteils oder Werkstücks[320]. Ergänzend beziehen sich Formtoleranzen auf Geometrieelemente und Lagetoleranzen auf den Ort eines Merkmals relativ zu einem Bezugspunkt[321].

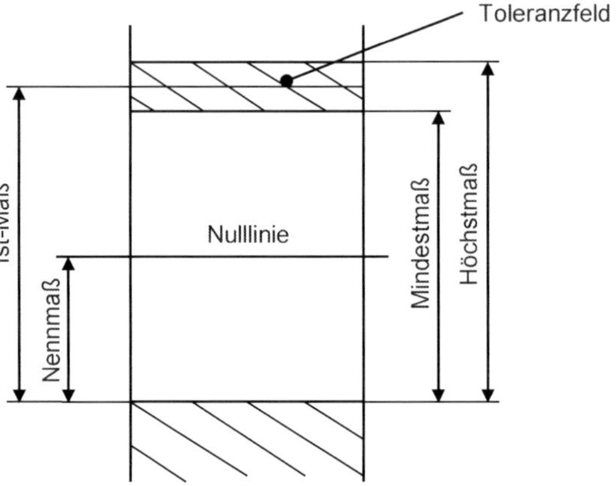

Abbildung 21: Bemaßung[322]

Der Toleranzzusammenhang zwischen mehreren Komponenten, die mit Toleranzen behaftet sind, lässt sich für den Zusammenbauzustand von Erzeugnissen höherer Ebene und deren Funktionseigenschaften durch Maßketten beschreiben[323]. Der zweite Grund für die Entstehung von Maßketten ist die Verknüpfung mehrerer geometrischer Eigenschaften eines Einzelteils[324]. Nach DIN 7186 ist eine Maßkette *„die geometrische Zusammenfassung mehrerer zusammenwirkender Einzelmaße. Maßketten im Sinne dieser Norm sind lineare Maßketten von unabhängigen Einzelmaßen“*[325].

[318] Klein und Mannewitz, S. 47
[319] Pfeifer und Schmitt 2010a, S. 75
[320] Hoischen und Hesser 2005, S. 164
[321] vgl. Klein und Mannewitz, S. 47ff.
[322] In Anlehnung an Hoischen und Hesser 2005, S. 165.
[323] Trumpold et al. 1997, S. 236
[324] Klein und Mannewitz, S. 147
[325] DIN 7186, S. 1. Diese Norm wurde zurückgezogen, stellt jedoch für die verwendete Definition den Ursprung dar.

Die Schließfunktion einer Maßkette lässt sich dabei als Funktion der Einzelmaße darstellen[326]:

$$M_0 = f(M_1, \dots, M_m)$$

Das Schließmaß M_0 ist dabei das Maß, das sich beim Zusammenbau ergibt und häufig über die Produktfunktion bzw. über ein kritisches Merkmal einer Baugruppe entscheidet[327]. Aus diesem Grund ist das Schließmaß häufig als Funktionsmaß einer Baugruppe toleriert. Dieses Schließmaß kann mit Hilfe der arithmetischen Addition der Toleranzen und statistischer Verfahren unter Berücksichtigung des Abweichungsfortpflanzungsgesetzes von Gauß berechnet werden[328] [329]. Daher ergibt sich die mathematische Toleranz für das Schließmaß entweder als arithmetische oder statistische Toleranz[330]. Eine ergänzende Definition der Maßkette gibt TRUMPOLD et al.: *„Eine Maßkette ist die Aneinanderreihung von tolerierten Einzelmaßen M_i, die in einem technischen System zusammenwirken und dem von ihnen abhängigen Schließmaß M_0. Die Maße M_0 und M_i bilden bei ihrer schematischen Darstellung (als Vektor) einen geschlossenen Linienzug"*[331]. Wenn sich dieser Vektorzug in der Ebene oder im Raum darstellt, wird von einem mehrdimensionalen bzw. nichtlinearen Maßkettenproblem gesprochen. Die nichtlinearen Maßkettenglieder können linearisiert und mittels eines Linearitätskoeffizienten in der Maßkettengleichung berücksichtigt werden. Sind diese Koeffizienten ausschließlich ± 1, so spricht man von einer eindimensionalen bzw. linearen Maßkette[332]. Die Linearitätskoeffizienten beschreiben also den Einfluss eines Maßkettenglieds auf das Funktionsmaß bzw. Schließmaß[333]. Der mathematische Zusammenhang ergibt sich damit aus der Addition der Produkte aus dem Linearitätskoeffizient α_i und dem Maß der einzelnen Maßkettenglieder M_i Wert wie folgt[334]:

$$M_0 = \sum_{i=1}^{k} \alpha_i * M_i$$

Für die analytische Verwendung der Maßketten ist diese Linearität, die sich insbesondere durch die Orthogonalität der Maßkettenvektoren zueinander auszeichnet, von hoher Bedeutung. In nichtlinearen Toleranzketten können dagegen die Maßvektoren einer Maßkette in einem beliebigen Winkel zueinanderstehen. Über eine Taylorreihenentwicklung können nichtlineare Zusammenhänge um das Mittelmaß linearisiert werden[335] [336] [337]. MANNEWITZ zeigt an Hand von zwei Beispielen wie die Linearitätskoeffizienten einfach mit Hilfe geometrischer Betrachtungen ermittelt werden können[338].

---

[326] Trumpold et al. 1997, S. 236

[327] Die lineare Maßkette ergibt sich aus der Summe der Einzelmaße M_i, die sich in eine Richtung erstrecken.

[328] Klein und Mannewitz, S. 147

[329] Das Abweichungsfortpflanzungsgesetz besagt, dass bei der statistischen Toleranzanalyse nicht die Toleranzen einer Maßkette sondern die Varianz, also das Quadrat der Standardabweichung einer normalverteilten Menge von Merkmalen addiert wird. Hierauf wird im Rahmen der statistischen Toleranzanalyse näher eingegangen.

[330] Klein und Mannewitz, S. 148

[331] Trumpold et al. 1997, S. 236

[332] Mannewitz, S. 1

[333] Mannewitz, S. 5

[334] Mannewitz, S. 1

[335] Behrens 2011, S. 32

[336] Merget 2004, S. 21

[337] Evens, S. 1–11

[338] Mannewitz, S. 2f.

Ergänzend ist es entscheidend, dass neben der Bemaßung der Nennwerte und den Maßtoleranzen, auch Form- und Lagetoleranzen in den Maßketten als einzelne Glieder berücksichtigt werden.[339] [340]

Bei der weiteren Untersuchung von Toleranzketten und der Toleranzallokation mit Hilfe der Maßkettentheorie werden in der Literatur grundsätzlich zwei Vorgehensweisen unterschieden. Zum einen die Toleranzanalyse, bei der Schließmaßtoleranzen aus Einzeltoleranzen berechnet werden. Zum anderen die Toleranzsynthese, bei der zur Sicherung der Funktionsfähigkeit eine Schließmaßtoleranz vorgeben wird. Diese Schließmaßtoleranz wird dann über verschiedene Verfahren auf die Einzelbauteile aufgeteilt.

2.2.1.2 Arithmetische und statistische Toleranzanalyse

Die Toleranzanalyse wird bei gegebenen Einzeltoleranzen zur Berechnung von Schließmaßtoleranzen angewandt. Bei gegebenen Toleranzen kann die Schließtoleranz entweder durch die arithmetische Addition aller Toleranzen oder statistisch, durch die Addition der Varianzen ermittelt werden.[341] [342]

Bei der arithmetischen Toleranzanalyse ist die Besonderheit, dass die Toleranzen der Einzelmaße von Werkstücken vollkommen ausgeschöpft werden dürfen, was auch als Worst-Case-Analyse bezeichnet wird[343]. Der Hintergrund dieser Tolerierung ist die Absicht, Komponenten austauschbar zu gestalten, allerdings ist dies nicht die kostengünstigste Form der Tolerierung.[344] Mathematisch ergibt sich die arithmetische Toleranz nach u.s. Formel aus der Summe der Einzeltoleranzen[345]:

$$T_A = \sum_{i=1}^{k} T_i$$

Da in der Praxis selten und mit einer geringen Wahrscheinlichkeit der Fall auftritt, dass alle Toleranzen von Werkstücken im Sinne der Worst-Case-Betrachtung voll ausgenutzt werden, ist die reale zufallsbestimmte Schließtoleranz T_W (wahrscheinliche Schließmaßtoleranz) in der Regel kleiner als die arithmetisch berechnete Worst-Case Schließtoleranz T_A. Daher ist das Ziel der statistischen Toleranzanalyse eine Schließmaßtoleranz T_S zu berechnen, die so groß ist, wie die wahrscheinlich auftretende Schließmaßtoleranz T_W.[346]

[339] Klein 2012, S. 153
[340] Mannewitz, S. 2f.
[341] Klein 2012, S. 147f.
[342] Merget 2004, S. 21
[343] Klein 2012, S. 148
[344] Merget 2004, S. 21f.
[345] Klein 2012, S. 153
[346] Klein 2012, S. 157

Dazu muss die Verteilung der Merkmalsausprägungen für verschiedene Arten der Fertigung betrachtet werden. Die statistische Verteilung und Häufigkeiten eines auftretendes Maßes in einem Fertigungsprozess lässt sich dabei mit Hilfe der Statistischen Prozesskontrolle (Statistical Process Control) ermitteln und mit Hilfe der Prozessfähigkeitsindizes beschreiben[347] [348]. KLEIN gibt eine Übersicht über verschiedene Verteilungsfunktionen, die in Abhängigkeit der Arten der Fertigung die Häufigkeitsverteilungen von realen Merkmalen von Erzeugnissen darstellen (vgl. Tabelle 4).

Tabelle 4: Verteilungsfunktionen[349]

Art der Verteilung	**Varianz: σ^2** **Toleranz: T**	**Simulationsfall**
Rechteckverteilung 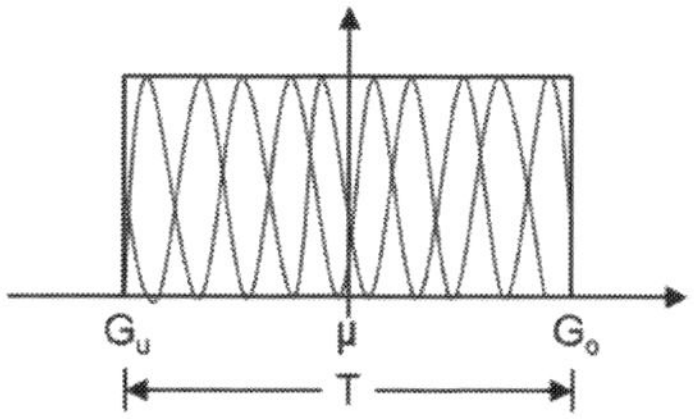	$\sigma^2 = \frac{T^2}{12}$ $T = 2\sqrt{3}\sigma$ $T = 3{,}4641\sigma$	„Worst Case" oder Simulation eines wandernden Mittelwertes durch Werkzeugverschleiß
Trapezverteilung 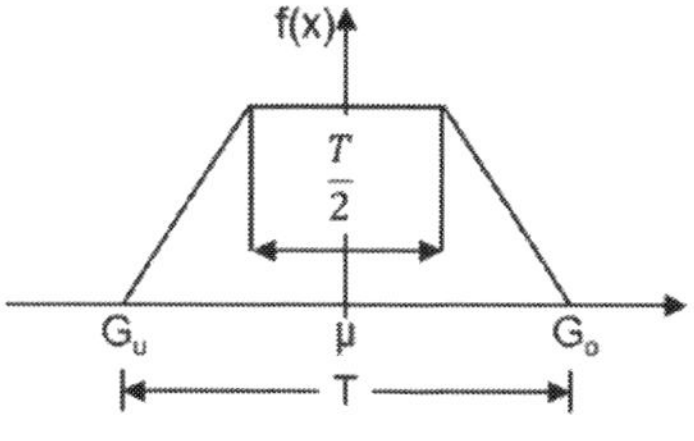	$\sigma^2 = \frac{10\,T^2}{192}$ $T = 2\sqrt{\frac{48}{10}}\,\sigma$ $T = 4{,}3818\,\sigma$	Ergebnisverwaltung bei der Faltung oder Simulation eines abgeschwächten Werkzeugverschleißes

---

[347] Whitney 2004, S. 126–129

[348] Die Prozessfähigkeitswerte cp (Potentielle Prozessfähigkeit) sowie cpk (Tatsächliche Prozessfähigkeit) beschreiben die Verteilung von Merkmalen (nach Normalverteilung) relativ zur Toleranzfeldbreite und zum Mittelwert der Normalverteilung. Damit beziehen sich diese beiden weit verbreiteten Werte immer auf eine vorgegebene Toleranz. Der Wert der Prozessfähigkeit korrespondiert dabei mit den Sigma-Leveln, also den zugelassenen Fehlern bezogen auf die Gesamtmenge einer Verteilung. Umgekehrt kann aus der Standardabweichung, welche den Wendepunkt einer Normalverteilung darstellt und damit die Eigenschaft der Normalverteilung beschreibt und der zugelassenen Fehlerquote, die notwendige Toleranz bestimmen. Masing et al. 2007, S. 680f.

[349] Klein 2012, S. 161–162

<table>
<tr>
<td>Trapezverteilung
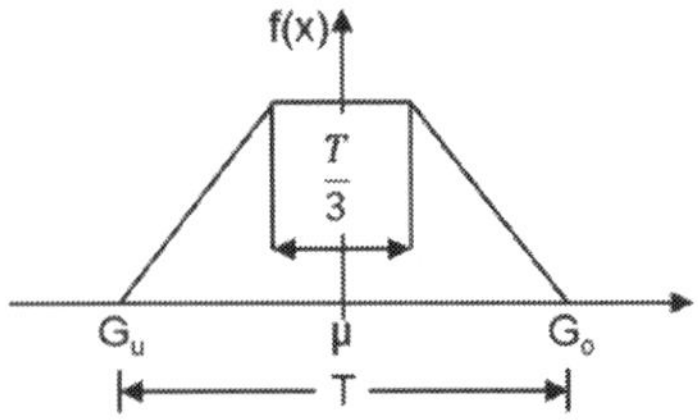</td>
<td>$\sigma^2 = \frac{13\,T^2}{300}$

$T = 2\sqrt{\frac{75}{13}}\,\sigma$

$T = 4{,}8038\,\sigma$</td>
<td>Ergebnisverwaltung bei der Faltung oder Simulation eines abgeschwächten Werkzeugverschleißes</td>
</tr>
<tr>
<td>Trapezverteilung
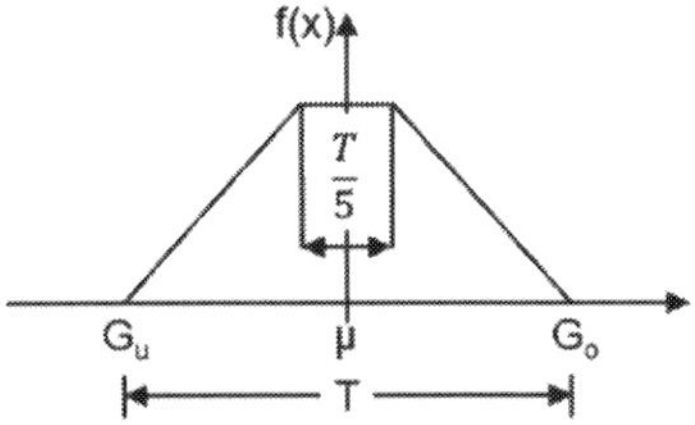</td>
<td>$\sigma^2 = \frac{T^2}{24}$

$T = 2\sqrt{6}\,\sigma$

$T = 4{,}8990\,\sigma$</td>
<td>Ergebnisverwaltung bei der Faltung oder Simulation eines abgeschwächten Werkzeugverschleißes</td>
</tr>
<tr>
<td>Dreiecksverteilung
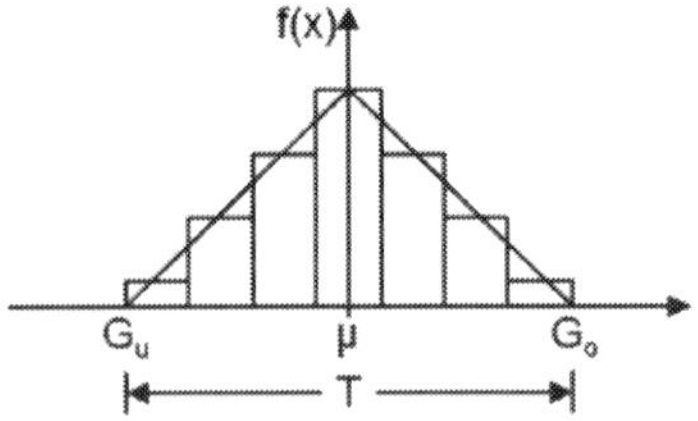</td>
<td>$\sigma^2 = \frac{T^2}{24}$

$T = 2\sqrt{6}\,\sigma$

$T = 4{,}8990\,\sigma$</td>
<td>Simulation einer Kleinserie</td>
</tr>
<tr>
<td>Normalverteilung
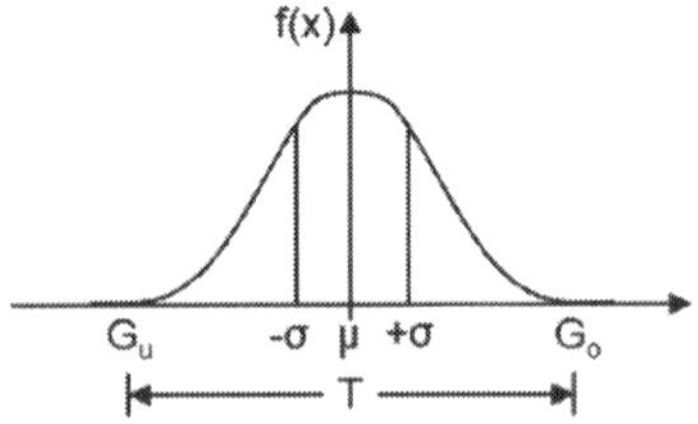</td>
<td>$\sigma^2 = \frac{T^2}{24}$

$T = 2 \times 3\,\sigma$

$T = 6\,\sigma$</td>
<td>Simulation einer Großserie
z.B. ± 3σ
bei $C_{pk} = 1$</td>
</tr>
</table>

Eine gute Annäherung der häufigsten Verteilung von gefertigten Maßen eines Erzeugnisses kann mit der Normalverteilung beschrieben werden. Insbesondere in der Großserienfertigung findet man gewöhnlich die Gauß'sche Normalverteilung[350].

Im Folgenden soll die Berechnung der statistischen Toleranz nach KLEIN erläutert werden[351]. Eine Normalverteilung wird durch den Mittelwert μi sowie durch die Streuung σi bzw. mit Hilfe der Varianz σ_i^2 beschrieben. Die Formeln sind im Folgenden dargestellt[352]:

$$\mu_i = \frac{1}{n}\sum_{i=1}^{n} x_i$$

$$\sigma_i = \frac{1}{n-1}\sqrt{\sum_{i=1}^{n}(x_i - \mu_i)^2}$$

Das gefertigte Ist-Maß (x_i) ist eine Zufallsvariable, die innerhalb dieser Normalverteilung mit n Merkmalen statistisch betrachtet auftritt. Wird eine Maßkette aus Einzel-Ist-Maßen addiert, so ergibt sich aus der Summe der Mittelwerte der Einzelkettenglieder ein Erwartungswert μ_{ges}, der das Nennschließmaß aus den Einzelmittelwerten bildet. Analog ergibt sich die gesamte Streuung auf eine Vielzahl von Maßkettenglieder betrachtet nach dem Abweichungsfortpflanzungsgesetz aus der Wurzel der Varianz der Einzelstreuungen der Einzelkettenglieder zu σ_{ges}[353].

$$\mu_{ges} = \sum_{i}^{m} \mu_i$$

Die wahrscheinliche Schließmaßtoleranz ist dann gleich der statistischen Schließmaßtoleranz, wenn das Nennschließmaß in Abhängigkeit der Qualitätsanforderungen (Sigma-Level) mit einem Quantil-Multiplikator u multipliziert wird. Dieser Quantil-Multiplikator ist ein Maß für die Toleranzfeldbreite und korrespondiert mit den Sigma-Leveln.

$$\sigma_{ges} = \sqrt{\sum_{i=1}^{m} \sigma_i^2}$$

Für den Fall, dass eine Maßkette einen Linearitätskoeffizienten αi enthält, der nicht den Wert ± 1 hat, so muss dieser ebenfalls berücksichtigt werden. In diesem Fall ergibt sich die gesamte Streuung bzw. Standardabweichung zu:

$$\sigma_{ges} = \sqrt{\sum_{i=1}^{m} \alpha_i^2 * \sigma_i^2}$$

---

350 Klein 2012, S. 158

351 Klein 2012, S. 158f.

352 Klein 2012, S. 157f.

353 Hierbei besagt der Grenzwertsatz, dass ab vier Maßkettengliedern die gesamte Verteilungsfunktion der Maßkette normalverteilt ist, auch wenn die Maßkettenglieder selbst nicht normalverteilt sind.

Die Sigmal-Level sind in Abbildung 22 dargestellt und beschreiben die prozentuale Wahrscheinlichkeit des Auftretens eines Merkmals innerhalb eines Vielfachen der Streuung σ. Es ist gut zu erkennen, dass die Toleranzfeldbreite maßgeblich von dem gewählten Sigma-Level und damit von der wahrscheinlichen, prozentualen Menge von Messwerten innerhalb dieses Intervalls auftritt.

$$T_W = T_{ST} = \pm u * \sigma_{ges}$$

Somit lässt sich über die Wahl des Sigma-Levels und damit der Wahrscheinlichkeit auf Basis der Streuung der normal-verteilten Werte um den Mittelwert die Toleranzfeldbreite berechnen, die je nach gewähltem Sigma-Level deutlich kleiner sein wird als die arithmetische Worst-Case-Berechnung des Schließmaßes T_A.

$$T_W = T_{ST} = \pm u * \sigma_{ges}$$

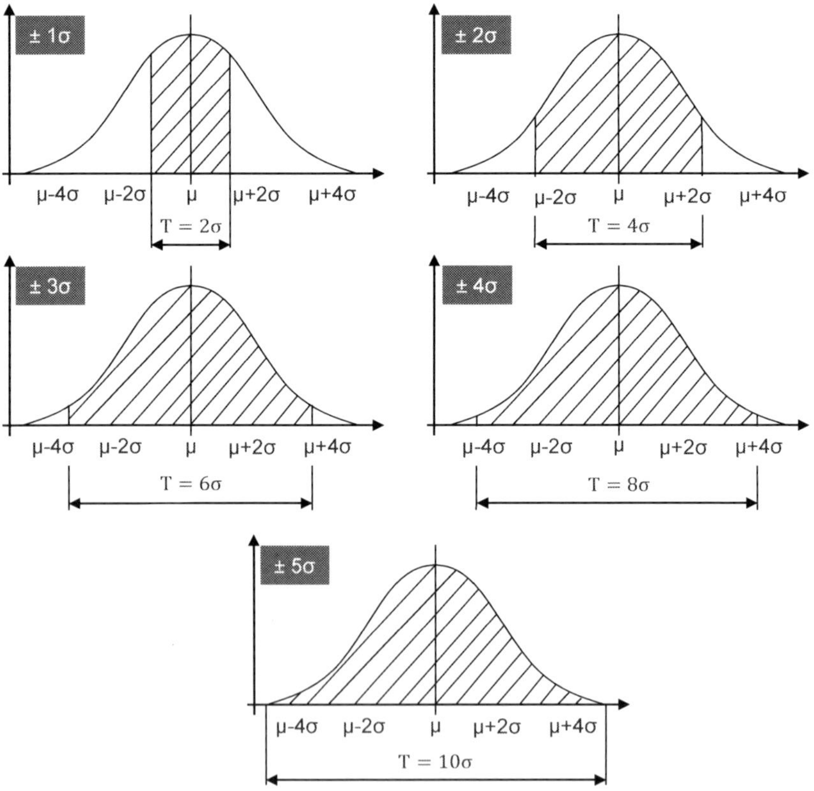

Abbildung 22: Sigma-Level[354]

[354] Klein 2012, S. 162f.

Unter der Annahme, dass geometrisch abhängige Produktfunktionen begrenzte Schließmaße fordern, werden wie oben gezeigt, bei der arithmetischen Toleranzanalyse die Einzeltoleranzen kleiner, da sie den Worst-Case betrachten. Dies ist der zentrale Vorteil der statistischen Toleranzanalyse, da in Abhängigkeit der gewählten Wahrscheinlichkeit (Sigma-Level), gröbere Toleranzen zugelassen werden. Der zentrale Nachteil besteht allerdings darin, dass anders als bei der arithmetischen Toleranzanalyse, der Fall auftreten kann, dass ein Schließmaß nicht eingehalten wird[355]. [356]

2.2.1.3 Toleranzsynthese

Wie einleitend beschrieben, verfolgt die Toleranzsynthese einen umgekehrten Ansatz und geht von einem vorgegebenen Schließmaß aus, auf Basis dessen die Einzeltoleranzen der Maßkettenglieder bestimmt werden müssen. Die Toleranzsynthese ist ein Optimierungsproblem, das bei n Toleranzkettengliedern n-1 Freiheitsgrade besitzt. MERGET konstatiert, dass es in der Empirie folgende Verfahren gibt, nach denen die Aufteilung des Schließmaßes auf die Toleranzen der Maßkettenglieder erfolgen kann:[357]

- Gleichmäßige geometrische Aufteilung des Schließmaßes auf die n Maßkettenglieder.
- Proportionale Aufteilung nach dem prozentualen geometrischen Anteil des Einzelmaßes an der gesamten Maßkette.
- Aufteilung nach ISO-Toleranzen.
- Montageorientierte Aufteilung, die eine einfache Montage forciert und z.B. die Möglichkeit der Austauschbarkeit von Komponenten oder die Sortierbarkeit berücksichtigt.
- Aufteilung nach Kosten, um der individuellen Ausprägung der Fertigungs- und Prüfkosten der Merkmale der Maßkettenglieder Rechnung zu tragen.

CHASE et al. beschreibt ergänzend die Motivation für die Toleranzsynthese oder auch Toleranz-allokation auf Basis der Bedeutung des Schließmaßes und der Einzeltoleranzen. Das tolerierte Schließmaß, das die maximal zulässige Summe der Einzelmaßabweichungen beschreibt, ist demnach die so genannte Montagetoleranz, die die Leistungserfüllung der Produktanforderungen absichert. Demgegenüber entscheiden die Einzeltoleranzen diskret betrachtet über die Fähigkeiten des Produktionsprozesses. Die Aufgabe der Toleranzallokation bzw. Toleranzsynthese ist nach CHASE et al. in Abbildung 23 illustriert.[358]

---

[355] Whitney 2004, S. 130
[356] Zhang 1997, S. 97
[357] Merget 2004, S. 26–27
[358] Chase et al., S. 3

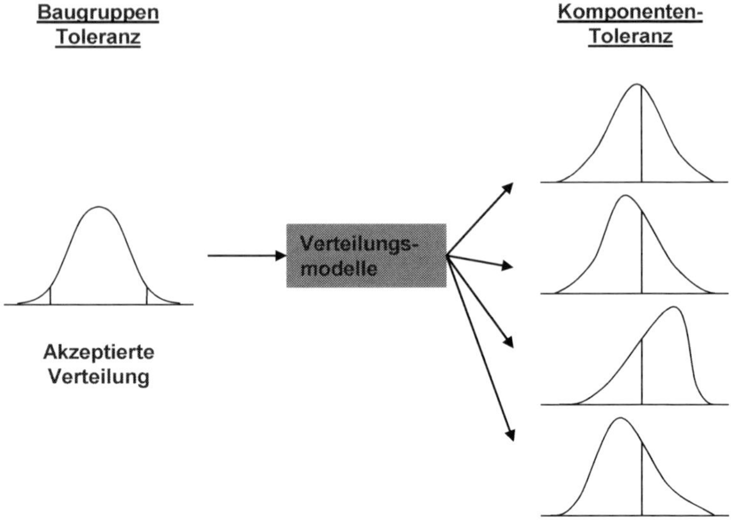

Abbildung 23: Toleranzsynthese[359]

Das oben genannte Optimierungsproblem der Toleranzsynthese lässt sich dabei für eine kostenorientierte Aufteilung des Schließmaßes auf die Einzeltoleranzen der Komponenten durch die Kombinatorik der möglichen Prozesse zur Herstellung einer Komponente transparent machen. Abbildung 23 verdeutlicht plakativ diese Aufgabe, die über sogenannte Verteilungsfunktionen algorithmisch gelöst wird, um die Komponententoleranzen bestmöglich zu bestimmen. Wird eine Baugruppe aus zehn Komponenten montiert und gibt es für jede Komponente ein Fertigungsverfahren, das sich in der Genauigkeit und damit in der Fähigkeit zur Herstellung eines Toleranzmaßes unterscheidet, so ergeben sich 2^{10} also 1024 mögliche Kombinationen, wie die Toleranzen auf Basis der Prozessfähigkeiten gewählt werden können.[360] Unterscheiden sich die Kosten jedes Prozesses signifikant, so lässt sich eine kostenoptimale Möglichkeit zur Toleranzallokation herausfinden.

In der Literatur lassen sich zahlreiche Arbeiten finden, die sich mit Ansätzen zur Toleranzsynthese und Toleranzallokation beschäftigen. Hierzu zählen Verfahren wie die Toleranzkostensensitivitätsanalyse von MERGET oder die Arbeiten von CHASE et al. und BEHRENS[361].

2.2.1.4 Toleranz-Kosten-Relation

Toleranzkosten umfassen einen Teil der Gesamtkosten, die durch die Veränderung von Toleranzen von Merkmalen einer Komponente oder einer Montagebaugruppe direkt beeinflusst werden bzw. hiervon abhängen. Dazu gehören im Kern die Fertigungs-, Prüf- und Montagekosten.[362]

[359] Chase et al., S. 3
[360] vgl. Chase et al., S. 6–7
[361] vgl. auch weitere Ansätze bei Behrens 2011, S. 33
[362] Behrens 2011, S. 36

Es existiert also eine Beziehung zwischen der Wahl der zugelassenen Toleranzen und den dadurch entstehenden Kosten. Aus diesem Grund wird die Beziehung zwischen Toleranzen und Kosten durch eine Toleranz-Kosten-Funktion bzw. Modell beschrieben. CHASE et al. gibt eine Übersicht über verschiedene gängige Modelle, die die Toleranz-Kosten-Beziehung mit verschiedenen Methoden darstellen[363]. GERTH et al. konstatiert, dass in der Regel drei typische Formen von Toleranz-Kosten-Funktionen auftreten, die kontinuierliche Funktion, die diskrete, sowie die teilweise kontinuierliche Funktion von Kosten und Toleranzfeldbreite.[364] BEHRENS und MERGET greifen ebenfalls auf diese Grundtypen der Toleranz-Kosten-Funktionen zurück[365] [366].

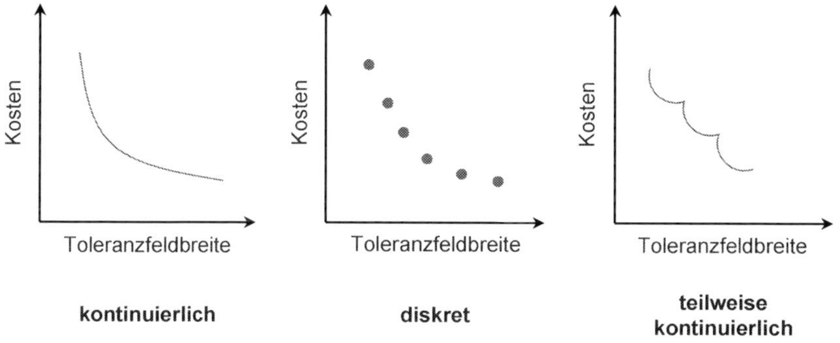

Abbildung 24: Toleranz-Kosten-Funktionen[367]

GERTH et al. betont die späte Berücksichtigung der Toleranzen in Produktentstehungsprozessen, obwohl diese die kritische Schnittstelle zwischen Produkt- und Prozessentwicklung ist[368]. Für den Fall, dass der Konstrukteur in frühen Phasen der Produktgestaltung Toleranz-Kosten-Funktionen bei der Produktgestaltung berücksichtigt, werden häufig aufgrund der geschätzten oder empirisch ermittelten und damit wahrscheinlichkeitsbehafteten Werte der Toleranz-Kosten-Funktionen drei Kurven angenommen. Eine Nominalkurve sowie eine nach oben und eine nach unten versetzte Kurve. Damit wird der Tatsache Rechnung getragen, dass der höchstwahrscheinliche Kurvenverlauf nicht eintreten muss, sondern nach oben oder unten abweichen kann. Neben der Wahrscheinlichkeit des Auftretens der Toleranz-Kosten-Beziehung, die in den obenstehenden drei typischen Modellen illustriert ist, ist die Funktion bzw. das Modell maßgeblich vom Nominalwert eines Merkmals abhängig. Auch diese Information ist in den Modellen nicht direkt erkennbar, muss jedoch berücksichtigt werden.[369]

MERGET unterstreicht in diesem Zusammenhang, dass der häufigste Fall der Toleranz-Kosten-Beziehung die kontinuierliche Funktion ist. Dies gilt jedoch nicht für Lehren, die häufig eine typisch diskrete Beziehung haben. Die Betrachtung dieser Beziehung für ein Merkmal über Technologieketten hinweg ergibt dagegen den teilweise kontinuierlichen Fall, der sich am Beispiel der Fertigungsschritte

[363] Chase et al., S. 4ff.
[364] Gerth et al., S. 316
[365] Merget 2004, S. 36
[366] Behrens 2011, S. 20
[367] Merget 2004, S. 36
[368] Gerth et al., S. 313
[369] Gerth et al., S. 315–316

einer Welle über das Sägen bis hin zum Feindrehen darstellen lässt.[370] Die Nutzbarkeit dieser Modelle hängt maßgeblich von den verfügbaren Information in der jeweiligen Konstruktionsphase ab[371].

DONG et al. untersucht Toleranz-Kosten-Modelle und liefert empirische Toleranz-Kosten-Funktionen für diverse Fertigungsverfahren, die hier als Beispiel dienen sollen und in Abbildung 25 illustriert sind[372].

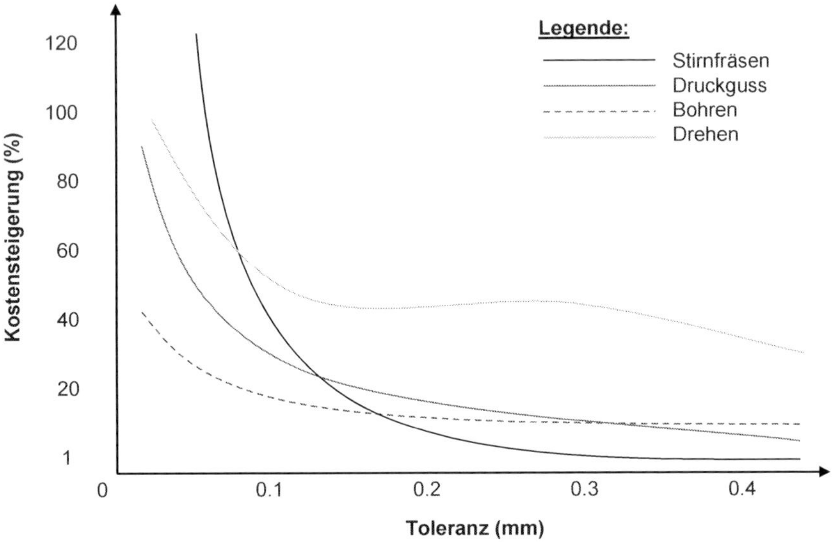

Abbildung 25: Toleranz-Kosten-Verläufe für verschiedene spanende Fertigungsverfahren[373]

Da in einem Produkt eine hohe Anzahl an Merkmalen toleriert ist[374], ist es weder wirtschaftlich sinnvoll noch möglich, alle Toleranzen hinsichtlich Verbesserungen zu betrachten[375]. Daher muss, um den Aufwand bei der Tolerierung zu reduzieren, der Fokus auf die Merkmale gelegt werden, die die Produktfunktionen sowie die Toleranzkosten signifikant beeinflussen.

THORNTON et al. führt hierzu den Begriff der „Key Characteristics“ ein, um eben diese Merkmale von anderen zu differenzieren[376] [377]. Derartige Merkmale oder Merkmalverknüpfungen haben signifikanten Einfluss auf die Erfüllung der Produktfunktionen und Leistungs- bzw. geplanten Begeisterungsmerkmale eines Produktes und müssen dementsprechend toleriert sein. Mit der Taguchi-Verlustmethode

---

[370] Merget 2004, S. 34–35
[371] Merget 2004, S. 38
[372] Dong et al. 1994, S. 200
[373] Dong et al. 1994, S. 241
[374] Whitney 2004, S. 21
[375] Dantan et al., S. 60
[376] Thornton 1999, S. 145
[377] Lee und Thornton, S. 1

lassen sich derartige Merkmale, die ein Key Characteristic darstellen gegenüber denen die keines darstellen, visualisieren[378]. Dabei lassen sich mit der Taguchi-Verlustmethode Kostenfunktionen beschreiben, die den Zusammenhang von Soll-Wert-Abweichungen zu Verlustkosten beschreiben[379] [380]. Die Verlustkosten lassen sich dabei durch eine kontinuierliche, zur Normalverteilung gespiegelte, parabolische Funktion beschreiben (vgl. Abbildung 27). Die Verlustkosten umfassen Kosten für die Gesellschaft durch z.B. Ressourcenverschwendung bei der Produktion von Fehlteilen oder Opportunitätskosten, dadurch, dass Produktfunktionen und damit Kundenanforderungen nicht erfüllt werden[381].

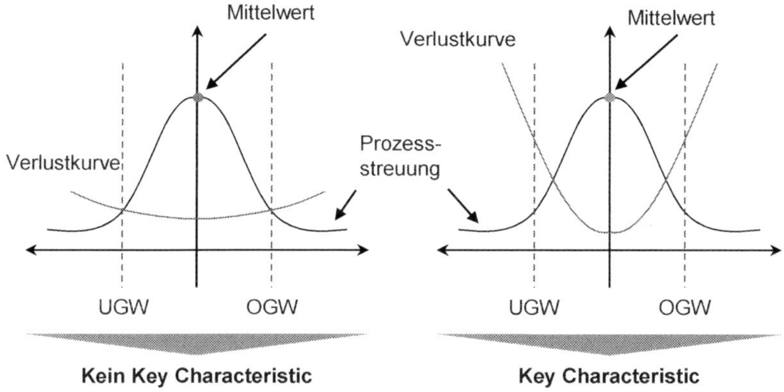

Abbildung 26: Key Characteristic und Taguchi-Verlustkurve[382] [383]

2.2.2 Justage im Kontext der integrierten Produkt- und Prozessentwicklung

Aufbauend auf dem dargestellten Verständnis der integrierten Produkt- und Prozessentwicklung sowie im Kontext der Herausforderung des Toleranzmanagements, soll im Folgenden der Begriff der Justage für das Grundverständnis dieser Arbeit näher erläutert werden. Hierbei wird der Begriff bewusst in einem eigenen Teilkapitel erläutert, um die Justage über die Bedeutung im Zusammenhang mit der Montage hinaus, als zentralen Planungsprozess in der Schnittstelle zwischen der Produkt- und Prozessentwicklung zu verorten.

Grundsätzlich lassen sich im deutschen Duden sowohl die Begriffe Justage, justieren als auch Justierung finden, die jedoch nicht konkret definiert bzw. differenziert sind. Dabei wird der Begriff der Justierung im Sprachgebrauch dem Bereich der Technik und Physik zugeordnet[384], wobei sich das Verb justieren aus dem Substantiv Justieren als schwaches Verb ableitet und mit den Synonymen einstellen

---

[378] Lee und Thornton, S. 2
[379] Mannewitz 1997, S. 8
[380] Roy 2010, S. 13f.
[381] Roy 2010, S. 13f.
[382] In Anlehnung an Lee und Thornton, S. 2
[383] In Anlehnung an Mannewitz 1997, S. 9
[384] Bibliographisches Institut GmbH: 2013, S. Stichwort "die Justierung" bzw. "das Justieren"

und einrichten beschrieben wird[385]. Der Begriff der Justage wird als Fachsprache bezeichnet und ist von der Bedeutung analog zu dem Begriff Justierung[386]. Grundsätzlich findet sich der Begriff der Justage häufiger in der neueren Literatur, wohingegen sich der Begriff Justierung eher in der Literatur vor 1990 wiederfindet. Im Folgenden werden in eigenen Darstellungen das Substantiv Justage und das Verb justieren bzw. das Substantiv Justierung verwendet, sowie in der Wiedergabe der Literatur die jeweilige Begriffsverwendung Justierung oder Justage.

In der Fachliteratur wird der Begriff Justierung in der von ZINGLER 1928[387] veröffentlichten Arbeit „Theorie der zusammengesetzten Waage" ohne konkrete Definition erstmals verwendet. Auf Basis der Problematik, das Hebeverhältnis einer Waage während der Produktherstellung präzise einzustellen, erwähnt ZINGLER implizit die Justierung als eine durch die Konstruktion ausgewählte und ausgestaltete Handlungsalternative gegenüber einer hochpräzisen Komponentenherstellung und Montage, um die Produktfunktion sicherzustellen[388]. Eine genauere Betrachtung des Lösungsraums sowie der Planung der Justage erfolgt in dieser Arbeit nicht. Ähnlich konkretisiert HOHNHOLD den Zweck und die Aufgabe des Justierens. Da „[...]*wo aus dem Zusammenwirken vieler Bauelemente und Einzelteile die Funktion des Gerätes entsteht, und wo sich die erlaubten Einzelabweichungen (Toleranzen) ungünstig addieren können*" und dort „*wo beim einfachen Zusammenbau die Genauigkeit der verfügbaren Betriebsmittel und Arbeitsverfahren nicht genügt*", setzt die Arbeit des Justierens ein, um die geforderte Produktfunktion herzustellen.[389] Auch hier findet sich keine tiefere Auseinandersetzung mit der Planung des Justierens sowie den Arten, die für das Justieren in Frage kommen.

Anknüpfend an die Fragestellungen von ZINGLER und HOHNHOLD, beschreibt BALAKSCHIN eine grundsätzliche Auseinandersetzung mit Lösungen zur Erzielung von geometrischen Produktmerkmalen und geometrisch abhängigen Funktionen in der Montage ohne dabei explizit den Begriff der Justage zu erwähnen. Er beschreibt die Aufgabe, „[...] *die vorgeschriebene Genauigkeit des Abschlussgliedes herzustellen*", als das Lösen von Maßketten[390]. Damit nimmt BALAKSCHIN zu der in 2.2.1.1 dargestellten Beschreibungslogik Bezug, geometrisch korrekte Produktmerkmale bzw. geometrisch abhängige korrekte Produktfunktionen als Ergebnis der Erzielung eines Schließmaßes einer Maßkette innerhalb definierter geometrischer Grenzen (Toleranzen) zu beschreiben. Die Methoden zum Lösen von Maßketten sind nach BALAKSCHIN folgende[391]:

1) Methode der absoluten Austauschbarkeit
2) Methode der unvollständigen (teilweisen) Austauschbarkeit
3) Auswahlmethode bzw. Auswahlmontagemethode
4) Passungsmethode
5) Einstellmethode

[385] Bibliographisches Institut GmbH: 2013, S. Stichwort "justieren"
[386] Bibliographisches Institut GmbH: 2013, S. Stichwort "Justage"
[387] Zingler 1928
[388] Zingler 1928, S. 150ff.
[389] Obering 1950, S. 85
[390] Balakschin 1953, S. 62
[391] Balakschin 1953, S. 62

Wie sich auf Basis des dargestellten Verständnisses zum Toleranzmanagement zeigen lässt (vgl. 2.2.1), können die ersten beiden Methoden der Toleranzstrategie der hochpräzisen Produktherstellung zugeordnet werden (vgl. BALAKSCHIN[392] und 2.2). Dagegen können, wie sich mit Hilfe der Definition der Justage nach HANSEN zeigen lässt, die letzten drei Methoden dem Justieren zugeordnet werden (vgl. BALAKSCHIN[393]). Die Passungs- und Einstellmethode werden ergänzend von RICHTER[394] als Justierung bezeichnet. Damit ist BALAKSCHIN der Erste, der Lösungsstrategien zur Erzeugung von geometrischen Produktmerkmalen und geometrisch abhängigen Produktfunktionen strukturiert und im Ergebnis fünf übergeordnete Methoden zusammenfasst und diese detailliert.

Auf HANSEN gehen die ersten bedeutenden allgemeingültigen Arbeiten zum Thema Justieren zurück. Seine Definition des Justierens soll im Rahmen dieser Arbeit als grundlegende Definition verstanden werden, auf die sich, wie sich zeigen lässt, die meisten späteren Arbeiten referenzieren. So stellt HANSEN bereits 1957 in seiner Veröffentlichung „Einfluss der Justierung auf die Konstruktion“ fest, dass es kaum Literatur gibt, die „*etwas Grundsätzliches über das Problem des Justierens aussagt.*“[395] Er betont dabei das Potential des Justierens: „*Eine gute Justierüberlegung bedeutet meist, dass die Herstellungsgenauigkeit herabgesetzt werden kann*“[396]. In diesem Kontext unterstreicht HANSEN die Aufgabe des Konstrukteurs, die Folgen der Gestaltung der Justierung für die Montage zu antizipieren. Aufbauend auf diesen Feststellungen definiert HANSEN zum ersten Mal den Begriff des Justierens: „*Justieren heißt ein Bauelement während oder nach der Montage so zu verrücken, dass es die für die gewünschte Funktion die notwendige Lage bekommt*“[397]. Diese Definition bezeichnet HANSEN in seinem 1964 veröffentlichten Werk „Justierung“ als spezielle enge Definition. Diese Definition sowie die mechanisch-geometrische Deutung gehen von der Annahme aus, dass eine begrenzte Menge an funktionswichtigen Bauteilen nicht die theoretisch korrekte Lage haben, die sie haben müssten, um eine Produktfunktion zu erfüllen[398]. Mit der Überlegung, dass nicht nur die Lage von Bauteilen entscheidend über die Produktfunktion eines Geräts bzw. technischen Systems ist, argumentiert HANSEN, dass jede Funktion am Ende ein physikalisch darstellbarer Zustand ist, der von der Veränderung der Grundgrößen Weg, Masse und Zeit abhängt. Aus der Argumentation (vgl. HANSEN[399]) schließt HANSEN, „*dass eine Zustandsbeeinflussung nur durch ein Verschieben, durch ein Hinzufügen oder durch ein Wegnehmen von Elementarteilchen zu erreichen ist*“[400]. Damit ist die Aussage bewiesen, dass die Endfunktion eines technischen Systems, die von Funktionselementen bzw. Bauteilen in einer Maßkette abhängt, während oder nach der Montage nur durch einen geometrisch-mechanischen Eingriff verändert bzw. beeinflusst werden kann, was letztendlich ein Eingriff in Materie bzw. in die physischen Maßkettenglieder ist. Durch diesen geometrisch-mechanischen Eingriff, der sich durch das Verschieben, Wegnehmen oder Hinzufügen von Masseteilchen manifestiert, kann eine Vielzahl geometrisch-physikalischer Zustandsänderungen in einem technischen System vollzogen werden. Auf Basis dieses Verständnisses leitet HANSEN 1964 die allgemeinere und richtigere Definition für den Begriff Justieren wie folgt her:

392 Balakschin 1953, S. 63–82 (Methode 1 und 2)
393 Balakschin 1953, S. 82–104 (Methoden 3, 4 und 5)
394 Richter et al. 1974
395 Hansen, S. 419
396 Hansen, S. 419
397 Hansen, S. 419; Dilthey und Brandenburg 2005
398 Hansen 1964, S. 18–19
399 Hansen 1964, S. 19f.
400 Hansen 1964, S. 20

„Justieren heißt ein Funktionselement so zu verändern, dass es für die gewünschte Funktion des gesamten Produktes oder Verfahrens notwendige Kennwerte bekommt“.[401]

In seinen weiteren Ausführungen nennt HANSEN acht fundamentale Gründe für das Justieren, aus denen deutlich wird, dass das Justieren nicht nur dann Anwendung findet, wenn eine Produktfunktion bzw. ein Produktmerkmal aus dem Stand der Technik heraus nicht ohne Justieren hergestellt werden kann. Sondern das Justieren kann u.a. auch dann notwendig werden, wenn das Erzeugen geometrischer Merkmale in oder nach der Montage wirtschaftlich günstiger ist, als die hochpräzise Komponentenfertigung mit anschließender justierfreier Montage.[402] Diese Aussagen implizieren, dass das Justieren eine geplante Tätigkeit ist, die von der Nacharbeit zu unterscheiden ist. SPUR et al., der sich an die Definition des Justierens anlehnt, unterstreicht diese Differenzierung explizit, schränkt die Anwendung des Justierens jedoch auf die Kompensation unvermeidbarer Abweichungen von Komponenten in der Montage ein, mit dem Ziel, geforderte Funktionen bzw. Eigenschaften von Erzeugnissen innerhalb vorgegebener Grenzen zu erreichen[403]. Auch KRÜLL lehnt sich an die Definition zum Justieren von HANSEN an und diskutiert die Fälle, in denen das Justieren zur Anwendung kommen kann. Dabei stellt er zwar heraus, dass der Konstrukteur grundsätzlich das Justieren meiden soll, stellt aber ebenfalls klar, dass das Justieren weniger Aufwand mit sich bringen kann als das Einhalten enger Herstellungstoleranzen und dass durch das Justieren in einigen Fällen mehr Produktvarianten mit weniger Aufwand erzeugt werden können[404]. Dieser Gedanke zeigt, dass das Justieren ein Befähiger der modularen Produktarchitektur sein kann (vgl. 2.1.2.5).

Als weiteres grundlegendes Verständnis für diese Arbeit und für die weitere Eingrenzung des Betrachtungsbereichs sollen die von HANSEN dargestellten konstruktiven Grundforderungen (vgl. HANSEN[405]) für das Justieren herangezogen werden. Zum einen konzentriert sich diese Arbeit auf das bestimmte Justieren, das bedeutet, dass ein Justiervorgang ein Ergebnis erzeugt, das weder vorgelagerte Ergebnisse von Justiervorgängen, noch nachgelagerte Justierprozesse beeinflusst. Die zweite Einschränkung resultiert aus der konstruktiven Grundforderung, dass immer nur ein Maßkettenglied, also ein Bauteil, welches über weitere Bauteile die Endfunktion eines Produktes beeinflussen kann, durch die Justierung direkt in eine Richtung beeinflusst wird.[406] Darüber hinaus wird aufbauend auf der Definition von HANSEN zum Justieren, welche dieser Arbeit zugrunde liegt, auch die selektive Montage den Justierstrategien zugeordnet. Denn wenn unmittelbar vor dem Montageprozess die Erkenntnis erworben werden kann, dass ein Zusammenbau von zufällig zusammengestellten Komponenten zu einer Über- oder Unterschreitung einer geforderten Schließmaßtoleranz führt, so ist die Gegenmaßnahme in Form einer neuen Zusammenstellung bzw. Selektion von Komponenten eine Form des Austauschens, was im ursprünglichen Sinne der Definition ein Justieren ist. Der einzige Unterschied zu einer Vielzahl von Justierarten ist, dass bei einem unmittelbar vor dem Montageprozess stattfindendem Selektieren von Zusammenbaukomponenten oder Baugruppen, eine Erkenntnis über Abweichung der Schließmaßtoleranz nicht erst nach dem Zusammenbau erfolgt, wodurch eine Demontage als Prozess substituiert werden kann. Derartige Erkenntnisse über die Soll-Ist-Abweichungen können heute über ein Vermessen von Einzelkomponenten oder Baugruppen sowie durch eine ergänzende virtuelle Toleranzkettenanalyse

[401] Hansen 1967, S. 20
[402] Hansen 1967, S. 23f.
[403] Spur et al. 1986, S. 592
[404] Krüll 1993, S. 17f.
[405] Hansen 1964, S. 30–31
[406] Hansen 1964, S. 31–32

nicht mehr nur noch manuell, sondern auch automatisiert und damit einfach erworben werden, wodurch kein physischer Zusammenbau mehr benötigt wird. Die selektive Montage unterstützt zudem das Paradigma der zweiten Toleranzstrategie, durch einen geplanten Eingriff in die Maßkette operativ tätig zu werden, um gröbere Tolerierung zuzulassen.

Über die elementare Definition des Justierens hinaus ist für diese Arbeit zusammenfassend besonders entscheidend, dass das Justieren eine geplante Tätigkeit ist[407], die im Rahmen der Montage wirksam wird. Die Planung dieser Tätigkeit entscheidet im Ergebnis zum einen über die Art und Weise, wie das Justieren prozesstechnisch realisiert wird und zum anderen, wie dafür das Produkt gestaltet sein muss. Das Justieren muss also früh im Produktentwicklungsprozess als Handlungsopportunität in Betracht gezogen werden und gestalterisch Berücksichtigung finden, um im Umkehrschluss die Freiheitsgrade zu haben, über die Wahl der Produkt- und Prozessgestalt verschiedene Justierarten und damit geplante Zustandsänderungen der Maßkette als integrierten Produkt- und Prozessentwurf in Erwägung zu ziehen. Dabei wird durch die geplante Justierung und die konkrete produkt- und prozessseitige Ausgestaltung der Justierung auch die Wirksamkeit zur Kompensation von Abweichungen festgelegt. Diese Wirksamkeit einer Justierung im Hinblick auf die Kompensationsfähigkeit von Abweichungen hat damit direkten Einfluss auf die nötigen Einzelteiltoleranzen einer Baugruppe. Aus diesem Grund muss parallel zu der Gestaltung einer Justierung im Rahmen des Planungsprozesses die Festlegung von Toleranzen und damit die Folgen auf die Herstellungsbedingungen der Einzelteilkomponenten einer Baugruppe oder eines Produktes antizipiert werden.

In diesem Kontext muss das Justieren also immer aus der Perspektive der integrierten Produkt- und Prozessplanung betrachtet werden. Das Justieren kann nach dem aufgezeigten Verständnis als ein zentraler Baustein des Toleranzmanagements verstanden werden.

2.3 Herausforderungen aus der Praxis

In den Ausführungen wurde dargestellt, welche Bedeutung die geometrisch abhängigen Merkmale und Funktionen technischer Systeme für die Kundenzufriedenheit und damit den Markterfolg eines Produktes haben (vgl. 2.1.1). Ein technisches System kann grundsätzlich auf verschiedenen Ebenen von der Funktions-, über die Wirk- und Baustruktur bis hin zu seiner Interaktion mit der Umgebung und dem Menschen beschrieben werden (vgl. 2.1.2). Die Produktarchitekturgestaltung bezeichnet dabei die Disziplin, bei der die Funktions- und Wirkstruktur in einen physischen Bauzusammenhang überführt werden (vgl. 2.1.2.5). Um die Entwicklung derartiger technischer Systeme systematisch in Projekten voranzubringen und hinsichtlich der übergeordneten Zielkriterien auszurichten, gibt es einen allgemeinen Produktentwicklungsprozess (vgl. 2.1.3), der besonders durch ein geordnetes Konstruktionsvorgehen unterstützt wird (vgl. 2.1.3). Neben der Konstruktion des Produktes kommt der Prozessplanung eine besondere Bedeutung zu, die sich durch die Aufgaben der Arbeitsvorbereitung charakterisiert (vgl. 2.1.3). Um die Vernetzung beider Disziplinen zu forcieren, unterstützen interdisziplinäre Teams sowie organisatorische Ansätze, die dem Produktentwicklungsprozess Struktur und Orientierung geben. Auch die Disziplin des Projektmanagements leistet bei der Durchführung von Entwicklungsprojekten hinsichtlich der Auflösung des Polylemmas der Zielgrößen aus Kosten, Qualität und Zeit einen zentralen Beitrag (vgl. 2.1.4).

---

[407] vgl. Spur et al. 1986, S. 591–592

Toleranzen spielen in der Schnittstelle zwischen Konstruktion und Produktion eine übergeordnete wichtige Rolle, da sie sowohl die Merkmale und Funktionen eines Produktes absichern, andererseits aber auch die Herstellungsaufwände massiv beeinflussen. Um Toleranzen von Baugruppen auszugestalten können zwei grundsätzliche Teilstrategien unterschieden werden, die sich in ihren Paradigmen und im Handlungsvorgehen unterscheiden. Beide Strategien verfolgen dabei dasselbe Ziel, einerseits die Produktfunktion abzusichern und andererseits Herstellungskosten zu minimieren. Entscheidend ist, dass sich je nach Teilstrategie Produkt- und Prozessentwürfe in ihrer Gestalt signifikant unterscheiden und damit auch unterschiedliche Kostenstrukturen und zeitliche Aufwände in der Herstellung mit sich bringen (vgl. 2.2). Die Festlegung der Toleranzen und die Beeinflussung der Produkt- und Prozessentwürfe findet dabei vor allem in den frühen Phasen der Produktentwicklung statt, wenn die Funktions- und Wirkstruktur eines Produktes in die physische Baustruktur überführt wird (vgl. 2.1.3.2).[408]

Wie in Kapitel 2.2.1 aufgezeigt wurde, lassen sich in der wissenschaftlichen Literatur wie auch in der Praxis verbreitete Ansätze finden, um geforderte Schließmaßtoleranzen so auf die zugehörigen Komponenten einer Maßkette zu verteilen, dass diejenigen Komponenten eng toleriert werden, deren präzisere Herstellung z.B. aufgrund ihrer Nominalwerte oder ihrer Herstellverfahren günstiger ist, als bei den übrigen Komponenten. Dabei stehen Optimierungsprobleme im Zentrum der Ansätze. Diese bringen auf Basis verschiedener Toleranz-Kosten-Relationen für ein oder mehrere Fertigungsverfahren und für ein unverändertes Produktmerkmal in Berücksichtigung der Kombinatorik der möglichen Toleranz-Kosten-Relationen über alle Maßkettenglieder eine kostenoptimierte Tolerierung und damit Prozessauswahl hervor.[409 410]

In dem Zusammenhang wird häufig vergessen, dass es neben der präzisen Herstellung unter Einbindung von Toleranzallokationsverfahren auch eine weitere Handlungsopportunität zur Herstellung von geometrisch abhängigen Produktmerkmalen gibt, nämlich die des Justierens (vgl. Kapitel 2.2.2). Denn neben dem Toleranzausgleich von fertigungstechnisch unvermeidbaren geometrischen Abweichungen durch die Justage, bietet die Justage grundsätzlich das große Potenzial, Produkte günstiger im Vergleich zu einer präzisen Fertigung herzustellen[411]. Hierbei ist entscheidend, dass die Justage eine geplante Tätigkeit zur Erzeugung von diskreten geometrischen Merkmalen ist, die sich von der ungeplanten Nacharbeit unterscheidet[412]. Auch KRAUSE et al. unterstreicht die bewusste Entscheidung für das Justieren in frühen Phasen der Produktentwicklung als geplante Tätigkeit[413]. Allerdings muss festgestellt werden, dass das Potenzial der Justage in zahlreichen Arbeiten, wie auch in der Praxis, häufig kategorisch in Frage gestellt wird[414 415]. Der Grund dafür ist, dass die Justage, wie in FELDMANN et al. zu finden, häufig mit hohen Zusatzkosten in der Montage und prozessualen Iterationen assoziiert wird[416]. Die Montageaufwände stellen jedoch nur eine Teilmenge der Aufwände dar, die im Rahmen einer ganzheitlichen monetären Betrachtung die Selbstkosten eines Produktes verursachen. Fakt ist, dass das Justieren im

---

[408] vgl. Bohn und Hetsch 2013, S. 1–2
[409] vgl. „Kostenoptimierung durch Toleranzvariation im Simultaneous Engineering", Merget 2004
[410] vgl. "Quality-Stream-orientierte Toleranzallokation", Behrens 2011
[411] Hansen 1967, S. 23
[412] Spur et al. 1986, S. 591–592
[413] Krause und et al. 2000, S. 147
[414] Spur et al. 1986, S. 602f.
[415] Hesse et al. 1994, S. 221
[416] Feldmann et al. 2014, S. 29

Vergleich zur hochpräzisen Herstellung als Handlungsopportunität hinsichtlich der Selbstkosten in jedem einzelnen Fall ganzheitlich bewertet werden muss[417] (vgl. Abbildung 27). Gleichzeitig zeigt dieses weit verbreitete Verständnis aber auch, dass das Justieren, wie bei LOTTER oder SPUR zu finden (vgl. 2.1.3), als Montagefunktion verstanden wird und die Einflussmöglichkeiten auf die Produktgestalt sowie auf eine Aufweitung der Einzelteiltoleranzen und damit das Potential auf eine Reduzierung der Herstellkosten in der Einzelteilfertigung in der Praxis häufig unbeachtet bleibt. Folglich fehlt ein Verständnis über das Justieren im Zusammenhang von integrierter Produkt- und Prozessentwicklung.

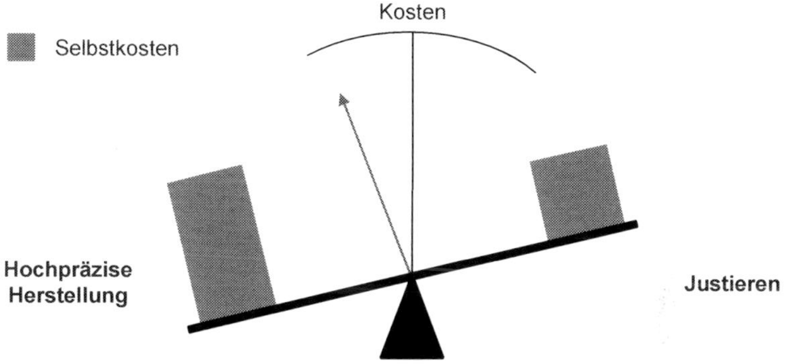

Abbildung 27: Fallspezifische Kostenverteilung der Handlungsopportunitäten

Diese Erkenntnis wird durch die Erfahrungen des Autors aus der Praxis unterstrichen. Im Rahmen von zahlreichen Industrieprojekten und Expertengesprächen mit Vertretern aus der Industrie, die der Autor in seiner vierjährigen Zugehörigkeit am Werkzeugmaschinenlabor der RWTH Aachen als auch am Lehrstuhl für Production Engineering for E-Mobility-Components an der RWTH Aachen sammeln durfte, hat sich gezeigt, dass die Entscheidung zwischen den Handlungsopportunitäten der erläuterten Strategiezweige[418] weder objektiv noch systematisch oder zielgerichtet in der Praxis getroffen wird.

Im Gegenteil hat sich gezeigt, dass die Handlungsopportunität des Justierens, wenn möglich, häufig direkt verworfen oder erst gar nicht betrachtet wird, da mit der Justage hohe Aufwände in der Montage assoziiert werden[419]. Demnach findet die Justage häufig nur bei fertigungstechnisch unvermeidbaren geometrischen Abweichungen statt. In diesen Fällen hat sich wiederum gezeigt, dass gerade bei Neukonstruktionen die Notwendigkeit einer Justage zu spät im Produktentwicklungsprozess erkannt wird. Dann wiederum werden suboptimale Sonderlösungen für die Justage notwendig, da der Lösungsraum zu diesem Zeitpunkt einerseits bereits stark eingeschränkt ist und anderseits das Entwicklungsprojekt zeitlich unter Druck steht, Ergebnisse hervorzubringen (vgl. Time to Market in Abbildung 9)[420]. Damit

---

[417] Whitney 2004, S. 396
[418] Hochpräzise Produktherstellung versus Herstellung unter zu Hilfenahme des Justierens.
[419] vgl. auch Feldmann et al. 2014, S. 29
[420] Die "Time to Market", also die Produktentwicklungszeit, wird als Zielgröße in Innovationsprojekten immer bedeutsamer. Labriola 2007, S. 193

bleibt das Potenzial, welches sich durch die integrierte und abgestimmte produkt- und prozessbezogene Planung einer Justierung ergibt, unerschlossen.[421]

Um die im Rahmen der Interviews und Expertengesprächen erworbenen Erkenntnisse mit Zahlen zu unterstreichen, sei das Beispiel eines Kleinserienherstellers für Elektrofahrzeuge genannt. Im Interview stellt der Produktionsleiter fest, dass mindestens 15% der gebundenen Mitarbeiterzeit in der Fahrzeugmontage für manuelle Justieraufgaben anfällt. Diese Aufwände könnten, so der Produktionsleiter, durch bessere Justierlösungen signifikant reduziert werden. Allerdings fehlt es den SE-Teams aus Entwicklern und Montageplanern an einer unterstützenden Systematik zur Lösungssuche sowie Transparenz und Kenntnisse über die generellen Möglichkeiten, wie sich Justierungen in ihrer Produkt- und Prozessgestalt realisieren lassen. Aufgrund des Zeitdrucks in Entwicklungsprojekten werden dann Einzellösungen ausgewählt, die auf dem Erfahrungsschatz und der Kreativleistung der Mitarbeiter basieren, ohne den gesamten theoretisch möglichen Lösungsraum systematisch zu berücksichtigen. Daher bleiben bessere Lösungsvarianten für ein aufwandreduziertes Justieren häufig unberücksichtigt, genauso wie die Möglichkeit, Toleranzen von Einzelkomponenten auszuweiten und damit Herstellkosten zu reduzieren.[422]

Die Relevanz dieser Thematik wird durch die Vielzahl von Lösungen unterstrichen, die in der Industrie aus wirtschaftlichen oder technischen Gründen für Toleranzprobleme gefunden und damit entwickelt werden. Ein Teil dieser Lösungen ist durch Patente und geschützte Gebrauchsmuster öffentlich dokumentiert. Allein in Deutschland lassen sich auf der Internetseite des deutschen Patent- und Markenamtes unter dem Suchbegriff „Toleranzausgleich" weit über 17.000 und unter dem Suchbegriff „Justieren" 53.000 Patente und Gebrauchsmuster finden.[423] Die Erläuterungen einzelner Patente oder Gebrauchsmuster großer renommierter Unternehmen stellen die Notwendigkeit dar, Lösungen für den Toleranzausgleich bzw. Toleranzkompensation in Form eines Justierens im Rahmen der Montage zu finden[424].

Die Vielzahl an Patenten und geschützten Gebrauchsmustern unterstreicht in Kombination mit der oben erläuterten Problemstellung aus der Praxis die Relevanz und Bedeutung von Planungssystematiken und Hilfsmitteln, die dazu beitragen, derartige Probleme im Vorgehen effizienter und in der Umsetzung effektiver zu lösen. Dass es an derartigen Vorgehen und Hilfsmitteln mangelt, die die Lösungssuche ergänzend zu dem persönlichen Fachwissen und Erfahrungsschatz von Produkt- und Prozessplaner unterstützen, unterstreicht auch ECKERT auf Basis von praktischen Erkenntnissen aus dem Karosseriebau in der Automobilindustrie. Er berichtet, dass im Karosseriebau die Auslegung von Einzeltoleranzen kein Problem ist, die Planung von Spann- und Fügekonzepten (Aufgaben der Montage) dagegen schon, da diese in der Praxis erfahrungsbasiert erfolgt. Es wird auf Basis der Erfahrung also ein Zusammenhang zwischen der Lösungsidee für ein Spann- und Fügekonzept auf der einen Seite und der erreichbaren Maßhaltigkeit auf der anderen Seite geschlossen, ohne beides, die Lösungsidee und den Zusammenhang systematisch und methodisch unterstützt, herzuleiten. Der Effekt ist, dass die Wirkung von entworfenen Füge- und Spannvorrichtungen auf die Maßhaltigkeit nicht abgesichert werden kann und Änderungen

---

[421] Interne Quelle: Der Autor hat neben zahlreichen Fachgesprächen mit Industrievertretern drei ausführliche Experteninterviews mit Führungskräften aus dem Bereich der Produkt- und Prozessentwicklung geführt. Die Führungskräfte waren Mitarbeiter renommierter deutscher Unternehmen. Ein renommierter Automobilzulieferer sowie zwei renommierte Automobilhersteller. Aus Gründen der Geheimhaltung sind die Namen nicht aufgeführt.

[422] Experteninterview mit einem Produktionsleiters eines Herstellers von Elektrofahrzeugen, Juni 2015.

[423] Internetquelle: DEPATISnet.dpma.Net des Deutschen Patent und Markenamtes. Stand 08.01.2017.

[424] Internetquelle: Vgl. DEPATISnet.dpma.Net des Deutschen Patent und Markenamtes. Stand 08.01.2017.

notwendig werden, die häufig erst spät erkannt werden. Dadurch können Änderungen zur Anpassung der Entwürfe erst spät vorgenommen werden, was nicht nur zusätzliche Aufwände verursacht, sondern auch den Produktionsstart eines Projektes gefährdet. Mit Referenz auf eine Studie der Michigan University, die besagt, dass die Maßhaltigkeit im Zusammenbau unabhängig von der Maßhaltigkeit der Einzelbauteile ist, unterstreicht er die Bedeutung und den Beitrag des Füge- und Spannkonzeptes und damit des Zusammenbaus für die Einhaltung von auf Qualitätsmerkmalen basierenden Schließmaßtoleranzen.[425] Und genau diese Füge- und Spannkonzepte zur Erzielung der Maßhaltigkeit charakterisieren den Zusammenbau in der Montage. Das Justieren bildet dabei die Teilmenge der Zusammenbaukonzepte, die einen geplanten und mit Bezug auf eine Zielgröße gesteuerten aktiven oder passiven Eingriff zur Kompensation von Abweichungen in die Maßkette vorsehen (vgl. 2.2.2).

Das konkrete Praxisdefizit manifestiert sich zu diesem Thema im ersten Schritt also darin, dass das Justieren als nicht-wertschöpfende Tätigkeit im Rahmen der Montage begriffen wird. Ein Verständnis über das Justieren im Spannungsfeld zwischen integrierter Produkt- und Prozessplanung fehlt. Damit bleiben Potentiale unerschlossen, die sich aus abgestimmten Lösungen für einen Produkt- als auch Prozessentwurf ergeben. Dieses Potential besteht konkret in der Aufweitung von Toleranzen der Einzelkomponenten und die damit verbundenen niedrigeren Herstellkosten.

In dem zweiten Schritt erschließt sich das praktische Defizit darin, dass Lösungen für ein Justieren auf Basis von Erfahrungswissen und der kreativen und kognitiven Leistung der Entwickler subjektiv entwickelt werden. Anders ausgedrückt fehlen dem Planer Kenntnisse und Hilfsmittel, integrierte Produkt- und Prozessentwürfe systematisch in frühen Entwicklungsphasen zu erzeugen, die ein Justieren berücksichtigen und dabei alle elementaren Möglichkeiten zum Justieren in Erwägung ziehen. Zum einen sind die theoretischen Möglichkeiten, wie justiert werden kann, also die sogenannten Justierarten, mit der Charakterisierung von produkt- und prozessbezogenen Merkmalen[426] nicht vollständig bekannt und für den praktischen Gebrauch aufgearbeitet. Zum anderen fehlt das methodische Vorgehen dieses elementare Wissen über Justierarten auf ein Praxisproblem zu übertragen und damit gezielt Lösungsideen für eine konkrete Umsetzung einer Justierart zu generieren. Ebenso fehlt ein systematisches Vorgehen, die diversen Planungsaufgaben, also die Ausgestaltung des Produkt- und Prozessentwurfes einer Justierung, als auch die Festlegung von Einzeltoleranzen mit Hinblick auf die Toleranz-kompensierende Wirksamkeit einer Justierlösungen und der zu erreichenden Funktionstoleranz zu koordinieren. Aufgrund dieser Defizite wird der Lösungsraum an theoretisch möglichen Lösungen zum Justieren auch nicht systematisch untersucht sowie vollumfänglich ausgeschöpft. Damit bleiben in voller Konsequenz bessere Justierlösungen und damit verbundene monetäre Verbesserungspotentiale in der Produktentwicklung und -herstellung oftmals unerschlossen. Es fehlt somit an Erkenntnissen über die Justierarten als auch an methodischen Werkzeugen, die dem Planer bei der Planung von Justierungen im Kontext der integrierten Produkt- und Prozessplanung und des Toleranzmanagements unterstützen.[427]

---

[425] Eckert 2012, S. 59ff.

[426] Produktmerkmale von Justierarten sind z.B. gestalterische Merkmale an den Schnittstellen von zwei Fügepartnern, die eine Maßkette und eine gemeinsame Schließmaßtoleranz bilden, auf die durch ein Justieren Einfluss genommen wird. Prozessmerkmale einer Justierart sind dagegen prozesstechnische Merkmale einer Justierart wie das Funktions- und Wirkprinzip einer Justierart oder weitere prozessorganisatorische Alleinstellungsmerkmale.

[427] Diese Erkenntnisse basieren ebenfalls auf den zuvor aufgeführten Expertengesprächen und Experteninterviews.

Zum Verständnis dieses Praxisdefizits müssen zwei Erkenntnisse aus der theoretischen Grundlagenbetrachtung unterstrichen werden. Zum einen die Erkenntnis, dass die theoretischen Möglichkeiten zum Justieren begrenzt sind sowie elementar beschreibbar und damit auch der Lösungsraum zum Justieren (vgl. 2.2.2) elementar definiert ist. Zum anderen, dass es in Produkt- und Prozessentwicklungsprojekten einen Leitfaden in Form einer Methodik bedarf, um im Sinne der Entwicklungsaufgabe aus objektivem und formalisiertem Wissen sowie subjektiven Erfahrungen, Personen gebundenem Fachwissen und Kreativleistungen, Planungsaufwände und Planungsergebnisse systematisch zu verbessern (vgl. 2.1.4).

Aufgrund dieser Erkenntnisse zu Defiziten in der Praxis werden seit 2015 an der RWTH Aachen mehrere anwendungsbezogene Forschungsprojekte zu genau diesen Fragestellungen öffentlich gefördert, um neben Lösungen für praktische Justierprobleme auch generische Ansätze für die Planung von Justierungen im Kontext der integrierten Produkt- und Prozessgestaltung zu erarbeiten und die Beurteilung zwischen den dargestellten Handlungsopportunitäten zu verbessern[428].

Im Folgenden erfolgt eine Erörterung des Praxisdefizits mit Bezug auf das allgemeine integrierte Produkt- und Prozessplanungsvorgehen sowie eine Schlussfolgerung für die Fragestellungen, die sich hieraus ergeben.

Da das Justieren in der Umsetzung die Produkt- und Prozessgestalt signifikant beeinflusst (vgl. 2.1 und 2.2), müssen Anstrengungen unternommen werden, dass im Prozess der Konstruktion systematisch Konzepte und Entwürfe generiert werden, die das Justieren als Handlungsopportunität berücksichtigen. Diese Konzepte und Entwürfe sind notwendig, um mit Rücksicht auf die zu antizipierende Prozessgestalt im Sinne der Definition des Beurteilens zwischen mehreren Lösungsalternativen auswählen zu können, damit schließlich im Sinne der Produktentwicklungsprojektzielgrößen Zeit, Kosten und Qualität bessere Ergebnisse erzeugt werden (vgl. 2.1.4.3). Wie in Kapitel 2.1.3.2 gezeigt wurde, findet die Tolerierung von Komponenten und Baugruppen maßgeblich in der Entwurfsphase, also zwischen den hochiterativen Schritten vier bis sechs bezogen auf die VDI 2221 statt (vgl. Abbildung 10). Parallel dazu beginnt die operative Fertigungsmittelauswahl und Prozessplanung[429]. Mit der Entwurfsphase entstehen also zunehmend auch Varianten von Produktentwürfen, die unterschiedliche Merkmale der Herstellung und damit auch der Tolerierung berücksichtigen. Um die Potentiale der Justage auszuschöpfen, müssen also gezielt Entwürfe durch Maßnahmen stimuliert werden, die zusätzliche produkt- und prozessseitige Lösungsvarianten hervorbringen, die das Justieren berücksichtigen. Diese können dann auf Basis der dargestellten Unschärfe und des vorliegenden Reifegrads der Lösungsvarianten mit Bewertungsmethoden in frühen Phasen beurteilt und untereinander sowie gegenüber Entwürfen einer hochpräzisen Fertigung verglichen werden. Hierbei ist zu unterstreichen, dass analog zur Strategie der präzisen Herstellung, Ansätze notwendig sind, um solche Konzepte und Entwürfe für das Justieren hervorzubringen. Diese systematischen Ansätze sollen das Erfahrungswissen und die pragmatisch-kognitive Vorgehensweise der Entwickler unterstützen (vgl. 2.1.4.3). Wie die fundamentale Definition des Justierens zeigt, gibt es für das Justieren unterschiedliche Arten, die jeweils die Produkt- und Prozessgestalt beeinflussen. Entscheidet sich der Entwickler für eine dezidierte Justierart, so müssen gewisse Produktmerkmale vor-

---

[428] Hierzu gehört das Projekt ACM II (Adaptive City Mobility II - BMWi) sowie das Projekt ProeK (Produktionseffizienz in der Kleinserie - Ziel2 EFRE) sowie das Projekt Forschungslabor Anlauffabrik (BMWi). Alle Projekte sind Konsortialprojekte und adressieren das Thema der integrierten Produkt- und Justageprozessplanung im Rahmen der angewandten Forschung.

[429] Fallböhmer 2000, S. 13

handen sein, um diese Justierart in Form des Justiereingriffs am Produkt zu realisieren. Durch die Auswahl der Justierart werden also Produktmerkmale festgelegt und umgekehrt schränken unveränderbare Produktmerkmale die Auswahl der Möglichkeiten zum Justieren und damit die Gestalt des integrierten Produkt- und Prozessentwurfs ein. Die Justierart beeinflusst also sowohl die Produkt- als auch die Prozessgestalt und andersherum lässt eine definierte Produktgestalt nur gewisse Justierarten zu. Dabei sind per Definition die Möglichkeiten zum Justieren begrenzt (vgl. 2.2.2). Und genau an dieser Stelle manifestieren sich die Ursachen für die oben genannten Symptome des Praxisdefizits. Es fehlen sowohl eine klare und vollständige Transparenz über die Möglichkeiten zum Justieren und die dazugehörigen Kenntnisse zu produkt- und prozessbezogenen Merkmalen einer Justiermöglichkeit sowie Kenntnisse über die grundsätzlichen Fähigkeiten und Wirkprinzipien der Justierarten. Die Transparenz über den Lösungsraum zum Justieren bedeutet also Produkt- und Prozessmerkmale bezogen auf die Interaktion von Produkt und Prozess während des Justiereingriffs zu verstehen. Des Weiteren müssen diese Möglichkeiten zum Justieren bereits früh im Produktentwicklungsprozess systematisch berücksichtigt und in ihrer Gestalt antizipiert werden können. Um dies zu erreichen fehlen in der praktischen Anwendung neben der Lösungsraumtransparenz sowohl klare und einfache Gestaltungsrichtlinien, als auch ein methodisches Lösungsvorgehen, welches bei der Planung von Justiermöglichkeiten eine Orientierung im Produktentstehungsprozess im Spannungsfeld zwischen Konstruktion, Tolerierung und Prozessplanung gibt.

Die Notwendigkeit das Justieren früh als Handlungsopportunität zu berücksichtigen wird ergänzend auf Basis von Untersuchungen unterstrichen, die nachgewiesen haben, dass in der Konstruktion lediglich 12% der Gesamtkosten eines Produktes entstehen, jedoch 75% der späteren Kosten festgelegt werden[430] [431]. Wird eine Justagenotwendigkeit dabei nicht früh genug berücksichtigt bzw. eine Justage nicht vorausschauend geplant, ergeben sich zusätzliche Änderungskosten und zusätzliche Aufwände, die sich auch auf die Dauer von Produktentwicklungsprojekten auswirken. In der Praxis bleibt aufgrund der Projektterminierung zum geplanten Produktionsstart häufig keine Zeit mehr für derartige aufwändige Änderungen. Daher kommt dem Zeitpunkt, wann Justierlösungen systematisch im Produktentwicklungsprozess berücksichtigt werden, eine hohe Bedeutung zu.

Zusammenfassend ergeben sich aus den Ausführungen für die methodische Lösungsraumuntersuchung zur Gestaltung einer Justierung im integrierten Produkt- und Prozessplanungsverständnis folgende Herausforderungen aus der Praxis:

Transparenz über den Lösungsraum zum Justieren:

1. Kenntnisse über den Gesamtlösungsraum der Justierarten und den differenzierenden Merkmalen der Justierarten hinsichtlich des Funktions- und Wirkprinzips und damit über die grundsätzlichen Fähigkeiten der Justierarten.
2. Kenntnisse über die produktbezogenen Merkmale von Justierarten.
3. Kenntnisse über die prozessbezogenen Merkmale von Justierarten.

Methodisches Vorgehen im Kontext der integrierten Produkt- und Prozessentwicklung:

4. Systematisches Vorgehen zur Übertragung von theoretischen Kenntnissen zu Justierarten auf Produktentwürfe in frühen Entwicklungsphasen.

[430] Gairola 1971, S. 9
[431] Eversheim 1989b, S. 5

5. Systematik zur Erzeugung und Entwicklung von integrierten Produkt- und Prozessentwürfen, die ein Justieren vorsehen, entlang des allgemeines Konstruktionsvorgehens „vom Groben zum Feinen" und im Besonderen im Hinblick auf die Einordnung des Vorgehens in den bestehenden integrierten Produkt- und Prozessentwicklungsprozess.
6. Einbindung von Richtlinien zur produkt- und prozessseitigen Gestaltung von Justierlösungen.

3 Analyse bestehender Ansätze

Im Folgenden werden in Anlehnung an die in Kapitel 1 dargestellte Forschungskonzeption, die Anforderungen an die bestehenden und für den Betrachtungsumfang dieser Arbeit relevanten Ansätze formal und inhaltlich in Kapitel 3.1 formuliert. Die inhaltlichen Anforderungen leiten sich entsprechend des forschungsmethodologischen Vorgehens aus dem in Kapitel 2.3 dargestellten Handlungsbedarf aus der Praxis ab. In Kapitel 3.2 werden die relevanten Ansätze vorgestellt und kommentiert. Es schließt sich in Kapitel 3.3 eine zusammenfassende Bewertung der dargestellten Ansätze hinsichtlich der formalen und inhaltlichen Anforderungen an, um daraus den Handlungsbedarf aus der Theorie sowie Anforderungen zur Konzeption der Methodik zur integrierten Produkt- und Justageprozessplanung abzuleiten.

3.1 Anforderungen an einen Ansatz zur Justageplanung

Die dargestellten Anforderungen an einen Lösungsansatz für die integrierte Produkt- und Justageprozessplanung gliedern sich in inhaltliche und formale Anforderungen.

3.1.1 Inhaltliche Anforderungen

Die inhaltlichen Anforderungen werden aus dem Handlungsbedarf aus der Praxis abgeleitet und beziehen kontextbezogene Anforderungen aus den theoretischen Grundlagen des Betrachtungsbereichs mit ein. Die drei zentralen Herausforderungen, die die fehlende Transparenz und Kenntnisse über den Lösungsraum zum Justieren manifestieren, bilden die ersten drei Punkte der inhaltlichen Anforderungen. Die Punkte vier und fünf aus den praktischen Herausforderungen bilden aggregiert die vierte inhaltliche Anforderung. Damit vertritt die fünfte inhaltliche Anforderung die letzten Herausforderungen aus der Praxis. Die inhaltlichen Anforderungen an eine Justageplanung im Kontext der integrierten Produkt- und Prozessentwicklung sind Folgende:

1. **Transparenz und Kenntnisse über die Justierarten:** Um das Justieren als Handlungsopportunität systematisch im Produktentstehungsprozess zu berücksichtigen bedarf es Transparenz und Kenntnisse über die gesamten Möglichkeiten zum Justieren und damit über den Lösungsraum zum Justieren. Die Möglichkeiten zum Justieren, also die Justierarten, müssen mit Hilfe von Ordnungsschemata der Modelltheorie hinsichtlich ordnender Merkmale gegliedert werden, um auf Basis des Funktions- und Wirkprinzips die grundsätzlichen Fähigkeiten der Justierarten zu differenzieren.
2. **Transparenz über die produktbezogenen Merkmale von Justierarten:** Zur Lösung von Justieraufgaben ist es wichtig, den Lösungsraum für Justierarten hinsichtlich produktbezogener Merkmale zu beschreiben, um Merkmale einer Justierart hinsichtlich der Produktgestalt zu differenzieren. Hierzu muss die Theorie zur Beschreibung technischer Systeme auf den Ebenen der Bauteil- und Systemstruktur eingebunden werden, genauso wie die Theorie zur Beschreibung von Maßketten.
3. **Transparenz über die prozessbezogenen Merkmale von Justierarten:** Justierarten unterscheiden sich in ihrer Umsetzung im Prozess. Hierzu bedarf es der Beschreibung prozessbezogener Merkmale, die die Justierarten differenzieren. Diese umfassen Grundtypen von Prozessreihenfolgen im Sinne eines Regelkreises zum Justieren, sowie die Beschreibung der prozessualen Wirksamkeit und Umsetzung des Justierens mit Hilfe der Grundtypen von Prozessreihenfolgen.

4. **Vorgehen zur Gestaltung von Justierungen**: Ein Vorgehen muss klare Aufgaben definieren und diese in einen Bezug bringen, um dem Planer von der Erzeugung von Lösungsvarianten zum Justieren bis hin zur Auswahl und Ausgestaltung im abgegrenzten Lösungsraum der Justierarten Orientierung zu geben. Dabei muss die Theorie zur Lösung von Problemen unter Einbindung der Systemtechnik herangezogen werden. Das Problemlösevorgehen muss im Produktentstehungsprozess eingeordnet werden. Das Vorgehen muss ebenfalls geeignete Hilfsmittel zur Problemlösung wie die Theorie von Maßketten einbeziehen.
5. **Einbindung von Richtlinien zur produkt- und prozessseitigen Gestaltung von Justierlösungen:** Zur Gestaltung von Justierprozessen müssen Richtlinien und Hinweise formuliert sein, die sowohl den Produktplaner als auch den Prozessplaner bei der Gestaltung der Justierung unterstützen.

3.1.2 Formale Anforderungen

Um die Funktionalität der betrachteten Ansätze zu bewerten, dienen die im Folgenden beschriebenen formalen Anforderungen[432]. Die formalen Anforderungen sind Handhabbarkeit, Wiederverwendbarkeit, Nachvollziehbarkeit, Allgemeingültigkeit und Übertragbarkeit sowie Ganzheitlichkeit:

Handhabbarkeit ist die Eigenschaft eines Ansatzes effizient, also in einem angemessenen Nutzen-Aufwand-Verhältnis, eingesetzt zu werden. Die Wiederverwendbarkeit umfasst zum einen die Akzeptanz, also die Bereitschaft des Anwenders hinsichtlich der Handhabbarkeit den Ansatz wiederzuverwenden. Andererseits die Fähigkeit den Ansatz unter dem Gesichtspunkt der vorgesehenen Erweiterung (kontinuierliche Verbesserung) oder veränderten Rahmenbedingungen wiederverwenden zu können. Die Nachvollziehbarkeit manifestiert sich dadurch, dass die Ansätze logisch, verständlich, leicht erlernbar und bedienbar sind. Die Forderung nach spezifischer Allgemeingültigkeit und Übertragbarkeit unterstreicht die Notwendigkeit, dass die betrachteten Ansätze nicht nur für eine Teilmenge der technischen Systeme oder nur für den Sondermaschinenbau anwendbar sind, sondern für alle technischen Systeme und auch eine Serienproduktion. Die Ganzheitlichkeit umfasst die Forderung, die inhaltlichen Forderungen ganzheitlich und kontextorientiert zu umschließen und sinnvoll zu verknüpfen. Die Beziehung von Teilelementen müssen in einem ganzheitlichen Ansatz berücksichtigt sowie verknüpft werden.

3.2 Bestehende Ansätze aus der Theorie

Es werden ausschließlich Ansätze betrachtet, die auf Basis eines zentralen Lösungsbeitrags einen oder mehrere inhaltliche Forderungen adressieren. Dazu zählen keine Ansätze, die die Justierung im Rahmen der Modifikation von Produkteigenschaften spezifisch betrachten. So gibt es zahlreiche Arbeiten die das Justieren im Zusammenhang eines spezifischen Beispiels betrachten, ohne die oben angegebenen Forderungen zu berücksichtigen. Hierzu gehören z. B. die Arbeiten von HOHNHOLD[433],

[432] Heimes 2014, S. 67. Die verwendeten formalen Anforderungen lehnen sich an die von Heimes, H.-H. 2014 (Methodik zur Auswahl von Fertigungsressourcen in der Batterieproduktion) an und sind hinsichtlich der Verwendung der Ansätze angepasst. Heimes bezieht sich hierbei ebenfalls auf wissenschaftliche Arbeiten von Giehler, F. (Planungsproduktivität), 2010, S. 5ff. und Döring, S. T. (Auftragsabwicklung im Maschinenbau), 2010, S. 6ff.. Alle Arbeiten orientieren sich an dem forschungsmethodolgischen Vorgehen nach Ulrich.

[433] Obering 1950, S. 85ff. Hohnhold gibt erste grundlegende Definitionen zum Begriff des Justierens, seine Ausführungen sind im Kern auf das Justieren optischer Elemente referenziert.

RENNINGER[434] oder KRÜLL[435]. Gleichzeitig gibt es zahlreiche Arbeiten, die den Stand der Technik wiederholen und das Justieren in den Kontext der Montage einordnen, wie die Arbeit von SCHILLING. SCHILLING baut zum Beispiel auf den Arbeiten von BALAKSCHIN und HANSEN auf und klassifiziert die Möglichkeiten zur Justage in Anlehnung an die vorausgegangenen Arbeiten[436]. Auch HOENOW und MEISSNER bauen auf den Arbeiten von HANSEN und BALAKSCHIN auf und verändern die Klassifikation und Beschreibung der Arten des Justierens nur hinsichtlich einiger Nuancen und diskutieren die Vor- und Nachteile der Verfahren an diversen nicht allgemeingültigen Beispielen[437]. Weitere Ausführungen zur Entwicklung und Darstellung von Justierarten, die keinen vollständigen Charakter haben, da sie ein spezifisches Beispiel betrachten oder einen eingegrenzten Lösungsbereich auswählen, lassen sich im Anwendungsbereich zur Montage von Mikrosystemen z. B. bei HUBER[438] finden. Andere Beispiele sind die Arbeiten von DEBLER und ZANDER[439] zum Justieren von Walzkörperschubführungen oder die Arbeit von FUCHS[440], der eine dreistufige Justageprozedur für die UV-Nanoimprint-Lithographie auf Basis der Prägetechnologie betrachtet, wie auch die Arbeit von GRAMANN[441] zur Montage von Linsen.

In der anglophonen Literatur lassen sich kaum Arbeiten finden, die sich mit dem Thema Justieren in dem hier benötigten Umfang beschäftigen. Häufig lassen sich analog zur deutschen Literatur wie bei KRÜLL oder HUBER unter den englischen Begriffen „adjustment“ oder „alignment“ Beispiele von Justieraufgaben und deren Lösungen finden, die aber keine allgemeingültige Auseinandersetzung mit dem Thema führen. YUBING, GUANLONG, CHENG und XINMIN adressieren das Justieren im Kontext der Ausnutzung von Gleitfugen zur Kompensation von Toleranzen[442]. Dieser Ansatz hat seinen Ursprung in den Arbeiten von WHITNEY und MANTRIPRAGADA und findet damit in dieser Arbeit Berücksichtigung.

Im Folgenden sind die für diese Arbeit wichtigen und relevanten sowie grundlegenden Ansätze im Hinblick auf die inhaltlichen und formalen Anforderungen chronologisch dargestellt und kommentiert. Die Möglichkeiten zum Toleranzausgleich durch Justieren werden in den ersten Ansätzen ausführlich beschrieben, da spätere Arbeiten fast ausschließlich darauf aufbauen und neue Aspekte hinsichtlich des Justierens und der Planung von Justierungen betrachten. Aus diesem Grund wird auch eine chronologische Darstellung der Ansätze gewählt.

3.2.1 Lösen von Maßketten nach BALAKSCHIN – 1953

Wie in Kapitel 2.2 dargestellt ist, nennt BALAKSCHIN fünf grundsätzliche Methoden, wie das Schlussmaß[443] einer Toleranzkette erzielt werden kann, um davon abhängige Produktmerkmale und Produktfunktionen zu erzeugen[444]. Die letzten drei Methoden die BALAKSCHIN aufzählt, die Auswahl- bzw. Auswahlmontagemethode, die Passungsmethode sowie die Einstellmethode lassen sich nach der

[434] Renninger, S. 468ff. Renninger beschäftigt sich mit der Anbringung von Justier-Trägern an kristallographischen Objekten.

[435] Krüll 1993, S. 17ff. Krüll beschäftig sich mit dem Justieren von Relais.

[436] Schilling, S. 174

[437] Hoenow und Meissner 2010, S. 198–201

[438] Huber 2001

[439] vgl. Debler und Zander, S. 5

[440] Fuchs 2006

[441] Gramann

[442] Yubing et al. 2008

[443] Balakschin bezeichnet das Schließmaß als Schlussmaß.

[444] Balakschin 1953, S. 62

ursprünglichen und allgemein anerkannten, sowie, der dieser Arbeit zugrunde liegenden Definition des Begriffs Justieren, zuordnen[445]. Die große Leistung von BALAKSCHIN war es, diese übergreifenden Methoden zu nennen und zu beschreiben, die allerdings nicht auf eine elementare Überlegung oder Herleitung der Definition des Begriffs Justieren zurückgreifen.

3.2.1.1 Auswahlmethode bzw. Auswahlmontagemethode

BALAKSCHIN definiert die Auswahl- bzw. Auswahlmontagemethode wie folgt: *„Nach der Auswahlmethode wird die vorgeschriebene Genauigkeit des Schlußglieds dadurch erreicht, daß in die Maßketten die Glieder von Einzelteilen einbezogen werden, die mit wirtschaftlichen Toleranzen vorbearbeitet und danach in die entsprechenden Gruppen einsortiert wurden"*[446]. Als Vorteil des Verfahrens wird die Möglichkeit aufgeführt, die geometrischen Produktmerkmale und die damit verbundenen Produktfunktionen in der geforderten Qualität zu erzeugen und die dafür benötigten Werkstücke mit größeren Toleranzen zu fertigen, was wiederum mit einer höheren Wirtschaftlichkeit verbunden sein kann. Dem gegenüber stellt er für diese Methode Aufwände, die durch Präzisionsmessung, Sortierung von Werkstücken in Gruppen und für Transporte der Werkstücke anfallen.[447] Die grundsätzliche, höhere Wirtschaftlichkeit gröberer Toleranzen gegenüber kleineren Toleranzen argumentiert BALAKSCHIN dabei auf Basis der Toleranz-Fertigungskosten-Relation bzw. der Toleranz-Ausschuss-Relation, die eine mit kleiner werdenden Toleranzen progressive, sogar exponentielle Zunahme sowohl der Fertigungskosten als auch des Ausschusses zur Folge hat[448]. Unter der Vorraussetzung, dass unter Anwendung der Methode bei verschiedenen Toleranzkonstellationen einer Maßkettenverbindung ein konstant gutes Ergebnis erzeugt werden soll, leitet BALAKSCHIN vier explizite mathematische Grundbedingungen am Beispiel der Welle-Nabe-Verbindung her, die auf die Maßkettentheorie zurückgehen und als konstruktive Gestaltungsrichtlinien für diese Methoden dienen[449].

3.2.1.2 Zusammenpassmethode

Die zweite Methode ist die Zusammenpassmethode, bei der ein vorher definiertes Glied in einer Maßkette geändert wird *„indem es durch spanabhebende Bearbeitung oder nach einem zweckmäßigen Fertigungsverfahren hergestellt wird"*[450]. Den Zweck leitet BALAKSCHIN formeltechnisch auf Basis des Verständnisses her, dass durch die Aufsummierung der Einzeltoleranzen der Maßkettenglieder in einer Maßkette bei der Wahl von wirtschaftlichen Toleranzen, eine Summentoleranz entsteht, welche größer als die eigentlich zugelassene ist[451]. In diesem Fall spricht BALAKSCHIN von einer Übertoleranz. BALAKSCHIN stellt fest: *„Um diese Übertoleranz zu entfernen bzw. zu kompensieren, muß die Größe eines für diesen Zweck bereits von vornehinein festgelegten Gliedes, des sogenannten Kompensationsglieds, geändert werden"*[452]. Für die Festlegung und Auswahl dieses Kompensationsglieds aus der Summe der Glieder einer Maßkette gibt BALAKSCHIN aus Sicht der konstruktiven Gestaltung sowie der Festlegung der Toleranzen Gestaltungsrichtlinien an. Hierzu gehört zum Beispiel die Empfeh-

---

[445] Hansen 1967, S. 20. Vgl. allgemeine Definition des Begriffs Justieren nach Hansen.
[446] Balakschin 1953, S. 82
[447] vgl. Balakschin 1953, S. 84
[448] vgl. Balakschin 1953, S. 68 und S. 69
[449] Balakschin 1953, S. 89
[450] Balakschin 1953, S. 89
[451] Balakschin 1953, S. 89
[452] Balakschin 1953, S. 89–90

lung, dass das Kompensationsglied nur das Schließmaß einer Maßkette beeinflussen darf, sowie mathematische Überlegungen, die auf die Maßkettentheorie zurückgehen. Dazu gehören Zusammenhänge, wie das Nennmaß eines Kompensationsglieds in Abhängigkeit der Einzeltoleranzen sowie der zu kompensierenden Übertoleranz und der Soll-Toleranz des Schließmaßes, dimensioniert werden muss.[453] Den Vorteil dieser Methode konzentriert BALAKSCHINN auf die Ausnutzung von wirtschaftlichen Toleranzen für die Einzelglieder einer Maßkette. Als Nachteil bezeichnet er die aufwändige und für die Serienproduktion häufig ungeeignete Bearbeitung des Kompensationsglieds. Diesen Prozess reduziert er auf zwei sequenzielle Arbeitsgänge, erstens das Prüfen des Fehlers des Schließmaßes in der Maßkette und zweitens die spangebende Bearbeitung der Kompensationsglieder z.B. durch Feilen, Schaben und Läppen[454].

3.2.1.3 Einstellmethode

Die Einstellmethode definiert BALAKSCHIN wie folgt: „*Unter der Einstellmethode ist ein Verfahren zur Lösung von Maßketten zu verstehen, bei dem die vorgeschriebene Genauigkeit des Schlußgliedes dadurch erzielt wird, daß eine bereits vorher ausgewählte Gliedgröße ohne spanabhebende Bearbeitung geändert wird*"[455]. Der wesentliche Unterschied zur Zusammenpassmethode ist die Art der Änderung des zuvor festgelegten Kompensationsglieds. Hierbei werden zwei Arten unterschieden. Dabei ist die erste Einstellmethode die Änderung der Lage eines beweglichen Kompensationsglieds in der Maßkette durch Verschieben oder Schwenken. Die zweite Einstellmethode ist der Einsatz von unbeweglichen Kompensationsgliedern, die als besondere Einzelteile bezeichnet werden, mit dem Zweck, durch deren Einsatz in die Maßkette ein definiertes Produktmerkmal herzustellen.[456] BALAKSCHIN leitet zur Dimensionierung des beweglichen Kompensationsglieds in Abhängigkeit des zu kompensierenden Schlussmaßes in der Maßkette formeltechnische Gestaltungsrichtlinien her.[457] Diese lassen sich wiederum auf die Theorie zur Beschreibung von Maßketten (vgl. 2.2.1) zurückführen. Für die Dimensionierung des unbeweglichen Kompensationsglieds sowie zur Auslegung der Abmessstufen gibt BALAKSCHIN in Abhängigkeit des zu erzeugenden Schlussmaßes und der Tolerierung der Einzelkettenglieder ebenfalls gestalterische Empfehlungen, die sich auch auf die Beschreibung eines Justierproblems mittels Toleranzkettenbeschreibung zurückführen lassen.[458] Diese Methode hat die Besonderheit, dass sich die Überschreitung einer zulässigen Toleranz des Schlussglieds nur stufenweise kompensieren lässt[459].

Zusammenfassend lässt sich hinsichtlich der inhaltlichen und formalen Anforderungen an die Theorie festhalten, dass die Arbeit zum Lösen von Maßketten bei Werkzeugmaschinen von BALAKSCHIN einen großen Beitrag leistet, Gruppen von Justierarten im Ganzen übersichtlich darzustellen und vor Allem, Anforderungen an die konstruktive Gestaltung sowie Tolerierung von mechanischen Baugruppen zu formulieren. Die Gestaltungsempfehlungen sind im Kern jedoch Dimensionierungsempfehlungen auf Basis der Maßkettentheorie, weshalb konkrete Gestaltungsentwürfe vorliegen müssen. Offen bleibt somit die systematische Untersuchung des Lösungsraums zum Justieren. Zum einen, weil eine

[453] Balakschin 1953, S. 90–94
[454] Balakschin 1953, S. 95
[455] Balakschin 1953, S. 96
[456] Balakschin 1953, S. 96f.
[457] Balakschin 1953, S. 100
[458] Balakschin 1953, S. 100
[459] Balakschin 1953, S. 104

grundlegende Definition zum Justieren fehlt, zum anderen weil prozessuale Möglichkeiten zum Eingriff in die Maßkette bzw. in das Kompensationsglied nicht ausreichend betrachtet werden. Die Möglichkeiten zur Beschreibung des Eingriffs durch die Berücksichtigung von Klassen von Fertigungsverfahren und ihren Fähigkeiten sowie in ihrer Interaktion mit dem Produkt findet nicht statt. Damit bleiben konkrete Ansätze und weitere Kompensationsfähigkeiten, zum Beispiel der Einsatz additiver Fertigungsverfahren wie das Beschichten, zur Kompensation von Untermaßen bei der Zusammenpassmethode unberücksichtigt. Insgesamt sind die konkreten prozessualen Abläufe und Transformationsprozesse zur Durchführung einer Methode während oder nach der Montage dementsprechend unkonkret bis gänzlich unbeachtet, was die Lösungsraumtransparenz über die Justierarten reduziert. Unter dem Gesichtspunkt der inhaltlichen Anforderungen leisten die vorliegenden Beschreibungen wenig Transparenz, um die Auswahl einer Methode auf Basis erster Produktentwürfe zu erleichtern oder in frühen Entwicklungsphasen die Prozessgestalt zu antizipieren. So wird z.B. kaum ein Hinweis zur möglichen Lösungsfindung zur Realisierung einer Einstellmethode mit beweglichem Kompensationsglied auf den heute gängigen Beschreibungsebenen technischer Systeme (vgl. Kapitel 2.1.2) gegeben. Hierdurch ergeben sich auch Einschränkungen bei den formalen Anforderungen hinsichtlich der Wiederverwendbarkeit, Nachvollziehbarkeit sowie Übertragbarkeit. Zur reinen Dimensionierung und Tolerierung von Maßkettengliedern inklusive des Kompensationsglieds bei definierter Gestalt, erweisen sich die Gestaltungs- und Konstruktionshinweise als handhabbar und allgemeingültig. Ein Vorgehen im Sinne der formulierten Anforderung zur integrierten Produkt- und Prozessgestaltung liefern die Ausführungen von BALAKSCHIN nicht.

3.2.2 Justieren nach HANSEN – 1964

HANSEN, der die grundlegende Definition des Begriffs Justieren gegeben hat (vgl. Kapitel 2.2.2), leitet von seinem mechanisch-geometrischen Begriffsverständnis ab, dass eine im Sinne der Justierung zu erreichende Zustandsänderung an einem Produkt nur durch Verschieben, Hinzufügen oder durch ein Wegnehmen von Elementarteilchen möglich ist. Darauf aufbauend nennt er vier zentrale Arten des Justierens[460]:

1. Längenänderung oder Ortsänderung.
2. Formänderung.
3. Auswechseln.
4. Einfügen zusätzlicher Bauteile (auch das Wegnehmen als negatives Einfügen).

Ergänzend konstatiert HANSEN, dass „*die Änderung von zustandsbedingten Größen wie Druck, Temperatur, Feuchtigkeit, Spannung, usw., [...] durch eine der unter 1. bis 4. aufgeführten Tätigkeitsarten erreicht werden kann*“[461].

Für das Verständnis von HANSEN's Arbeit „Justieren“ ist weiter der Begriff der Justierbewegung zentral. Für jede Überführung von einer Ist-Lage in eine Soll-Lage muss nach HANSEN die Möglichkeit einer Justierbewegung geschaffen werden. Die Vorsorge, also die geplante Berücksichtigung der Jus-

[460] Hansen 1964, S. 22f.
[461] Hansen 1964, S. 23

tierbewegung zur Realisierung einer solchen Lageveränderung kann durch die Anwendung der vier Justagearten erfolgen, z.B. durch die Formänderung wie das Biegen, durch spanabhebende Verfahren oder einen ganzen Mechanismus.[462] Eine Vertiefung der Arten oder Arbeitsprinzipien findet nicht statt.

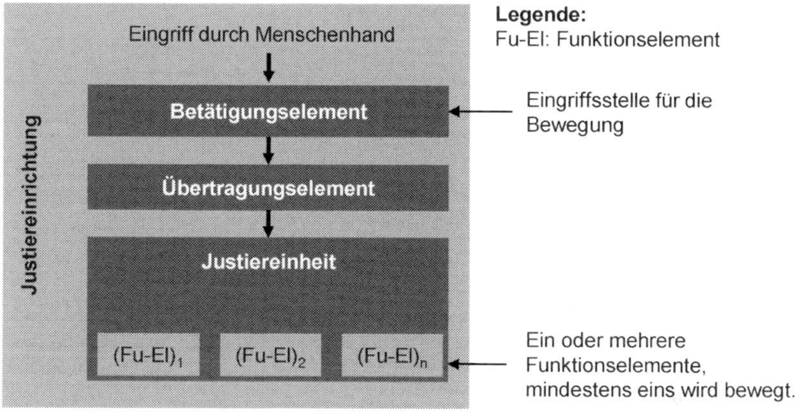

Abbildung 28: Justiereinrichtung

Für HANSEN nimmt die Beschreibung und Darstellung einer jeden Justierbewegung mit Hilfe einer Justiereinrichtung eine bedeutende Rolle ein. Die Justiereinrichtung umfasst neben der Justiereinheit auch Hilfsmittel wie z.B. Übertragungs- und Betätigungselemente. Eine Justiereinheit besteht aus ein oder mehreren Funktionselementen. Die relative Bewegung eines Funktionselements (Maßkettenglied) zu einer Halterung kann dabei schon als Justiereinheit dargestellt werden.[463] Abbildung 28 zeigt die Justiereinrichtung und ihre Elemente. Da eine Justierung häufig aus mehreren Justiervorgängen und damit Justierbewegungen besteht, führt HANSEN den Begriff der Justierbasis ein, die das Bezugssystem für eine Justierbewegung eines oder mehrerer Funktionselemente oder sogar ganzer Justiereinheiten darstellt[464]. Eine Verknüpfung von Justierarten und dem Modell der Justiereinrichtung, z.B. zur Erläuterung der Wirkprinzipien findet nicht statt. Damit kann mit Hilfe der Justiereinrichtung die Wirkbeziehung zwischen Prozess und Produkt beim Justiereingriff nicht nachvollzogen bzw. erklärt werden.

Tabelle 5: Regeln und Hinweise zur Gestaltung von Justierungen[465]

Regel	Beschreibung
1	Eine gute Justierung ergibt eine bestimmte Gliederung in Justiereinheiten. Sie soll mit der montagegünstigsten Gliederung der Konstruktion in Baugruppen und Bauuntergruppen übereinstimmen.

[462] Hansen 1964, S. 25
[463] Hansen 1964, S. 28
[464] Hansen 1964, S. 29
[465] Hansen 1964, S. 33

2	Die Aufgliederung der Justierung in verschiedene Justiervorgänge muss derart beschaffen sein, dass jeder Justiervorgang die Voraussetzung für zeitlich später folgende Justiervorgänge schafft.
3	Die Justierung muss so gewählt werden, dass mit möglichst groben Fertigungstoleranzen auszukommen ist. Das erfordert, dass die Konstruktion in ihrem prinzipiellen Aufbau den Erfordernissen einer günstigen Justierung angepasst ist.
4	Jede Justierung soll mit möglichst wenig Justierstellen auskommen. Das Streben nach groben Fertigungstoleranzen oder grob tolerierten sonstigen Kennziffern ergibt aber oft viele Justierstellen und komplizierte Justiereinrichtungen. Hier ist sorgfältig abzuwägen.
5	Für ein bestimmtes Arbeitsprinzip der Konstruktion ist im Allgemeinen eine bestimmte Anzahl an Justierstellen notwendig. Diese Zahl darf nicht unterschritten werden, weil dann ein Optimum in der Gesamtfunktion nicht erreicht werden kann. Diese Zahl darf nicht überschritten werden, weil dann leicht eine Unbestimmtheit in Erscheinung tritt und der Aufwand für die Justiereinrichtung nicht nur unnütz ist, sondern sich sogar schädlich auswirkt.
6	Für jede Justiereinheit ist eine bestimmte Zahl von Bewegungsmöglichkeiten notwendig, die weder über- noch unterschritten werden soll, da sonst die Justierzeit verlängert oder andererseits das gewünschte Funktionsziel nicht erreicht wird.

Die Zerlegung einer geometrischen Transformation von einem Ist- in einen Soll-Zustand wird bei HANSEN je nach Umfang der Aufgabe in mehrere Justierbewegungen gegliedert. Hierfür nennt er die bereits in Kapitel 2.2.2 aufgeführten Grundforderungen, erstens, dass eine Justierung unabhängig von anderen ausführbar ist (bestimmtes Justieren) und zweitens, dass jeweils nur ein Funktionselement, bzw. eine Justiereinheit gleichzeitig in eine Richtung bewegt wird[466]. Dazu führt HANSEN Regeln auf, die eher als Hinweise verstanden werden müssen (vgl. Tabelle 5). Ergänzend stellt HANSEN einen Fragenkatalog auf, der zum einen dabei hilft, die Notwendigkeit einer Justierung zu identifizieren, also die Entscheidungsgrundlage zwischen einer Justierung und einer engen Tolerierung zu schaffen. Außerdem erörtert HANSEN weitere Fragen die dabei unterstützen Eigenschaften über die notwendige Justierung zu erfahren.[467] HANSEN erhebt den Anspruch, dass der Fragenkatalog über diese Punkte hinaus auch die Frage beantwortet, die unbedingt notwendigen Justierbewegungen zu identifizieren, die dann durch ein oder mehrere Justiereinheiten, Justiereinrichtungen sowie Justiervorgängen realisiert werden müssen[468]. Die Fragen adressieren dabei die Funktionselemente innerhalb einer Maßkette, was eine weitestgehend existierende bauliche Struktur eines Konstruktionsentwurfs voraussetzt. Zusätzlich konstatiert HANSEN Richtlinien und Regeln, die den Konstrukteur unterstützen sollen, bei einem bestehenden Konstruktionsentwurf die Stellen zu finden, an denen Justiermöglichkeiten angebracht werden müssen[469]. Im Zentrum der Betrachtung von HANSEN steht also die Beschreibung des Problems, eine Transformation von einer Ist-Lage durch ein oder mehrere Justierbewegungen in eine Soll-Lage zu realisieren. Hierbei ist ein Konstruktionsentwurf mit einer weitestgehend beschriebenen baulichen Struktur die Voraussetzung.

[466] Hansen 1964, S. 30
[467] Hansen 1964, S. 34–36
[468] Hansen 1964, S. 34
[469] Hansen 1964, S. 98

Die Beschreibung der Möglichkeiten für das Justieren sowie für die Auswahl sind also kein zentraler Betrachtungsbereich von HANSEN, obwohl er immer wieder ausgewählte Justierbeispiele und Justiermethoden im Bereich der Feinmechanik und Optik nennt und beschreibt, diese aber nicht in eine allgemeine Systematik von möglichen Lösungen einordnet. Weiter vertieft und beschreibt HANSEN Grundlagen, um Bewegungen und Merkmale der Ausprägungen von Bewegungen in Form, Richtung, Art und Feinfühligkeit zu beschreiben und schlägt dafür eine allgemeine Beschreibungslogik vor. Er befasst sich zudem mit Grundlagen zu Toleranzen und Dokumentationsschemata, um das Justierproblem sowie Lösungen in Abhängigkeit der Justieraufgabe auf Basis von Bewegungen besser zu beschreiben. Seine Ausführungen zur Justiereinheit stellen zudem den Versuch dar, die Wirksamkeit eines Justiereingriffes darzustellen, allerdings leistet diese modellhafte Darstellung es nicht, zur Erklärung der Wirksamkeit der Justierarten beim Eingriff in das Produkt beizutragen. Ein systematisches Vorgehen zur Erzeugung und Ausgestaltung von Lösungsvarianten, die das Justieren im Kontext der integrierten Produkt- und Prozessgestaltung berücksichtigen gibt HANSEN nicht.

3.2.3 Justieren nach GAIROLA – 1971

GAIROLA beschäftigt sich in seiner Arbeit mit der Integration der Montageplanung in den Konstruktionsprozess. Dabei ist er von der Tatsache motiviert, dass in der Konstruktion lediglich 10-15% der Kosten anfallen, jedoch ein Großteil der späteren Kosten festgelegt werden[470]. Basierend auf dieser Erkenntnis und den Grundlagen des Toleranzmanagements leitet GAIROLA als zentrale Herausforderung der Konstruktion, die Erzeugung von Produktfunktionen und geometrischen Produktmerkmalen in der Montage ab. Die Aufgabe ist demnach die Erzeugung von Summentoleranzen[471] (T_S) in der Montage konstruktiv positiv zu beeinflussen, damit Produktfunktionstoleranzen (T_F) realisiert werden. Eine Summentoleranz ist dabei stets kleiner oder gleich einer geforderten Funktionstoleranz (vgl. Kapitel 2.2).[472]

$$T_S \leq T_F$$

Um die Summentoleranz möglichst klein zu halten, gibt GAIROLA Empfehlungen zur Produktgestalt, wie das Verringern der Einzelmaße durch das Zusammenfassen von Bauelementen, das Vermeiden von langen Maßketten durch zweckmäßige Maßeintragung oder das Trennen von Maßketten[473]. Diese relativ unkonkreten Ausführungen werden durch drei Maßnahmen zum Toleranzausgleich ergänzt. Diese sind das Verändern der Lage ein oder mehrerer Bauelemente, das Einfügen weiterer Kompensationsglieder in die Maßkette sowie das Einbauen „toleranzschluckender" Bauelemente, die ihren toleranzkompensierenden Charakter in der plastischen und elastischen Verformung haben[474]. Diese im Vergleich zu vorausgegangenen Arbeiten grobe Einteilung von Toleranzausgleichsverfahren nennt jedoch explizit eine neue Möglichkeit im Vergleich zu bisherigen Arbeiten, nämlich den Toleranzausgleich in Maßketten durch den Einsatz elastisch oder plastisch verformter Bauteile.

---

[470] Gairola 1971, S. 8f., in der Montage entstehen 70% der gesamten Produktkosten, die zum Großteil in der Konstruktion festgelegt werden).

[471] Eine Summentoleranz bezeichnet hier die Schließmaßtoleranz, also die Aggregation der Einzeltoleranzen.

[472] Gairola 1971, S. 48

[473] Gairola 1971, S. 48

[474] Gairola 1971, S. 50

Die besondere Bedeutung dieser Arbeit beruht jedoch mehr auf der Erkenntnis, dass bis zum Zeitpunkt der Verfassung der Arbeit (1971), die Ansätze zur montagegerechten Konstruktion den eigentlichen Konstruktionsprozess unberücksichtigt lassen[475]. So identifiziert GAIROLA das Kernproblem als *„die konstruktionsgerechte, d.h. dem Ablauf des Konstruktionsprozesses angepasste Bereitstellung von Informationen“*[476]. Als Anforderung an eine integrierte Betrachtung der montagegerechten Konstruktion unter Berücksichtigung des Konstruktionsprozesses fordert GAIROLA die Darstellung allgemeingültiger Informationen mit Beispielen, die Eingliederung der Gestaltungsrichtlinien in den Konstruktionsprozess sowie eine umfassende und geordnete Darstellung der Richtlinien sowie Suchstrategien für das Finden von Gestaltungsschwerpunkten durch montagegerechte Analyse des Konstruktionsergebnisses und eine EDV-gerechte Aufarbeitung der Informationen[477]. Hiermit spiegelt GAIROLA für diese Arbeit wichtige Anforderungen an theoretische Ansätze wieder. GAIROLA unterteilt den Konstruktionsprozess in die vier Phasen Planen, Konzipieren, Entwerfen und Ausarbeiten[478] und lehnt sich damit an die Arbeiten von HUBKA zum Konstruktionsprozess an[479]. In den folgenden Abbildung 29 und Abbildung 30 sind die konstruktiven Maßnahmen und Gestaltungsempfehlungen nach GAIROLA zum Vermeiden des Justierens sowie zum Vorsehen einer Justierung übergreifend dargestellt.

---

[475] Gairola 1971, S. 52
[476] Gairola 1971, S. 52
[477] Gairola 1971, S. 53
[478] Gairola 1971, S. 60
[479] vgl. Hubka 1976, S. 9ff.

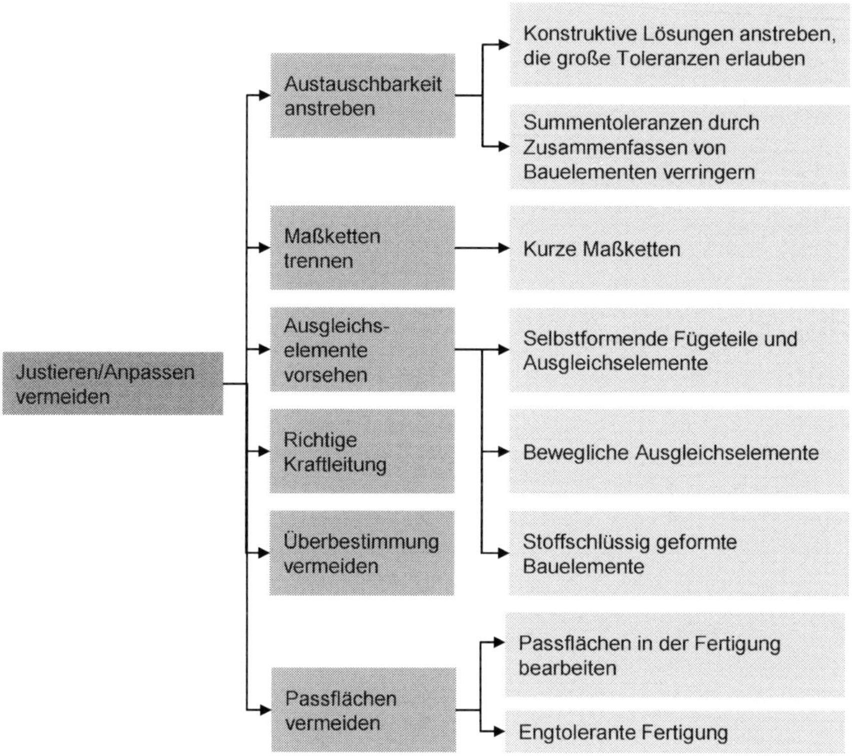

Abbildung 29: Maßnahmen zur Vermeidung des Justierens[480]

Hierbei sei erwähnt, dass GAIROLA keine grundlegende Definition des Justierens aufführt, sondern das Justieren den Vor- oder Nacharbeiten als Funktion der Montage zuordnet und den Begriff des Justierens weder mit einem ihm immanenten Zweck verbindet, noch von dem Begriff Anpassen differenziert[481]. Die Arbeiten von GAIROLA adressieren damit im Kern die Anforderungen nach gestalterischen Maßnahmen und Richtlinien (vgl. Abbildung 29 und Abbildung 30). Hinsichtlich der anderen Anforderungen bleiben seine Ausführung offen.

[480] Gairola 1971, S. 70
[481] Gairola 1971, S. 20

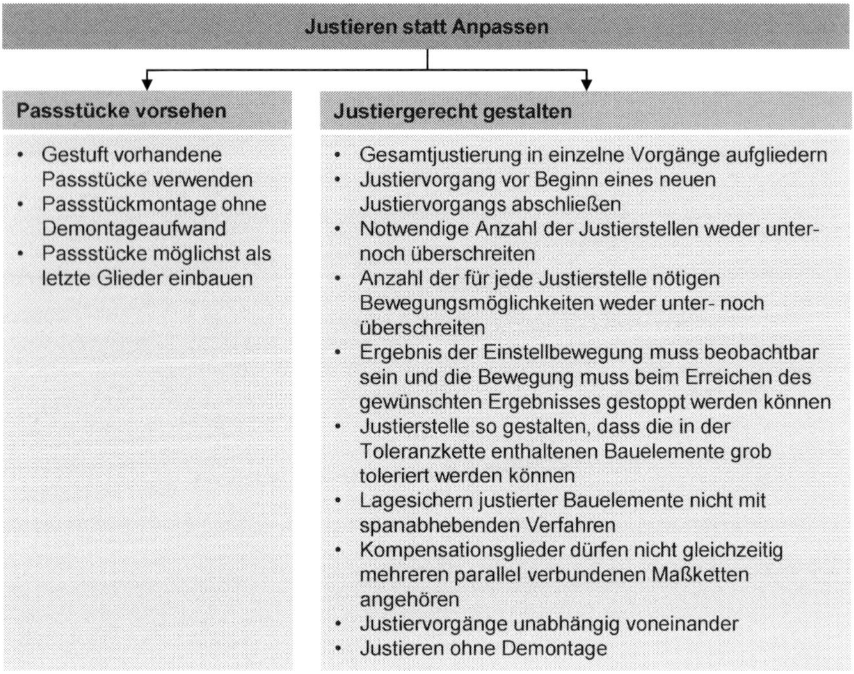

Abbildung 30: Empfehlungen für ein einfaches Justieren

3.2.4 Justieren nach DILLING und RAUSCHENBACH – 1975

Nach einer gemeinsamen Veröffentlichung mit STÖFERLE 1974, bei der das Justieren prozessbezogen als Tätigkeit in der Montage beschrieben und eingeordnet wird[482], findet bereits 1975 von den Co-Autoren DILLING und RAUSCHENBACH eine tiefergehende Auseinandersetzung mit dem Justieren statt. Diese systematische Betrachtung der grundlegenden Möglichkeiten, Schließmaße in Toleranzketten mit Maßkettengliedern von mehr als zwei Komponenten zu kompensieren, erfolgt durch eine Aufzählung sowie Charakterisierung und Aufwandsbewertung von sechs Strategien[483]. Die Strategien lehnen sich stark an die Methoden von BALAKSCHIN an und sind in Abbildung 31 dargestellt.[484]

---

[482] Stöferle et al., S. 874–875

[483] Dilling und Rauschenbach 1975, S. 64ff.

[484] Dilling und Rauschenbach 1975, S. 65–69

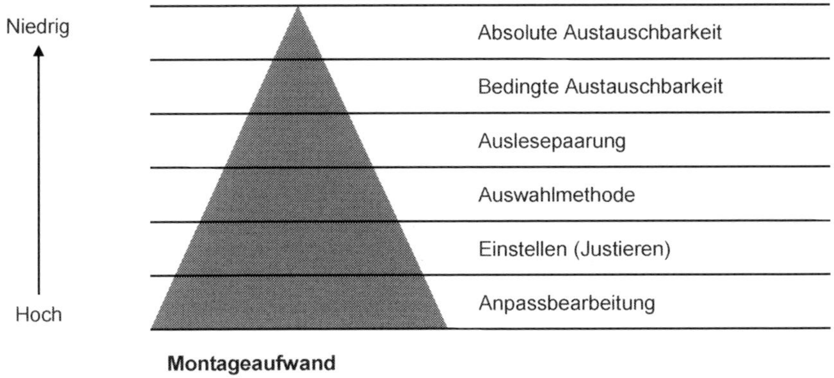

Abbildung 31: Aufwandsbewertung der Einzelstrategien[485]

Im Vergleich zu BALAKSCHIN findet eine stärkere Differenzierung der möglichen Methoden (vgl. 2.2) zum Toleranzmanagement statt. Die Auslesepaarung unterscheidet sich von der Auswahlmethode dadurch, dass passende Toleranzpaare bei der Auslesepaarung nach Regeln ausgewählt werden, wobei bei der Auswahlmethode zunächst das zu kompensierende Toleranzmaß des Schliemaßes einer Toleranzkette zwischen Ist-Zustand und Soll-Zustand durch Vermessen festgestellt wird und dann erst ein geeignetes Kompensationsglied, wie ein Distanzring bestimmt wird. Letzteres wurde bei BALAKSCHIN der Einstellmethode zugeordnet, die sich hier nur noch auf das Verändern einer Relativlage in der Toleranzkette bezieht. Hierbei werden zwei Konstruktionsempfehlungen gegeben. Das Anpassen durch Nacharbeit im Sinne der Justage bezeichnet den geometrisch-mechanischen Eingriff und damit die Form- und Maßänderungen jeglicher Art. Auffallend ist, dass eine Einschränkung der Wirksamkeit dieser Justierart festgestellt wird. So hat das Anpassen durch Nacharbeit keine Gültigkeit für die Automatisierung und fordert eine Demontage des Produktes[486]. Die triviale Tatsache, dass diese pauschalen Einschränkungen heute keine Gültigkeit haben, lässt sich mit dem Stand der Technik der Fertigungstechnologien und Fertigungsmesstechnik sowie Fertigungssteuerung in dem Veröffentlichungsjahr erklären. U.a. aus diesem Grund lässt sich aus heutiger Sicht auch die pauschale Bewertung des Aufwands der Methoden relativ zueinander nicht plausibel nachvollziehen. Insgesamt findet zwar eine in der Breite der Justiermöglichkeiten differenziertere Betrachtung eben dieser statt, die anders als bei BALAKSCHIN jedoch nicht die gestalterische Wirksamkeit der Methoden auf Basis der Theorie zu Maßketten erklärt. Auch werden keine produkt- und prozessbezogenen Details der Merkmale der Methoden differenziert. Am Ende bleibt der Mehrwert der Ausführungen in der allgemeinen aber breiteren Betrachtung der Justiermethoden. Ergänzend werden sechs konstruktive Richtlinien genannt[487], die aufgrund der pauschalen und nicht nachvollziehbaren Ordnung der Justiermethoden nach ihrem Aufwand kritisch zu hinterfragen sind, sich aber trotzdem teilweise auch heute noch nutzen lassen, um z.B. durch die Berück-

[485] Dilling und Rauschenbach 1975, S. 70
[486] Dilling und Rauschenbach 1975, S. 69–70
[487] Dilling und Rauschenbach 1975, S. 70–71

sichtigung von Integralbauweisen die Summentoleranzen und damit das Kompensationsproblem insgesamt zu reduzieren. Diese Richtlinien sind in Tabelle 6 dargestellt und ähneln den Ausführungen vorangegangener Ansätze, wie dem von GAIROLA sehr (vgl. 3.2.3).

Tabelle 6: Richtlinien nach DILLING und RAUSCHENBACH[488]

Richtlinie	**Beschreibung**
1	Es sollte untersucht werden, ob größere Funktionstoleranzen möglich sind. Erfahrungsgemäß werden dies häufig zu eng angesetzt. Gegebenenfalls sollte eine andere Verbindungsart, die Funktionstoleranzen zulässt, gewählt werden.
2	Summentoleranzen sind durch kurze Maßketten so klein wie möglich zu halten. Dies kann erreicht werden durch: • Zusammenfassen von Bauteilen (Integralbauweise) • Zweckentsprechende Maßeintragung • Maßkettentrennung
3	Wo Anpassarbeiten nicht zu umgehen sind, sollten die zu bearbeitenden Passflächen so klein wie möglich gehalten werden.
4	Auswahl- oder Einstellmöglichkeiten helfen Anpassarbeiten zu vermeiden.
5	Dabei sind selbstformende oder selbsteinstellende Lösungen zu bevorzugen.
6	Durch Austauschbarkeit können Anpass- und Justierarbeiten vermieden werden.

3.2.5 Justieren nach SPUR et al. – 1986

Die Ausführungen von SPUR et al. zum Justieren markieren eine in der neueren Literatur stärker präsente Sichtweise, die sich in der Beschreibung des Justierens als eine von mehreren Montagefunktionen manifestiert und sich damit von stark konstruktionsorientierten Sichtweisen wie bei BALAKSCHIN und HANSEN differenziert. SPUR et al., der das Justieren als eine von sechs Montagefunktionen einordnet[489], definiert Justieren als *„die Gesamtheit aller während oder nach dem Zusammenbau von Erzeugnissen planmäßigen notwendigen Tätigkeiten zum Ausgleich produktionstechnisch unvermeidbarer Abweichungen mit dem Ziel, geforderte Funktionen, Funktionsgenauigkeiten oder Eigenschaften von Erzeugnissen innerhalb vorgegebener Grenzen zu erreichen"*[490]. Ergänzend führt SPUR et al. aus, dass die Justage auch die Demontage mit dem erneuten Zusammenbau umfassen kann, sowie durch Mess- sowie Prüffunktionen und Handhabungsfunktionen ergänzt wird[491]. Ebenfalls differenziert SPUR et al. den Begriff anders als GAIROLA[492] vom Anpassen, indem er das Anpassen in die Nacharbeit und das Justieren untergliedert und damit die planmäßige Tätigkeit hervorhebt. Neben der neueren Sichtweise sind die Ausführungen von SPUR et al. insbesondere dahingehend interessant, dass SPUR et al. eine prozessbezogenen Gliederung der Arten des Justierens vorschlägt, auf Basis dessen weitere Untergliederungen

488 Dilling und Rauschenbach 1975, S. 70–71
489 Spur et al. 1986, S. 591
490 Spur et al. 1986, S. 592
491 Spur et al. 1986, S. 602
492 Gairola 1971, S. 70

der Arten des Justierens vorgenommen werden können. So zählt SPUR et al. folgende Arten des Justierens auf: Justieren durch Einformen, durch Umformen, durch Trennen, durch Fügen von Ausgleichsteilen, durch Einstellen und durch Nachbehandeln[493]. Dabei umfasst das Einformen den Ausgleich durch Urformen, das Justieren durch Umformen die Verformung eines oder mehrerer Fügepartner[494] und das Trennen den Ausgleich von Abweichungen. Das Justieren durch Fügen beschreibt das Zufügen oder Wegnehmen von vorgesehenen Ausgleichsteilen, die formlose sowie standardisierte und gestufte Ausgleichsteile umfassen können. Das Justieren durch Einstellen umfasst die Berücksichtigung von konstruktiv vorgesehenen Einstellmöglichkeiten. Das Justieren durch Nachbehandeln wird von SPUR et al. nicht weiter spezifiziert.[495] Anders als in den stark konstruktionsorientierten und bisher aufgeführten Arbeiten ist es für SPUR et al. zulässig, mehr als ein Bauteil einer Maßkette durch die Justierarten zu verändern, um im Sinne seiner Definition Abweichungen zu kompensieren.

Die Gliederung von SPUR et al. hat den großen Vorteil, dass sich die meisten Justierarten, wie z. B das Trennen über die Normen in konkrete Fertigungsverfahren gliedern lassen und damit eine größere Transparenz über die Möglichkeiten des Justierens gegeben wird. Eine weitere Beschreibung von Produktmerkmalen in Abhängigkeit der Gliederung sowie die Wirksamkeit des Justierens in der Interaktion mit dem Produkt finden ebenso wenig statt wie eine Betrachtung der Justageplanung im Kontext der integrierten Produkt- und Prozessentwicklung. Die Ausführungen von SPUR et al. zur Gliederung der Justierarten sind auch heute noch weit verbreitet wie z.B. in dem Standardwerk von LOTTER und WIENDAHL „Montage in der industriellen Produktion".[496]

3.2.6 Justieren nach GERBER – 1988

Die Dissertation „Grundlagen für die Entwicklung und Anwendung von Richtlinien zum automatisierten Justieren im allgemeinen Maschinen- und Anlagenbau" von GERBER, stellt eine für das Thema dieser Arbeit sehr umfangreiche Auseinandersetzung mit dem Justieren dar. Nach GERBER bedeutet Justieren „[...] *ein oder mehrere funktionsbeeinflussende Bauelemente während der Montage in ihren stofflichen-geometrischen Merkmalen und/ oder ihrer Anordnung im Bezugskoordinatensystem so zu verändern, dass das zu justierende technische Gebilde die zu realisierende Funktion innerhalb festgelegter Grenzen erfüllt*"[497]. Damit lehnt sich Gerber an das bis dato in der Literatur allgemeine Verständnis des Justierens an, grenzt das Justieren aber gleichzeitig, anders als zum Beispiel GAIROLA, von dem Einsatz selbstausgleichender Bauelemente ab[498]. Die umfassenden Tätigkeiten des Justierens gliedert GERBER in das Prüfen von Funktionskenngrößen, Kompensieren von Abweichungen, Handhaben im Sinne des Montierens/ Demontierens und in das Fügen im Sinne des Montierens/ Demontierens, wobei das Kompensieren von Abweichungen nach GERBER die größte Herausforderung darstellt[499].

Im Kern beschreibt GERBER das Justieren als ein System zur Transformation von stofflichen, energetischen und informationellen Ein- und Ausgangsgrößen, welches wiederum die Kopplung zu dem

[493] Spur et al. 1986, S. 592
[494] Spur et al. 1986, S. 592
[495] Spur et al. 1986, S. 593
[496] Lotter und Wiendahl 2012, S. 2
[497] Gerber 1988, S. 11
[498] Gerber 1988, S. 1
[499] Gerber 1988, S. 2–3

gesamten übergeordneten Montageprozess darstellt (vgl. Abbildung 32). Mit Hilfe der systemtheoretischen Betrachtung wird der Zustandsänderung durch den Transformationsprozess des Justierens in einer abstrakt allgemeinen Form Rechnung getragen.[500] Diese systemorientierte Betrachtung der durch das Justieren verursachten Zustandsänderung eines technisches Systems deckt sich mit dem elementaren Verständnis über das Justieren von HANSEN (vgl. 3.2.2).

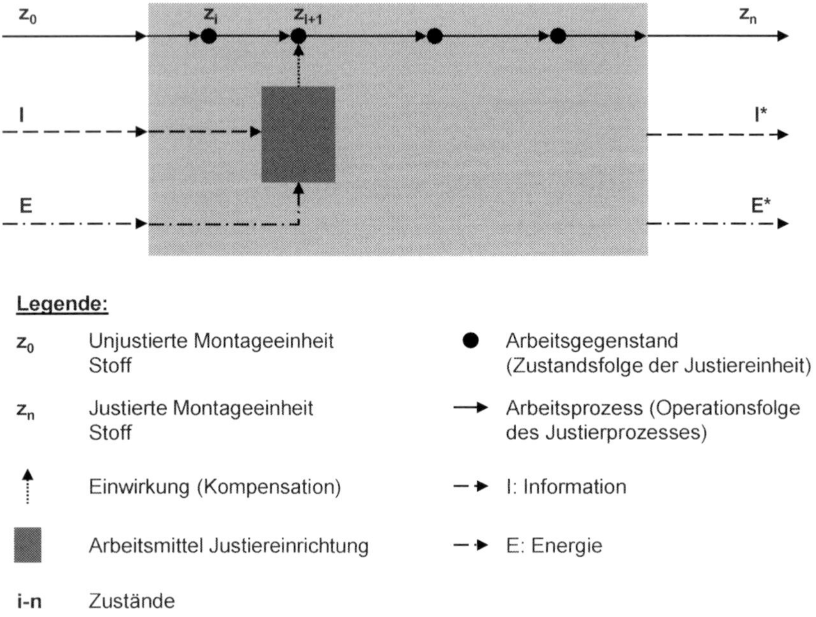

Abbildung 32: Systemaspekte des Justierens[501]

Als Arbeitsgegenstand dieses Systems führt GERBER vergleichbar mit HANSEN die Justiereinrichtung auf. Teil der Justiereinrichtung ist die Justiereinheit, die aus dem Justierelement (Teil der zu verändernden Maßkette), der Wirkstelle (Ort der Veränderung der Funktionsgröße) und Übertragungsgliedern (Elemente der Maßkette zwischen Wirkstelle und Justierelement) besteht. An dem Justierelement wird die Ausgleichsoperation durch eine sogenannte Ausgleichseinheit eingeleitet.[502] Die Justiereinrichtung die eine Prüfeinrichtung enthält, wirkt als Arbeitsmittel über die Ausgleichseinheit auf die Justiereinheit und stellt in den Ausführungen von GERBER das zentrale Planungsobjekt der Justierplanung dar. Die Ausgleichseinheit ist ebenfalls Teil der Justiereinrichtung. Die Ausführungen sind stark an die von HANSEN angelehnt. Die Struktur und die Arbeitsweise der Justiereinrichtung ist dabei durch die zwei

[500] Gerber 1988, S. 12
[501] Gerber 1988, S. 13
[502] Gerber 1988, S. 13

Merkmale, der zu kompensierenden Funktionsgröße sowie der Art des Ausgleichs charakterisiert[503], wobei beide Merkmale die möglichen Justieraufgaben charakterisieren[504].

Um Richtlinien für die Gestaltung automatisierter Justiereinrichtungen abzuleiten, führt GERBER zum allgemeinen Verständnis eine Untersuchung durch, bei der er Justierprozesse in diversen Unternehmen hinsichtlich des Justierzwecks, der Justierart, dem Justierprinzip, Forderungen an den Justierprozess sowie den Technisierungsgrad betrachtet[505]. Die Schlussfolgerungen bleiben teilweise unkonkret, weshalb sich GERBER bei der Klassifikation der Justierarten wieder auf die Literatur stützt. So unterscheidet er das Passen, das Auswechseln und das Einstellen[506]. Die Ausführungen zur Beschreibung dieser Justierarten bleiben allgemein[507]. Auch die Klassifikation der Funktionsgrößen, auf die durch das Justieren Einfluss genommen werden soll, findet auf Basis der Untersuchung nur grob in geometrische und nicht-geometrische Funktionsgrößen statt[508].

503 Gerber 1988, S. 14
504 Gerber 1988, S. 23
505 Gerber 1988, S. 15ff.
506 Gerber 1988, S. 20
507 vgl. Gerber 1988, S. 20-22: Einstellen ist das Veränderung der Position bzw. der Orientierung des Justierelements zu einem Bezugssystem. Passen ist das Kompensieren von Abweichungen am Justierelement durch Form und/ oder Maßänderungen durch Bearbeitungsverfahren. Auswählen ist das Einfügen gestuft vorgefertigter Teile.
508 Gerber 1988, S. 19

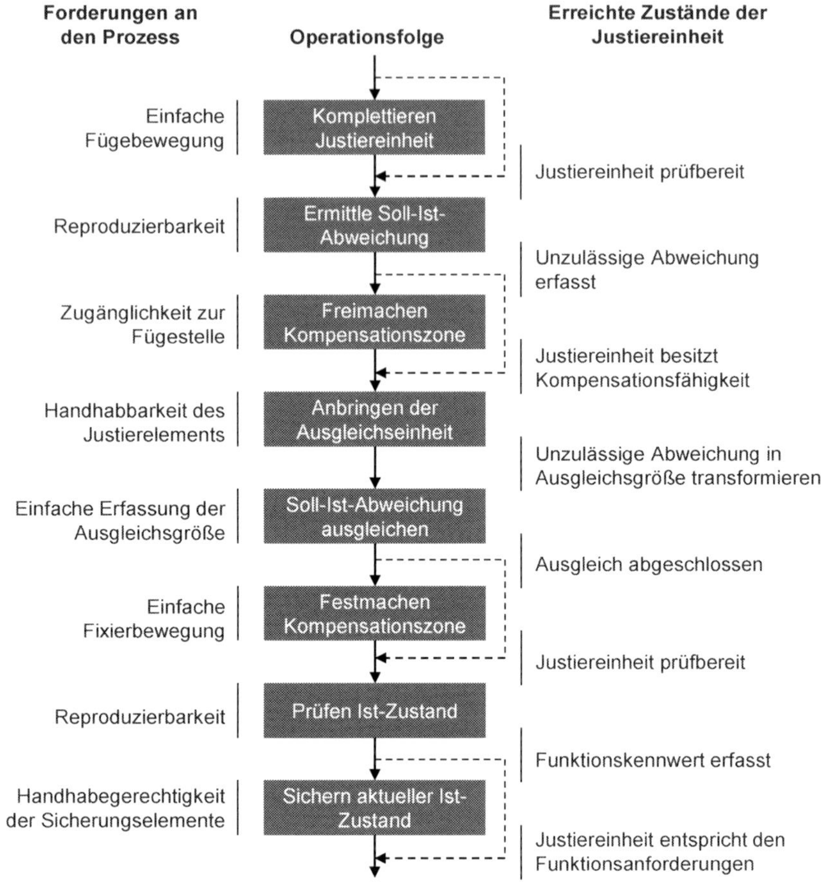

Abbildung 33: Standardoperationsfolge (Prozessgrundtyp) des Justierens nach GERBER[509]

Auf Basis seiner Analysen leitet GERBER ein Modell zur Beschreibung einer Prozesskette für das Justieren her, die die Operationsfolge für einen allgemeinen Justiervorgang darstellt und hinterlegt jede Teiloperation mit Forderungen und erreichten Zuständen (vgl. Abbildung 33).[510] Aufgrund der Allgemeingültigkeit der Darstellung fügt GERBER hinzu, dass die Darstellung in Abhängigkeit der Gestalt der Justiereinheit sowie der Justierart im Einzelfall zu variieren und zu detaillieren ist[511].

---

509 Gerber 1988, S. 24ff.
510 Gerber 1988, S. 24ff.
511 Gerber 1988, S. 26

Die allgemeinen Verfahrensprinzipien (Justierkreise) leisten hierbei die Darstellung der stofflichen, sowie auch der informationsseitigen Verknüpfung der Teilfunktionen. Die Verknüpfung lässt sich dabei nach GERBER nach folgenden Gesichtspunkten variieren[512]:

- Kopplung zwischen den Teilfunktionen „Ermitteln aktuelle Soll-Ist-Abweichung" und „Kompensieren Soll-Ist-Abweichungen".
- Eingangszustand der Montage- bzw. Justiereinheit.
- Justierart.

Der Beitrag von GERBER leistet neben einer intensiven Auseinandersetzung mit der Prüfplanung insbesondere zu den aufgezeigten Varianten der Verfahrensprinzipien eine Beschreibung hinsichtlich der Kopplungen der Teilfunktionen nach den oben genannten Verknüpfungen. Diese Beschreibungen dienen dem Ziel der Arbeit von GERBER, die Möglichkeit der Automatisierung von Verfahrensprinzipien (Justierkreisen) darzustellen, indem Eigenschaften, wie ein offener bzw. geschlossener, ein bestimmter oder unbestimmter Justierkreis herausgearbeitet werden. Für diese Arbeit sind besonders die Darstellungen der Verfahrensvarianten der Justierarten von Bedeutung, die beispielhaft für das Verfahrensprinzip Einstellen in detaillierter Darstellung übernommen wurden (vgl. Abbildung 34). Die Ausführungen der Verfahrensvarianten bleiben hinsichtlich der möglichen Merkmalsausprägung der Gestaltung und Funktion einer Justiereinrichtung für die drei von GERBER dargestellten übergreifenden Justierarten Passen, Auswechseln und Einstellen sehr oberflächlich bis unkonkret. Das Verfahrensprinzip für die Justierart Passen suggeriert z.B., dass die Form- und/ oder Maßänderung des Justierelements im demontierten Zustand erfolgen muss, was am Beispiel zahlreicher Beispiele aus der Praxis nicht der Fall ist.

Anknüpfend daran stellt GERBER einen Ansatz zum Grobvorgehen zur Gestaltung der Justiereinrichtungen dar, bleibt aber hinsichtlich der Ausgestaltung unvollständig. So argumentiert GERBER, dass die Funktion einer Justiereinrichtung durch die Justieraufgabe (Art des Justierens und zu justierende Funktionsgröße) festgelegt ist, ohne die Justierarten in ihren Merkmalen und Ausprägungen umfangreich und allgemeingültig zu beschreiben. Die Funktionen sowie die Funktionsverknüpfungen der Justiereinrichtung werden nach GERBER durch die Verfahrensprinzipien bestimmt. Zur Ausgestaltung der Justiereinrichtung fehlt also noch eine Belegung der Teilfunktion mit den Funktionsträgern.[513] Diese Belegung sowie der Lösungsraum zur Auswahl der Funktionen wird nicht erklärt oder beschrieben, sondern am Beispiel der Spurstangeneinstellung für das Verfahrensprinzip des Einstellens vorgestellt. Die in dieser Arbeit geforderte Transparenz über den Lösungsraum in Form einer Detaillierung der Funktionen in Abhängigkeit der Merkmalsausprägungen der Justierarten ist insgesamt nicht gegeben. Die Frage wie beispielsweise eine Orientierungsänderung erfolgt oder erfolgen kann und wann eine mögliche Lösung im Produktentstehungsprozess identifizierbar ist, wird nicht beantwortet. Trotzdem leistet die Arbeit von GERBER einen großen Beitrag zum Vorgehen zur Planung von Justiereinrichtungen und gibt damit zahlreiche hilfreiche Empfehlungen.

---

[512] Gerber 1988, S. 26
[513] Gerber 1988, S. 30ff.

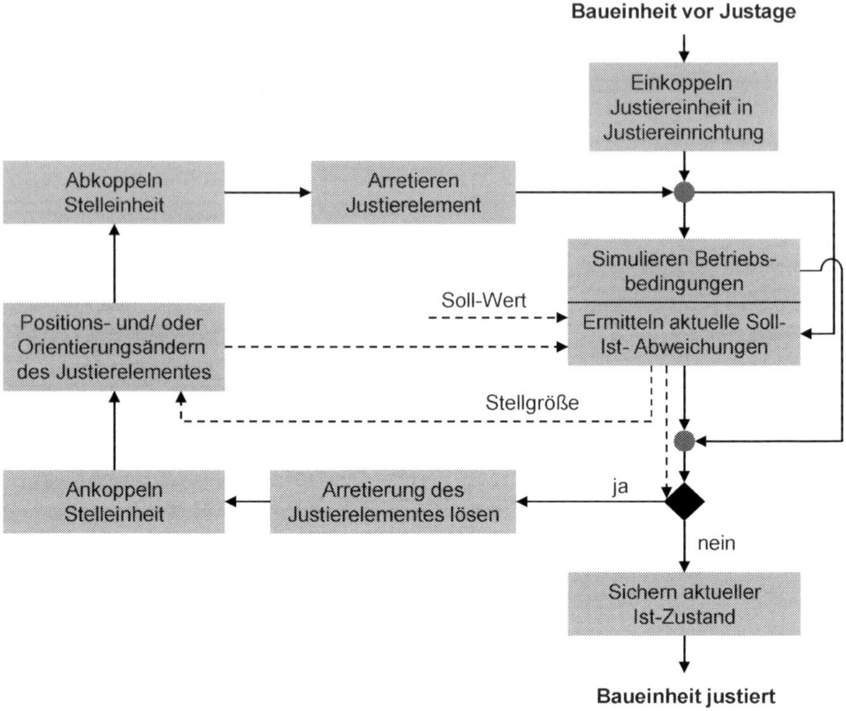

Abbildung 34: Detaillierte Darstellung des Verfahrensprinzips Einstellen[514]

Über die prozessbezogene Betrachtung von Verfahrensprinzipien für das Justieren leistet GERBER einen Beitrag, Thesen für die justiergerechte Konstruktion aufzustellen. Neben allgemeinen Empfehlungen, die sowohl konstruktive als auch fertigungstechnische Maßnahmen zur Vermeidung eines Justierens beinhalten (vgl. Tabelle 7) hebt er Empfehlungen über den Einsatz von elastischen und plastischen Grundelementen hervor[515]. Des Weiteren empfiehlt GERBER, auf Basis einer Analyse der bestehenden Ansätze zur montagegerechten Konstruktion mit dem Fokus auf das Justieren, den Einsatz eines Konstruktionskatalogs für das Justieren, der in seiner Gliederung den gängigen Klassifizierungen von Konstruktionskatalogen entspricht.[516]

[514] Gerber 1988, Anlage 3, Blatt 5
[515] Gerber 1988, S. 112
[516] Gerber 1988, S. 108ff.

Tabelle 7: Maßnahmen zur Vermeidung des Justierens[517]

Konstruktive Maßnahmen
• Maßkettentrennung • Differentialbauweise • Integralbauweise • Vermeidung von geometrischen Überstimmungen • Einsatz von selbstausgleichenden Bauelementen
Fertigungstechnische Maßnahmen
• Einhaltung der vollständigen Austauschbarkeit • Anwendung der Gruppenaustauschbarkeit • Anwendung anderer Fertigungsverfahren • Einsatz anderer Werkstoffe

Auf Basis der dargestellten Leistungen und Beiträge für eine verbesserte Justierplanung lässt sich ableiten, dass noch weitere Schritte notwendig sind, die die Planung von Justierprozessen sowohl konstruktiv als auch prozessbezogen zu detaillieren und auszugestalten. Hierzu empfiehlt GERBER selbst, dass weitere Anstrengungen unternommen werden müssen, um Lösungen für das Justieren zu sammeln und zu klassifizieren und Strategien für das Vorgehen für die Ausarbeitung von Ausgleichseinrichtungen als zentrales Element der Justiereinrichtung zu schaffen[518].

3.2.7 Justieren nach HESSE – 1994

HESSE knüpft an die prozessbezogene Sicht von SPUR et al. an und ordnet das Justieren als eine Tätigkeit der Montage zu[519]. Sein Verständnis des Justierens und die Beschreibung der möglichen Arten des Justierens lehnen sich stark an die Ausführungen von HANSEN an. Die Justierarten gliedert HESSE in das Einstellen (Veränderung der geometrischen Anordnung), das Auswählen (Zufügen und Wegnehmen von Passteilen) sowie das Anpassen (Verändern geometrischer Merkmale).[520]

Der eigentliche Beitrag von HESSE zum Justieren wird im Kern durch eine Abfolge von Fragen sichtbar, die im ersten Teil das Ziel haben, das Justieren pauschal zu vermeiden und im zweiten Schritt das Justieren zu vereinfachen, wenn ein Justieren unvermeidbar ist (vgl. Abbildung 35). Die Abfolge von Fragen umfasst eine Reihe von Fragestellungen zum Vermeiden oder Vereinfachen von Konstruktionen hinsichtlich des Justierens, die bis dato in der Literatur in Teilen schon genannt wurden, hier aber in eine priorisierte Reihenfolge gebracht werden.[521]

---

[517] Gerber 1988, S. 10
[518] Gerber 1988, S. 133, Thesen im Anhang.
[519] Hesse 1997, S. 1
[520] Hesse et al. 1994, S. 221
[521] Hesse et al. 1994, S. 221

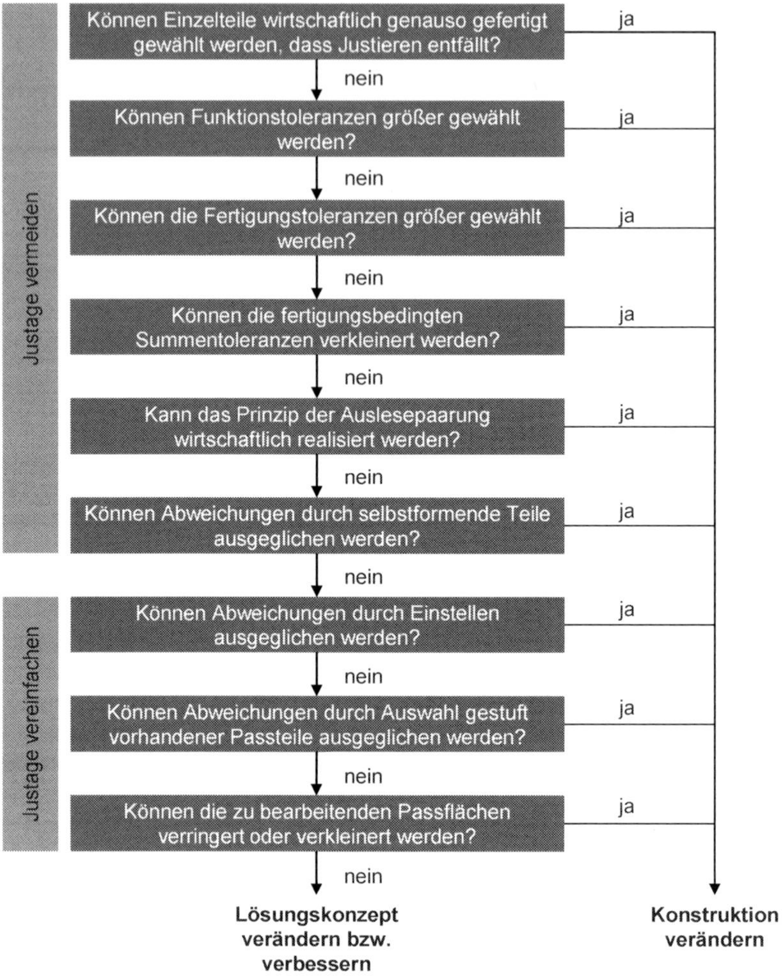

Abbildung 35: Arbeitsschritte der Justageplanung nach HESSE[522]

3.2.8 Justieren als Montagestrategie nach LANGENBECK et al. – 1996

Das Justieren wird von LANGENBECK et al. im Sonderforschungsbereich 158 der Universität Stuttgart unter dem Titel „Die Montage im flexiblen Produktionsbetrieb" als Montagestrategie behandelt. Seine Ausführungen orientieren sich an Beispielen von klassischen Maschinenelementen, wie Getriebeelementen und sind auf Basis seiner teilweise beispielhaften und teilweise sehr abstrakten Ausführungen und Darstellungen nicht einfach auf andere Probleme übertragbar.

---

[522] Hesse et al. 1994, S. 221

Hinsichtlich des Justierens als Montagestrategie zur Erreichung definierter geometrischer Merkmale stellt LANGENBECK et al. ein Vorgehen vor, um Justagestrategien gezielt zu identifizieren. Aufbauend auf den Arbeiten von HANSEN zur Strukturierung einer Justieraufgabe sowie den Vorschlägen von HANSEN zur Ausführungsplanung kritisiert LANGENBECK et al., dass HANSEN voraussetzt, dass die Verknüpfung der zu erreichenden Funktionserfüllung mit der geforderten Qualität und mit den zu ergreifenden Maßnahmen bei der Realisierung der Produktidee schon in frühen Entwicklungsphasen klar ist[523]. Hierbei nennt LANGENBECK et al. zum ersten Mal den Begriff der Justageplanung explizit im Kontext des Spannungsfeldes zwischen Erfüllung von Produktfunktionen, Toleranzauslegung und Toleranzwirkung, sowie Justierverfahren.

Der zentrale Ansatz für das Vorgehen von LANGENBECK et al. ist die Annahme, dass sich Justierverfahren auf Soll-Funktionen zurückführen lassen. So nennt er als Aufgabe bei der Lösung von Justagebezogenen Problemen, ein Ersatzmodell zu entwickeln, um ein nicht-direkt über die Sollfunktion eines technischen Systems lösbares Justageproblem mit Ersatzfunktionen zu lösen.[524] Hierbei baut LANGENBECK et al. auf das heute gängige Vorgehen in der Konstruktion auf, welches sich an der Beschreibungslogik von technischen Systemen über die Funktions-, Wirk- und physischen Bauteilstruktur orientiert.[525] Die Idee von LANGENBECK et al. ist, dass ein Produkt in seiner Funktionsstruktur hinsichtlich Möglichkeiten untersucht wird, Ersatz- und Erweiterungsfunktionen für Justierverfahren einzugliedern.[526]

Für die Auswahl von Justierstrategien formuliert LANGENBECK et al. Anforderungen an die Sollfunktion, an die Justagefunktion, sowie an die Ersatzfunktion und schließlich auch Bewertungskriterien, die sich stark an die bekannten Gestaltungsrichtlinien anlehnen und die im Folgenden dargestellt sind:

1. Forderungen an die Sollfunktionen[527]:
   - Ein klar formuliertes Optimum einer Sollfunktion und gegebenenfalls der zugehörige Toleranzbereich ist immer Ausgangspunkt.
   - Im Bereich der Ersatzfunktion muss das Optimum der Sollfunktion nachvollzogen werden können.
2. Forderungen an die Justagefunktionen[528]:
   - Die Stellrichtung zum Optimum muss ausgehend vom gemessenen Wert der Justagefunktion bekannt sein.
   - Keine Schädigung des zu justierenden Objekts durch Justierfunktionen.
   - Bedingungen, die sich aus der Messtechnik ergeben müssen berücksichtigt werden.
   - In Abhängigkeit der Anzahl sowie der Parallelität im Ablauf der Einstelloperationen muss eventuell eine Freiheitsgradbetrachtung durchgeführt werden, um Querabhängigkeiten der Justage zu vermeiden.

---

523 Langenbeck et al. in Warnecke et al. 1996, S. 260
524 Langenbeck et al. in Warnecke et al. 1996, S. 263
525 Langenbeck et al. in Warnecke et al. 1996, S. 263–265
526 vgl. Langenbeck et al. in Warnecke et al. 1996, S. 265
527 vgl. Langenbeck et al. in Warnecke et al. 1996, S. 265f.
528 vgl. Langenbeck et al. in Warnecke et al. 1996, S. 265f.

3. Forderungen an die Ersatzfunktionen[529]:

- Verträgliche Eingliederung von Ersatzfunktionen mit den Nachbarelementen in die Funktionsstruktur.

4. Bewertungskriterien für die Justage[530]:

- Justagevorgang ist eine „seriell eingeordnete, abgeschlossene Teilhandlung mit minimaler Anzahl an Justieraktionen".
- Justagevorgang muss sich organisch in den Montageprozess eingliedern.
- Die Linearität des Montagefortschritts und die Möglichkeit der Parallelmontage sollte gewährleistet sein.
- Durch das Justageverfahren darf der Ablauf des Montageprozesses so wenig wie möglich festgelegt werden. Die beliebige Eingliederbarkeit stellt den Idealfall dar.
- Die kleinste Anzahl der Justageaktionen ist zu verwirklichen. Dies führt zu speziellen Justageeinheiten, wie sie beispielsweise Kompensationsglieder darstellen.
- Auftretende Toleranzketten sollen kurz und direkt geschlossen sein.
- Auf die geeignete konstruktive Ausbildung der Sensoren, Aktoren und Fixierungen ist zu achten. Die Füge- und Verbindungstechniken, sowie Fragen der Roboterausnutzung, Zugänglichkeit, Handhabung, Positionierung, Spannbarkeit, auch die Robustheit, Uniformität und Einfachheit der Operationen sind wichtige Themenkreise.
- Der Justagevorgang muss in einem mit der Restmontage verträglichen Zeitrahmen ablaufen.

LANGENBECK et al. adressiert mit seinen Ausführungen einen wichtigen Aspekt, nämlich, dass Lösungen für die produktseitige Gestaltung von Justierungen eine Produktfunktion darstellen können, die dementsprechend auch in die Funktionsstruktur eines Produktes eingegliedert werden muss. Damit berücksichtigt er die Betrachtung der Möglichkeiten zum Justieren im Kontext der Beschreibungslogik technischer Systeme. Seine Ausführungen sind jedoch entweder beispielhaft und nicht übertragbar oder so abstrakt, dass unklar ist, wie sich die Funktionen konkret darstellen, die zum Justieren genutzt werden sollen. Da er sich auf Funktionen im Kontext der Beschreibungslogik technischer Systeme bezieht[531], muss davon ausgegangen werden, dass er sich auf das Einstellen mit Hilfe von Mechanismen bezieht, die in einer Maßkette eine geometrische Änderung bewirken. Seine Betrachtung umfassen insgesamt nicht den vollständigen Lösungsraum zum Justieren, da eben nicht alle Möglichkeiten zum Justieren durch Funktionen bezogen auf die Beschreibungslogik technischer Systeme abgebildet werden können, wie z.B. Lösungen zur Maß- und/ oder Formänderung von Bauteilen zum Zwecke des Justierens. Diese Folgerung wird dadurch unterstrichen, dass er sich in seinen Ausführungen auf das Justieren im Regelkreis bezieht. Bereits vorstellte Verfahren wie die Auswahlmethode oder die Passmethode lassen sich in seinem Modell nicht verorten (vgl. Abbildung 36). Auch leistet der Ansatz neben der Lösungsidee und den dargestellten gestalterischen Anforderungen keinen Brückenschlag zur realen Findung von Lösungen für ein konkretes Problem. Da bereits in Kapitel 2.2 und 2.3 herausgearbeitet wurde, dass ein Justieren besonders während der Ausgestaltung der physischen Baustruktur eines Produktes berücksichtigt werden muss und nicht nur während der Entwicklung der Funktions- und Wirkstruktur, ist es nicht

[529] vgl. Langenbeck et al. in Warnecke et al. 1996, S. 265f.
[530] vgl. Langenbeck et al. in Warnecke et al. 1996, S. 266f.
[531] vgl. Langenbeck et al. in Warnecke et al. 1996, S. 264f.

ausreichend, sich auf die Gestaltung der Funktionsstruktur im Konstruktionsprozess zu stützen. Trotzdem ist dieser Ansatz, der einen Teilbereich der Möglichkeiten zum Justierens aus planerischer Perspektive betrachtet, ein neuartiger Ansatz zum Zeitpunkt der Veröffentlichung.

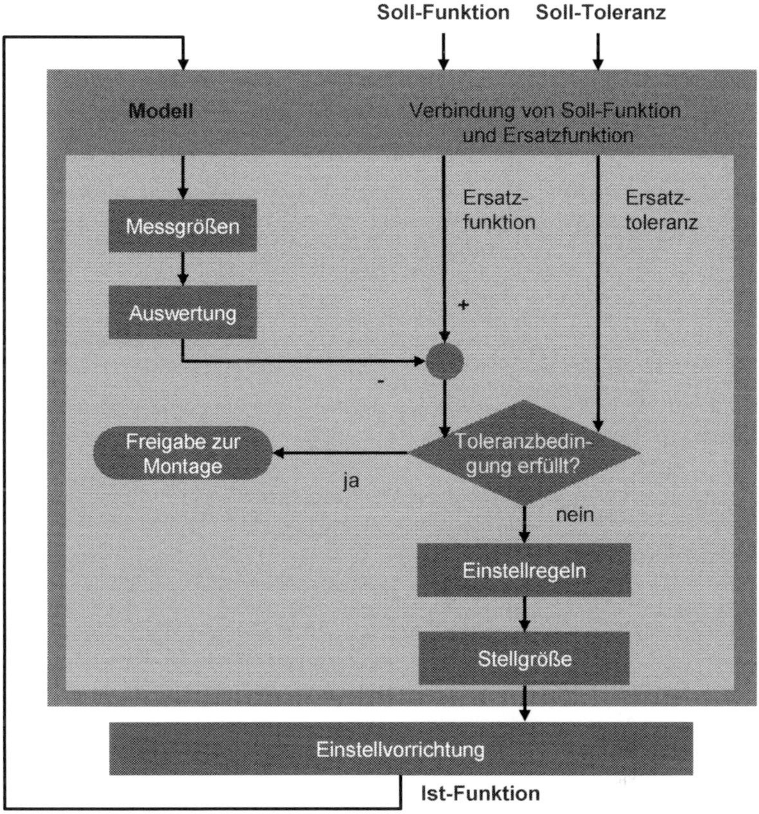

Abbildung 36: Justage als Regelkreis nach LANGENBECK et al.[532]

3.2.9 Aktives und passives Justieren nach WHITNEY und MANTRIPRAGADA – 1998

Die Ausführungen von WHITNEY und MANTRIPRAGADA beschreiben Selbstjustierstrategien mit dem Fokus auf die konstruktive Gestaltung von Fügestellen. Dabei spielt der Einfluss der konstruktiven Gestaltung der Fügeschnittstellen auf den Montageprozess eine zentrale Rolle, mit dem Effekt, marktseitige geometrische Produktmerkmale unter dem Einfluss von fertigungsbedingten und montagebedingten Abweichungen zu erzeugen. Hierbei unterscheidet WHITNEY zwei Verbindungstypen, den

[532] Langenbeck et al. in Warnecke et al. 1996, S. 264

Butt Joint und den Slip Joint (vgl. Abbildung 37)[533]. Der Butt Joint wird in seiner montagebezogenen Betrachtung im Zusammenbau von zwei Teilen auch als Type 1 Assembly sowie in seiner Fügeschnittstellencharakteristik als Mate (Verbindung) bezeichnet. Der Slip Joint wird dagegen in seiner montagebezogenen Betrachtung als Type 2 Assembly und in seiner Fügeschnittstellencharakteristik als Contact (Kontakt) bezeichnet.[534] [535] [536] Bei der Charakterisierung der Fügeschnittstellencharakteristik beziehen beide Autoren den Begriff der Key Characteristic nach LEE und THORNTON[537] [538] ein (vgl. 2.2.1.4)[539] [540].

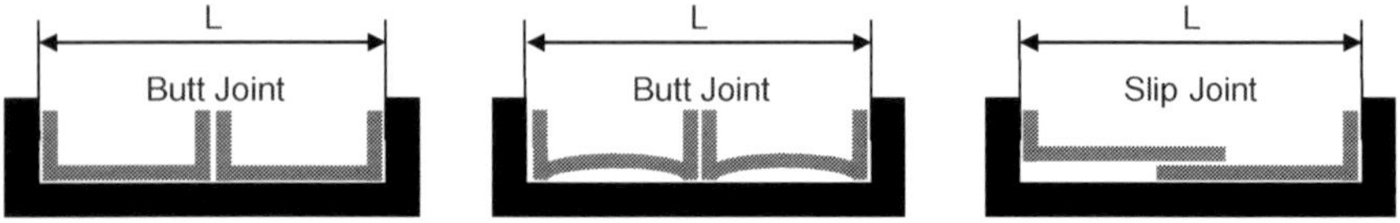

Legende:

L: Länge

Abbildung 37: Grundsätzliche Verbindungstypen[541]

Butt Joints (bzw. Type 1 Assemblies) sind durch exakte Fertigung der Fügepartner zur Erreichung eines Abmaßes L ohne Verzug notwendig. Demgegenüber haben Slip Joints (bzw. Type 2 Assemblies) die Eigenschaft, Fertigungsungenauigkeiten zu kompensieren (Abbildung 37).[542]

Type 1 Assemblies sind Montagebaugruppen, deren Fügepartner durch den vorangegangenen Fertigungsprozess hinsichtlich der Zusammenbaueigenschaften komplett restriktiv und vordefiniert sind. Sie sind dadurch gekennzeichnet, dass Komponenten einfach zusammengefügt werden und ihre Eigenschaften dabei den Zusammenbau bestimmen und vorgeben.[543] [544] Dabei besteht die Forderung, dass alle Teile exakt und wirtschaftlich gefertigt werden, um die Key Characteristics, also die kritischen geometrischen Merkmale sicher zu erzeugen.[545] Dagegen grenzen sich Type 2 Assemblies ab, da ihre Eigenschaften hinsichtlich des Zusammenbaus und ihrer finalen Position nicht ausschließlich durch die Gestalt der Fügepartner vorgegeben werden, sondern durch den Montageprozess selber.[546] Diese Type 2 Assemblies ermöglichen das Justieren und den Toleranzausgleich während der Montage, indem dabei auf Vorrichtungen und Fertigungsverfahren zurückgegriffen wird[547]. Die Motivation Type 2 Assemblies zu verwenden ist, dass die Fügepartner wirtschaftlicher als bei Type 1 Assemblies hergestellt werden

---

[533] Whitney 2004, S. 166
[534] Thornton 1999, S. 1240–1241
[535] Whitney 2004, S. 219ff.
[536] Mantripragada und Whitney 1998, S. 150–165
[537] Thornton 1999, S. 146
[538] Lee und Thornton
[539] Mantripragada und Whitney 1998, S. 156
[540] Whitney 1999, S. 1237
[541] Whitney 2004, S. 166
[542] Whitney 2004, S. 166
[543] Whitney 1999, S. 1241
[544] Mantripragada und Whitney 1998, S. 154
[545] Whitney 1999, S. 1245
[546] Mantripragada und Whitney 1998, S. 155
[547] Whitney 1999, S. 1241

können. Der in Type 2 Assemblies fehlende Freiheitsgrad in KC-Richtung[548] wird also durch Vorrichtungen ersetzt, wodurch die Montagebaugruppe im Zusammenbau wieder vollkommen geometrisch bestimmt ist.[549] Verbindungen, also Butt Joints grenzen somit Freiheitsgrade ein und bestimmen geometrische Beziehungen, während Kontakte, also Slip Joints, die Verbindung unterstützen und halten, nachdem sie ausgerichtet und gefügt wurden.[550] WHITNEY leitet die Regel ab, dass jede Montage bestimmt sein muss (außer eine Produktfunktion benötigt einen oder mehrere definierte Freiheitsgrade). Fehlt ein Freiheitsgrad in KC-Richtung, wie bei den Kontakten (Slip Joints) muss dieser z.B. durch Vorrichtungen kompensiert werden.[551]

In diesem Zusammenhang unterscheidet WHITNEY zwischen aktivem und passivem Justieren. Aktives Justieren ist dadurch gekennzeichnet, dass ein aktives Messen sowie Führen und Ausrichten in der Montage von zwei Bauteilen stattfindet, wohingegen bei einem passiven Justieren Teile in eine Vorrichtung gelegt werden und dann durch eine Wegnahme von Freiheitsgraden kinematisch in die vorgegebene Position und Orientierung geführt werden. Ein Toleranzausgleich kann in diesem Fall durch Slip Joints dort erreicht werden, wo durch die Vorrichtungen keine Freiheitsgrade der Bewegung fixiert sind.[552]

Diese weitere Zergliederungsmöglichkeit des Lösungsraums zum Justieren, der Hinweise auf die produktorientierten Merkmale gibt, ist damit die Einteilung in das passive und aktive Justieren. Diese Einteilung findet sich auch in der deutschen Literatur wieder. Insbesondere in der Literatur zur Mikrosystemtechnik findet sich diese Aufteilung, wie bei BRECHER, der das Justieren als *„Einstellen hochgenauer räumlicher Beziehungen zwischen Bauteilen“*[553] beschreibt. Charakteristisch für das passive Justieren ist nach PETERSEN, dass montageunterstützende, produktseitige Konturen geschaffen werden, die das geometrische Ausrichten während der Montage vereinfachen.[554] Demnach können Freiheitsgrade nicht nur durch Vorrichtungen, sondern auch durch produktseitige Gestaltungsmerkmale bei dem Fügeprozess fixiert werden. Bei PETERSEN lassen sich auch beschreibende Merkmale zum aktiven Justieren finden, der die Prozessüberwachungsunterstützung beim aktiven Justieren hervorhebt[555]. Auch OLOWINSKY unterstreicht, dass das aktive Justieren durch externe Aktuatoren oder durch den Einsatz von Fügeverfahren oder Bewegungen erzeugt wird[556]. Eine explizite Unterscheidung zwischen passivem und aktivem Justieren führt MÜLLER auf, der sich in seinen Ausführungen zum Justieren und Toleranzmanagement aber stark an WHITNEY und THORNTON[557] anlehnt. MÜLLER charakterisiert das passive Justieren durch die Schaffung geometrisch bestimmter Zustände durch vorab eingemessene Vorrichtungen oder den Einsatz von Schablonen in der Montage. Dagegen umfasst das aktive Justieren das Vermessen und anschließende Einstellen.[558] Eine Detaillierung der Möglichkeiten und der Konsequen-

---

[548] Die KC-Richtung entspricht der Maßkettenrichtung, die durch ihr toleriertes Schließmaß ein KC erzeugt.
[549] Whitney 1999, S. 1245
[550] Whitney 2004, S. 217
[551] Whitney 2004, S. 219
[552] Whitney 2004, S. 167
[553] Brecher 2011, S. 928
[554] Dilthey und Brandenburg 2005, Brecher und Wolf, S. 21f.
[555] Petersen 2003, S. 18
[556] Olowinsky 2003, S. 10
[557] Thornton 1999, Müller übernimmt die produktseitige Beschreibung von Merkmalen, die marktseitig gefordert sind mittels Key Characteristic von Thornton.
[558] Müller in Pahl et al. 2013, S. 708

zen auf die Produkt- oder Prozessgestalt findet nicht statt, allerdings ist die Zergliederung des Lösungsraums zum Justieren in passives oder aktives Justieren ein wichtiger Schritt auch im Hinblick auf die bis dato in der Literatur vorherrschenden Definitionen sowie der prozessseitigen Darstellungen des Justierens mit Hilfe des Justierkreises.

Für die Verwendung der oben genannten zwei Typen von Fügeschnittstellen gibt WHITNEY zwei Empfehlungen, die insbesondere den Einfluss der Montagereihenfolge von Type 1 Assemblies und Type 2 Assemblies hinsichtlich der Erzielung von geometrischen Merkmalen bei Baugrauppen oder ganzen Produkten adressieren[559]. Die erste Regel zielt darauf ab, dass Teile, die mit Verbindungen (Butt Joints) gefügt werden, zuerst in einem Montageprozess und dann erst die Kontakte (Slip Joints) gefügt werden, da letztere die Fähigkeiten haben in KC-Richtung Abweichungen vom Nominalwert zu kompensieren. Die zweite Regel ist die Beschränkungsregel, die besagt, dass jede Vormontagegruppe komplett geometrisch bestimmt sein muss, um eine Aufsummierung von Abweichungen zu verhindern.

Basierend auf der Klassifikation und Beschreibung von Schnittstellen zwischen Teilen führen WHITNEY und MANTRIPRAGADA die Modellierung „Datum Flow Chain" ein, um die Verbindung von Kundenanforderungen, Produktmerkmalen, Montagestruktur inklusive aller Montagebaugruppen bis hin zu den Einzelteilen darzustellen. Kern der Modellierung ist die Darstellung der Schnittstellentypen zwischen Komponenten sowie Montagebaugruppen. Die Modellierung dient dazu, den Konstrukteur dabei zu unterstützen, Umfänge für Montagebaugruppen festzulegen, Montagereihenfolgen auf Basis der dargestellten Regeln zu definieren, Tolerierungen festzulegen und Schnittstellen hinsichtlich der genannten Klassifikation im Hinblick auf den Montageprozess zu definieren.[560] Im Fokus dabei steht die Verknüpfung von Produktgestaltung und Montageprozessplanung, die Transparenz über die Durchgängigkeit von produkt- und prozessbezogenen Gestaltungsmerkmalen zu den Key Characteristics sowie die Erfüllung der Key Characteristics, also der kritischen geometrischen Produktmerkmale und Kundenanforderungen. Um eine solche Modellierung (Datum Flow Chain) aufzubauen und damit Key Characteristics und mögliche Fügefolgen, wie auch Merkmale von Fügeschnittstellen abzubilden, stellt WHITNEY ein neun-schrittiges, grobes Vorgehen vor, dass er als nominale Konstruktionsphase bezeichnet. Ergänzt wird dieses Vorgehen durch eine drei-schrittige Vorgehensweise der variablen Konstruktionsphase, wo die Verkettung von Bauteilen inklusive der Vorrichtungen und Maßnahmen zum Toleranzausgleich durch Type 2 Assemblies auch im Hinblick auf Toleranzen und Montagereihenfolgen robust ausgelegt wird, um etwaige Variationen oder geometrische Abweichungen von der idealen Konstruktion zu kompensieren. Die Schritte beinhalten logische Schritte sowie Hinweise und Empfehlungen zum Hinterfragen der Konstruktion, die bereits aus den bisher dargestellten Arbeiten bekannt sind.

Zusammenfassend lässt sich festhalten, dass WHITNEY für die Justiermöglichkeiten, die sich auf die Lage- und Positionsänderung von Bauteilen in einer Maßkette beziehen, eine klare geometrische Beschreibung der Produktmerkmale in den Verbindungen gibt und diese in Zusammenhang mit den marktseitig geforderten geometrischen Produktmerkmalen setzt. Zudem differenziert er als Erster in das aktive und passive Justieren, was Rückschlüsse auf die Prozessgestaltung zulässt. Allerdings fokussieren seine Ausführungen ausschließlich das Justieren durch Lageänderung, ohne andere Möglichkeiten

---

[559] Whitney 1999, S. 1245
[560] Mantripragada und Whitney 1998, S. 155

in Betracht zu ziehen. WHITNEY und MANTRIPRAGADA ordnen zudem die Gestaltung von Fügeschnittstellen in den interdisziplinären Prozess der Produkt- und Montageprozessgestaltung sowie der Bauteiltolerierung ein.

3.2.10 Justieren nach KRAUSE et al. – 2000

Bei KRAUSE et al. findet das Justieren besondere Bedeutung im Kontext des Justierprozesses, im Mittelpunkt steht dabei der Justierkreis. KRAUSE et al. problematisiert im Kern verschiedene Fälle des Justierens, gliedert diese Fälle und stellt mit Verweis auf HANSEN Grundforderungen an die Zergliederung von Justierproblemen dar. Als Modell zur Darstellung von Justiervorgängen zieht KRAUSE et al. die Analogie zwischen dem Justierprozess und einem im Regelkreis darstellbaren Prozess und überträgt den Justiervorgang auf den Regelkreis.[561]

KRAUSE et al. gliedert die verschiedenen Justierfälle nach drei ordnenden Gesichtspunkten, nach der Ausgangsgröße des Justierproblems, nach der Art des Justierkreises und nach der Art der Informationserfassung. Hinsichtlich der Ausgangsgröße nennt KRAUSE et al. als beherrschbare Justierfälle den einfachen Justierkreis mit einer diskreten Ausgangsgröße, sowie die Kopplung mehrerer einfacher Justierkreise mit jeweils einer unabhängigen diskreten Ausgangsgröße. Anders führt er als dritte Variante den gekoppelten Justierkreis auf, der mehrere funktionell abhängige Ausgangsgrößen charakterisiert.[562] Den gekoppelten Justierkreis nennt KRAUSE et al. explizit das unbestimmte Justieren und grenzt dieses zu den ersten Fällen des bestimmten Justierens ab. In Anlehnung an HANSEN wiederholt KRAUSE et al. die Grundforderung, ein unbestimmtes Justieren zu vermeiden.[563]

Die weiteren ordnenden Gesichtspunkte des Justierkreises sind die Arten des Justierens. Hier unterscheidet KRAUSE et al. den offenen und den geschlossenen Regelkreis. Der offene Regelkreis ermöglicht, anders als der geschlossene Regelkreis, keine kontinuierliche Regelung zum Zwecke der Einstellung einer diskreten Ausgangsgröße. Der Charakter des offenen Justierkreises ist also die diskontinuierliche Kopplung von Ausgangsgröße und Einflussnahme auf die Zustandsänderung des zu justierenden Produktes. Der letzte Unterschied hinsichtlich der Justierfälle sind die Arten der Informationserfassung im Justierkreis. Die Arten unterscheiden dabei den Umfang der Erfassung von Eingangsgröße, Ausgangsgröße, Gerätekennwert und kombinierten Größen.[564] Die Ausführungen erinnern stark an die Unterscheidungen von GERBER, sind aber konkreter und systematischer aufgearbeitet.

Als weiterer Beitrag nennt KRAUSE et al. Maßnahmen für die Entscheidung für oder gegen das Justieren[565]. Die aufgeführten Maßnahmen sind jedoch eher oberflächliche Planungsschritte, um eine Justierung zu realisieren. Die Schritte sind im Folgenden dargestellt[566]:

- Festlegen eines geeigneten Justieralgorithmus unter Beachtung der vorhandenen Justierkreise.
- Festlegung einer Justierbasis als Bezugssystem.
- Festlegung der notwendigen Justierstellen.

[561] vgl. Krause und et al. 2000, S. 149
[562] Krause und et al. 2000, S. 151
[563] Krause und et al. 2000, S. 152
[564] Krause und et al. 2000, S. 151
[565] Krause und et al. 2000, S. 155
[566] Krause und et al. 2000, S. 155

- Festlegung der notwendigen gerätetechnischen Voraussetzung (Messeinrichtung) zum Erfassen der zu justierenden Größe.
- Ermitteln der notwendigen gerätetechnischen Bedingungen für die Stelleinrichtung, wie Feinfühligkeit und Verstellbereich sowie Darstellung in einem Justierplan.
- Erarbeiten einer Justiervorschrift, in der alle Justiervorgänge in geordneter Reihenfolge angegeben und die dazu jeweils erforderlichen Justier- und Prüfmittel (Mess- und Stelleinrichtungen) zugeordnet sind.

Die Ausführungen von KRAUSE et al. bleiben allgemein, eine Betrachtung von konkreten generischen Lösungen zur Ausgestaltung einer Justierung auf Basis des Regelkreises sowie die damit verbundene Nennung von produktorientierten sowie prozessbezogenen Merkmalen der Justierung bleibt aus. Zwar ist die Gliederung der allgemeinen Justiervorgänge nach den von KRAUSE et al. ausgeführten ordnenden Merkmalen des Justierkreises hilfreich, eine Detaillierung wie bei GERBER nach möglichen Verfahrensprinzipien nennt er allerdings nicht. Auch bleiben die Tätigkeiten zur Gestaltung einer Justierung grob und unkonkret und ohne Hinweise auf die Umsetzung.

3.3 Zusammenfassende Bewertung und Ableitung des Forschungsbedarfs

Um das theoretische Defizit zusammenfassend aufzuzeigen, findet eine Bewertung der einzelnen Ansätze hinsichtlich der Erfüllung der inhaltlichen und formalen Anforderungen statt. Das Ergebnis ist in Form einer Matrix in Abbildung 38 dargestellt, die durch die Ansätze sowie durch die inhaltlichen und formalen Anforderungen aufgespannt wird. Der Erfüllungsgrad ist in den Abstufungen „nicht erfüllt“, „kaum erfüllt“, „teilweise erfüllt“, „zu großen Teilen erfüllt“ und „vollständig erfüllt“, dargestellt.

Zunächst zeigt sich, dass eine vollständige hergeleitete Gliederung auf Basis ordnender Merkmale für den Lösungsraum zum Justieren nicht existent ist. Zwar gibt es grundlegende Definitionen und in der Literatur allgemein anerkannte Grundformen des Justierens, wie bei HANSEN und BALAKSCHIN zu finden, jedoch sind diese Grundformen so allgemein, dass diese keine Aussagekraft hinsichtlich der Wirkung und Fähigkeiten der Justierarten haben. Aus diesem Grund eignen sich diese Grundformen nicht zur Einbindung für eine Planung eines integrierten Produkt- und Prozessentwurfs für das Justieren. Die inhaltlichen Anforderungen, den Lösungsraum auf Basis ordnender Gesichtspunkte unter Einbindung der Modellierung systematisch zu gliedern ist damit in der Theorie nicht erfüllt.

Es zeigt sich außerdem, dass die Transparenz über den Lösungsraum zum Justieren hinsichtlich produkt- und prozessbezogener Merkmale nicht ausreichend Berücksichtigung in der Literatur findet. So findet sich kein Ansatz, der die Wirkmechanismen der Justierarten, die eben nicht systematisch und tiefgehend gegliedert sind, in der Interaktion zwischen dem produktseitigen Eingriff und dem prozessseitigen Wirken beschreibt. Zwar erläutert BALAKSCHIN die mathematische Wirkung von Grundformen des Justierens mit Hilfe der Maßkettentheorie, was heute als Handwerkzeug des Konstrukteurs bezeichnet werden kann, oder GERBER und LANGENBECK et al. die prozessuale Kopplung von Prozessschritten des Justierens. Jedoch fehlt die Beschreibung der Interaktion von Produkt und Prozess beim Justieren mit Hilfe der geforderten Einbindung von Prozessgrundtypen (vgl. Transformationsprozesse 2.1.4.1) und der damit einhergehenden Beschreibung ihrer Wirksamkeit beim Justiereingriff im Bauzusammenhang.

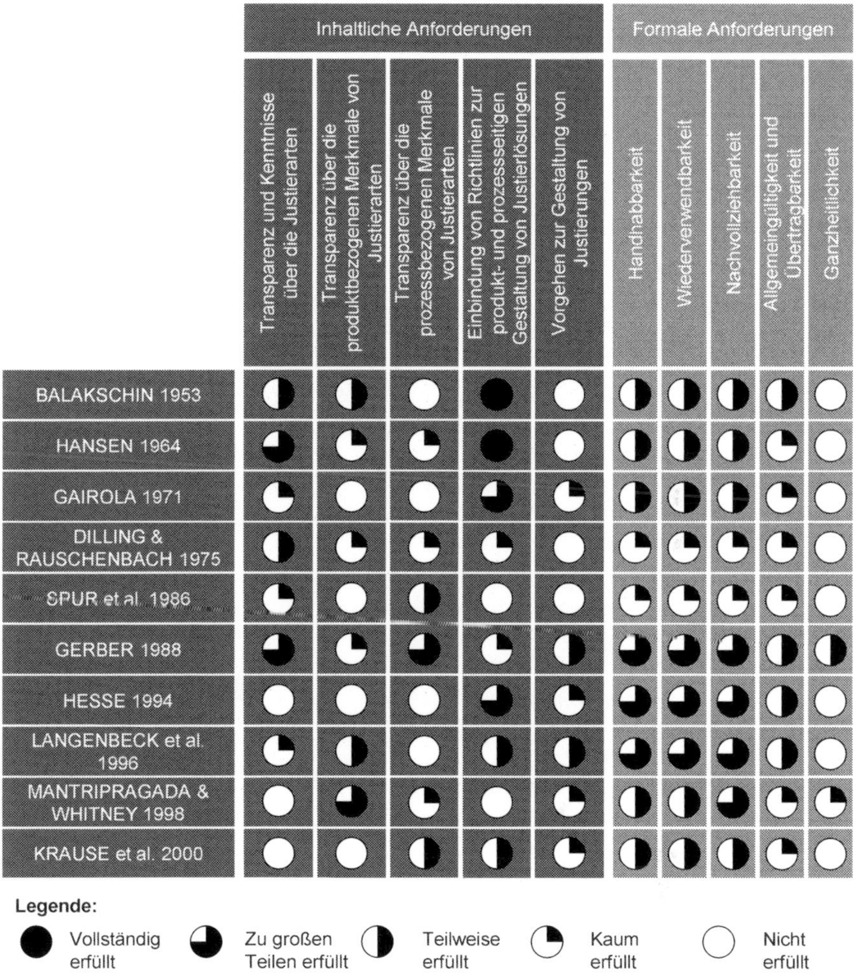

Abbildung 38: Zusammenfassende Bewertung der Erfüllung der Anforderungen

Interessant ist, dass es zahlreiche Ansätze gibt, die das Justieren prozessual in ihrem Ablauf in Form eines Justierkreises oder einer deterministischen Operationsreihenfolge fallspezifisch darstellen. Allerdings ist die Aggregationsebene derartiger ablauforientierter Prozessmodellierung so hoch, dass eine konkrete prozessuale Beschreibung in Abhängigkeit einer konkreten Justierart nicht möglich ist, um notwendige Transformationsprozesse auszuwählen und zu gestalten oder Prozessaufwände in Form von notwendigen Betriebsmitteln usw. zu antizipieren. In diesem Zusammenhang fehlt bei den in der Literatur dargestellten und allgemeinen Prozessabläufen für das Justieren die Verbindung zu den konkreten und charakterisierten Justierarten. Der heutige Stand der Technik ermöglicht zum Beispiel durch optische Messverfahren und virtuelle Toleranzanalysen neue Freiheitsgrade in der Prozessgestaltung von

Justierkreisen, die Berücksichtigung finden müssen. Hinsichtlich der Bewertung der Automatisierbarkeit, sowie des Informationsflusses von Justierprozessen eignet sich dagegen, die im Stand der Technik beschriebene Klassifikation von Kopplungstypen und Merkmalen des Justierkreises sehr gut. Produktorientierte Ansätze wie die von WHITNEY und MANTRIPRAGADA, die produktorientierten Merkmale unter Einbeziehung der Beschreibungslogik technischer Systeme berücksichtigen, sind ebenfalls Ansätze, die einen Lösungsbeitrag hinsichtlich der inhaltlichen Anforderungen anbieten. Diese betrachteten allerdings nicht alle Möglichkeiten des Justierens vollumfassend, wie z.B. das Justieren durch Umformen. Diese Beiträge stellen jedoch eine wichtige Leistung dar, das Justieren im Bauzusammenhang bzw. im Prozesszusammenhang zu erfassen. Es muss also festgehalten werden, dass der Stand der Technik hinsichtlich der inhaltlichen Anforderungen ein theoretisches Defizit in der Form aufzeigt, dass eine Charakterisierung der gesamten Justierarten hinsichtlich produkt- und prozessbezogener Merkmale ganzheitlich und vollständig fehlt.

Eine weitere Erkenntnis der theoretischen Betrachtung der Ansätze ist, dass es zahlreiche Richtlinien gibt, die die Gestaltung von Justierungen sowohl produktseitig als auch prozessseitig durch Empfehlungen oder Fragen unterstützt. Insbesondere die Einbeziehung der Theorie zur Beschreibung von Toleranzproblemen in Maßketten findet hier sehr ausführlich statt. Diese Richtlinien und Empfehlungen sind allerdings nicht in ein problemorientiertes Planungsvorgehen integriert, das zum Ziel hat, produkt- und prozessseitige Entwürfe zu erzeugen, die das Justieren berücksichtigen. Hier manifestiert sich das nächste theoretische Defizit. Es gibt kein Problemlösungsvorgehen, welches derartige produkt- und prozessseitige Entwürfe erzeugt. Es besteht ein Kerndefizit im Zusammenhang mit der Beschreibung des Lösungsraums zum Justieren hinsichtlich produkt-und prozessbezogener Merkmale. Ein Lösungsvorgehen muss, wie in 2.3 dargestellt, den gesamten Lösungsraum zum Justieren berücksichtigen und Orientierung im Planungsvorgehen geben. Ein derartiges Vorgehen muss in den Kontext des bestehenden Vorgehens der integrierten Produkt- und Prozessentwicklung einbezogen werden.

Die Betrachtung der formalen Anforderungen unterstreicht das Bild, dass die einzelnen bestehenden und sehr wertvollen Lösungsbeiträge in dem Themenumfeld des Justierens häufig für sich stehen und nicht ausreichend in ein ganzheitliches Problemlösevorgehen im Kontext der integrierten Produkt- und Prozessentwicklung integriert sind. Besonders wegen dieser integrativen und kontextbezogenen Betrachtung besteht ein Defizit bei den meisten Ansätzen in der Handhabbarkeit, der Nachvollziehbarkeit und auch in der Wiederverwendbarkeit der Werkezuge oder Richtlinien, wie auch in der Übertragbarkeit, z.B. bei der Geltung und Anwendbarkeit für die Problemstellung aller denkbaren Justierarten.

Auf Basis dieser theoretischen Betrachtung der Ansätze zum Justieren, wird festgestellt, dass Anstrengungen unternommen werden müssen, die Transparenz über den Lösungsraum zum Justieren zu steigern sowie ein damit verbundenes strukturiertes Vorgehen mit konkreten Schritten zur integrierten Produkt- und Justageprozessplanung unter Einbeziehung von Gestaltungsrichtlinien zu entwickeln. Das Theoriedefizit manifestiert sich abschließend durch folgende, zusammengefasste Aussagen:

- Es fehlt eine systematische und hergeleitete Gliederung der Justierarten hinsichtlich produkt- und prozessbezogener Merkmale.
- Es fehlt eine ganzheitliche und vollständige Beschreibung aller Justierarten hinsichtlich produktorientierter Merkmale unter Einbindung der Theorie zu Maßketten sowie der Beschreibungslogik technischer Systeme auf den Ebenen Bauzusammenhang und Systemzusammenhang.

- Es fehlt eine vollständige Beschreibung der Justierarten hinsichtlich konkreter prozessbezogener Merkmale unter Einbindung konkreter Wirkprinzipien und konstituierender Merkmale. Die Merkmale müssen in Prozessgrundtypen im Sinne von grundlegenden Transformationsprozessen (vgl. 2.1.4.1) und Prozessreihenfolgegrundtypen eingebunden werden, die den heutigen Stand der Technik der Mess- und Prüfverfahren berücksichtigen.
- Es fehlt ein Problemlöseprozess der im bestehenden Vorgehen der integrierten Produkt- und Prozessentwicklung unter Einbindung des gesamten Lösungsraums zum Justieren und unter Einbindung von Gestaltungsrichtlinien Lösungen eines Produkt- und Prozessentwurfs erzeugt, der das Justieren berücksichtigt.

4 Methodik zur integrierten Produkt- und Justageprozessplanung

Im vorherigen Kapitel wurden auf Basis der Herausforderungen aus der Praxis Anforderungen an die Theorie abgeleitet und bestehende Ansätze im vorliegenden Betrachtungsbereich hinsichtlich dieser Anforderungen an die Theorie untersucht. Aus der Untersuchung manifestiert sich ergänzend zu dem Praxisdefizit ein Theoriedefizit. Deshalb müssen Anstrengungen unternommen werden, um das Justieren als Teilstrategie des Toleranzmanagements (vgl. 2.2) und damit als Handlungsalternative gegenüber einer hochpräzisen Produktherstellung wirkungsvoller im Produktentwicklungsprozess zu verorten und methodisch zu unterstützen.

Um diese Herausforderung zu lösen, werden in Kapitel 4.1 die inhaltlichen Anforderungen an eine Lösung aggregiert und die zentrale Lösungshypothese in 4.2 diskutiert. Darauf aufbauend wird das Grobkonzept der Methodik zuzüglich des zu erarbeitenden Lösungsraummodells zur integrierten Produkt- und Justageprozessplanung als Lösung für das Praxis- und Theoriedefizit mit Hilfe wissenschaftstheoretischer und formaler Grundlagen in 4.3 hergeleitet.

4.1 Inhaltliche Anforderungen an die integrierte Produkt- und Justageprozessplanung

Die inhaltlichen Anforderungen ergeben sich aus den vorangegangenen Kapiteln dieser Arbeit, aus der Zielsetzung und der Forschungsfrage der Arbeit (vgl. 1.2), aus den Herausforderungen aus der Praxis (vgl. 2.3) sowie aus dem Theoriedefizit (vgl. 3.3). Im Folgenden werden diese inhaltlichen Anforderungen im Überblick zusammenhängend dargestellt. Die dezidierten Punkte des Praxis- und Theoriedefizits werden nicht wiederholt.

Das Praxisdefizit ist dadurch motiviert, dass dem Produkt- und Prozessplaner nicht vollständig transparent ist, welche Lösungen er zum Justieren wie und wann, im Kontext der integrierten Produkt- und Prozessentwicklung berücksichtigen kann. Zudem besteht eine allgemeine, praktische Problematik darin, dass Justieren als nicht-wertschöpfende Tätigkeit häufig diffamiert wird und damit das Potential, das sich in einer gröberen Tolerierung und Ausnutzung der Kosteneinsparpotentiale auf Basis der Toleranz-Kosten-Relation ergibt, nicht ausgeschöpft wird. D.h. das Verständnis über das Potential, dass das Justieren als geplante Tätigkeit im Rahmen der Montage herstellungsbedingte geometrische Abweichungen kompensieren kann und damit Funktionstoleranzen bei generell gröberen Einzelteiltoleranzen erreicht werden können, ist häufig nicht vorhanden. In diesem Kontext spielt auch das Wissen über den Zusammenhang von Abhängigkeiten von Produkt- und Prozessgestalt bei der Wahl einer Justierart sowie die fehlenden Kenntnisse und Transparenz über den Lösungsraum der Justierarten eine zentrale Rolle. Da die Justageplanung eine Aufgabe der integrierten Produkt- und Prozessplanung sowie ein zentraler Bestandteil des Toleranzmanagement ist (vgl. 2.2), müssen sowohl Anstrengungen unternommen werden, theoretisches Wissen über die Möglichkeiten zum Justieren aufzubereiten und auf praktische Entwicklungsaufgaben übertragbar zu machen, als auch ein systematisches Vorgehen zu entwickeln, das die Produkt- und Prozessplaner unterstützt, die Vielzahl an Planungsaufgaben systematisch zu lösen, um gezielt integrierte Produkt- und Prozessentwürfe einer Lösung zu generieren, die das Justieren nutzen.

Die für eine theoretische Lösung an bestehenden Ansätzen gespiegelten formalen und inhaltlichen Anforderungen ergeben das Theoriedefizit, das den Handlungsbedarf hinsichtlich des Praxisdefizits bestätigt. Es müssen auf Basis des formulierten Theoriedefizits Anstrengungen unternommen werden, eine gezielte Teilstrategie zur Justageplanung in Form eines Handlungsvorgehens zu entwickeln. Dabei muss die Lösungsraumbreite zum Justieren vollständig ausgenutzt werden, um im Kontext der integrierten Produkt- und Prozessentwicklung mehr Lösungsvarianten zu erzeugen, die ein Justieren berücksichtigen. Dieses Vorgehen fördert dann die Wahrscheinlichkeit eine Lösung zu finden, die für eine konkrete Aufgabenstellung Qualitätsziele unter Berücksichtigung der Zeitziele in einem Entwicklungsprojekt kostengünstiger erfüllt. Dabei müssen im Sinne eines ganzheitlichen Denkens ganze Produkt- und Prozessentwürfe und die Betrachtung von Produkt- und Prozessmerkmalen im Vordergrund stehen. Die umfassende Betrachtungsperspektive muss sich also auf Lösungsvarianten von integrierten Produkt- und Prozessentwürfen beziehen, die auch dahingehend beurteilt werden[567]. Dieser Gedanke unterscheidet diese Arbeit auch von Ansätzen, die sich rein auf die Optimierung einer Toleranz-Kosten-Problematik (vgl. 2.2) konzentrieren und denen, die sich entweder auf eine produkt- oder prozessbezogene Planungsverbesserung fokussieren und damit die integrierte Betrachtung vernachlässigen (vgl. 3.3). Außerdem unterstreicht dieser Gedanke die Notwendigkeit, dass sich eine Lösung ganzheitlich in bestehende Strukturen und Abläufe von Produkt- und Prozessentwicklungsprojekten eingliedern muss.

Aus diesen Ausführungen wird die Zielstellung erkenntlich und untermauert. Es geht darum, im Prozess der integrierten Produkt- und Prozessgestaltung das Justieren als einen von zwei Bestandteilen des Toleranzmanagements stärker in den Betrachtungsbereich von SE[568]-Teams in Entwicklungsprojekten zu bringen. Das Justieren und das damit gekoppelte Potential muss stärker ausgenutzt werden und in Entwicklungsprojekten Berücksichtigung finden. Hierbei ist es die zentrale Zielstellung der vorliegenden Arbeit einen Beitrag zu leisten und ein Vorgehen zu entwickeln, um systematisch integrierte Produkt- und Prozessentwürfe zu erzeugen, die ein Justieren verfolgen. Dabei muss das Vorgehen in den bestehenden Ablauf und in die bestehende Philosophie gängiger Entwicklungsvorgehen eingegliedert werden und alle theoretischen Möglichkeiten zum Justieren einbeziehen.

4.2 Ausgangshypothesen für das Lösungsvorgehen

In den inhaltlichen Anforderungen manifestiert sich ein praktisches und theoretisches Defizit, das im Rahmen dieser Arbeit in Form einer Methodik zur integrierten Produkt- und Justageprozessplanung gelöst wird. Das Justieren als die zentrale Handlungsopportunität des Toleranzmanagements gegenüber einer hochpräzisen Produktherstellung weist im Kontext der integrierten Produkt- und Prozessplanung im Produktentwicklungsprozess einige Besonderheiten auf. So unterliegt auf Basis der elementaren Definition zum Justieren nach HANSEN der Raum zum Generieren von Lösungen, die das Justieren ermöglichen, einer Endlichkeit (vgl. 2.2.2). Die Lösungen zum Justieren weisen dabei spezifische produkt- und prozessbezogene Merkmale auf (vgl. 2.3).

Um die gesamten Herstellkosten eines Produktes bzw. einer Produktbaureihe gering zu halten, müssen alle für eine reale Problemstellung in Frage kommenden Lösungsmöglichkeiten im Rahmen des Produktentwicklungsprozesses in Betracht gezogen werden. Denn durch die Berücksichtigung der gesamten Lösungsraumbreite und der Lösungsraumkonvergenz im Produktentwicklungsprozess kann das

567 vgl. Ganzheitliches Denken, Hub 1994, S. 13f.

568 SE: Simultaneous Engineering

Planungsergebnis häufig deutlich verbessert werden[569]. Der Grund dafür ist, dass ein Beurteilen von Lösungen immer ein Auswählen aus einer Menge von Lösungsvarianten beinhaltet (vgl. 2.1.4). Durch eine Berücksichtigung der vollen Lösungsraumbreite steigt die Anzahl und damit auch die Wahrscheinlichkeit bessere Lösungsvarianten zu erzeugen. Genau dieser Gedanke muss die Antwort auf die vorherrschenden Herausforderungen aus der Praxis und das Theoriedefizit sein. Es muss nämlich der fehlenden Transparenz über die Möglichkeiten zum Justieren in frühen Produkt- und Prozessentwicklungsphasen systematisch entgegengewirkt werden. Im Ergebnis soll das Justieren dadurch proaktiv in frühen Entwicklungsphasen Berücksichtigung finden, statt wie heute häufig nur reaktiv in späten Entwicklungsphasen, wenn der Lösungsraum entweder schon stark eingeschränkt ist, oder das Kostenbudget und der Zeitrahmen keine aufwändigen Änderungen mehr zulassen.

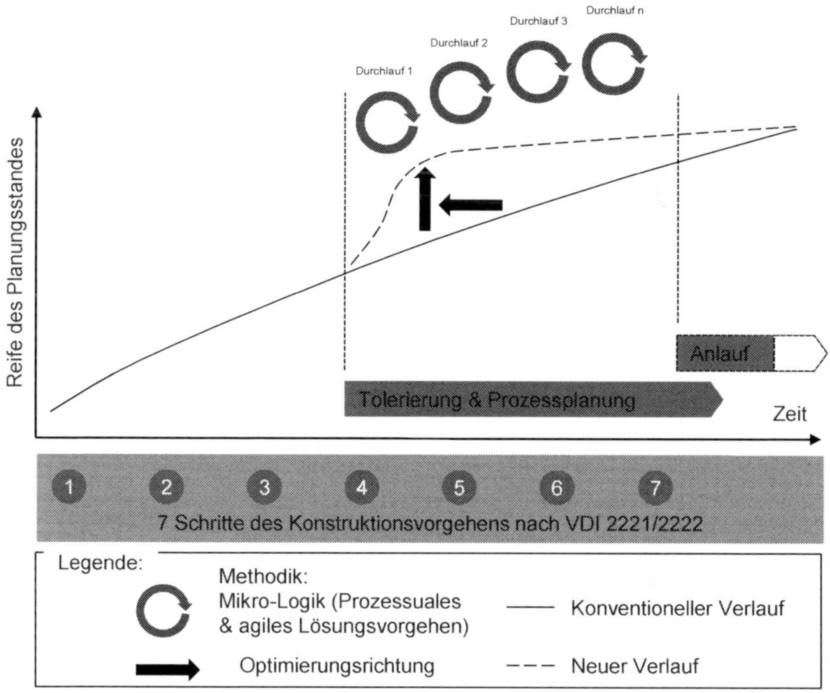

Abbildung 39: Konsekutive Entwicklung und Konkretisierung von Lösungsvarianten[570]

Dabei muss beachtet werden, dass die Untersuchung eines definierten Lösungsraums und die Erzeugung einer Vielzahl von Lösungsvarianten nicht ungesteuert in Produktentwicklungsprojekten erfolgen kann und darf. Denn Produktentwicklungsprojekte verfolgen zwar die Zielstellung eine Entwicklungsaufgabe möglichst optimal zu erfüllen, jedoch müssen auch begrenzte Projektdauern und Projektbudgets

---

[569] vgl. Lenders 2009, S. 98

[570] Eigene Darstellung in Anlehnung an VDI2221/2222 und den Erläuterungen in 2.3 in Anlehnung an Fallböhmer 2000, Gairola 1971 und Eversheim 1989b.

Berücksichtigung finden (vgl. 2.1.4). Zum einen ist daher eine dahingehende aufwandsorientierte und zielgerichtete Untersuchung des Lösungsraums sehr wichtig. Zum anderen ist es wichtig, Lösungsvarianten in frühen Entwicklungsphasen gezielt zu erzeugen und diese vom Groben zum Feinen konsekutiv, unter ständiger Auswahl favorisierter Lösungsvarianten und Verwerfung nicht favorisierter Lösungsvarianten zu entwickeln, um den Aufwand im Rahmen zu halten.

Im Ergebnis sollen wie in Abbildung 39 dargestellt, bereits mit dem ersten Durchlauf der Methodik Lösungsvarianten, die ein Justieren berücksichtigen erarbeitet werden, also genau dann, wenn der Raum für die Anwendung diverser Justierarten durch gestalterische Freiheitsgrade noch offen ist. Mit weiteren Durchläufen der Methodik sollen auf Basis der im ersten Durchlauf der Methodik erzeugten Prinziplösungen favorisierte Lösungen weiter detailliert und neue Lösungssubvarianten erzeugt und andere Lösungsvarianten verworfen werden. Dadurch wird bezogen auf die Lösungsvarianten, die ein Justieren berücksichtigen schneller ein höherer Reifegrad im Planungsstand erreicht und aufwändige Sonderlösungen oder Iterationen vermieden. Durch die gezielte und frühe Entwicklung von Lösungen, die ein Justieren berücksichtigen, wird die gesamte Auswahlmöglichkeit an Lösungen, die auch Lösungen einer hochpräzisen Produktherstellung enthalten, für einen integrierten Produkt- und Prozessentwurf vergrößert. Im Ergebnis steigt die Wahrscheinlichkeit, eine insgesamt kostengünstigere Lösung zu finden.

Auf Basis dieser Betrachtung ergibt sich die zentrale Lösungshypothese darin, dass es eine Methodik für die integrierte Produkt- und Justageprozessplanung leisten muss, entlang des Produktentstehungsprozesses gezielt die Erzeugung von Lösungsvarianten in Form von Ideen, Konzepten und Entwürfen in frühen Entwicklungsphasen zu fördern, um mehr Lösungsvarianten für die Auswahl zu schaffen, die dann konsekutiv beurteilt, verworfen oder detailliert werden können. Hierfür ist nicht nur ein Lösungsvorgehen notwendig, sondern auch eine Formalisierung des Lösungsraums zum Justieren, der den inhaltlichen Anforderungen (vgl. 4.1) an die Lösung gerecht wird. Diese Formalisierung ergänzt um die Methodik zur integrierten Produkt- und Justageprozessplanung, werden die zentralen Beiträge dieser Arbeit zur Lösung der Zielstellung sein. Das Lösungsvorgehen in Form der Methodik muss dabei den begrenzten zeitlichen und monetären Ressourcen eines Entwicklungsprojektes Rechnung tragen. Damit ergibt sich folgende Lösungshypothese:

Durch ein gezieltes aufwandorientiertes und methodisches Vorgehen in frühen Entwicklungsphasen auf Basis der Berücksichtigung der endlichen Größe des Lösungsraums für das Justieren, können mehr Lösungsvarianten erzeugt werden, wodurch beim kontinuierlichen Beurteilen im fortschreitenden Produktentwicklungsprozess die fallspezifische Wahrscheinlichkeit steigt, einen besseren Produkt- und Prozessentwurf im Spannungsfeld zwischen einer hochpräzisen Produktherstellung und dem Justieren unter Berücksichtigung des Justierens zu generieren.

Um die hierzu erforderlichen Lösungselemente, die Methodik und das Lösungsraummodell in ihrem Grobaufbau herzuleiten, werden im Folgenden die Grundlagen zu Erarbeitung einer Methodik und von Modellen auf Basis der Systemtheorie und Systemtechnik erörtert (vgl. 4.3.1). Diese Diskussion arbeitet die formalen Anforderungen an eine Lösung heraus. Darauf aufbauend wird dann hinsichtlich der inhaltlichen und formalen Anforderungen das Grobkonzept der Methodik sowie des Lösungsraummodells in Kapitel 4.3.2 hergeleitet.

4.3 Konzeption der Methodik

Eine Methodik umfasst drei zentrale Bestandteile (vgl. Abbildung 40). Zum einen besteht eine Methodik aus einem System[571] aus Methoden sowie aus Modellen und Hilfsmitteln.[572] Dabei ist eine Methode ein intersubjektives Verfahren oder ein planmäßiges Vorgehen, welches der Erlangung wissenschaftlicher oder praktischer Ergebnissen dient[573], indem Methoden auf Modelle angewandt werden[574]. Die Hilfsmittel unterstützen dabei die Anwendung von Modellen und Methoden sowie die Bewertung und Entwicklung von Methoden[575].

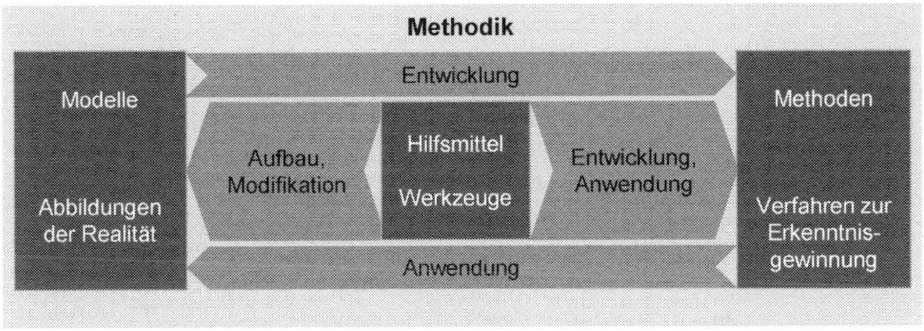

Abbildung 40: Methodik: Modelle, Methoden, Hilfsmittel[576]

Ein Modell stellt hierbei ein „[...] *bewusst konstruiertes Abbild der Wirklichkeit dar, das auf Grundlage einer Struktur-, Funktions- oder Verhaltensanalogie zu einem entsprechenden Original eingesetzt bzw. genutzt wird, um eine bestimmte Aufgabe zu lösen, deren Durchführung mittels direkter Operation am Original nicht oder zunächst nicht möglich oder zweckmäßig ist*“[577]. Hierbei ist ein Modell stets eine Vereinfachung und Abstraktion der Realität und zeigt immer nur Teilaspekte auf[578]. Es stellt damit also einen Realitätsausschnitt dar, an dem Experimente durchgeführt werden können, um Rückschlüsse und Erkenntnisse über Struktur und Verhalten eines realen Systems zu gewinnen[579]. Um die Methodik für die integrierte Produkt- und Justageprozessplanung in ihrer groben Struktur herzuleiten, werden im folgenden Kapitel 4.3.1 die Grundlagen zur Entwicklung einer Methodik dargestellt, um daraus in Kapitel 4.3.2 das Grobkonzept abzuleiten.

4.3.1 Grundlagen zur Entwicklung einer Methodik

Das Justieren ist ein geplanter Eingriff in das Produkt während des Herstellungsprozesses (vgl. 2.2.2.) Dieses Produkt ist durch Merkmale charakterisiert und wird im Rahmen dieser Arbeit als technisches System verstanden (vgl. 2.1.2). Die Konstruktionsmethodik gibt ein Verfahren vor, um derartige

[571] vgl. Systembegriff in 2.1.2.4
[572] Laufenberg 1996, S. 6
[573] Heyn 1999, S. 5
[574] Neuhausen 2001, S. 7
[575] Laufenberg 1996, S. 6
[576] Heyn 1999, S. 6
[577] Die Definition baut auf der Worterklärung in dem Philosophischen Wörterbuch von 1976 auf. Dangelmaier 1997, S. 18
[578] Daenzer 1976, S. 10
[579] Heyn 1999, S. 5

technische Systeme zu entwickeln (vgl. 2.1.2). Diese werden letztlich im Herstellungsprozess, der als ein System von Transformationsprozessen der Teilefertigung als auch als ein System zum Zusammenbau von Komponenten und Baugruppen zu Baugruppen höherer Ebene in der Montage (vgl. 2.1.4) verstanden werden kann, erzeugt. Die Planung des Justierens in der integrierten Produkt- und Prozessbetrachtung lässt sich also prozessbezogen in einen Kontext von interagierenden Systemen einordnen, die disjunkt mit dem Systemansatz beschrieben sind. Um eine Methodik für die integrierte Produkt- und Justageprozessplanung in diesem Zusammenhang zu entwickeln, müssen daher die Modellvorstellung und der Systemansatz in Form des System Engineerings bzw. der Systemtechnik[580] als zentrale Bestandteile herangezogen werden[581]. Die Modellvorstellung leistet hierbei den Beitrag, die Gesamtheit an Strukturen und Zusammenhängen des realen Problems zu abstrahieren und damit transparent und verständlich, aber auch vereinfacht abzubilden[582]. Die Systemtechnik (System Engineering) ergänzt ein Vorgehen zur effizienten Abwicklung einer interdisziplinären Problemstellung auf Basis der Modellvorstellung und auf Basis des gesamtheitlichen Denkens in Wirkzusammenhängen und Prozessen[583]. Mit Hilfe der Modelltheorie kann also ein Realproblem in ein Formalproblem abstrahiert werden. Das Formalproblem kann dann mit Hilfe der Systemtechnik auf Basis eines vorgegebenen Problemlösungsprozesses formal gelöst werden. Die formale Lösung ist schließlich die Ausgangsbasis, um das Realproblem zu lösen.[584]

Bezüglich der Modelltheorie lassen sich Modelle hinsichtlich drei charakteristischer Merkmale differenzieren, dies sind das Abbildungsmerkmal[585], das Verkürzungsmerkmal[586] und das pragmatische Merkmal[587]. PATZAK unterscheidet zudem vier aufeinander aufbauende zweckorientierte Modelltypen, die sich insbesondere hinsichtlich ihres einerseits induktiven, d.h. hypothetischen und gehaltserweiternden erkenntnistheoretischen Charakters und andererseits ihres deduktiven, d.h. wahrheitskonservierenden und hypothesenprüfenden Charakters unterscheiden[588]. Diese Modelle sind das deskriptive Modell (Beschreibungsmodell)[589], das explikative Modell (Erklärungsmodell)[590], das prognostische Modell (Vorhersagemodell)[591] sowie das preskriptive-normative Modell (Entscheidungsmodell)[592]. Ergänzend konstatiert PATZAK, dass Modelle formalen Anforderungen gerecht werden müssen, um als Abstraktionsform von Phänomensystemen eine optimale Wirkung für Ihre Anwendung und ihren Nutzen erzielen zu können.[593] Diese formalen Anforderungen sind die empirische Richtigkeit[594], formale Richtigkeit[595],

---

580 Der anglophone Begriff System Engineering entspricht dem deutschen Begriff Systemtechnik. Bruns 1991, S. 2

581 Daenzer 1976, S. 2

582 Daenzer 1976, S. 1

583 Daenzer 1976, S. 2

584 Gaus 2010, S. 80

585 Stachowiak 1973, S. 131-132

586 Stachowiak 1973, S. 132

587 Stachowiak 1973, S. 132–133

588 Patzak 1982, S. 312

589 Patzak 1982 S. 313

590 vgl. Patzak 1982, S. 313–314

591 vgl. Patzak 1982, S. 314

592 vgl. Patzak 1982, S. 314–315

593 Patzak 1982, S. 309

594 Patzak 1982, S. 309. Die Abstraktion sollte mit dem abzubildenden System sowie den Systemelementen eine hohe Übereinstimmung und Ähnlichkeit haben.

595 Patzak 1982, S. 310. Ein Modell sollte in sich widerspruchsfrei und einwandfrei sein. Ergebnisse müssen dabei überprüfbar und wiederholbar sein.

Produktivität[596], Handhabbarkeit[597] und geringer Aufwand[598]. Hinsichtlich dieser Anforderungen ist zu beachten, dass ein Zielkonflikt zwischen einem hohen Nutzen und dem Aufwand zur Erstellung eines Modells besteht. Beide Ziele können nicht gleichzeitig optimiert werden.[599]

Die Systemtechnik beschäftigt sich mit der Entwicklung und Untersuchung bereits beschriebener technischer Systeme[600], wozu sie auf die Modelltheorie zurückgreift[601]. Sie wird für diese Arbeit genutzt, um ingenieursmäßige Methoden auf ein interdisziplinäres Problem zu übertragen[602] und damit eine Methodik zur Problemlösung zu entwickeln, die ihren Ausgangspunkt in der Konstruktionsmethodik hat und weitere operative Planungsfunktionen im Rahmen des Produktentwicklungsprozesses (vgl. 2.1.2) einbezieht[603]. Das dargestellte Problem wird konkret um die im Rahmen des heuristischen Bezugsrahmens in 1.3 dargestellten Disziplinen erweitert und umfasst die in 1.2 und 4.1 aggregiert dargestellten praktischen und theoretischen Fragestellungen.

Der geistige Überbau der Systemtechnik besteht aus dem Systemdenken sowie dem Vorgehensmodell. Mit Hilfe dieser Bestandteile wird für ein Formalproblem durch Anwendung des Problemlösungsprozesses eine formale Lösung generiert[604]. Das Denken in Systemen nutzt die Modelltheorie zur Beschreibung, zum Verständnis der Struktur und dem Zusammenwirken von Systemelementen. Das übergeordnete Ziel des Denkens in Systemen ist es, Zusammenhänge ganzheitlich zu erfassen, Problemsymptome von Problemursachen zu differenzieren, den Betrachtungshorizont zu erweitern und komplexe oder multifaktorielle Zusammenhänge auf unterschiedlichen Betrachtungsebenen stets ganzheitlich zu begreifen. Zudem fördert das Denken in Systemen das strukturierte und vollständige Denken sowie die Erkenntnisgewinnung durch Analogiebildung. Damit leistet das Denken in Systemen einen erheblichen Beitrag für die Qualität von Planungsprozessen.[605] Das Vorgehensmodell vervollständigt den Leitgedanken der Systemtechnik und umfasst vier charakterisierende Komponenten[606]:

1. Vom Groben zum Detail.
2. Denken in Varianten.
3. Makro-Logik: Phasengliederung der Systementwicklung/ -realisierung
4. Mikro-Logik: Anwendung einer Arbeitslogik als formaler Vorgehensleitfaden für die Problemlösung.

Das Prinzip zum Vorgehen vom Groben zum Detail zielt darauf ab, dass nach der Definition von Zielen für das Gesamtsystem, das Betrachtungsfeld sukzessive eingeengt wird und der Detaillierungsgrad des Lösungskonzeptes fortlaufend erhöht wird. Dabei werden Varianten gebildet und wieder verworfen. Um Letzteres zu realisieren, ist eine zentrale Forderung, dass die Lösungsvarianten in ihrer Gestalt und hinsichtlich ihrer Konsequenzen bezüglich der Kosten sowie ihrer Vor- und Nachteile zu

---

596 Patzak 1982, S. 310. Ein Modell sollte zwecks bezogen sein und ein inhaltliches Nutzen liefern.
597 Patzak 1982, S. 310. Das Modell muss einfach anzuwenden sein.
598 Patzak 1982, S. 310. Der Aufwand für die Erstellung und die Anwendung des Modells müssen so gering wie möglich sein.
599 Patzak 1982, S. 309
600 Bruns 1991, S. 2
601 Daenzer 1976, S. 13
602 Bruns 1991, S. 1
603 vgl. Bruns 1991, S. 2–3
604 Daenzer 1976, S. 8
605 Daenzer 1976, S. 13ff.
606 Haberfellner und Daenzer 1997, S. 29

antizipieren sind. Eine weitere Komponente des Vorgehensmodells ist die zeitliche Gliederung des Prozesses der Systementwicklung und -realisierung in überschaubare Teiletappen. Das letzte der vier Prinzipien ist die Anwendung eines Problemlösezyklusses, der einen formalen Vorgehensleitfaden für das konkrete Problem der Entwicklungs- bzw. Untersuchungsaufgabe für das technische System in alle zeitlichen Teiletappen (Prinzip 3) bzw. Phasenabschnitten vorgibt.[607]

Als weitere Grundlage zur Dokumentation einer Methodik in wissenschaftlicher Form soll in Anlehnung an DÖRING die Modellierungssprache SADT (Structured Analysis and Design Technique) herangezogen werden[608]. SADT bietet eine grafische Sprache zur Modellierung von Systemen, die sich in passive und aktive Elemente gliedert. Aktive Elemente umfassen Operationen, Aktivitäten und Prozesse, während passive Elemente Objekte, Daten oder Informationen darstellen. Aktivitäten transformieren Eingaben zu Ausgaben und benutzen dabei Mechanismen (vgl. Abbildung 41). Die Steuerung beschreibt dabei Daten, die die Verarbeitung von Ein- zu Ausgaben anstoßen bzw. regeln.[609] In dem Fall der vorliegenden Arbeit wird der prozessbezogene Rahmen als Problemlösevorgehen in Produktentwicklungsprojekten angewendet. Die ziel- und aufwandsorientierte Steuerung derartiger Projekte ist damit die Aufgabe des Projektmanagements. Anders als der Problemlöseprozess, der Inhalt dieser Arbeit ist, wird hinsichtlich der Steuerung durch das Projektmanagement auf Standardwerke verwiesen[610].

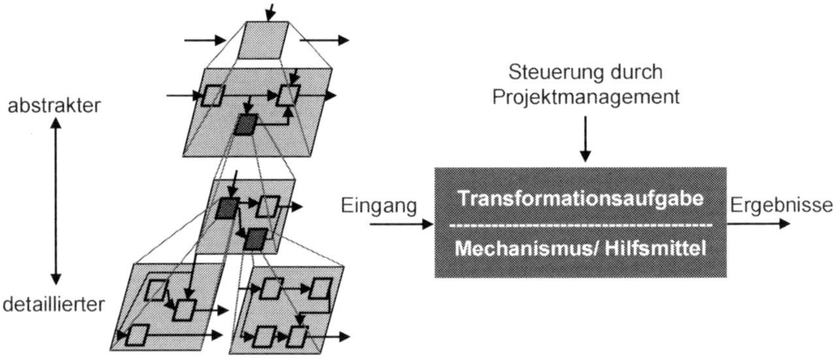

Abbildung 41: Modellierung der Transformationsprozesse der Methodik[611]

[607] Daenzer 1976, S. 27ff.

[608] Aus der Vielzahl möglicher Modellierungssprachen, die ihren Ursprung in der Softwareentwicklung haben, wählt Döring aus den Modellierungssprachen UML, OOSA, EXPRESS-G, OMT, NIAM oder ERM die Modellierungssprache SADT aus, da diese die Anforderungen der Systemtechnik sehr gut erfüllt und relativ flexibel in der Anwendung ist sowie die Integration der Elemente einer Methodik (Methoden, Modelle, und Hilfsmittel) ermöglicht. Döring 2010, S. 79

[609] Vogel-Heuser 2003, S. 103–104

[610] Vgl. A guide to the Project Management Body of Knowledge (PMBOK guide) 2013

[611] In Anlehnung an Vogel-Heuser 2003, S. 104

Die Modellierung unterstützt das Vorgehen vom Groben ins Detail sowie das Denken in Black-Boxen[612] und damit wichtige Merkmale der Systemtechnik. Zudem weist die grafische Modellierungssprache SADT für den Nutzer eine hohe Flexibilität in der Anwendung auf.[613]

4.3.2 Herleitung des Grobkonzepts der Methodik zur integrierten Produkt- und Justageprozessplanung

Im Folgenden wird unter Anwendung der theoretischen Grundlagen der Systemtechnik und der Systemtheorie sowie der in Kapitel 1.3 dargestellten Forschungskonzeption zum einen der prozessbezogene Ordnungsrahmen der Methodik hergeleitet, sowie der Aufbau des Lösungsraummodells für das Justieren.

4.3.2.1 Herleitung des prozessbezogenen Ordnungsrahmens der Methodik

Zur Herleitung der Methodik wird das dritte Prinzip „Phasengliederung" des Vorgehensmodells der Systemtechnik als Rahmen zur Einordnung der zu entwickelnden Methodik diskutiert. Das Prinzip der Phasengliederung wird auch als Makro-Logik bezeichnet und gliedert den Werdegang einer Lösungsbildung in Teiletappen und unterstützt das Vorgehen vom Groben ins Detail sowie die Variantenbildung[614]. Die Konstruktionsmethodik VDI 2221 erfüllt genau diese Forderungen und ähnelt dem Vorgehen der Systemtechnik, indem die Methodik ein stufen- und phasenweises Vorgehen sowie das Vorgehen vom Groben ins Detail bzw. vom Abstrakten zum Konkreten, unter ständiger Bildung und Verwerfung von Lösungsvarianten forciert[615]. In Abbildung 42 ist das Vorgehen der Systemtechnik der Phasengliederung des Konstruktionsvorgehens nach VDI 2221 gegenübergestellt.

Die Konstruktionsmethodik kann jedoch nur als Ordnungsrahmen für die Einordnung der Methodik zur integrierten Produkt- und Justageprozessplanung sowie zur Einordnung der Hilfsmittel (Methoden und Modelle) betrachtet werden. Es bestehen zwei zentrale Defizite, die einerseits in der Erfüllung der Anforderungen der Systemtechnik (vgl. 4.3.1) und zum anderen in den Unterschieden der allgemeinen Zielsetzung bzw. des Betrachtungsbereichs der Konstruktionsmethodik gegenüber der dieser Arbeit zugrunde liegenden speziellen Zielsetzung bzw. des Betrachtungsbereiches begründet sind (vgl. 4.1 und 4.2). Bzgl. der Anforderung der Systemtechnik an die Mikro-Logik wird durch die Konstruktionsvorgehen nach VDI 2221 und VDI 2222 nicht explizit zwischen der Lösungsanalyse und der Bewertung differenziert[616]. Diese Differenzierung ist eine zentrale Forderung des vierten Prinzips des Vorgehensmodells an die Mikro-Logik des Problemlösezykluses[617]. Jedoch kann festgestellt werden, dass die VDI-Richtlinie 2221 die Vorgehensschritte zum Aufbau einer Mikro-Logik im Kontext der Makro-Logik in Anlehnung an die Systemtechnik darstellt[618] und die Untersuchung mehrerer Lösungsvarianten sowie die Erprobung und Beurteilung in jedem Arbeitsschritt der Makro-Logik empfiehlt[619].

---

[612] Das denken in Black-Boxen hilft schwer fassbare Systeme mit zahlreichen Verflechtungen im Ganzen überschaubar zu halten. Dabei werden Teilsysteme durch eine Black-Box substituiert und später erst aufgelöst und detailliert dargestellt. Das Black-Box-Prinzip unterstützt also das Vorgehen vom Groben ins Detail. Haberfellner und Daenzer 1997, S. 30

[613] Vogel-Heuser 2003, S. 107

[614] Haberfellner und Daenzer 1997, S. 37

[615] Haberfellner und Daenzer 1997, S. 63

[616] Haberfellner und Daenzer 1997, S. 63

[617] Haberfellner und Daenzer 1997, S. 47

[618] vgl. VDI2221, S. 3

[619] vgl. VDI2221, S. 11

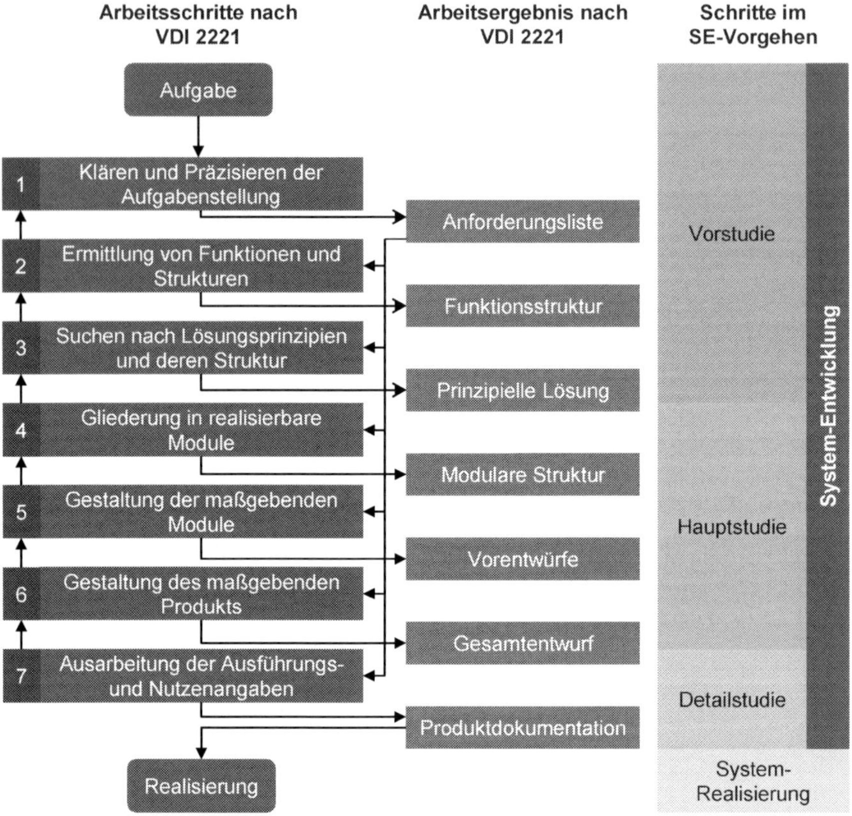

Abbildung 42: Konstruktionsvorgehen nach VDI 2221 als Makro-Logik[620]

Allerdings findet keine Modellierung und Ausgestaltung der Mikro-Logik statt. Es werden ausschließlich allgemeine Methoden und Hilfsmittel lose aufgeführt und über eine Matrix bezogen auf die Anwendbarkeit sowohl den Phasen der Makro-Logik als auch der Mikro-Logik zugeordnet. Wie bereits in 1.3, 2.3 und 3.3 dargestellt wurde, leiten sich für diese Arbeit aus dem heuristischen Bezugsrahmen die Forderungen für die integrierte Produkt- und Justageprozessplanung ab, einen spezifischen Problemlösezyklus zu entwickeln. Des Weiteren ergibt sich aus der Analyse des praktischen und theoretischen Handlungsbedarfs die Notwendigkeit, Transparenz und Kenntnisse über den Lösungsraum zum Justieren zu schaffen und diese gezielt im Produktentstehungsprozess zu integrieren. In Anbetracht dieser Forderungen sowie der Lösungshypothese (vgl. 4.2) und der spezifischen Problemstellung ist das Konstruktionsvorgehen kein Lösungsvorgehen für die dieser Arbeit zugrunde liegenden Fragestellung. Die VDI 2221 gibt vielmehr allgemeine, von der vorliegenden Problemstellung unabhängige Leitlinien und Hilfsmittel vor, die als Rahmen für diese Arbeit genutzt werden können. Eine spezifische Lösung

[620] In Anlehnung an Haberfellner und Daenzer 1997, S. 64

für die integrierte Produkt- und Justageprozessplanung muss jedoch darüber hinaus die inhaltlichen Anforderungen für das vorliegende Problem adressieren, um das Problemfeld so zu analysieren und Ziele zu bestimmen, so dass schließlich das Lösungssystem auf das Realproblem gezielt angewendet werden kann (vgl. Abbildung 45). Daher kann das Konstruktionsvorgehen als phasenorientierter Ordnungsrahmen für die Einordnung eines neuen und spezifischen Mikro-Problemlöseprozesses in Form der Mikro-Logik (4.3.1) genutzt werden. Die hier hergeleitete Methodik zur integrierten Produkt- und Justageprozessplanung ist also ein Mikro-Prozess zur Lösung eines Realproblems, der repetierend und phasenübergreifend im Ordnungsrahmen der Konstruktionssystematik zur Erzeugung und gleichzeitigen Eingrenzung der Lösungsvariantenbildung eingesetzt werden kann. Die Methodik als Mikro-Logik wird durch die Disziplin des Projektmanagements in der Steuerung unterstützt. Da ausschließlich Lösungsvarianten in der zweiten bis sechsten Phase nach VDI 2221 sowie in den Phasen des Konzipierens und Entwerfens nach VDI 2222 (vgl. 2.1.2) erzeugt und verworfen werden, hat die Methodik auch nur in diesen Phasen ihre Gültigkeit. Die Einordnung der zu entwickelnden Methodik ist in Abbildung 43 dargestellt. Es wird deutlich, dass die Mikro Logik, als agiles und prozessorientiertes Vorgehensmodell zur Problemlösung aus vier Modulen besteht, die repetierend durchlaufen werden. Die Ergebnisse eines Durchlaufs stellen die Eingangsinformationen für den nächsten Durchlauf dar.

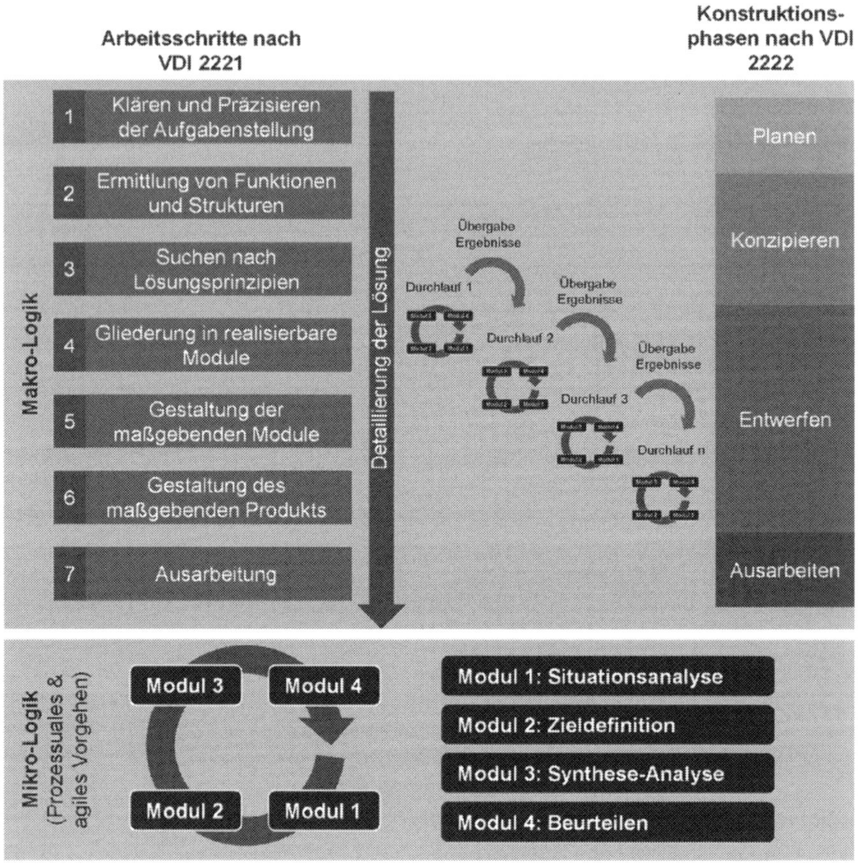

Abbildung 43: Verortung der Mikro-Logik in der Makro-Logik[621]

Unter Anwendung der Methodik werden mit Hilfe des Lösungsraummodells in Anlehnung an die Lösungshypothese (vgl. 4.2) alle in Betracht kommenden Prinziplösungen für das Justieren im produkt- und prozessbezogenen Gestaltungskontext fallspezifisch berücksichtigt und die Lösungsvarianten sukzessive vom Groben ins Feine detailliert und gleichzeitig eingegrenzt.

Hierzu wird zur Darstellung der Lösungsraumkonvergenz auf Basis einer endlichen Lösungsraumbreite der Grundgedanke des Set-Based-Ansatzes zum Lösungsraummanagement herangezogen. Der Ansatz verfolgt die Idee, zu Beginn der Problemlösung alle möglichen Lösungsprinzipien gleichzeitig in Betracht zu ziehen, indem mehrere Lösungsvarianten erzeugt werden. In diesem Fall wird der Set-Based-Ansatz für die Erzeugung von Prinziplösungen in frühen Entwicklungsphasen herangezogen. Das Vorgehen unterstützt ebenfalls die Prinzipien der Systemtechnik, indem Konzepte und Entwürfe sukzessive konkretisiert werden sowie Lösungsvarianten erzeugt und in den sogenannten Decision Gates

[621] Eigene Darstellung in Anlehnung an die VDI2221/2222.

auch wieder reduziert werden.[622] Weiterhin besteht für den Set-Based-Ansatz ein operativer Planungsansatz, der die repetierende Anwendung der Methodik zur Eingrenzung des Lösungsraums hinsichtlich kapazitiven, zeitlichen sowie Schnittstellen-orientierten Restriktionen organisiert[623]. Im Folgenden wird nicht diese Organisation, sondern die Methodik (systematisches und gezieltes Problemlösevorgehen) zuzüglich der Hilfsmittel (Methoden und Modelle) zur integrierten Produkt- und Justageprozessplanung als spezifische Mikro-Logik im Fokus des Betrachtungsbereichs stehen.

Der Mikro-Problemlöseprozess in Form der Methodik zur integrierten Produkt- und Justageprozessplanung wird also in den einzelnen genannten Schritten der VDI 2221 bzw. VDI 2222 immer wieder durchlaufen[624] (vgl. Abbildung 43). Die Systemtechnik empfiehlt die Mikro-Logik in die Phasen Zielsuche, Lösungssuche und Auswahl zu gliedern[625], aus denen im Folgenden die Module für die zu entwickelnde Methodik abgeleitet werden (vgl. Abbildung 44). Die Module, die mit Hilfe der gewählten Modellierungssprache wiederum gegliedert werden können, segmentieren die Methodik im Sinne des Black-Box-Prinzips, wodurch die Methodik verständlicher und leichter anwendbar wird[626].

Mit Hilfe von vier Modulen der zu entwickelnden Methodik (vgl. Abbildung 44), die sich an sechs Schritten der Systemtechnik zum Aufbau einer Mikro-Logik orientieren (vgl. Abbildung 44), werden die drei o.g. Phasen für die Methodik der vorliegenden Arbeit umgesetzt.[627] Hierzu wird die Modellierungssprache SADT eingesetzt. Sowohl zwischen den Schritten eines jeden Moduls, als auch zwischen den Modulen selber, stellen die Ausgangsinformationen jeweils die Eingangsinformationen des jeweils nachgelagerten Moduls bzw. Modul-Schrittes dar.

Der erste Schritt der Methodik ist die Situationsanalyse. Die Situationsanalyse stellt zugleich das erste Modul der Methodik dar. Ausgangspunkt der Situationsanalyse ist die Untersuchung des Merkmals- und Funktionszusammenhangs bezogen auf die bauliche Struktur, auf Basis erster Konzepte und Entwürfe, die in frühen Phasen häufig in Form von 2D-Skizzen oder Handzeichnungen vorliegen und durch Informationen aus der Produktplanung ergänzt werden (vgl. 2.1.3.2). An dieser Stelle müssen die vorliegenden Konzepte und Entwürfe zum einen hinsichtlich ihrer Veränderbarkeit bzw. gestalterischen Restriktionen untersucht werden sowie zum anderen abstrahiert und formalisiert beschrieben werden. Im Ergebnis der Situationsanalyse werden quantitative und qualitative Informationen über die Problemstellung transparent, die im Rahmen des zweiten Schritts der Zielformulierung (Modul 2 - Zielformulierung) für die Lösungssuche zusammengefasst und priorisiert werden[628]. Die Basis für eine gute Ausrichtung späterer Aktivitäten ist insbesondere das Verständnis über bestehende Restriktionen und Freiheitsgrade eines Entwurfes sowie die quantifizierten Ergebnisse der Untersuchung von Merkmals-, Funktions- und Bauzusammenhang sowie der Maßkettenanalyse. Die Formalisierung eines vorliegenden praktischen Problems schafft die Ausgangsbasis, um im Modul 2 „Zielformulierung" die Aktivitäten für den Durchlauf der Mikro-Logik zielorientiert auszurichten. Im Modul 3 „Synthese-Analyse"

[622] Hilchner 2012, S. 73ff.
[623] Ansatz zur operativen Lösungsraumplanung. Lenders 2009, S. 175ff.
[624] Es ist die Grundidee des Problemlösungszyklus als Mikro-Logik, die Schritte der Makrologik (Phasenmodell/ VDI 2221) immer wieder zu durchlaufen. Haberfellner und Daenzer 1997, S. 47
[625] Haberfellner und Daenzer 1997, S. 48
[626] vgl. Döring 2010, S. 80
[627] Haberfellner und Daenzer 1997, S. 49ff.: Sechs Schritte der Systemtechnik für die Abbildung der drei Phasen der Mikro-Logik sind: 1. Situationsanalyse, 2. Zielformulierung, 3. Synthese der Lösung, 4. Analyse der Lösung, 5. Bewertung, 6. Entscheidung (vgl. Abbildung 44).
[628] Haberfellner und Daenzer 1997, S. 50ff.

wird dann ein real vorliegendes Problem mit dem Lösungsraum auf einer abstrahierten Ebene verknüpft, um dadurch neue bzw. erweiterte Lösungsvarianten zu erzeugen. Dadurch dass die Synthese und die Analyse eng vernetzt sind und stark iterativ ablaufen[629], werden dabei beide Schritte zu einem Modul zusammengefasst. Die Synthese von Lösungen (erster Schritt in Modul 3 - Synthese-Analyse) umfasst insbesondere konstruktive und kreative Schritte zur Erarbeitung von Lösungsvarianten. In diesem konstruktiven Vorgehensschritt werden mit Hilfe des in dieser Arbeit zu entwickelnden Lösungsraummodells, Prinzip- und Detaillösungsvarianten systematisch generiert.[630] Dabei liefert das abstrahierte Problemverständnis als Ergebnis der Situationsanalyse in Kombination mit der Zielformulierung die Voraussetzung, das vorliegende Problem mit dem Lösungsraum der Justierarten zu verknüpfen. Durch die Anwendung des Lösungsraummodells auf das abstrahierte Problem werden neue Lösungsvarianten in jedem Durchlauf generiert. In der anschließenden destruktiven Analysephase werden die quantitativen und qualitativen Konsequenzen der Lösungsvarianten auf das übergreifende Planungsergebnis für das Produkt und den Prozess antizipiert, wodurch die Beurteilung der Lösungsvarianten vorbereitet wird. Mit Hilfe des Lösungsraumodells und weiteren Hilfsmitteln muss in der Synthese- und Analysephase auch der Justierkreis als ablauforientierte Modellierung des Wirkzusammenhangs von Produkt und Prozess in Abhängigkeit der Justierart vorgedacht werden, um ausreichend Kenntnisse über die Ausprägung der Lösungsvarianten zu erhalten. Mit der Analysephase endet das Synthese-Analyse-Modul. Die Ausgänge dieses Moduls stellen die Eingänge des nachfolgenden Moduls (Modul 4 - Beurteilung) dar. Hierbei werden in Anlehnung an das Beurteilen in Produktentwicklungsprojekten ebenfalls die Schritte der Systemtechnik, das Bewerten und Entscheiden, in Form der Beurteilung, die sich aus den disjunkten Prozessen des Bewertens und Auswählens zusammensetzt, zu einem Modul aggregiert (vgl. 2.1.4.3).

Die Bewertung im Sinne eines Vergleichs der Lösungsvarianten mit den formulierten Zielkriterien knüpft sich an die Analyse also an, wonach dann eine Entscheidung und Auswahl für favorisierte Lösungsvarianten erfolgen kann.[631] Das Bewerten und Auswählen bilden die Aufgaben des letzten Moduls. Hierbei werden, um der Lösungsraumbreite einerseits gerecht zu werden, zum anderen um Entwicklungsaufwände zu begrenzen, konsekutiv Lösungsvarianten verworfen und favorisierte für einen neuen Durchlauf zugelassen, bis keine neuen Lösungsvarianten durch einen erneuten Durchlauf der Mikro-Logik erzeugt werden können.

---

[629] Daenzer 1976, S. 157f.
[630] Haberfellner und Daenzer 1997, S. 52
[631] Haberfellner und Daenzer 1997, S. 52ff.

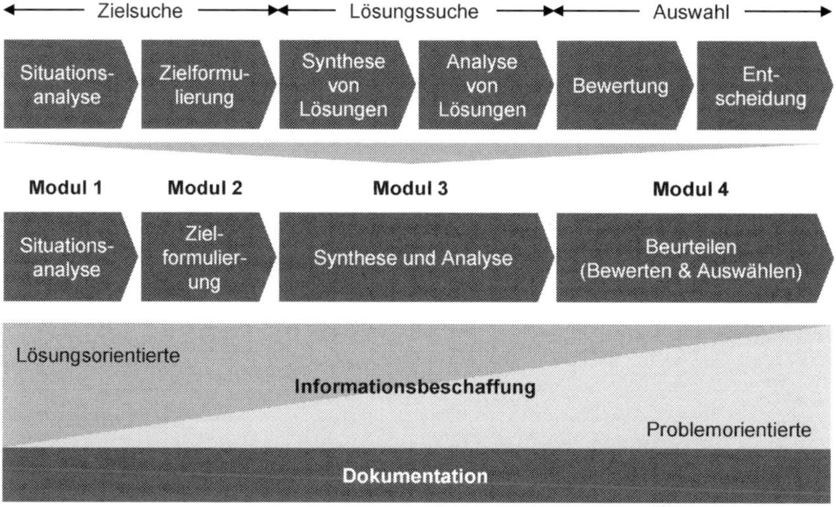

Abbildung 44: Erklärung der Module der Methodik[632]

Damit wird die Systemtechnik zum einen auf das Problemfeld und im weiteren Verlauf des Mikro-Problemlösezyklusses auch auf das Lösungssystem angewendet. Das Problemfeld ist dabei Betrachtungsgegenstand der Situationsanalyse (vgl. Abbildung 45)[633] und wird mit Hilfe der quantitativ und qualitativ formulierten Zielsetzung an Hand des Lösungsraummodells im Synthese-Analyse-Modul mit dem Lösungssystem verknüpft. Konkret manifestiert sich das Realproblem des Problemfeldes als ein Toleranzproblem, das in Form von Skizzen, Konzepten und Entwürfen sowie Vorgaben der Produktplanung vorliegt. Diese Eingänge werden in 5.2 genauso wie das Vorgehen unter Einbeziehung der Makro-Logik detailliert. Das Realproblem wird im Rahmen der Situationsanalyse in eine formale Sprache überführt, um dann als formalisiertes Toleranzproblem mit Hilfe des Lösungsraummodells mit der Synthesephase verknüpft zu werden. In der Synthesephase werden mit Hilfe der formulierten Zielsetzung die in Frage kommenden Prinziplösungen zum Justieren systematisch ausgewählt und konkretisiert und damit die gesamte zugelassene Lösungsraumbreite berücksichtigt.

[632] In Anlehnung an Haberfellner und Daenzer 1997, S. 48.
[633] Haberfellner und Daenzer 1997, S. 18–19

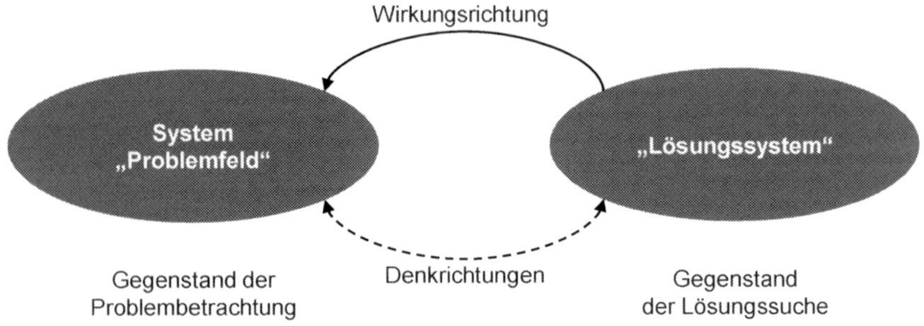

Abbildung 45: Anwendung des Lösungssystems auf das Problemfeld[634]

Die Methodik der integrierten Produkt- und Justageprozessplanung als Mikro-Logik im Kontext des Konstruktionsvorgehens abstrahiert in den Modulen der Situationsanalyse und der Zielformulierung das Realproblem. Das formalisierte Realproblem wird weiter im Modul 3 - Synthese-Analyse als Formalproblem mit Hilfe des Lösungsraummodells sowie weiterer Hilfsmittel gelöst und analysiert. Um die Lösungsvarianten fortschreitend einzugrenzen dient das Modul 4 - Beurteilen. Nach repetierender Anwendung der Methodik und des fortschreitend konvergierenden Lösungsraums schließt sich mit der Ausdetaillierung des favorisierten Entwurfs und der überlappend beginnenden Arbeitsplanung die Transformation der Formallösung in eine Reallösung konsekutiv in Form des siebten Schritts der Makro-Logik an (vgl. Abbildung 43).

4.3.2.2 Herleitung des Lösungsraummodells für das Justieren

Aufbauend auf der Lösungshypothese (vgl. 4.2) werden im Lösungsraummodell auf Basis der elementaren Definition des Justierens nach HANSEN die Lösungsprinzipien zum Justieren (Justierarten) und ihre produkt- und prozessbezogenen Merkmale strukturiert hergeleitet, erklärt und systematisiert beschrieben.

Zur Herleitung und Darstellung von Lösungsräumen beschreibt ZWICKY die morphologische Methode, die als Kernelement den Morphologischen Kasten hervorbringt.[635] HANSEN lehnt sich an diese Darstellung an und konstatiert, dass Lösungsräume durch ordnende Gesichtspunkte gegliedert werden können, wobei ein ordnender Gesichtspunkt mindestens zwei Merkmale enthält. Die Darstellung von HANSEN kann aggregiert in einer Matrix dargestellt werden.[636] DREIBHOLZ erweitert die Ausführungen von ZWICKY und HANSEN und schlägt die Beschreibung von Lösungen nach Funktionen und Merkmalen vor, um der Tatsache gerecht zu werden, dass im Vorgehen vom Groben zum Feinen im Produktentwicklungsprozess Informationen zur Beschreibung von Lösungen auf verschiedenen Ebenen benötigt werden. Durch diese Gliederung ergibt sich ein dreidimensionales Ordnungsschemata[637]. EWALD schlägt ergänzend eine Systematisierung zur Beschreibung von Lösungssammlungen nach drei Merkmalstypen vor. Hierzu gehören systematisierende Merkmale, beschreibende und Auswahl erleichternde Merkmale. Systematisierende Merkmale ordnen die Lösungen und bauen eine grobe Gliederung auf.

[634] Haberfellner und Daenzer 1997, S. 19
[635] Zwicky 1966, S. 116ff.
[636] Hansen 1967, S. 64ff.
[637] Dreibholz, S. 234f.

Beschreibende Merkmale erläutern die Lösungen durch Bezeichnungen oder mathematische Beziehungen. Auswahl erleichternde Merkmale dienen zur Beschreibung der Eigenschaften bzw. Fähigkeiten einer Lösung, die zur Auswahl herangezogen werden können.[638] An diese von EWALD veröffentlichte Strukturierung schließt sich die von ROTH dargestellte und in der Literatur weit verbreitete, unter dem Begriff Konstruktionskataloge bekannte Gliederung von Lösungsräumen an. ROTH unterteilt den Aufbau derartiger Kataloge in einen Gliederungsteil, einen Hauptteil, einen Zugriffsteil und einen optionalen Anhang. Der Gliederungsteil enthält unterteilende Gesichtspunkte zur Gliederung des Hauptteils.[639] DIEKHÖNER bezeichnet die Darstellung von ROTH als richtungsweisend und ergänzt allgemeine Anforderungen an Konstruktionskataloge. Demnach müssen Konstruktionskataloge den Lösungsraum widerspruchsfrei und systematisch unter Berücksichtigung aller denkbarer Lösungsprinzipien wiedergeben. Zudem unterstreicht DIEKHÖNER die Anforderung nach Erweiterbarkeit und Handhabbarkeit.[640] Das Lösungsraummodell, das in dieser Arbeit vorgestellt wird, orientiert sich an der Aufteilung in Gliederungs-, Haupt- und Zugriffsteil nach ROTH.

Der Gliederungsteil zum Justieren wird in dieser Arbeit auf Basis der elementaren Definition des Justierens nach HANSEN hergeleitet, um die Justierarten widerspruchsfrei differenzieren und vollständig darzustellen. Dem Gliederungsteil schließt sich der Hauptteil an. Der Hauptteil umfasst die eigentliche Beschreibung des durch den Gliederungsteil differenzierten und dargestellten Lösungsraums. Hier finden alle Darstellungsformen wie Skizzen, Gleichungen oder Texte Anwendung, um die einzelne Lösung zu beschreiben. Diese müssen jedoch von Nebensächlichkeiten befreit sein. Der sich anschließende Lösungsteil umfasst Merkmale der spezifischen Lösungen, die zur Auswahl einer Lösung dienen.[641] Der Zugriffsteil muss für das Lösungsraummodell so gestaltet sein, dass er zum einen die Merkmale der Justierlösungen berücksichtigt und die Auswahl erleichtert. Zum anderen muss der Zugriffsteil mit den Modulen „Situationsanalyse" und „Zielformulierung" abgestimmt sein, um eine Anwendung des Zugriffsteils im Synthese-Analyse-Modul zu erleichtern. Das zu erarbeitende Lösungsraummodell orientiert sich an dieser Darstellungsform.

In Anlehnung an die Modelltheorie nach PATZAK kann das zu erarbeitende Lösungsraummodell zum Justieren als Erklärungsmodell verstanden werden. PATZAK nennt die unterschiedlich aufeinander aufbauenden Modelltypen und ihre Merkmale (vgl. 4.3.1). Das Lösungsraummodell geht über ein Beschreibungsmodell hinaus. Es erklärt durch den Gliederungsteil, weshalb der Lösungsraum endlich und wie dieser differenzierbar ist und weist dabei den logisch-induktiven Charakter eines Erklärungsmodells auf, indem es allgemeingültige Wirkungszusammenhänge in Form von Thesen formuliert und unter der Anwendung von Prämissen Erklärungen für die Lösungsraumgliederung liefert.[642] Ergänzend dazu wird im Lösungsraummodell für jede logisch-induktiv hergeleitete Justierart eine Beschreibung nach Merkmalen im Hauptteil dargestellt, die über den Zugriffsteil erweitert wird, um sie mit der Methodik zu verknüpfen. Diese zustandsbasierte Beschreibung ist als deduktives Merkmal typisch für Beschreibungsmodelle[643].

[638] Ewald 1975, S. 5
[639] Roth 1982, S. 39ff.
[640] Diekhöner 1981, S. 39ff.
[641] Roth 1982, S. 43ff.
[642] Patzak 1982, S. 312ff.
[643] Patzak 1982, S. 313

Der Gliederungsteil gibt dem Lösungsraum zum Justieren also seine Struktur und Charakteristik und unterteilt die theoretisch möglichen und generischen Arten zum Justieren nach ordnenden Gesichtspunkten. Ergänzend zu dem Gliederungsteil bildet sich der Hauptteil des Lösungsraummodells aus den Merkmalen und Eigenschaften, die aus dem Gliederungsteil hergeleitet werden. Hierzu gehören insbesondere die Funktions- und Wirkmechanismen der einzelnen Justierarten sowie Eigenschaften und Merkmale die sich aus dem Justierzeitpunkt bezogen auf den Montagefortschritt ergeben. Diese Eigenschaften und Merkmale konstituieren die produkt- und prozessbezogenen Merkmale und werden im Folgenden als konstituierende Merkmale bezeichnet. Der Zugriffsteil schafft durch die Abfrage der Restriktionen und Eigenschaften eines Realproblems die Verknüpfung mit dem Lösungsraum zum Justieren. Die Detaillierung des Lösungsraummodells erfolgt in Kapitel 5.

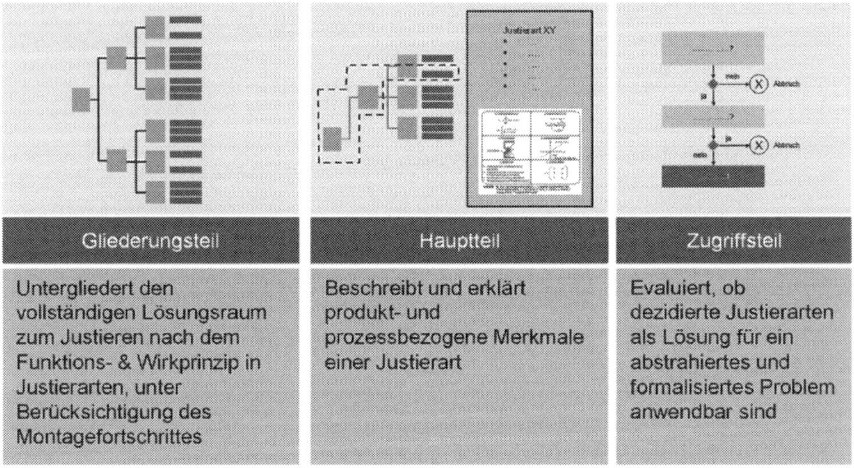

Abbildung 46: Schematische Darstellung der drei zentralen Elemente des Lösungsraummodells

Im Folgenden werden in Anlehnung an PATZAK die wichtigsten Prämissen sowie die Wirkungszusammenhänge in Form von Thesen erläutert. Zunächst werden die Thesen und Prämissen für den Gliederungsteil erläutert, die auf dem bisher dargestellten Verständnis zum Justieren aufbauen. Hierzu gehört die Betrachtung des Produktes oder der Baugruppe im Sinne des technischen Systems (vgl. 2.1.2). Technische Systeme haben Funktionen und konstituierende Merkmale[644] und bestehen aus einer Aggregation von Baugruppen und Komponenten, die auf der untersten Ebene dieser Aggregation geometrisch sowie stofflich bestimmte feste Körper darstellen. Es gelten in der Aggregation von Baugruppen logische Zusammenhänge und Regeln, um geometrisch-abhängige Merkmale oder Funktionen herzustellen, die in 5.2.1 zusammengefasst sind. Hierzu gehören im Besonderen die Grundregeln zum Justieren, die besagen, dass eine Justierung eine Maßkette in eine definierte Maßkettenrichtung durch den Eingriff an einer Stelle verändern muss. Ein Justieren ist zudem ein abgeschlossener Vorgang, der im Nachgang nicht durch andere Justierungen oder einen nachfolgenden Montagevorgang verändert werden darf.[645]

[644] Begriffserläuterung "konstituierendes Merkmal": Im Folgenden werden die Merkmale, die eine Justierart im Sinne der Differenzierung und Untergliederung des Lösungsraums gründen, bilden und festlegen, als konstituierendes Merkmal bezeichnet.

[645] vgl. 2.2.2.

Hierzu müssen justierte Maßketten, z.B. durch einen Fügeprozess nach dem Justiervorgang vollkommen geometrisch bestimmt sein. Gleichzeitig impliziert diese Regel den Betrachtungsbereich. Ein Justiervorgang bezieht sich immer auf eine Maßkette. Eine Maßkette hat ein toleriertes Schließmaß. Die Toleranz dieses Schließmaßes entspricht der Funktionstoleranz bzw. Schließmaßtoleranz des zu erzeugenden Merkmals bzw. der zu erzeugenden Funktion eines Subsystems (Baugruppe) oder des gesamten technischen Systems (Produkt). Das Erfassen von Abweichungen in Maßketten dient im Rahmen des Justierprozesses als Hilfsfunktion, um im Sinne eines Justierkreises den Eingriff in die Maßkette hinsichtlich einer geometrischen Führungsgröße zu regeln. Die Elemente einer Maßkette sind die Maßkettenglieder, die stofflich-geometrisch bestimmte Körper sind. In Maßkettenrichtung lässt sich die Wirkung des Maßkettenglieds k auf das Schließmaß durch das Maß M_k sowie durch den Linearitätskoeffizienten α_k beschreiben (vgl. 2.2.1).

Die Justage als geometrisch-physikalischer (Mikro-Betrachtung) bzw. geometrisch-mechanischer Eingriff (Makro-Betrachtung) in eine Maßkette (vgl. 2.2.2) kann auf Basis der elementaren Definition des Justierens von HANSEN immer nur durch ein Wegnehmen, Hinzufügen von Masse bzw. durch eine Lageänderung von Maßkettengliedern zueinander erfolgen. Diese elementare Definition ist zum Verständnis der Herleitung des Gliederungsteils entscheidend. Somit differenzieren sich Justierarten in der Art ihres Eingriffes in die Maßkette. Im Folgenden werden die Justierarten also nach der Art des Eingriffes in die Maßkette gegliedert. Die vorgestellten Arten der Justierung benennen und manifestieren den unmittelbar wirkenden Effekt bzw. Vorgang, der den Eingriff in die Maßkette realisiert[646]. Gleichzeitig darf aber nicht unberücksichtigt bleiben wo und wie der Eingriff in die Maßkette bezogen auf den Montagefortschritt einer Maßkette erfolgt. Der Eingriff kann beispielsweise an einem demontierten oder einem montierten Maßkettenglied erfolgen. D.h., dass die Untergliederung des Lösungsraums neben dem reinen Wirkprinzip auch differenzierende Merkmale aufweisen muss, die dem Zusammenbauzustand während des wirksamen Eingriffs in die Maßkette durch das Justieren gerecht werden. Denn hieraus ergeben sich für den Justageprozess wichtige Restriktionen, die den späteren Prozessablauf und die Prozessgestalt sowie die Wirksamkeit des Justierens signifikant beeinflussen. Denn es macht für den Justierprozess einen erheblichen Unterschied, ob der wirksame Eingriff in die Maßkette an einem montierten Subsystem oder an einem Maßkettenglied eines demontierten Subsystems stattfindet. Daher wird im Folgenden eine generelle weitere Differenzierung der Möglichkeiten des Justierens hinsichtlich des Zusammenbauzustands[647] vorgenommen. Die Gliederung der Justierarten hinsichtlich des Zusammenbauzustands bildet die erste Untergliederung des Lösungsraums. Dieser Untergliederung folgen dann weitere Untergliederungen nach dem Wirkprinzip, die durch die elementaren Definitionen des Justierens durch HANSEN vorgegeben sind und für die praktische Anwendung des Lösungsraummodells eine Konkretisierung erfahren müssen.

Die erste Gliederung aller möglichen Lösungen zum Justieren findet also nach dem prozessbezogenen Gesichtspunkt statt, ob der Eingriff in die Maßkette zur Veränderung der Eigenschaftswerte der Maßkette im Bauzusammenhang stattfindet oder nicht. Im Bauzusammenhang bedeutet, dass das Produkt montiert ist und nach der Montage einen Eingriff in die Maßkette erfährt. Im Bauzusammenhang

[646] Hilfsfunktionen sowie vorgelagerte Prozesse werden im Gliederungsteil nicht explizit aufgeführt, da diese für die Ordnung und Gliederung der Justierarten nicht erforderlich sind.

[647] Hiermit ist der Eingriff durch das Justieren auf die Maßkette in Form einer Zustandsänderung im Bauzusammenhang mit Bezug auf den Montagefortschritt zum Zeitpunkt des Justiereingriffs gemeint.

kann aber auch bedeuten, dass ein teilweise montierter Zustand justiert wird[648]. Hierbei müssen unkalkulierbare und unbekannte Einflüsse auf das Schließmaß fehlender Maßkettenglieder, die noch montiert werden müssen, ausgeschlossen sein. Letzteres stellt formal einen Sonderfall dar, der für die differenzierende Betrachtung der ersten Gliederungsebene keinen Unterschied ausmacht. Der Eingriff im Bauzusammenhang bezieht sich dabei jedoch in allen Fällen immer auf die Einflussnahme auf die gesamte montierte oder teilmontierte Maßkette, an der mindestens zwei Maßkettenglieder beteiligt sein müssen. Wenn das Justieren im Bauzusammenhang stattfindet, wird auf die Maßkette als zusammengehörige Baugruppe direkt und im Ganzen Einfluss genommen. Dagegen bedeutet ein Justieren außerhalb des Bauzusammenhangs, dass nur die mechanisch-geometrischen Eigenschaften einzelner Maßkettenglieder durch einen Eingriff im nicht montierten Zustand verändert werden. Dieser Eingriff bezieht sich auf Basis der Grundforderung zum Justieren immer nur auf ein Maßkettenglied. Dieses veränderte Maßkettenglied wirkt in der Montage auf die Maßkette ein, wodurch das Justieren schließlich im Effekt wirksam wird. Der Eingriff erfolgt dabei auf ein Maßkettenglied. Diese Differenzierung kann für den Justierprozess erhebliche Unterschiede bedeuten, die in Kapitel 5 näher erläutert werden.

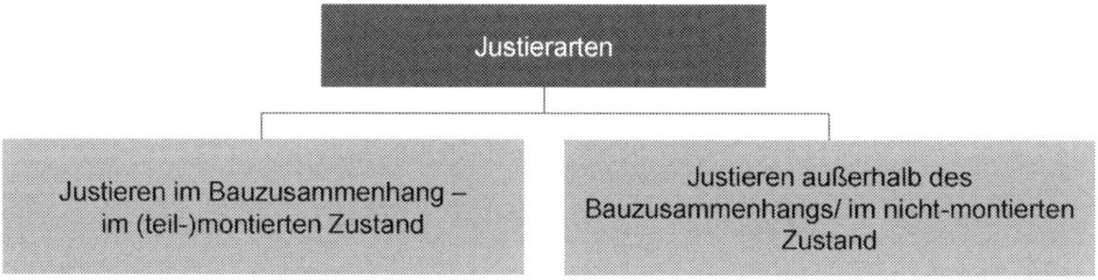

Abbildung 47: Erste Gliederungsebene der Justierarten

Die elementare Definition des Justierens besagt, dass eine Zustandsänderung des Justierens nur durch ein Wegnehmen oder Hinzufügen von Masse bzw. durch eine Lageänderung von Maßkettengliedern zueinander erfolgen kann. Diese endlichen und grundsätzlichen Möglichkeiten werden in der Detaillierung auf die zwei grundsätzlichen Teilmengen des Lösungsraums der Justierarten angewendet. Entscheidend ist die Prämisse, dass im Betrachtungsbereich nur ganze Maßkettenglieder aus der Maßkette weggenommen, in ihrer Lage verändert oder hinzugefügt werden können. Das Austauschen ist hierbei eine Kombination aus Hinwegnehmen und Hinzufügen. Diese Eingriffe erfolgen absolut betrachtet ohne eine stofflich-geometrische Veränderung eines einzelnen Maßkettenglieds. Wird eine Veränderung eines einzelnen Maßkettenglieds innerhalb oder außerhalb des Bauzusammenhangs vorgenommen, so stellt dies eine stofflich-geometrische Veränderung eines Maßkettenglieds dar. Diese Veränderung ist per Definition[649] eine geometrisch-stoffliche Zustandsänderung, die durch die Fertigungsverfahren nach DIN 8580 vollständig beschreibbar ist. Es muss jedoch in Abhängigkeit des Bauzusammenhangs sorgsam betrachtet werden, welche Fertigungsverfahren zur stofflich-geometrischen Veränderung eines Maßkettenglieds zugelassen sind und welche nicht. Die aufgeführten prinzipiellen Möglichkeiten zum Justieren bilden die vollständigen Grundmöglichkeiten zum Justieren und gehen mit unterschiedlichen Fähigkeiten, was die Kompensationsmöglichkeiten von Abweichungen in einer Maßkette angeht einher und bringen unterschiedliche produkt- und prozessbezogene Merkmale mit sich, die sorgsam im Rahmen der Detaillierung in Kapitel 5 untergliedert und differenziert werden müssen. Die konstituierenden

---

[648] Z.B. wenn noch ein Gehäusedeckel oder eine Abschlusskappe fehlt.
[649] DIN8580, vgl. S. 7

Merkmale einer Justierart ergeben sich deduktiv aus der Summe der Eigenschaften über die einzelnen Gliederungsebenen (vgl. Abbildung 46).

5 Detaillierung der Methodik

Im Folgenden wird in 5.1 das Lösungsraummodell detailliert und anschließend in 5.2 die Module der Methodik. Zudem erfolgt in 5.2 eine ausführliche Verortung der entwickelten Mikro-Logik zur integrierten Produkt- und Justageprozessplanung auf Basis der informationellen Schnittstellenbetrachtung innerhalb des Konstruktionsvorgehens, welche die Makro-Logik bildet (vgl. 4.3.2.1). Abschließend werden die erörterten Ergebnisse hinsichtlich der Anforderungen in 5.3 reflektiert.

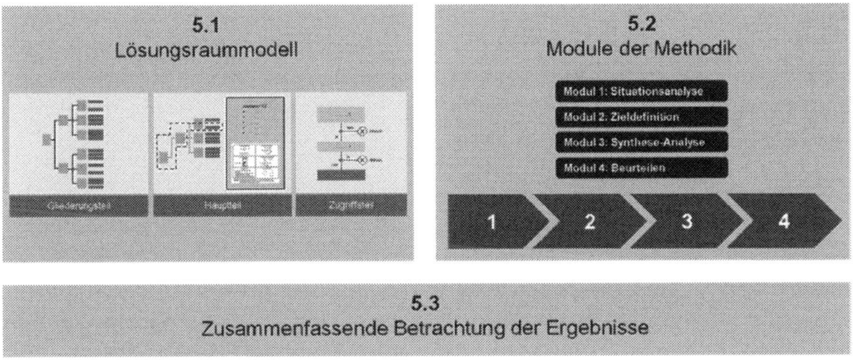

Abbildung 48: Gliederung des Kapitels

5.1 Lösungsraummodell

Im Folgenden wird im Unterkapitel 5.1.1 der Gliederungsteil, im Unterkapitel 5.1.2 der Hauptteil und im Unterkapitel 5.1.3 der Zugriffsteil des Lösungsraummodells detailliert.

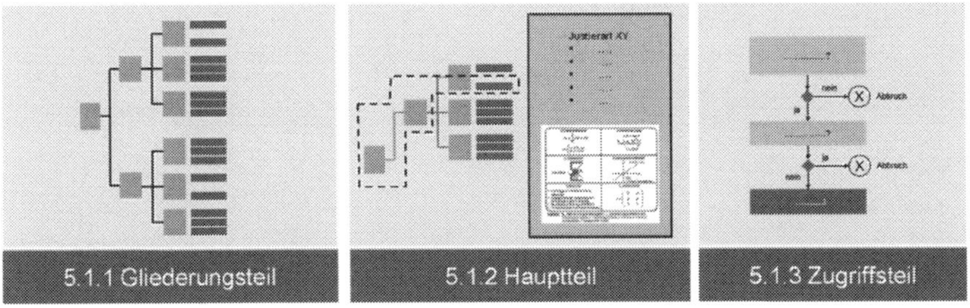

Abbildung 49: Kapitelstruktur zum Lösungsraummodell

Der Gliederungsteil des Lösungsraummodells teilt den Lösungsraum zum Justieren widerspruchsfrei nach ordnenden Gesichtspunkten auf und ist mit einem Inhaltsverzeichnis eines Sachbuches vergleichbar. Damit leistet das Lösungsraummodell einen zentralen Beitrag zur Lösung der Fragestellung dieser Arbeit, indem es zum einen Transparenz über die Möglichkeiten zum Justieren in Form der Gliederung der Justierarten schafft. Zum anderen dadurch, dass es die konstituierenden Merkmale der Justierarten herausarbeitet, die im Hauptteil schließlich detailliert beschrieben und erläutert werden. Das Lösungsraummodell wird über den Zugriffsteil auf ein abstrahiertes technisches Problem während der Synthese der Methodik angewendet.

Jede Zeile des Gliederungsteils stellt eine eigene Justierart dar, die übergeordneten Gliederungsebenen nach der Logik einer Baumstruktur zugeordnet werden kann. Dabei enthält der Hauptteil den eigentlichen Inhalt zur Beschreibung der konstituierenden Merkmale der Justierarten und der Zugriffsteil stark anwendungsbezogene Merkmale, die der Auswahl einer Justierart im Kontext des Synthese-Analyse-Moduls dienen. Entscheidend ist, dass dieses Lösungsraummodell die grundsätzlich möglichen Justierarten abbildet. Spezifische Angaben zur Umsetzung, Ausprägungen, ebenso produkt- oder prozessbezogene Beispiele können durch den Anwender hinzugefügt werden. Dadurch wird das Modell im Detaillierungsgrad erweitert, um bereits entwickelte Lösungen anwendungsspezifisch oder problemspezifisch zu speichern.

5.1.1 Gliederungsteil des Lösungsraummodells

Auf Basis der Herleitung der ersten Gliederungsebene in 4.3.2.2 erfolgt nun eine Detaillierung und Untergliederung des Justierens im Bauzusammenhang in 5.1.1.1 sowie des Justierens außerhalb des Bauzusammenhangs in 5.1.1.2. Die weitere Untergliederung des Lösungsraums erfolgt unter den Gesichtspunkten der elementaren Möglichkeiten nach HANSEN, einen Eingriff in die Maßkette im Rahmen des Justierens zu tätigen sowie unter Einbindung der Klassifizierung der Fertigungsverfahren zur stofflich-geometrischen Zustandsänderung nach DIN 8580 (vgl. 4.3.2.2).

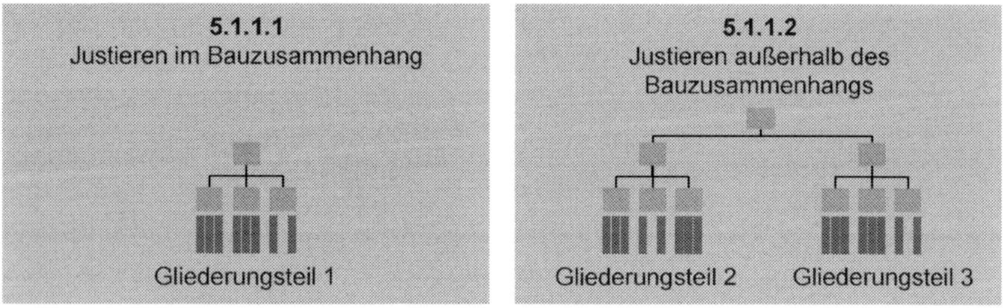

Abbildung 50: Unterkapitelstruktur zu Herleitung des Gliederungsteils

5.1.1.1 Justieren im Bauzusammenhang

Findet eine Justierung im Bauzusammenhang statt, bedeutet dies, dass keine Maßkettenglieder weggenommen oder hinzugefügt werden können, die aufgrund ihrer Abweichungen zur Einzelgliedtoleranz ungeplanten Einfluss auf das Schließmaß der zu justierenden Maßkette nehmen. Bei dem Justieren im Bauzusammenhang wird indirekt und unmittelbar die gesamte Maßkette und nicht nur ein einzelnes Maßkettenglied modifiziert. Es können also nur Maßkettenglieder im Bauzusammenhang verändert werden, die bereits montiert sind, oder es kann ihre Lage relativ zu anderen Maßkettengliedern derselben Maßkette verändert werden. Diese Unterteilung wird im Folgenden als ein Verändern oder Verschieben von Maßkettengliedern im Bauzusammenhang bezeichnet.

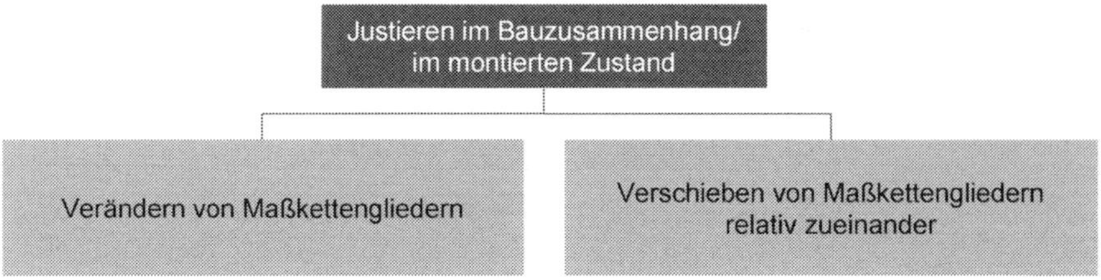

Abbildung 51: Möglichkeiten zum Justieren im Bauzusammenhang

Das Verändern von einzelnen Maßkettengliedern durch einen stofflich-geometrischen Eingriff hat Konsequenzen auf die Form und die Abmaße einer Maßkette. Nach der Definition der Fertigung (vgl. 2.1.4) und der Definition des technischen Systems kann diese Veränderung vollständig durch die Fertigungsverfahren der DIN 8580 beschrieben werden (vgl. Abbildung 12). Allerdings kommen für die Veränderungen im Bauzusammenhang aus der Menge der formschaffenden, formändernden und stoffändernden Fertigungsverfahren der DIN 8580 nur das Umformen, das Trennen sowie das Beschichten in Frage[650]. Das Urformen eines festen Körpers aus formlosem Stoff (Hauptgruppe 1 der DIN 8580) entspricht der Herstellung und damit dem Einfügen eines weiteren Maßkettenglieds und wird damit nicht in der Menge der betrachteten Fertigungsverfahren zur Veränderung eines Maßkettenglieds im Bauzusammenhang berücksichtigt. Dagegen sind das Umformen (Hauptgruppe 2 der DIN 8580) und das Trennen (Hauptgruppe 3 der DIN 8580) sowie das Beschichten (Hauptgruppe 5 der DIN 8580) Fertigungsverfahren, die Maßkettenglieder im Bauzusammenhang verändern können[651]. Das Fügen (Hauptgruppe 4 der DIN 8580) ist als Fertigungsverfahren definiert, das den Zusammenhalt vermehrt, indem es eine auf Dauer festgelegte Verbindung von zwei oder mehreren Werkstücken geometrisch bestimmter Form, in diesem Fall Maßkettenglieder, schafft. Damit leistet das Fügen keinen Beitrag, um ein Maßkettenglied in seiner stofflich-geometrischen Form zu verändern und damit Einfluss auf die gesamte Länge einer Maßkette zu nehmen, ohne weitere Maßkettenglieder hinzuzufügen. Allerdings ist das Fügen bezogen auf den Justierprozess, wie einleitend dargestellt, immer eine Unterstützungsfunktion, um nach dem Justieren Veränderungen zu fixieren und damit die Forderung von geometrisch bestimmten Maßketten zu erfüllen. Als Letztes werden die Fertigungsverfahren zum Ändern der stofflichen Eigenschaften (Hauptgruppe 6 der DIN 8580) ausgeschlossen, da diese Fertigungsverfahren keinen Beitrag zur Form- und damit geometrischen Maßänderung oder zu einer Lageänderung leisten.[652] Somit können drei Fertigungsverfahren (vgl. Abbildung 52) eingesetzt werden, um im Sinne des Justierens einen Eingriff in die Maßkette im Bauzusammenhang zu realisieren. Hierzu gehören das Umformen (Verändern der Form der Maßkette durch bildsames/ plastisches Ändern der Form), das Trennen (Verkürzen der Maßkette durch Aufheben des Zusammenhalts von Körpern) und schließlich das Beschichten (Vergrößern der Maßkette durch Aufbringen einer festhaltenden Schicht aus formlosem Stoff).[653]

---

[650] Vgl. die Gliederung und Beschreibung der Fertigungsverfahren nach DIN 8580 in die sechs Hauptgruppen. DIN8580, S. 7

[651] Die Wirkung der Fertigungsverfahren beim Eingriff in die Maßkette wird ausführlich in 5.1.2.1 erörtert.

[652] Vgl. Grundlagen zu den Hauptgruppen der Fertigungsverfahren nach DIN 8580. DIN8580

[653] Vgl. Grundlagen zu den Hauptgruppen der Fertigungsverfahren nach DIN 8580. DIN8580

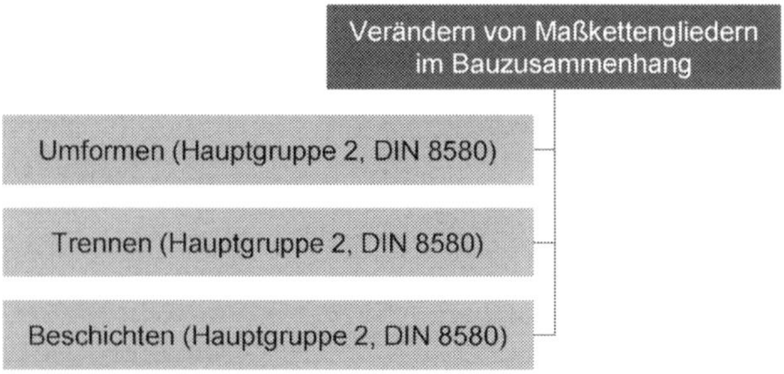

Abbildung 52: Fertigungsverfahren zum Verändern von Maßkettengliedern im Bauzusammenhang

Die zweite Möglichkeit die geometrisch-mechanischen Eigenschaften einer Maßkette zu verändern ist, die Maßkettenglieder relativ zueinander zu verschieben. Ein Verschieben bedeutet immer eine Ortsänderung durch eine Bewegung von einem Ort A zu einem Ort B.

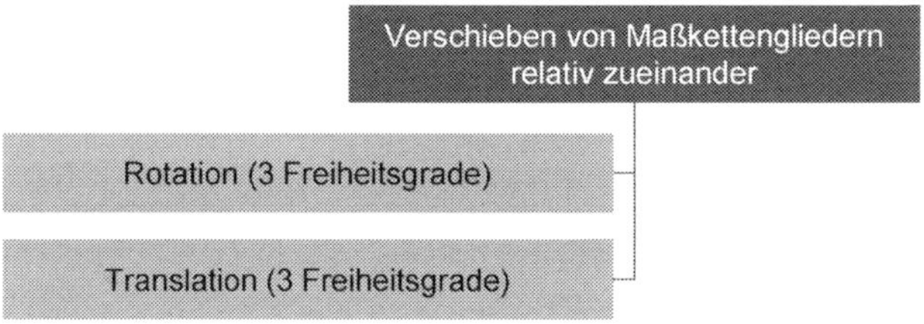

Abbildung 53: Verschieben von Maßkettengliedern im Bauzusammenhang relativ zueinander

Jede Bewegung eines starren Körpers kann aus unendlich vielen infinitesimal kleinen Elementarbewegungen zusammengesetzt werden, wobei entscheidend ist, dass jede Elementarbewegung entweder eine Rotation oder eine Translation ist.[654] Diese Überlegung resultiert daher, dass ein starrer Körper bezogen auf ein kartesisches Koordinatensystem insgesamt sechs Freiheitsgrade hat, drei translatorische und drei rotatorische (vgl. Abbildung 53). Damit besteht eine weitere Möglichkeit darin, im Bauzusammenhang Einfluss im Sinne des Justierens auf die Maßkette zu nehmen, indem ein Maßkettenglied durch eine rotatorische und bzw. oder translatorische Bewegung in einem oder mehreren der sechs möglichen Freiheitgrade relativ zu einem anderen Maßkettenglied in seiner Lage verändert wird. Eine Bewegung kann sich also aus den sechs möglichen Elementarbewegungen zusammensetzen.

[654] Grübler 1921, S. 63f.

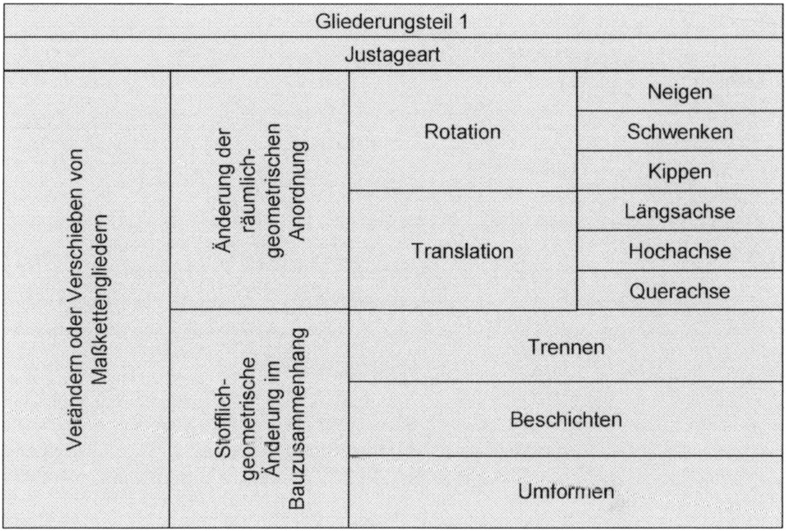

Abbildung 54: Gliederungsteil 1 - Verändern oder Verschieben im Bauzusammenhang

Der erste Gliederungsteil, der die Justierarten zum Eingriff in die Maßkette im Bauzusammenhang abschließend zusammenfasst, ist in Abbildung 54 dargestellt.

5.1.1.2 Justieren außerhalb des Bauzusammenhangs

Justieren, das nicht im Bauzusammenhang stattfindet, bedeutet, dass ein einzelnes Maßkettenglied, das sogenannte Kompensationsglied, im nicht-montierten Zustand in seinen mechanisch-geometrischen Eigenschaften verändert wird[655]. Diese Veränderung kann bezogen auf das Kompensationsglied durch zwei Möglichkeiten erfolgen, die wiederum weiter differenziert werden müssen. Zum einen kann das Kompensationsglied durch Fertigungsverfahren spezifisch hergestellt oder nachträglich verändert werden. Hier werden die geplante Nacharbeit[656] an einem vorhandenen Bauteil sowie die spezifische Anfertigung eines Kompensationsglieds unterschieden. Die zweite grundsätzliche Möglichkeit ist, aus einer Menge von baugleichen Kompensationsgliedern ein geeignetes Kompensationsglied mit passender Merkmalsausprägung auszuwählen. Ein derartiges Austauschen bzw. Auswählen wurde bereits in der Grundlagenbetrachtung als Toleranzkompensationsmethode aufgeführt und bedeutet, dass ein Bauteil durch ein Gleiches, jedoch mit anderem Abmaß ersetzt wird[657]. Hierbei kann einerseits die Streuung der Abmaße von Merkmalen eines Bauteils bei der Bauteilherstellung ausgenutzt werden, die für die Auswahl bzw. das Austauschen einer geeigneten Menge an gleichen Kompensationsgliedern mit unterschiedlichen Ausprägungen zur Verfügung steht. Andererseits ergibt sich die Möglichkeit, das Maßkettenglied, das als Kompensationsglied vorliegt, gestuft-vorgefertigt zu bevorraten, um es in Abhängigkeit

[655] Vgl. elementare Definition der Justage, siehe 2.2.2.

[656] In diesem Fall, wie auch in den folgenden Ausführungen, wird die Nacharbeit an einem Kompensationsglied als geplante Änderungsarbeit verstanden, um eine dezidierte Merkmalsausprägung zum Zwecke der Toleranzkompensation gezielt zu verändern.

[657] vgl. Balakschin 1953, S. 82

der zu kompensierenden Abweichung auszuwählen. Hierbei, und das ist der Unterschied zur geplanten Nacharbeit, findet keine fertigungsbedingte Form- oder Maßänderung eines einzelnen Kompensationsglieds statt, sondern ein Austauschen bzw. Auswählen. Hier wird im Folgenden zwischen der selektiven Auswahl aus einer aufgrund der Prozessstreuung im Herstellungsprozess statistisch verteilten Menge und einer Auswahl an gestuft vorgefertigten Teilen unterschieden. Diese Unterteilung lehnt sich einerseits an die elementare Definition des Justierens an sowie an die grundsätzlichen Toleranzausgleichsmöglichkeiten im Rahmen einer Justage, die BALAKSCHIN ergänzend zu der Einstellmethode in die Auswahl- und Passmethode differenziert (vgl. 3.2.1).

Diese grundsätzlichen Möglichkeiten müssen bezogen auf das geplante Vorkommen des Kompensationsglieds in der Maßkette weiter differenziert werden. Es ist im Hinblick auf die konstituierenden Merkmale der Justierarten von großer Bedeutung, ob das Kompensationsglied fester Bestandteil der Maßkette ist, oder ob das Kompensationsglied als optionales Glied in die Maßkette zur Kompensation von Abweichungen eingeführt wird. Daher sollen im Folgenden diese grundlegenden zwei Justierarten zur Veränderung eines Kompensationsglieds bezogen auf das geplante Vorkommen des Kompensationsglieds in der Maßkette in Anlehnung an die elementare Definition des Justierens unterschieden werden. Die zentralen Unterschiede werden bezogen auf die konstituierenden Merkmale der Justierarten in 5.1.2 erläutert.

Die Möglichkeiten zur Einflussnahme außerhalb des Bauzusammenhangs können daher einerseits in das einfache Hinzufügen oder Wegnehmen von optionalen Kompensationsgliedern unterteilt werden. Andererseits in das Verändern bzw. Austauschen von Kompensationsgliedern, die fester Bestandteil der Maßkette sind (vgl. Abbildung 55).

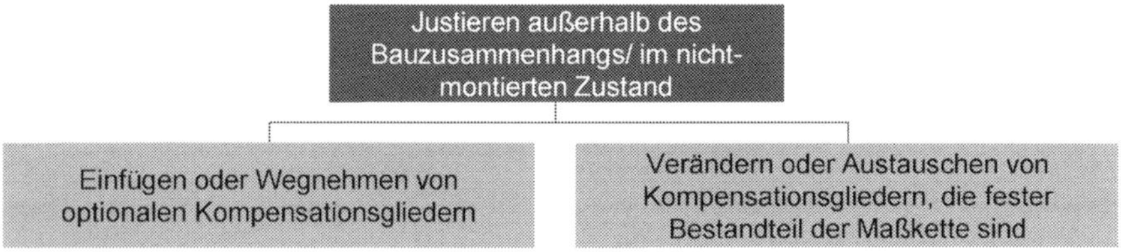

Abbildung 55: Möglichkeiten zum Justieren außerhalb des Bauzusammenhangs

Das Hinzufügen oder Wegnehmen von Maßkettengliedern die optional und damit nicht fester Bestandteil der Maßkette sind, impliziert bereits die nächste Unterteilung, nämlich in einerseits das Hinzufügen von Maßkettengliedern und anderseits in die Negation, das Wegnehmen von Maßkettengliedern. Ein Wegnehmen bzw. Hinzufügen umfasst immer eine Demontage und/ oder eine Montage und unterscheidet sich dadurch von den Justierarten, die im Bauzusammenhang stattfinden. Zum anderen werden hier ganze Kompensationsglieder entweder hinzugefügt, um eine Maßkette zu verändern, oder sie werden weggenommen. Anders als beim Austauschen eines nicht optionalen Kompensationsglieds sind diese Maßkettenglieder immer eine Ergänzung bzw. Subtraktion und kein vorgesehenes Glied der Maßkette. Die konstituierenden Merkmale der Justierarten mit optionalem Kompensationsglied werden in 5.1.2 näher vorgestellt.

Werden Maßkettenglieder eingefügt, um eine spezifische Abweichung zu kompensieren, so können diese Kompensationsglieder entweder aus einer Menge passend ausgewählt werden. Hierbei kommen gestuft vorgefertigte Mengen oder statistisch verteilte Mengen in Frage (Abbildung 56). Andererseits können Maßkettenglieder spezifisch angefertigt werden. Für die spezifische Herstellung eines geometrisch bestimmten Körpers als optionales Kompensationsglied kommen alle formschaffenden und alle formändernden Fertigungsverfahren per Definition nach DIN 8580 in Frage. Das Fügen bezieht sich auf die Herstellung eines Kompensationsglieds durch das Schaffen von Zusammenhalt aus inkrementellen stofflich-geometrisch bestimmten Bauelementen. Genau wie bei den Justierarten im Bauzusammenhang wird die Hauptgruppe 6 der Fertigungsverfahren nach DIN 8580 ausgeschlossen, da lediglich die stofflichen, nicht aber die formgebenden und damit die zentralen geometrisch bestimmten Eigenschaften eines Bauteils beeinflusst werden.

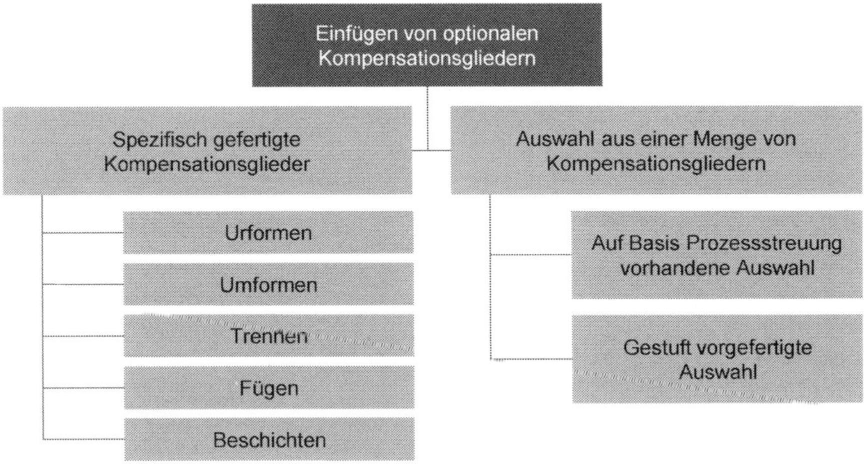

Abbildung 56: Justierarten beim Hinzufügen von optionalen Kompensationsgliedern

Das Wegnehmen von optionalen Kompensationsgliedern ordnet sich als Teilmenge der Fertigungsverfahren dem Trennen unter und unterscheidet sich vom Trennen im Bauzusammenhang dadurch, dass ganze Kompensationsglieder aus der Maßkette gelöst werden. Das Wegnehmen ist sozusagen die Umkehrung des Hinzufügens, um Abweichungen in einer Maßkette zu kompensieren. Ein Wegnehmen muss daher aufgrund der Differenzierung vom Trennen im Bauzusammenhang zerstörungsfrei im Sinne des Zerlegens erfolgen. Das Zerlegen ist eine Unterform des Trennens, welche nach DIN 8591 auch als Negation des Fügens beschrieben wird, mit genau dem genannten Unterschied, dass das Zerlegen zerstörungsfrei erfolgt[658]. Eine Übersicht des zweiten Gliederungsteils der Justierarten findet sich in Abbildung 57.

[658] DIN Norm 8591, S. 3

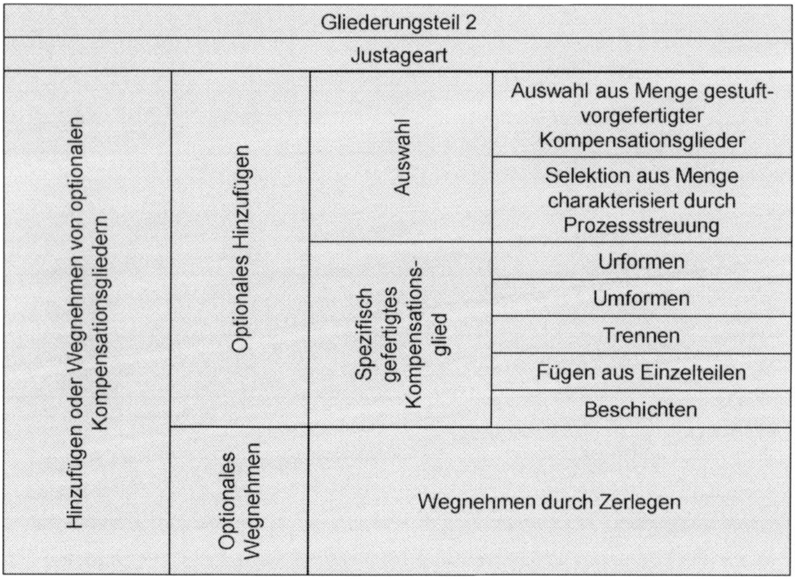

Abbildung 57: Gliederungsteil 2 der Justierarten

Der dritte Gliederungsteil der Justierarten umfasst die Gruppe der Justierarten, die durch ein Wegnehmen und Hinzufügen von nicht optionalen, d.h. fest vorgesehenen Kompensationsgliedern wirksam wird. Das Justieren mit Hilfe eines fest eingeplanten Kompensationsglieds lässt sich in das Verändern durch geplante Nacharbeit, in die spezifische Herstellung eines Kompensationsglieds sowie in die Auswahl aus einer vorhandenen Menge des gleichen Kompensationsglieds unterteilen (vgl. Abbildung 58). Damit lehnt sich diese Untergliederung an die Möglichkeiten zum Justieren an, die im Gliederungsteil 2 beschrieben sind. Die Unterschiede bei den Gruppierungen werden im Hinblick auf die konstituierenden Merkmale deutlich (vgl. 5.1.2). Die Untergliederung der Möglichkeiten zur Auswahl aus einer Menge von Kompensationsgliedern sowie die Möglichkeiten zur Herstellung eines spezifisch gefertigten Kompensationsglieds erfolgt analog zu denen, wie beim Einfügen eines optionalen Kompensationsglieds (vgl. Abbildung 56). Die geplante Nacharbeit untergliedert sich dabei in Anlehnung an die Argumentation zur Veränderung der Maßkette im Bauzusammenhang durch Fertigungsverfahren in das Umformen, Trennen und Beschichten (vgl. 5.1.1.1).

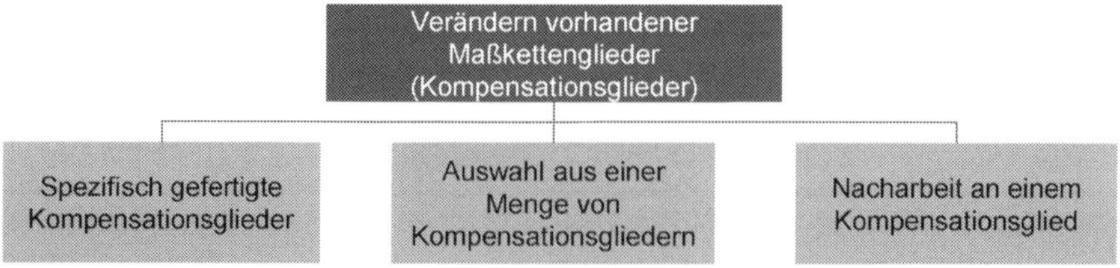

Abbildung 58: Wegnehmen und Hinzufügen von Maßkettengliedern

Der dritte Gliederungsteil ergibt sich damit aus der Aggregation der aufgeführten Justiermöglichkeiten und ist in Abbildung 59 illustriert. Zahlreiche Justierarten wiederholen sich dabei auf der untersten Gliederungsebene, wie einzelne Fertigungsverfahren der DIN 8580. Allerdings unterscheiden sie sich in ihrem Wirken und insbesondere in ihrer Kompensationsfähigkeit beim Justieren bezogen auf die Zuordnung zu den übergeordneten Gliederungsebenen. Die Unterschiede werden durch die Erläuterung der konstituierenden Merkmale in 5.1.2 deutlich.

<table>
<tr><td colspan="4">Gliederungsteil 3</td></tr>
<tr><td colspan="4">Justageart</td></tr>
<tr><td rowspan="10">Verändern oder Austauschen eines nicht-optionalen Kompensationsglieds</td><td colspan="2" rowspan="2">Auswahl</td><td>Auswahl aus Menge gestuft-vorgefertigter Kompensationsglieder</td></tr>
<tr><td>Selektion aus Menge charakterisiert durch Prozessstreuung</td></tr>
<tr><td rowspan="8">Veränderung durch Fertigung</td><td rowspan="5">Spezifisch gefertigtes Kompensations-glied</td><td>Urformen</td></tr>
<tr><td>Umformen</td></tr>
<tr><td>Trennen</td></tr>
<tr><td>Fügen aus Einzelteilen</td></tr>
<tr><td>Beschichten</td></tr>
<tr><td rowspan="3">Nacharbeit</td><td>Umformen</td></tr>
<tr><td>Trennen</td></tr>
<tr><td>Beschichten</td></tr>
</table>

Abbildung 59: Gliederungsteil 3 der Justierarten

Damit ergibt sich aus der Zusammenführung der hergeleiteten Ordnungsrahmen ein übergeordneter Gliederungsteil, der die Justierarten einordnet.

5.1.2 Hauptteil des Lösungsraummodells

In Kapitel 5.1.2 wird im Folgenden auf Basis des Gliederungsteils der Hauptteil detailliert. Dazu werden zunächst übergreifende Beschreibungsmerkmale in Unterkapitel 5.1.2.1 eingeführt. In Unterkapitel 5.1.2.2 bis Unterkapitel 5.1.2.5 erfolgt dann die eigentliche Erörterung der konstituierenden Merkmale der Justierarten. Die konstituierenden Merkmale werden auf verschiedenen Ebenen des Gliederungsteils erörtert. Die konstituierenden Merkmale einer Justierart auf der untersten Gliederungsebene ergeben sich dann aus der Aggregation aller konstituierenden Merkmale der übergeordneten Gliederungsebenen. Die Zuordnung der Teilkapitel ist in Abbildung 60 dargestellt. Um abschließend das in der Literatur häufig diskutierte Justieren mit plastischen oder elastischen Elementen mit Bezug auf dieses Lösungsraummodell zu erörtern, werden in 5.1.2.6 die Kompensationseigenschaften von elastischen und plastischen Elementen erörtert.

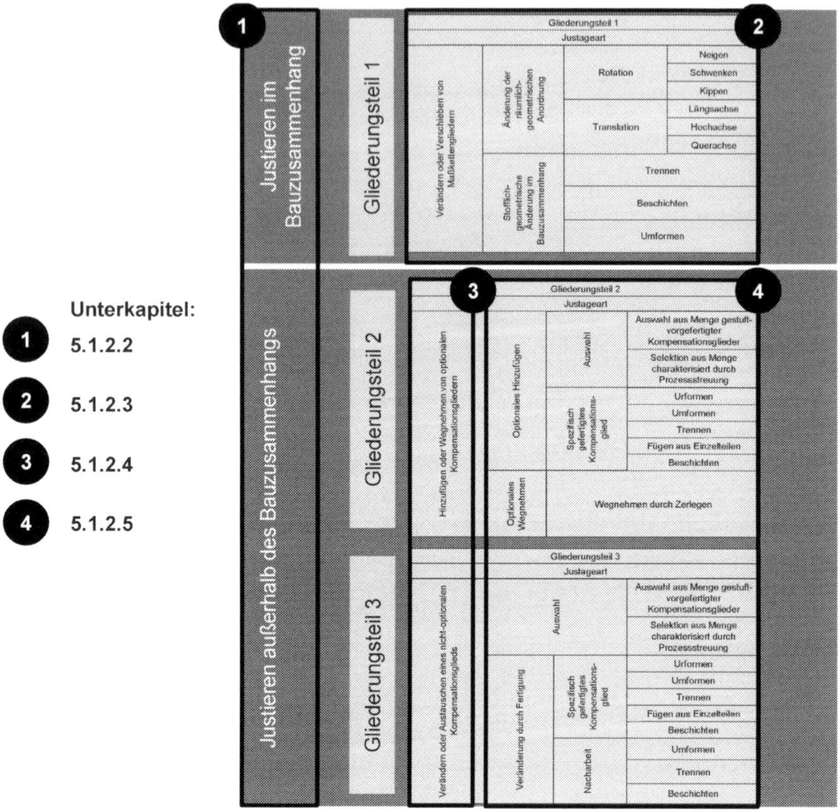

Abbildung 60: Übersicht über die Unterkapitel zur Detaillierung der konstituierenden Merkmale des Lösungsraums

5.1.2.1 Einführung der konstituierenden Merkmale der Justierarten

Im folgenden Teilkapitel werden die Inhalte des Hauptteils des Lösungsraummodells vorgestellt. Diese Inhalte konsolidieren und ergänzen konstituierende produkt- sowie prozessbezogene Merkmale der Justierarten der bereits vorgestellten Gruppen und ermöglichen es, die Justierarten kontextbezogen in ihrer Wirkung zu verstehen und damit besser auf reale Probleme anzuwenden bzw. dafür auszuwählen. Im Besonderen lässt sich mit Hilfe der konstituierenden Merkmale die Gestalt eines Produkt- und Prozessentwurfs hinsichtlich des Beurteilens in der Methodik sehr gut antizipieren. Aufgrund der Tatsache, dass einige Wirkprinzipien auf der untersten Gliederungsebene zum Eingriff in eine Maßkette in mehreren Gruppen vorkommen, wird auf spezifische Eigenschaften von Wirkprinzipien gruppenübergreifend referenziert (vgl. Abbildung 60), um eine Dopplung in der folgenden Darstellung zu vermeiden. Entscheidend ist, dass die sukzessive Gliederung unabhängige Ebenen schafft. Die Merkmale einer Justierart sind immer die Aggregation der Merkmale der einzelnen Gliederungsebenen, die einer Justierart auf der untersten Gliederungsebene zuzuordnen sind. Der gesamte Inhalt wird im Lösungsraummodell zusammengefasst und ist übersichtlich im Anhang dargestellt.

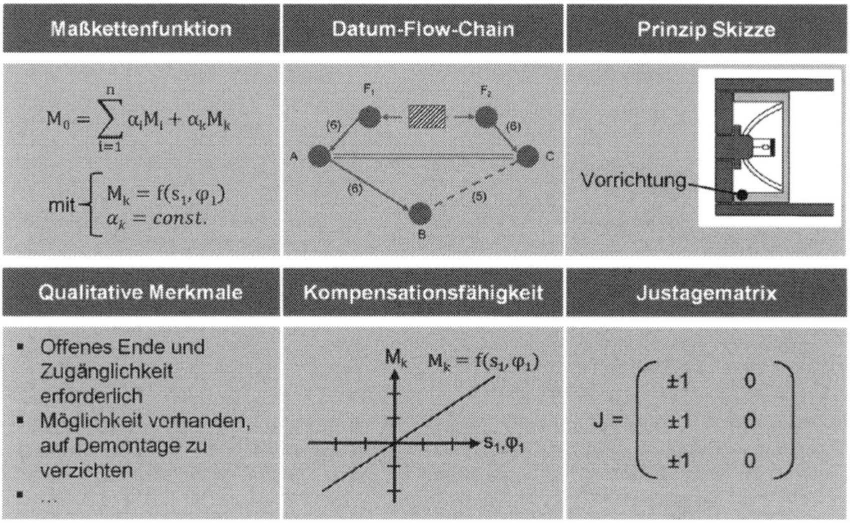

Abbildung 61: Darstellungsformen konstituierender Merkmale[659]

Insgesamt werden sechs Darstellungsformen für die konstituierenden Merkmale genutzt. Dies ist zum einen die Maßkettenfunktion, über die sich das tolerierte Schließmaß berechnen lässt. Anhand dieser Formel wird der wirkende Eingriff einer Justierart erläutert. In dem Beispiel in Abbildung 61 verändert sich z.B. das wirkende Maß des Kompensationsglieds M_k in Abhängigkeit der Eingangsgrößen s (Weg) oder φ (Winkel), wogegen der Linearitätskoeffizient α_k konstant bleibt. Die Beschreibung der Wirkung eines Justiereingriffs auf das Schließmaß mit Hilfe der Maßkettenfunktion wird im Folgenden noch näher erläutert. Um die Wirkung eines Justiereingriffs mit Bezug auf die Maßkettenglieder, Vorrichtungen sowie die Verbindungsstellen zwischen den Maßkettengliedern darzustellen, dient die Datum-Flow-Modellierung. Die Datum-Flow-Modellierung (DFC) wird im folgenden näher erläutert.

Weitere Darstellungsformen sind Prinzip-Skizzen. Diese werden in Anlehnung an klassische Konstruktionskataloge anwendungsspezifisch in der Praxis aufgeführt. Da in Kapitel 5.1.2 die Justierarten ausreichend erläutern werden, werden die Prinzip Skizzen als Symbolbilder ohne Erläuterung dargestellt. Diese Symbolbilder stellen die prinzipielle Wirkung einer Justierart am Beispiel der Einstellung einer optischen Abbildung eines optischen Systems dar.

Eine weitere Darstellungsform der konstituierenden Merkmale sind qualitative Ausführungen, die in Textform Merkmale beschreiben und erklären. Darüber hinaus wird die Kompensationsfähigkeit von Justierarten in folgenden Unterkapiteln diskutiert. Die Kompensationsfähigkeit kann in Abhängigkeit des Eingriffs quadratisch, linear, diskontinuierlich oder auch addierend oder subtrahierend bezogen auf ein Abmaß sein. Ist die Kompensationsfähigkeit abhängig von einer beliebig gestaltbaren Übertragungs-

---

[659] Die Variablen s (Weg) und φ (Winkel), die hier beispielhaft für die Darstellung der Maßkettenfunktion oder der Kompensationsfähigkeit gewählt wurden, sind Eingangsgrößen der Zustandsänderung, die als Weg- oder Winkel-Größe einen wirkenden Eingriff in die Maßkette beschreiben.

funktion z.B. einer Vorrichtung, werden im Folgenden nur beispielhaft die lineare Kompensationsfähigkeit in Abhängigkeit der Eingangsgrößen dargestellt. Eine weitere Darstellungsform ist schließlich die Justiermatrix. In der ersten Spalte der 2 X 3 Matrix befinden sich die translatorischen und in der zweiten Spalte die Freiheitsgrade der Rotation. Durch eine 1 im Eintrag der Matrix wird gekennzeichnet, ob ein Freiheitsgrad durch den Justiereingriff grundsätzlich beeinflussbar ist. Ist ein Freiheitsgrad, z.B. wie im Beispiel in Abbildung 61 mit einer 0 gekennzeichnet, bedeutet dies, dass eine Justierart keine direkte Kompensation durch Rotation leisten kann. Das Vorzeichen bezieht sich auf die Wirkung des Eingriffs bezogen auf das Vorzeichen des Linearitätskoeffizienten α_k.

Im Folgenden werden die Darstellungsformen der Maßkettenfunktion und der Datum-Flow-Chain näher detailliert. Dazu wird auf die Grundlagen der Maßkettentheorie zurückgegriffen (vgl. 2.2.1). Das Justieren ist ein geometrisch-mechanischer Eingriff in eine Maßkette durch Wegnehmen, Hinzufügen oder durch Lageänderung von Masseteilchen. Damit muss der Eingriff auch formeltechnisch nachvollziehbar sein. Das Schließmaß M_0 einer Maßkette verbindet Anfang und Ende von aufeinanderfolgenden, mit dem Lineratitätskoeffizienten α_i linearisierten Maßvektoren M_i , und ist durch eine Toleranz T toleriert, um ein geometrisches Merkmal oder eine Funktion abzusichern (vgl. 2.2.1)[660].

$$M_0 = \sum_{i=1}^{m} \alpha_i * M_i$$

Dabei ist M_i das reale Maß des i-ten Maßkettenglieds von m Maßkettengliedern und α_i der Linearitätskoeffizient des i-ten Maßkettenglieds. Bei der Toleranzkettenanalyse werden für M_i maximale bzw. minimale Werte eines Toleranzfeldes bzw. einer erwarteten Abweichung eingesetzt (vgl. 5.2.1). Der Linearitätskoeffizient α_i berücksichtigt die Wirkung des Abmaßes M_i bzw. die Toleranzfeldbreite einer Form- oder Lagetoleranz in die Richtung der betrachteten Maßkette.[661] Dieser Faktor kann die Projektion eines Vektors auf die Koordinatenachse in Maßkettenrichtung sein. Genauso gut kann ein Maß, z.B. eine Toleranzfeldbreite einer Form- und Lagetoleranz auch über den Hebelarm, d.h. über ein Abmaß eines anderen Bauteils, das nicht primär in der Maßkettenrichtung angeordnet ist, wirksam werden. Aus diesem Grund muss die Abhängigkeit der Linearitätskoeffizienten von Abmaßen und den Orientierungen anderer Maßkettenglieder bei der Erfassung und Berechnung sauber dokumentiert werden, um Änderungen eines Linearitätskoeffizienten durch ein Justieren auf Basis der dokumentierten Abhängigkeiten schnell antizipieren zu können. Um die Wirkung und den Effekt der Justierarten zu erläutern, können daher in allgemeiner Form nur die Effekte eines Eingriffes einer Justierart auf das Kompensationsglied k selber und dessen Wirkung in der Maßkette durch eine Änderung von M_i bzw. α_i mit i=k beschrieben werden. Die Wechselwirkungen auf einen Linearitätskoeffizienten α_i mit $i \neq k$ durch den Eingriff auf M_k oder α_k sind auch nur dann zugelassen, wenn sie eindeutig über eine Übertragungsfunktion in Abhängigkeit des Eingriffs und einer Regelungsgröße des Justierkreises beschreibbar sind. Dies geht aus der Grundanforderung an das Justieren hervor, die besagt, dass ein Justieren immer eindeutig in eine Richtung regelbar sein muss[662]. Die Regelung in Form eines Eingriffs in die Maßkette findet immer über das Kompensationsglied M_k statt bzw. auf einen definierten Teil der im Bauzusammenhang bereits gefügten und geometrisch bestimmten Maßkette.

---

[660] vgl. Klein 2012, S. 147

[661] vgl. auch 2.2.1

[662] vgl. Grundanforderungen an das Justieren Kapitel 2.2.2 und Prämissen und Thesen in Kapitel 4.3.2.2

Im Folgenden soll der Einfluss des Eingriffs einer Justierart auf ein Kompensationsglied und damit auf die Maßkettengleichung mit Hilfe des Produkts der Koeffizienten M_k und α_k beschrieben werden, da ein Großteil der Justierarten durch eine singuläre Veränderung des Kompensationsglieds direkt wirkt[663]. Wechselwirkungen zwischen einer Änderung von M_k bzw. α_k auf einen Linearitätskoeffizienten α_i mit $i \neq k$ müssen, wie oben dargestellt, über eine Übertragungsfunktion dokumentiert sein und separat berechnet werden. Es sei noch erwähnt, dass es von großer Bedeutung sein kann, ob ein Eingriff in die Maßkette durch eine Änderung eines Abmaßes M_k in Maßkettenrichtung erzeugt wird oder durch die Änderung eines Linearitätskoeffizienten α_k.

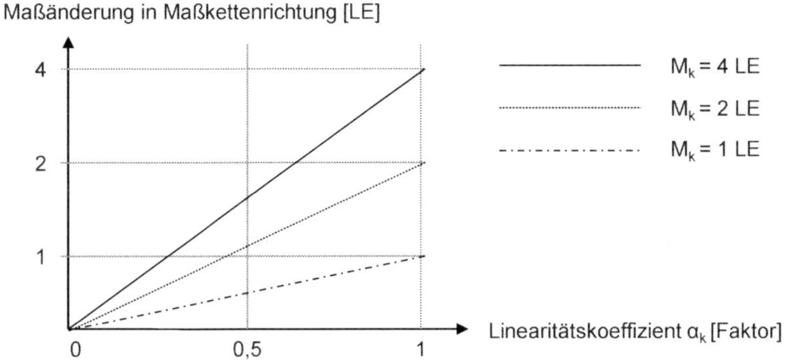

Abbildung 62: Wirksame Maßänderung in Maßkettenrichtung eines Maßkettenglieds in Abhängigkeit des Linearitätskoeffizienten (LE: Längeneinheit)

Eine Maßänderung wirkt dann unmittelbar, wenn der zugehörige Linearitätskoeffizient im Bereich von ± 1 ist. Wird der Eingriff in die Maßkette über die Änderung durch einen Linearitätskoeffizienten erzeugt, so wirkt diese Änderung in Abhängigkeit des Produktes M_k und α_k (vgl. Abbildung 62). Ob eine Wirkung über den Hebelarm durch eine Änderung von α_i oder durch eine Änderung eines Maßes M_k wirksam wird, muss im Einzelfall im Hinblick auf die kontextbezogene Orientierung der Maßkettenglieder im Raum relativ zur Maßkettenrichtung reflektiert werden. Dabei spielt der Wert des Linearitätskoeffizienten im Bezug zum Wert des wirkenden Hebelarms und im Bezug auf die zu kompensierende Abweichung eine zentrale Rolle, da dieser über die Effektivität einer Justierbewegung entscheidet.

Justierarten, die keine singuläre Veränderung eines Maßkettengliedes durch eine Orientierung oder stofflich-geometrische Veränderung erfahren, sondern ihre Position im Raum durch ein Verschieben bezogen auf die Maßkette in Maßkettenrichtung in Form eines Überlappens verändern, stellen einen Sonderfall dar. Denn M_k als Abmaß des in der räumlichen Position verschobenen Maßkettengliedes wird nicht geändert genauso wie der Linearitätskoeffizient α_k. Denn es wirkt eine Relativbewegung von

[663] Die anderen Arten, die nicht über eine Beeinflussung von M_k bzw. α_k direkt wirken, werden im folgenden Absatz aufgegriffen.

zwei Maßkettengliedern auf die wirksame Länge des verschobenen Maßkettenglieds. Um diesen Eingriff formal beschreibbar zu machen, soll eine Matrix der sechs Freiheitsgrade herangezogen werden, sowie die Visualisierungsmethode der Datum-Flow-Chain (DFC)[664].

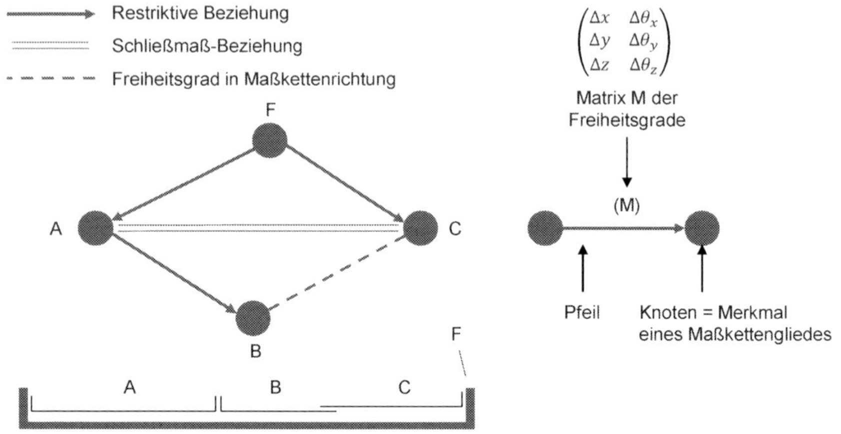

$$\begin{pmatrix} \Delta x & \Delta\theta_x \\ \Delta y & \Delta\theta_y \\ \Delta z & \Delta\theta_z \end{pmatrix}$$

Abbildung 63: Datum-Flow-Chain-Modellierung[665]

In einer Datum-Flow-Chain-Modellierung, die in Form eines sogenannten Beziehungs-Diagramms dargestellt wird (vgl. Abbildung 63), werden die Merkmale der Maßkettenglieder (Knoten) mit Pfeilen verknüpft. In der hier dargestellten Verwendung stellt ein Knoten ein Maßkettenglied dar. Ein Pfeil beschreibt dabei die Wirkrichtung und die Anzahl an Freiheitsgraden, durch die ein Maßkettenglied die Anordnung eines anderen Maßkettenglieds im Raum definiert.[666] [667] In Berücksichtigung der existenten Verbindungstypen in Wirkrichtung des Schließmaßes (vgl. 3.2.9) werden Mates (Butt-Joints) mit durchgezogenen Linien und Contacts (Slip-Joints) mit gestrichelten Linien unterschieden. Durchgezogene Pfeile bestimmen also die Position eines anderen Bauteils in Wirkrichtung des Pfeils, in dem Freiheitsgrade genommen werden. Die Anzahl der Freiheitsgrade die genommen werden, kann durch die Matrix M am Pfeil dargestellt werden. So stellt eine 0 in der Matrix dar, dass ein Freiheitsgrad bezogen auf den entsprechenden Matrixeintrag vorhanden ist und eine 1, dass ein Freiheitsgrad fixiert, bzw. definiert ist[668]. Entscheidend ist, dass bei der Datum-Flow-Chain die Pfeile nicht mit Vektoren verglichen werden dürfen. Das in Abbildung 63 dargestellte Beispiel beschreibt die Beziehung von Komponenten beispielsweise nur in eine Koordinatenrichtung, nämlich die des Schließmaßes. Die zentrale Information, die sich einfach aus einer DFC ablesen lässt, ist die Information über die Art der geometrischen Bestimmtheit der einzelnen Merkmale und ihrer Abhängigkeiten bezogen auf die geometrische Bestimmtheit. In

---

664 Die Datum-Flow-Chain Modellierung wurde am MIT von Mantripragada und Whitney entwickelt. Mantripragada und Whitney 1998

665 In Anlehnung an Whitney 2004, S. 223.

666 vgl. Mantripragada und Whitney 1998, S. 151ff.

667 Eine Komponente muss nicht zwingend durch einen Knoten dargestellt werden, sondern es können auch mehrere Merkmale einer Komponente mit jeweils einem Knoten dargestellt werden. In diesem Fall wird ein Knoten einem Maßkettenglied zugeordnet.

668 Häufig wird in der Anwendung statt der Darstellung der gesamten Matrix eine Zahl verwendet, die für die Anzahl der fixierten Freiheitsgrade steht.

dem Beispiel in Abbildung 63 ist das Schließmaß der Abstand der äußeren Punkte der Maßkettenglieder A und C. Alle Maßkettenglieder A, B und C liegen in einer Vorrichtung F. A bestimmt durch eine Mate-Verbindung (Butt-Joint) die Anordnung von Komponente B. Die Vorrichtung F bestimmt die Beziehung zwischen den Merkmalen F und C sowie F und A. Zwischen B und C liegt eine Contact-Verbindung (Slip-Joint) vor und damit die Möglichkeit durch einen Freiheitsgrad in Richtung des Schließmaßes ein Über- oder Untermaß zu kompensieren. Diese Modellierung von Beziehungen soll im Folgenden eingesetzt werden, um die konstatierenden Merkmale der Justierarten zu charakterisieren. Des Weiteren wird diese Modellierung in der Methodik in 5.2 wieder aufgegriffen.

Nun werden die konstituierenden Merkmale der verschiedenen Gliederungsgruppen sowie der Wirkprinzipien der Justierarten zusammengefasst. Zunächst werden die konstituierenden Merkmale der obersten Ebene auf Basis der Ausführung zum Gliederungsteil aus 4.3.2.2 diskutiert (vgl. Abbildung 57).

5.1.2.2 Konstituierende Merkmale der obersten Gliederungsebene

Für die oberste Gliederungsebene, die die Justierarten in zwei Gruppen unterteilt, ergeben sich aus der Definition unterschiedliche Prozessabläufe zum Justieren und damit charakterisierende Merkmale (vgl. Abbildung 64). Für die Gruppe der Justierarten, die im Bauzusammenhang direkt erfolgen, lehnt sich die Prozessreihenfolge (Prozessgrundtyp) an den klassischen Ablauf an[669]. Für das Justieren außerhalb des Bauzusammenhangs gibt es keine feste Darstellung eines Prozessgrundtyps, da die Reihenfolge von den Aktivitäten „Zusammenbau", „Soll-Ist-Abweichung erfassen", „Justiereingriff" unterschiedliche Reihenfolgen einnehmen kann (vgl. 3.2.3)[670].

Das Erfassen der Abweichung wird im Folgenden als die Ermittlung der Soll-Ist-Abweichung verstanden und damit als ein Messen. Das Messen kann wiederum in ein direktes und ein indirektes Messen unterteilt werden.[671] Das Justieren im Bauzusammenhang und das Erfassen einer Abweichung im Bauzusammenhang ermöglichen ein direktes Messen, nicht nur der geometrischen Merkmalsmessgröße, sondern auch der direkten Funktionskenngröße. Ein Justieren im Bauzusammenhang benötigt zudem kein weiteres Demontieren. Damit lassen sich für diese Justierart folgende Merkmale festhalten.

Das Justieren im Bauzusammenhang ist gekennzeichnet durch:

1. Alle Prozessfunktionen, der reine Zusammenbau, das Erfassen der Abweichung sowie der Eingriff in die Maßkette durch die gewählte Justierart erfolgen geschlossen im Rahmen der Montage[672].
2. Die Möglichkeit einer direkten Messung des geometrischen Merkmals oder der Funktionsgröße selber.
3. Die Möglichkeit alle Abweichungen zu kompensieren, auch die, die während der Montage entstehen.
4. Die Möglichkeit auf eine Demontage komplett zu verzichten.

---

[669] vgl. Standardoperationsfolgen für das Justieren, S. 23f. und Anhang. Gerber 1988
[670] vgl. Standardoperationsfolgen für das Justieren, S. 23f. und Anhang. Gerber 1988
[671] vgl. Masing et al. 2007, S. 623. Beim direkten Messen kann die Messgröße direkt ermittelt werden. Beim indirekten Messen werden andere Größen ermittelt und daraus wiederum die eigentliche Messgröße.
[672] vgl. auch 2.1.4.1

5. Die Möglichkeit einen geregelten, kontinuierlich gekoppelten und damit geschlossenen Justierprozess zur Kompensation von Abweichungen zu implementieren[673].
6. Beim Justieren durch eine Relativbewegung durch Rotation und/ oder Translation eines Kompensationsglieds kann der Justiervorgang wiederholbar und reversibel gestaltet werden (vgl. 5.1.2.3).

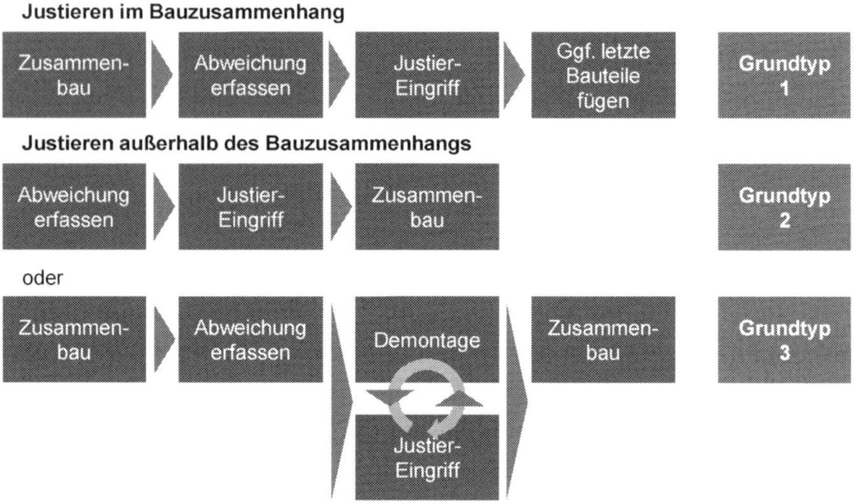

Abbildung 64: Mögliche Prozessreihenfolgen beim Justieren (Prozessgrundtypen zum Justieren)

Das Justieren außerhalb des Bauzusammenhangs unterscheidet sich von diesen Merkmalen signifikant. Neben dem ersten auffälligen Unterschied, dass der eigentliche Eingriff in die Maßkette nicht im Bauzusammenhang stattfindet, muss die Erfassung der Abweichung differenziert werden.

Bezüglich der Erfassung der zu kompensierenden Abweichung beim Justieren außerhalb des Bauzusammenhangs werden zwei Fälle unterschieden (vgl. Abbildung 64). Zum einen kann das Erfassen der Abweichung analog zu der Erfassung beim Justieren im Bauzusammenhang eben im Bauzusammenhang erfolgen (Grundtyp 3[674]). Das Erfassen der Abweichung kann aber auch durch ein indirektes Messen erfolgen (Grundtyp 2).

Im ersten Fall (Grundtyp 3), wird die Schließmaßtoleranz im Bauzusammenhang gemessen, um dann algorithmisch ein geeignetes Kompensationselement auszuwählen bzw. in seinen Ausprägungen zu bestimmen und dieses physische Kompensationsglied im Rahmen einer Demontage und erneuten Montage in die Maßkette einzufügen. Das Vermessen kann aber auch vor der Montage für jedes Maßkettenglied einzeln erfolgen (Grundtyp 2). So gibt es z.B. die Möglichkeit aus der Summe der Einzelabweichungen das Schließmaß einer Maßkette zu berechnen. Heutige Messtechnologien leisten es, Körper optisch zu

[673] vgl. Krause und et al. 2000, S. 151

[674] Im Grundtyp 3 kann der Justiereingriff je nach Justierart sowohl unabhängig von der Demontage, als auch abhängig von der Demontage erfolgen. Hierfür ist entscheidend, ob das Kompensationsglied durch die Demontage zunächst für den Justiereingriff verfügbar gemacht werden muss, oder ob es z.B. durch ein Austauschen parallel zur Demontage schon bereitgestellt werden kann.

vermessen und ein so erzeugtes digitales Abbild mit einem idealen digitalen Bild (z.B. CAD-Datei) zu überlagern und Informationen über Abweichungen an ausgewiesenen Merkmalen zu extrahieren. Mit Hilfe dieser Methode können Toleranzanalysen und die Bestimmung der Eigenschaftswerte eines Kompensationselements sowohl vor, als auch während des Zusammenbaus manuell, teilautomatisiert oder automatisiert erfolgen. Aus diesem Grund, da das Wirkprinzip dasselbe ist, wird auch die selektive Montage der Justage zugeordnet[675]. Wird allerdings die zu kompensierende Abweichung indirekt bestimmt, so können Abweichungen die in der Montage entstehen, nicht kompensiert werden.

Aus dieser Fallunterscheidung ergeben sich die konstituierenden Merkmale für das Justieren außerhalb des Bauzusammenhang:

1. Wird die Abweichung im Bauzusammenhang erfasst, ist eine Demontage und erneute Montage zum Einfügen des Kompensationsglieds notwendig.
2. Wird die Abweichung indirekt über das Vermessen der Einzelglieder erfasst, so kann das Kompensationsglied direkt der Montage beigestellt werden. Eine örtliche und zeitliche Trennung von den eigentlichen Justiertätigkeiten und der reinen Montage ist dann möglich. Allerdings können Abweichungen, die durch die Montage verursacht werden, nicht durch das Justieren kompensiert werden.
3. Der Eingriff in die eigentliche Maßkette zur Zustandsänderung erfolgt immer über ein Einzelglied.
4. Ein Justieren außerhalb des Bauzusammenhangs findet immer im offenen also diskontinuierlich gekoppelten Justierkreis statt[676].
5. Eine Wiederholbarkeit der Justierung ist nur dann gegeben, wenn das Kompensationsglied zerstörungsfrei gegen ein Gleiches, mit anderer Ausprägung ausgetauscht werden kann.

5.1.2.3 Konstituierende Merkmale der Justierarten im Bauzusammenhang

Im Folgenden werden die konstituierenden Merkmale der Justierarten im Bauzusammenhang diskutiert und mit Unterstützung der Datum-Flow-Chain Modellierung, der Maßkettentheorie sowie Beispielen und Prinzipskizzen visualisiert und beispielhaft beschrieben.

Justieren durch Relativbewegungen mittels Translation und Rotation

Das Justieren durch Translation und/ oder Rotation basiert auf dem Effekt, dass zwei Maßkettenglieder relativ zueinander in ihrer Lage verändert werden. Der Eingriff darf nach den Grundforderungen zum Justieren immer nur über ein Kompensationsglied eingeleitet werden (vgl. 2.2.2 und 4.3.2.2). Es wird also die Lage eines Maßkettenglieds aktiv verändert, was die passive Veränderung anderer Maßkettenglieder nach sich ziehen kann. Entscheidend ist, dass mindestens ein benachbartes Maßkettenglied seine ursprüngliche Lage beibehält, damit die Relativbewegung stattfinden kann. Die Relativbewegung ist entweder eine Rotation oder eine Translation oder eine Überlagerung aus den beiden Grundbewegungen (vgl. 5.1.1.1). Eine Rotation bedeutet dabei immer, dass eine Relativbewegung von zwei Bauteilen um einen Drehpunkt stattfindet und damit mindestens der Linearitätskoeffizient α_k des Kompensationsglieds k verändert wird, welcher durch die Rotation seine Orientierung relativ zur Maßkettenrichtung verändert. Bei einer Translation findet eine translatorisch gerichtete Relativbewegung in eine

[675] vgl. Selektive Montage, S. 239 Warnecke et al. 1996
[676] vgl. Krause und et al. 2000, S. 151

Raumrichtung statt. Dabei wird der Linearitätskoeffizient des Kompensationsglieds α_k nicht verändert, sondern die wirkende Länge des Kompensationsglieds M_k.

Diese Relativbewegungen durch Rotation oder Translation können nun durch zwei Arten realisiert werden. Die erste Art ist ein Mechanismus. Ein Mechanismus ist ein funktionales Element, das Teil der Funktionsstruktur des technischen Systems ist und durch ein Wirkprinzip schließlich physisch ein Subsystem in Form z.B. eines Einstellgetriebes darstellt. Ein Beispiel hierfür ist z.B. ein Küchentürscharnier, bei dem sich durch eine Stellschraube über eine Übertragungsfunktion des Mechanismus die Lage der Tür relativ zum Korpus verändert. Eine solcher Mechanismus muss im Rahmen der Konstruktionsmethodik in der Phase berücksichtigt werden, in der die Funktionsstruktur gebildet wird. Da eine Funktion immer eine Transformation von einer Eingangsgröße zu einer Ausgangsgröße ist und entweder eine Transformation von Energie, Stoff, oder Informationen darstellt, kann zur Beschreibung der in Frage kommenden Funktionen für das Justieren auf Elementarfunktionen zurückgegriffen werden (vgl. 2.1.2). Diese Elementarfunktionen verknüpfen ein abstrahiertes Problem direkt mit einem Lösungsraum. Dieser Lösungsraum liegt in Form von Konstruktionskatalogen für die in Frage kommenden Elementarfunktionen und ihrer Transformationsaufgabe in der Literatur zahlreich vor. Abbildung 65 zeigt eine schematische Darstellung einer Übertragungsfunktion, die entweder einen Winkel oder einen Weg als Stellgröße in einen anderen Winkel oder Weg übersetzt. Dabei findet eine Übertragung im Wert und/ oder eine Übersetzung eines Wertes zwischen den Koordinatenachsen statt.

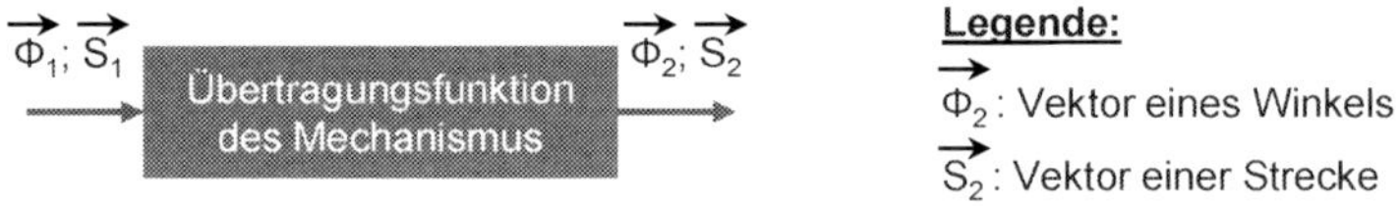

Abbildung 65: Rotation oder Translation mit Hilfe eines Mechanismus als Teil der Funktionsstruktur

Eine weitere Möglichkeit zur Erzeugung der Relativbewegung ist die Ausnutzung von einem Freiheitsgrad im Bauzusammenhang. Ein solcher Freiheitsgrad muss durch eine Vorrichtung fixiert werden, damit ein geometrisch bestimmter Zustand einer Maßkette eingestellt werden kann. Vorab muss die Vorrichtung so eingestellt werden, dass über diese das Kompensationsglied, das durch den Freiheitsgrad im Bauzusammenhang beweglich ist, auch kontrolliert bewegt werden kann und darüber somit die Relativbewegung erzeugt wird. Die Bewegung kann wiederum, analog zu der Übertragungsfunktion des Mechanismus über eine Übertragungsfunktion einer Vorrichtung abgebildet werden. Die Vorrichtung kann wiederum mit Hilfe eines Mechanismus realisiert werden. Eine derartige Übertragung kann prinzipiell in jeder vorstellbaren Funktion vorliegen, diskret gestuft, linear kontinuierlich oder auch kontinuierlich nicht-linear.

Dieser Zusammenhang ist in Abbildung 66 dargestellt. Über die Vorrichtung F werden die Merkmalspunkte der Vorrichtung F_1 und F_2 eingestellt und über den Merkmalspunkt F_2 das Merkmal C, welches aufgrund eines Freiheitsgrades an der Verbindungsstelle zum Bauteil B manipulierbar ist und damit ein Kompensationsglied darstellt, so dass das Schließmaß zwischen den Merkmalen A und C eingestellt werden kann. In Abhängigkeit der geforderten Genauigkeit für eine Justierung kann eine Vorrichtung auch durch eine manuelle Bewegung substituiert werden.

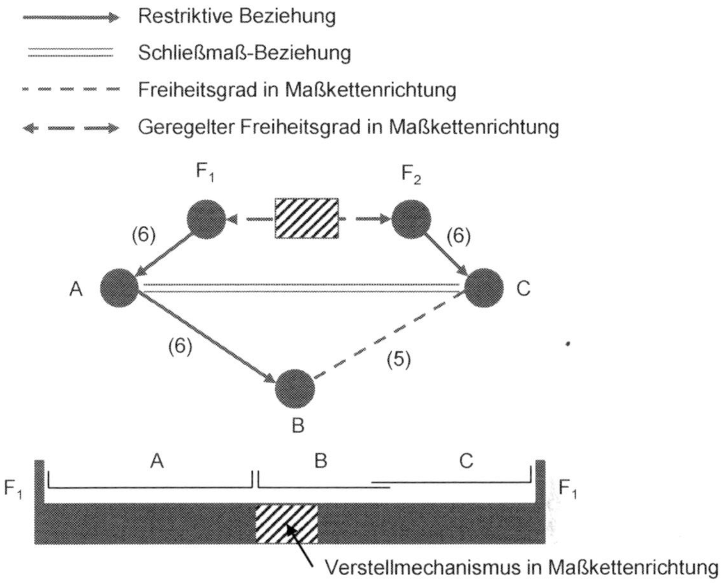

Abbildung 66: Rotation oder Translation mit Hilfe einer Vorrichtung[677]

[677] Die Punkte F_1 und F_2 sind Bezugspunkte auf der Vorrichtung, die die äußeren Seiten der Bauteile A und C geometrisch bestimmen.

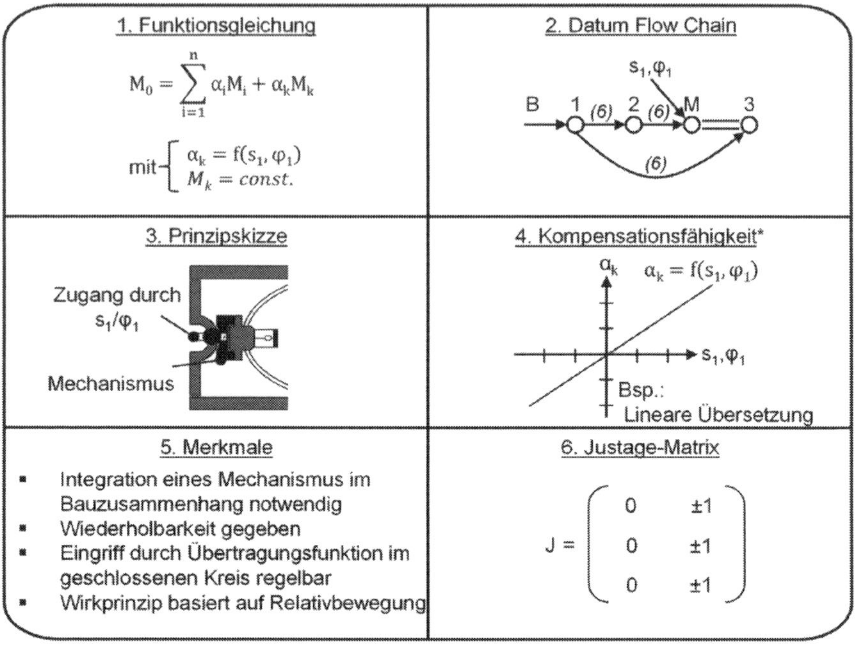

Legende: M_k: Maß des Kompensationsglieds; α_k: Linearisierungskoeffizient des Kompensationsglieds; M: Mechanismus; B: Basis; s: Strecke; φ: Winkel; J: Justage-Matrix; *: beispielhafter Verlauf

Abbildung 67: Justieren durch Rotation mit Mechanismus

Das Justieren mittels Rotation und Translation ist eine in der Praxis häufig vorkommende Justierart, die z.B. durch Langlöcher, Führungen etc. realisiert wird oder in Form von einem Mechanismus wie dem Türscharnier umgesetzt wird. Für die Umsetzung ist die Zugänglichkeit entweder über eine Vorrichtung zum Kompensationsglied oder zum Mechanismus entscheidend. Zudem ist das Vorhandensein oder die Möglichkeit einen Mechanismus in die Baustruktur zu integrieren bzw. einen Freiheitsgrad vorzusehen über den eine Justierbewegung eingeführt werden kann, notwendig. Liegt eine Übertragungsfunktion in Form eines Mechanismus als Subsystem der Maßkette selber, oder als Teil der Vorrichtung vor, kann die Justierbewegung in vielen Fällen präziser geregelt werden.

Die Elemente des Hauptteils und Zugriffsteils sind übersichtlich in Abbildung 67 bis Abbildung 70 dargestellt und ergänzen die konstituierenden Merkmale. Mit Hilfe der Funktionsgleichung wird dargestellt, wie mathematisch betrachtet ein Justiereingriff wirkt. Die DFC-Modellierung ergänzt die Erklärung mit Hilfe der Visualisierung der geometrischen Bestimmtheit. Zudem lässt sich der Eingriffsort und die Wirkkette eines Eingriffs bezogen auf die Konstitution der geometrischen Abhängigkeiten einer Baugruppe mit der DFC-Modellierung sehr gut darstellen. Die Kompensationsfähigkeit, zentrale Merkmale, eine einfache Prinzip-Skizze sowie die Justiermatrix erweitern die Beschreibung zusätzlich.

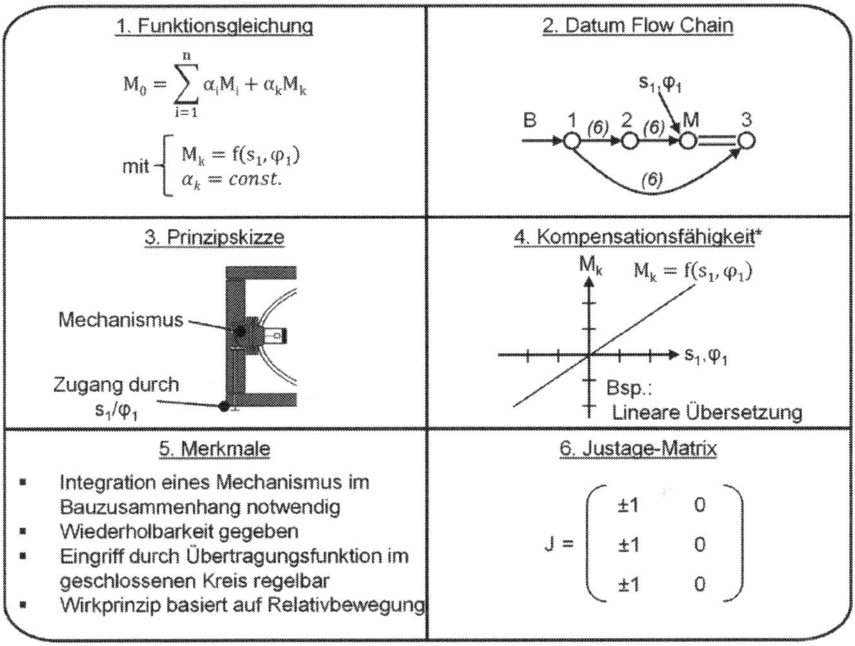

Legende: M_k: Maß des Kompensationsglieds; α_k: Linearisierungskoeffizient des Kompensationsglieds; M: Mechanismus; B: Basis; s: Strecke; φ: Winkel; J: Justage-Matrix; *: beispielhafter Verlauf

Abbildung 68: Justieren durch Translation mit Mechanismus

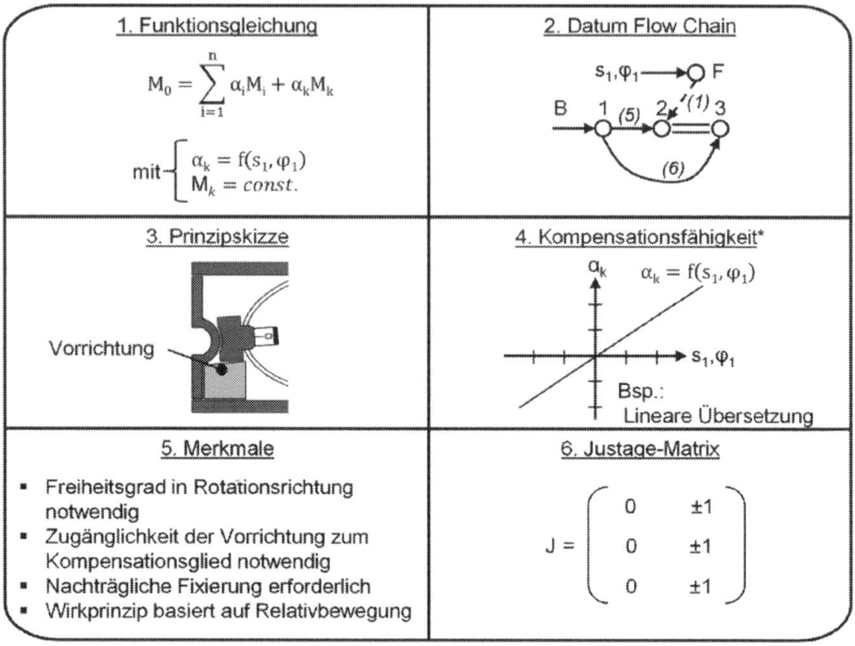

Legende: M_k: Maß des Kompensationsglieds; α_k: Linearisierungskoeffizient des Kompensationsglieds; F: Vorrichtung; B: Basis; s: Strecke; φ: Winkel; J: Justage-Matrix; *: beispielhafter Verlauf

Abbildung 69: Justieren durch Rotation mit Vorrichtung

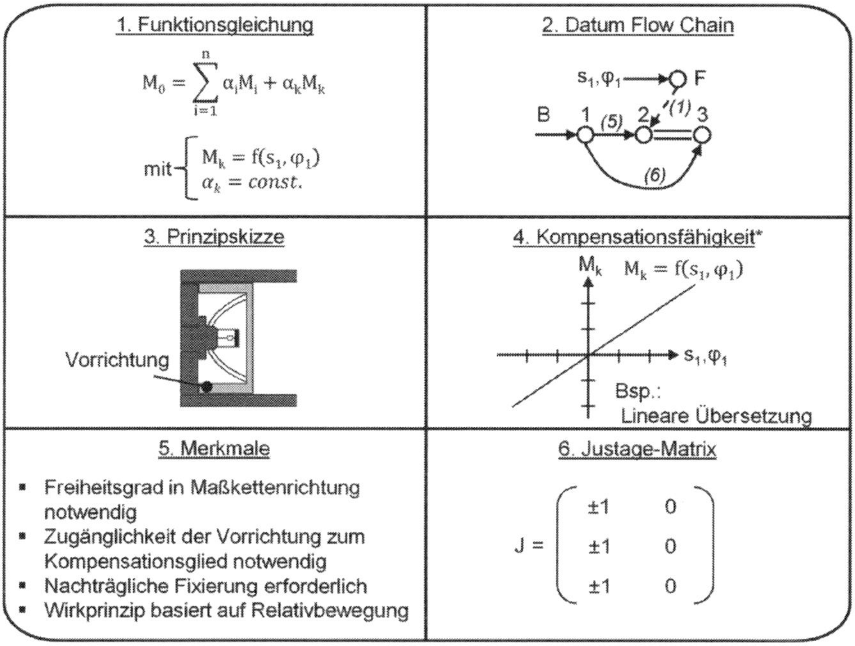

Legende: M_k: Maß des Kompensationsglieds; α_k: Linearisierungskoeffizient des Kompensationsglieds; F: Vorrichtung; B: Basis; s: Strecke; φ: Winkel; J: Justage-Matrix; *: beispielhafter Verlauf

Abbildung 70: Justieren durch Translation mit Vorrichtung

Justieren durch Umformen im Bauzusammenhang

Das Justieren durch Umformen ist prinzipiell ein Sonderfall der Rotation bzw. der Translation. Denn durch eine Formänderung des Kompensationsglieds im Bauzusammenhang wird die Form und damit das für die Maßkette kritische Maß M_k und/ oder der Linearitätskoeffizient verändert (vgl. Abbildung 71). Justieren durch Umformen kann damit als eine Addition von translatorischen und rotatorischen Elementarbewegungen beschrieben werden, da sich Merkmale im Bauzusammenhang in ihrer Lage relativ zueinander bewegen. Der einzige Unterschied ist, dass diese Bewegungen immer einen linearen Charakter haben, da die Maß- und Formänderungen immer proportional zu der Umformbewegung sind. Eine Umformbewegung führt immer zu einer proportionalen Änderung von M_k bzw. α_k. Für das Justieren durch Umformen werden vom Umformverfahren abhängige Eigenschaften gefordert. Das Produkt selber muss die Zugänglichkeit bieten sowie die prozessualen und insbesondere mechanischen Rahmenbedingungen für die Anwendung des jeweiligen Umformverfahrens erfüllen. Das Umformen bietet sich bei Blechkonstruktionen an offenen Enden an, um z.B. abhängig von der Fertigungshistorie eines Bauteils z.B. Bleche winklig zueinander zu formen. Die konstituierenden Eigenschaften sind übersichtlich im Anhang für die Rotation (reine Veränderung des Linearitätskoeffizienten) und der Translation unabhängig voneinander dargestellt.

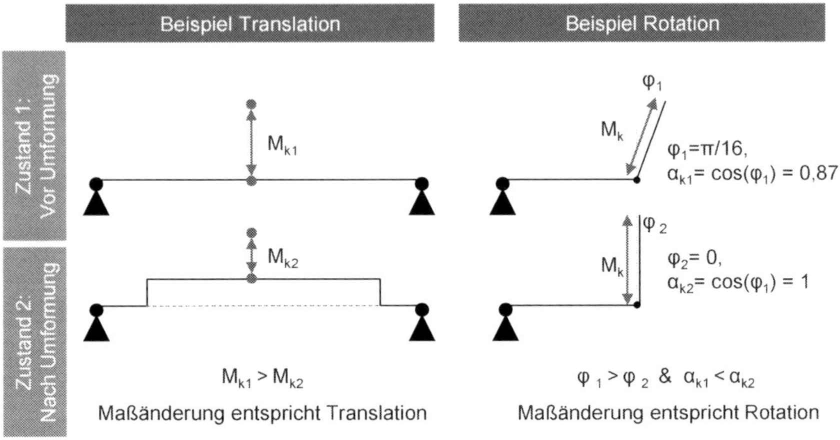

Abbildung 71: Justieren durch Umformen

Justieren durch Trennen im Bauzusammenhang

Das Justieren durch Trennen kann mit Hilfe der Maßkettengleichung als eine Kürzung des Maßes des Kompensationsglieds M_k beschrieben werden. Das Maß wird also durch ein Trennen geändert. Die Orientierung des Kompensationsglieds relativ zur Maßkettenrichtung und damit der Linearitätskoeffizient α_k bleiben aber gleich. Die Kompensationsfähigkeit ist in jedem Fall abhängig von dem kleinsten möglichen Trennmaß, welches durch das Trennverfahren bestimmt ist. Außerdem ist die Anwendbarkeit genauso wie beim Umformen von zahlreichen prozessualen und mechanischen Bedingungen abhängig, die die möglichen Trennverfahren erfordern. Im Einzelfall ist zu überprüfen, ob ein Trennverfahren aufgrund der durch das trennende Fertigungsverfahren vorhandenen Einflüsse auf die Montagebaugruppe bzw. das technische System eingesetzt werden kann (z.B. Wärmeeintrag, Zugänglichkeit, etc.). Das Trennen kann zudem immer nur ein Maßkettenglied kürzen. Dies sollte bei der Wahl des Kompensationsglieds beachtet werden. Ein Trennen im Bauzusammenhang kann ebenso wie das Umformen ausschließlich am offenen Ende einer Maßkette stattfinden. Die konstituierenden Merkmale sind übersichtlich im Anhang dargestellt.

Justieren durch Beschichten im Bauzusammenhang

Das Justieren durch Beschichten ist anders als das Trennen eine Möglichkeit ein Maßkettenglied in seinem Maß durch das Auftragen von Schichten auf das Maßkettenglied zu vergrößern. Analog zum Trennen sind daher fertigungsprozessbedingte Eigenschaften (Zugänglichkeit, Prozessdauer, etc.) zu berücksichtigen. Das Beschichten als Justierart kann als Kompensation durch Maßänderung des Kompensationsglieds M_k nur an offenen Maßkettenenden Einsatz finden. Voraussetzung ist, dass das Maßkettenglied in Maßkettenrichtung eine zugängliche Fläche besitzt. Die konstituierenden Merkmale sind übersichtlich im Anhang dargestellt.

5.1.2.4 Konstituierende Merkmale der Justierarten mit optionalem bzw. nicht-optionalem Kompensationsglied – Merkmale der Justierarten aus Gliederungsteil 2 und 3

Im Folgenden werden die Justierarten charakterisiert, bei denen der Eingriff in die Maßkette als Prozessschritt des Justierens nicht im Bauzusammenhang stattfindet. Der geometrisch-mechanische Eingriff erfolgt also bezogen auf ein einzelnes Maßkettenglied. Die Wirkung auf das Schließmaß wird aber wiederum erst im zusammengebauten Zustand wirksam. Die zwei Untergruppen, die diese Justierarten bilden, wurden in das Einfügen optionaler Maßkettenglieder und in das Verändern oder Austauschen nicht-optionaler Maßkettenglieder unterteilt. Die erste Untergruppe umfasst dabei entweder ein Hinzufügen oder ein Wegnehmen, die zweite Gruppe dagegen ein Wegnehmen und Hinzufügen. Beide Untergruppen haben eine Schnittmenge in den Wirkprinzipien des Eingriffs auf das Kompensationsglied, d.h. eine Schnittmenge in der untersten Gliederungsebene der Justierarten. Allerdings liegen Unterschiede in den konstituierenden Merkmalen vor, was insbesondere die Wirksamkeit der Justierarten im späteren Bauzusammenhang beeinflusst. Daher werden im Folgenden die Unterschiede in Bezug auf die konstituierenden Merkmale der zwei Gruppen[678] der Justierarten außerhalb des Bauzusammenhangs (Gliederungsteil 2 und 3) erörtert.

Justieren mit optionalem Kompensationsglied

Werden optionale Kompensationsglieder in einer Maßkette hinzugefügt, müssen die Kontakt-restriktionen des vorgelagerten und des nachgelagerten Bauteils beachtet werden. Dies ist in Abbildung 72 mit Hilfe der Datum-Flow-Chain verdeutlicht. Das Kompensationsglied D, welches im Fall 2 hinzugefügt wurde, muss die Kontaktrestriktionen der plastischen Form der Verbindungsstellen der Maßkettenglieder A und B erfüllen.[679]

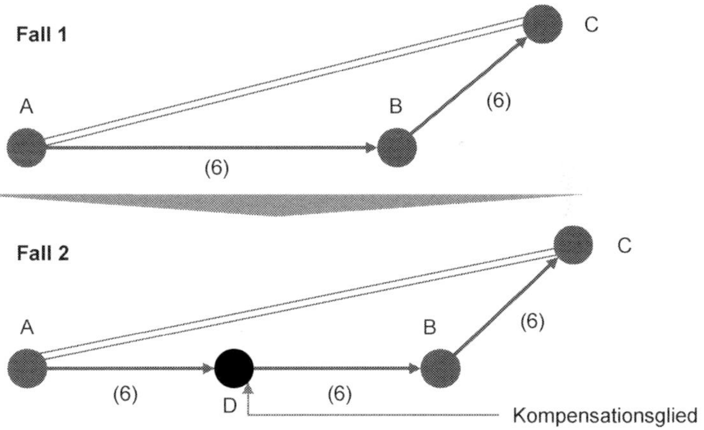

Abbildung 72: Einfügen von Kompensationsgliedern, visualisiert mit der Datum-Flow-Chain

[678] Justieren mit optionalem bzw. nicht-optionalem Kompensationsglied

[679] Derartige Verbindungen von Maßkettengliedern haben immer eine Contact-Verbindung (Butt-Joint, bzw. Stumpfstoß), da sonst der Fall einer überlappenden Relativbewegung also einer Translation und/ oder Rotation mit Mate-Verbindung (Slip-Joint, Überlappstoß) vorliegen würde (vgl. 5.1.2.1).

Über die Länge und Form des Kompensationsglieds wird die Kompensationseigenschaft dargestellt. Es besteht die Möglichkeit, durch eine Überlagerung von Verdrehungen und Verschiebungen sowohl das Maß M_k, als auch den Linearitätskoeffizienten α_k des Kompensationsglieds gezielt zu beeinflussen. Eine Veränderung von α_k erfolgt dadurch, dass die Kontaktflächen zwischen zwei Flächen A und B (vgl. Abbildung 72) durch das Einfügen eines Kompensationsglieds nicht nur in ihrem Abstand (vgl. Abbildung 73, Fall 1) sondern auch in ihrer Orientierung zueinander (vgl. Abbildung 73, Fall 2) verändert werden.

Eine wichtige Restriktion bei der Kompensationsfähigkeit mit optionalen Kompensationsgliedern ergibt sich dabei aus zwei Zusammenhängen. Zum einen können die Kompensationsglieder nicht beliebig zwischen zwei Fügepartnern eingebracht werden. Für den Fall, dass optionale Kompensationsglieder eingefügt werden, liegen immer Butt-Joint-Verbindungen vor, da sonst der Fall einer Slip-Joint-Verbindung eintreten würde, der bereits in 5.1.2.3 abgehandelt wurde. Butt-Joint Verbindungen sind dadurch gekennzeichnet, dass durch die Stumpfstoßverbindungen Freiheitsgrade genommen werden (vgl. 3.2.9). Addieren sich diese Butt-Joint Verbindungen in den Raumachsen bzw. Raumebenen, liegen formschlüssige Verbindungen vor. In mindestens einer Richtung, der Fügerichtung, muss aber die Butt-Joint-Verbindung so gestaltet sein, dass zwei Komponenten formschlüssig durch eine Relativbewegung gefügt werden können. In Fügerichtung liegt also die Möglichkeit einer Relativbewegung vor, die durch den Stumpfstoß der Butt-Joint-Verbindung begrenzt ist. Diese Verbindung wird anschließend z.B. durch ein stoff- oder kraftschlüssiges Fügeprinzip dauerhaft geschlossen, damit eine Verbindung in ihren sechs Freiheitsgraden bestimmt ist. Das bedeutet, dass optionale Kompensationsglieder in ihrer Funktion als kompensierende Bindeglieder nur dort eingefügt werden können, wo keine räumlichen Restriktionen durch überlagernde Butt-Joint-Verbindungen als formschlüssige Verbindungen vorliegen. Diese freien Richtungen werden im Folgenden als mögliche Fügerichtungen bezeichnet. Ist diese Fügerichtung in Richtung der Maßkette orientiert, so wirkt die Längenänderung durch Einfügen des Kompensationsglieds über das Produkt mit den Linearitätskoeffizienten α_k auf die Maßkette. Liegt die Fügerichtung der Maßkettenglieder und damit die Richtung des Kompensationsglieds aber orthogonal zur Maßkettenrichtung, so kann das Kompensationsglied für Linearitätskoeffizienten mit Werten für α_k von ± 1 nicht wirken.

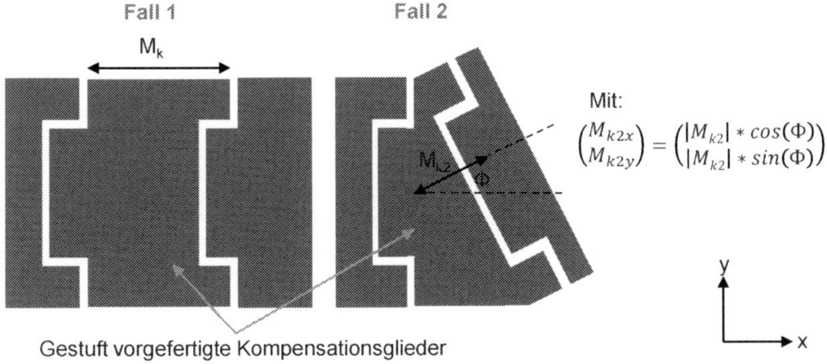

Abbildung 73: Einfügen gestuft vorgefertigter Kompensationsglieder als Bindeglied[680]

Die Wirkung steigt mit dem Produkt aus der wirkenden Maßkettengliedlänge und dem durch ein Kompensationsglied beeinflussten Linearitätskoeffizienten, wenn der Winkel von Fügerichtung und Maßkettenrichtung vom orthogonalen Zustand abnimmt. Wie in Abbildung 62 zu sehen, ist dafür jedoch ein großes wirksamen Maß M_k als Hebelarm oder ein großes α_k und damit ein geringer Winkel zwischen der Fügerichtung des Kompensationsglieds und der Maßkettenrichtung erforderlich. Insbesondere bei kleinen Abweichungen, die in einer Maßkette kompensiert werden müssen, ist die Anwendung von optionalen Kompensationsgliedern nur dann geeignet, wenn die Fügerichtung des Kompensationsglieds in Maßkettenrichtung liegt. Liegt die Fügerichtung des Kompensationsglieds orthogonal zur Maßkettenrichtung, so ist die Kompensationsfähigkeit nur über große Hebelarme oder größere Orientierungsänderungen durch große Winkel Φ, wie in Abbildung 73 im Fall 2 gezeigt, möglich. Müssen Orientierungsänderungen durch das Kompensationsglied selber erzeugt werden, nimmt das Kompensationsglied große Dimensionen an, was im Hinblick auf die Größe der zu kompensierenden Abweichungen zum Schließmaß der Maßkette ein Ausschlusskriterium für den Einsatz dieser Justierart sein kann.

Für den Fall, dass kleine Abweichungen Δs in einer Maßkette kompensiert werden, mit $\Delta s \ll M_{Min}$, ist in den meisten mechanischen Baugruppen bzw. Systemen ein optionales Kompensationsglied, das wie in Fall 2 in Abbildung 73 eine Orientierungsänderung und damit eine Änderung des Linearitätskoeffizienten ermöglicht, aufgrund des Verhältnisses der Dimensionen ausgeschlossen. Zusammenfassend können folgende qualitativen konstituierenden Merkmale für optionale Kompensationsglieder festgehalten werden:

1. Optionale Kompensationsglieder dürfen nur in Butt-Joint Verbindungen in Form von Bindegliedern eingefügt werden. Diese Verbindungen bzw. Bindeglieder müssen in den sechs Freiheitsgraden ihrer Verbindungen definiert sein.
2. Die Kontaktrestriktion der vor- und nachgelagerten Verbindungen müssen beachtet werden, damit eine formschlüssige Verbindung erfolgen kann. Ein optionales Kompensationsglied, das zwischen den Komponenten A und B eingefügt wird, muss jeweils die negative Kontaktfläche von A und B abbilden.

[680] Die rotationssymmetrischen Glieder können ausschließlich in x-Richtung (der Fügerichtung) gefügt werden. Die Position einer Fügestellung ist durch die Position der anderen Fügepartner gesetzt.

3. Die Wirkung der Kompensation durch optionale Kompensationsglieder wird dadurch erreicht, dass zwischen den Kontaktflächen der vor- und nachgelagerten Verbindungen der Abstand und/ oder die Orientierung verändert werden.
4. Ein Kompensationsglied kann nur in der zulässigen Fügerichtung zwischen A und B unter Berücksichtigung weiterer räumlicher Restriktionen eingefügt werden.
5. Für die Kompensation von kleinen Abweichungen sind optionale Kompensationsglieder nur dann sinnvoll, wenn ihre Fügerichtung kongruent bzw. nahezu kongruent mit der Richtung der Maßkette ist. Je größer der Winkel zwischen der Fügerichtung des Kompensationsglieds und der Maßkette bezogen auf das Intervall von 0 bis 90 Grad ist, desto geringer ist die Kompensationseigenschaft des Kompensationsglieds in Maßkettenrichtung.
6. Es gibt eine vom Herstellungsprozess abhängige minimale Größe eines Kompensationsglieds, was hinsichtlich der kleinsten zu kompensierenden Abweichung beachtet werden muss.

Abschließend wird bezogen auf die Justierarten mit optionalem Kompensationsglied noch auf die Justierart Zerlegen eingegangen. Justieren durch Wegnehmen durch Zerlegen ist die Umkehrung des Hinzufügens vorgestufter Elemente. Zerlegen bedeutet (vgl. 5.1.1.2), dass Maßkettenglieder zerstörungsfrei entnommen werden. Vorher in einer Maßkette eingefügte Elemente sind geometrisch und stofflich bestimmte feste Körper, die entnommen werden. Die Wirkung dieser Justierung ist damit prinzipiell gleich wie die des Hinzufügens gestuft vorgefertigter Elemente, nur mit umgekehrtem Vorzeichen. Das Vorzeichen des Linearitätskoeffizienten entscheidet darüber, ob das Maßkettenglied M_k, das der Maßkette entnommen wird, ein Über- oder ein Untermaß kompensiert. Der Hauptteil dieses zweiten Gliederungsteils ist im Anhang übersichtlich dargestellt.

Justieren mit nicht-optionalen Maßkettengliedern

Das Justieren durch Verändern bzw. Austauschen von nicht-optionalen Kompensationsgliedern basiert auf dem gleichen Wirkprinzip wie das Justieren mit optionalen Kompensationsgliedern. Denn genau wie bei optionalen Kompensationsgliedern wirkt das Kompensationsglied als Verbindungsstück zwischen zwei Bauteilen und kann durch eine Form- und Maßänderung den Abstand sowie die Orientierung der benachbarten Bauteile verändern und damit Einfluss auf die Maßkette nehmen (s.o.). Jedoch weist das Justieren mit nicht-optionalem Kompensationsglied gegenüber dem Justieren mit optionalen Kompensationsgliedern einen erheblichen Vorteil auf. Durch die Veränderung von nicht-optionalen Kompensationsgliedern können auch Maßketten direkt beeinflusst werden, deren Richtung orthogonal zur Fügerichtung von Bauteilen liegt. Dies sei an folgendem fiktiven Beispiel im Hinblick auf die obigen Ausführungen zu den konstituierenden Merkmalen optionaler Kompensationsglieder erläutert.

Abbildung 74 zeigt eine Montagebaugruppe aus rotationssymetrischen Bauteilen, die in z-Richtung gefügt wird. Orthogonal zur z-Richtung befinden sich die Achsen x und y. Der Punkt U muss sowohl in x-Richtung als auch in y-Richtung ausgerichtet werden. Der Kern der Baugruppe (Komponente B) ist eine starre Achse, die mit dem Festlager A verbunden ist. Über die Achse B wird in z-Richtung mit Hilfe einer Nut das Bauelement gefügt, welches in diesem Fall das Kompensationselement C ist. Über das Kompensationselement C wird wiederum eine weitere Komponente mittels formschlüssiger Nut-Verbindung gefügt, auf der sich am Außenring der Punkt U befindet. Aufgrund der formschlüssigen Kontaktstellen in Maßkettenrichtung (x-y-Ebene) kann kein optionales Maßkettenglied als Bindeglied gefügt werden. Jedoch kann das nicht-optionale Maßkettenglied C als Kompensationselement genutzt werden. Durch die relative Veränderung der Kontaktstellen der Bauelemente B und D zueinander, wird diese Kompensation erzeugt. Es wird einmal die Position der beiden Nuten in dem Kompensationselement und zugleich die Position des Innendurchmessers relativ zum Außendurchmesser verändert. Dadurch, dass beide Durchmesser zueinander verschoben sind, wird der Mittelpunkt der gesamten Montagebaugruppe und damit die Position P relativ zum ursprünglichen festen Mittelpunkt der Komponente A verschoben. Dies entspricht einer Translation, die in Abbildung 74 dargestellt ist. Diese Translation wird durch eine Rotation überlagert, die sich in der Verschiebung der Nuten um den Winkel ΔΦ manifestiert. Gemeinsam ergeben beide Überlagerungen eine Kompensation, die nur durch die Veränderung des Kompensationsglieds C erfolgt. Die Kontaktstellen von C zu D oder von C zu B haben sich dabei nicht verändert. Eine derartige Kompensation kann nur mit Maßkettengliedern erfolgen, die Teil der bestehenden Maßkette sind und ausreichend Volumen bieten, um Kontaktflächen zu benachbarten Bauteilen relativ zueinander zu verschieben.

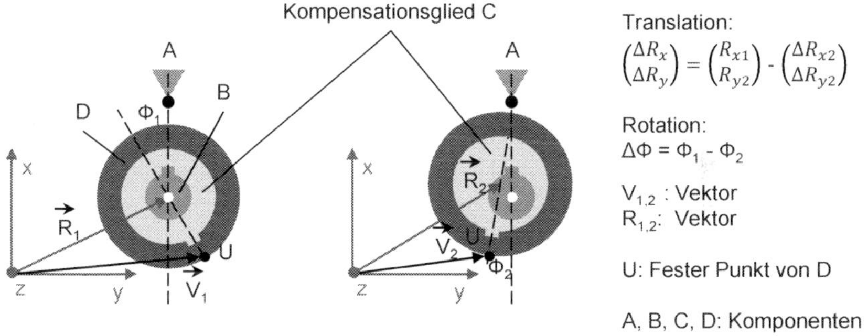

Abbildung 74: Beispiel einer Überlagerung von Elementarverschiebungen und Verdrehungen

Analog ergeben sich für das Justieren mit nicht-optionalen Kompensationsgliedern folgende konstituierende Eigenschaften:

1. Nicht-optionale Kompensationsglieder dürfen nur Maßkettenglieder sein, die in Form einer Butt-Joint Verbindung vorliegen und damit in allen sechs Freiheitsgraden definiert sind.
2. Die Kontaktrestriktion der vor- und nachgelagerten Verbindungen müssen beachtet werden, damit eine formschlüssige Verbindung erfolgen kann. Ein nicht-optionales Kompensationsglied, das zwischen den Komponenten A und B eingefügt wird, muss jeweils die negative Kontaktfläche von A und B abbilden.
3. Die Wirkung der Kompensation wird durch nicht-optionale Kompensationsglieder dadurch erreicht, dass der Abstand und/ oder die Orientierung zwischen den Kontaktflächen der vor- und nachgelagerten Verbindung verändert wird.
4. Ein nicht-optionales Kompensationsglied ist grundsätzlich sehr gut geeignet, um Abweichungen in einer Maßkettenrichtung zu kompensieren, die orthogonal zur Fügerichtung der Komponenten ist.
5. Es gibt eine vom Herstellungsprozess abhängige minimale Größe eines Kompensationsglieds, was hinsichtlich der kleinsten zu kompensierenden Abweichung beachtet werden muss.

5.1.2.5 Weitere konstituierende Merkmale der Wirkmechanismen der Justierarten außerhalb des Bauzusammenhangs (Gliederungsteil 2 und 3)

Die Wirkmechanismen von optionalen und nicht-optionalen Kompensationsgliedern sowie weitere konstituierende Merkmale wurden bereits diskutiert. Nun gibt es prinzipielle Lösungen, wie optionale und nicht-optionale Kompensationsglieder bereitgestellt bzw. verändert werden. Die prinzipiellen Möglichkeiten zum Justieren gliedern sich in das Auswählen von gleichen Kompensationsgliedern mit unterschiedlichen Ausprägungen aus einer Menge, sowie das Fertigen durch geplante Nacharbeit oder die spezifische Fertigung. Auf die einzelnen unterschiedlichen Fähigkeiten der formschaffenden und formändernden Fertigungsverfahren nach DIN 8580 wird im Folgenden nicht explizit eingegangen. Jedoch gibt es hinsichtlich der Gruppen von Wirkprinzipien konstituierende Merkmale zu unterscheiden. Wird ein Fertigungsverfahren für die spezifische Herstellung eines Kompensationsglieds oder die Änderung eines Kompensationsglieds eingesetzt, so sind die Auslastung sowie der Maschinenstundensatz des Fertigungsmittels zur Herstellung der Kompensationsglieder wichtige aufwandsbestimmende Faktoren. Der Aufwand für die Fertigung ist also maßgeblich Kosten bestimmend gegenüber dem logistischen Aufwand bei der Bevorratung einer Menge, die zur Auswahl steht. Aus diesem Grund werden z.B. vorgestuft gefertigte Kompensationsglieder häufig eingesetzt, wenn sie Schüttgutcharakter haben, wie z.B. Unterlegscheiben bei der Türjustage. Im Folgenden werden weitere konstituierende Merkmale der einzelnen Gliederungsgruppen erörtert.

1. Herstellung eines spezifisch gefertigten Kompensationsglieds:

Für spezifisch gefertigte Kompensationsglieder verhält sich die Kompensationsfähigkeit kontinuierlich. In Abhängigkeit der Präzision und Fähigkeiten des Fertigungsverfahrens, welches das Kompensationsglied herstellt, lassen sich quasi alle möglichen Kompensationsglieder herstellen. Im idealen Fall lassen sich damit auch alle Abweichungen kompensieren. Die Auswahl des Fertigungsverfahrens sowie die Dimensionierung des Kompensationsglieds entscheiden damit letztlich über die Präzision und die herstellbaren Geometrien. Genauso gilt die umgekehrte Beziehung. Wie in 5.1.1.2 argumentiert, kommen alle formschaffenden und formändernden Fertigungsverfahren in Frage.

2. (Geplante) Nacharbeit:

Das Justieren durch Nacharbeit ist die Justierart, die klassisch im Werkzeugmaschinenbau zu finden ist und häufig mit einer Vielzahl an Iterationen verbunden ist und dadurch das Bild des Justierens als nicht-wertschöpfende Tätigkeit prägt.

Ausgangspunkt dieses Justierprozesses ist immer das Erfassen der zu kompensierenden Abweichung (vgl. Abbildung 64). Die Information über die zu kompensierende Abweichung bestimmt in Bezug auf das definierte Kompensationsglied die Veränderung an dem ausgewiesenen Kompensationsglied, die durch Nacharbeit vorzunehmen ist. Dieses Kompensationsglied ist dabei ein vorbestimmtes Maßkettenglied aus der Menge der an einer Maßkette beteiligten Glieder. Die Nacharbeit kann analog zu den stofflich-geometrischen Eingriffen im Bauzusammenhang ausschließlich durch die Fertigungsverfahren Umformen, Trennen oder Beschichten erfolgen (vgl. Argumentation 5.1.2.3). Damit kann analog sowohl eine Maßänderung des wirksamen Maßes in Maßkettenrichtung M_k des Kompensationsglieds erzeugt werden als auch eine Veränderung des wirksamen Linearitätskoeffizienten α_k. Die konstituierenden Merkmale sind in Anlehnung an die Wirkung der Verfahren beim Justieren im Bauzusammenhang in Ergänzung zu Abbildung 75 zu entnehmen. Ein zentraler Unterschied zum Justieren im Bauzusammenhang ist die Wirkung des Kompensationsglieds bezogen auf den Bauzusammenhang. Das Kompensationsglied beim Trennen und Beschichten kann grundsätzlich überall in die Maßkette integriert werden und damit andere Linearitätskoeffizienten beeinflussen. Die Änderung wirkt im Bauzusammenhang im Einzelfall also anders als die am offenen Ende.

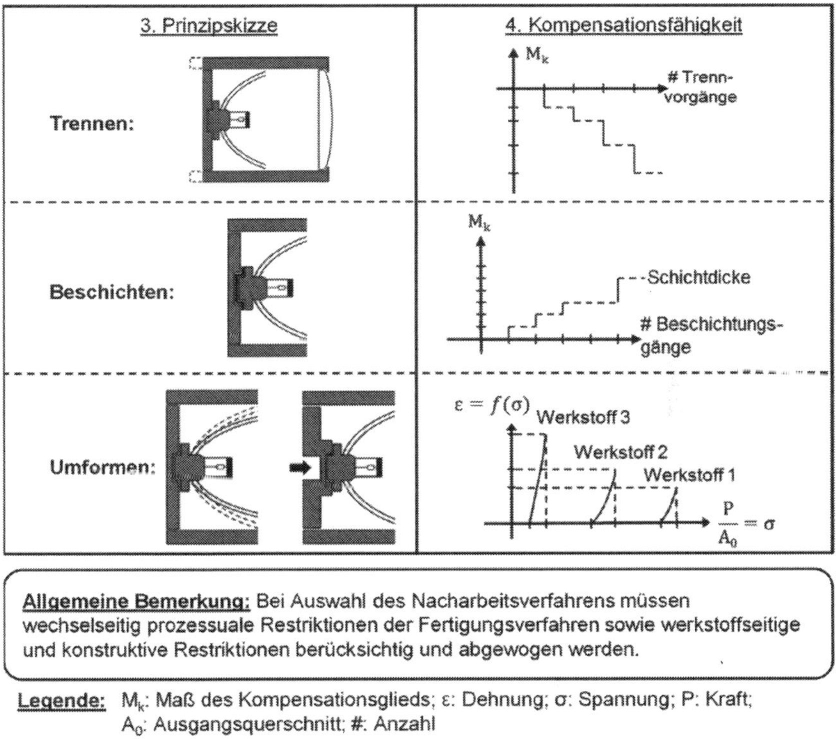

Abbildung 75: (Geplante) Nacharbeit

3. Auswahl aus einer Menge gestuft gefertigter Kompensationsglieder:

Das Justieren mittels gestuft vorgefertigter Bauteile verhält sich mit zwei Ausnahmen genauso, wie die Justierart, bei der spezifisch gefertigte Kompensationsglieder in die Maßkette hinzugefügt werden. Der erste Unterschied ist, dass nicht für alle Fälle von Abweichungen genau das benötigte Kompensationsglied vorliegen muss. Denn die Kompensationsglieder liegen in ihrem wirkenden Maß M_k oder in ihrem Linearitätskoeffizienten α_k gestuft vor. Das bedeutet, dass der Wert zwischen zwei Stufen nicht existiert. Die Wahl der Stufen ist daher entscheidend für die Kompensationsfähigkeit der gestuft vorgefertigten Menge an Kompensationsgliedertypen. Die vorgefertigten Bauteile können verschiedene Stufen, d.h. Maße oder Linearitätskoeffizienten haben und es kann auch mehr als ein Kompensationsglied eingefügt werden. Die Summe der eingefügten, vorgefertigten Bauteile kann als ein integrales Maßkettenglied mit einem resultierenden Maß oder bzw. und einem resultierenden Linearitätskoeffizienten betrachtet werden. Es ist entscheidend, dass konstruktiv dafür Sorge getragen wird, dass die Kompensationsglieder in der Maßkette geometrisch bestimmt eingefügt und fixiert sind. Abbildung 76 zeigt zusammenfassend konstituierende Merkmale dieser Justierart[681].

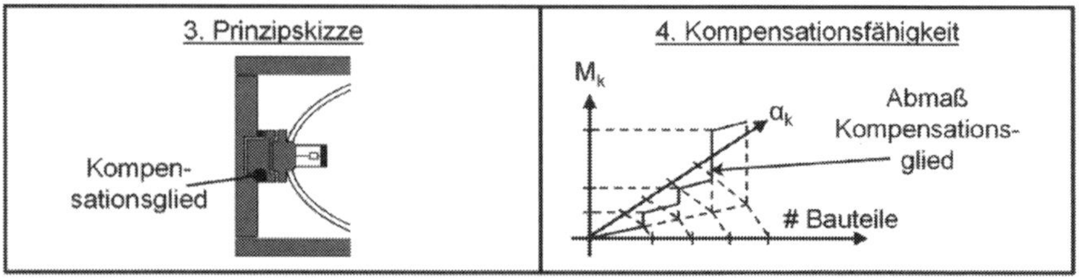

Allgemeine Bemerkung: Das Abmaß des Kompensationsglieds bestimmt die Stufenbreite. Damit hängt die Kompensationsfähigkeit von der Wahl der Dicke des Kompensationsglieds ab. Es können grundsätzlich beide Größen (M_k und α_k) einzeln oder gemeinsam in Abhängigkeit der Geometrie variiert und kompensiert werden.

Legende: M_k: Maß des Kompensationsglieds; α_k: Linearisierungskoeffizient des Kompensationsglieds; #: Anzahl

Abbildung 76: Justieren mit gestuft vorgefertigten Kompensationsgliedern

4. Auswahl aus einer Menge von statistisch verteilten Teilen:

Die Auswahl von Kompensationsgliedern aus einer Menge von gefertigten Teilen basiert darauf, dass Merkmale, die durch die Fertigung erzeugt werden, streuen. Diese Prozessstreuung wird durch Verteilungsfunktionen charakterisiert (vgl. 2.2.1). Aus diesem Grund entscheidet also die Prozessstreuung über die Kompensationsfähigkeit. Kompensationsglieder, die so ausgewählt werden, sollten nur in einem Merkmal variieren, so dass entweder das Maß des Kompensationsglieds oder das Merkmal (z.B. der Winkel Φ aus dem Beispiel in Abbildung 73), welches den Linearitätskoeffizienten beeinflusst, aus einer Menge verändert wird. Der Unterschied zur Auswahl einer gestuften Menge ist, dass Merkmalsausprägungen nicht explizit gefertigt werden. Explizit vorgefertigte gestufte Mengen können durch das gezielte Herstellen von Merkmalen und Merkmalsausprägungen in mehreren Merkmalen variieren.

[681] Die aggregierte Darstellung ist im Anhang dargestellt.

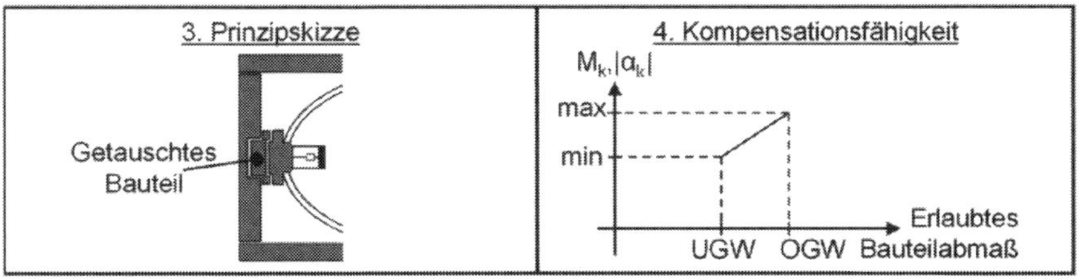

Allgemeine Bemerkung: Zur Bestimmung der Kompensationsfähigkeit wird die Prozessstreuung eines fertigungsbedingten Merkmals ausgenutzt. Dieses fertigungsbedingte Merkmal bezieht sich auf α_k oder M_k. Damit ist entweder M_k oder α_k variabel. Die Prozessstreuung, charakterisiert durch den unteren und oberen Grenzwert (UGW & OGW), entscheidet über die Kompensationsfähigkeit. Zusätzlich müssen die Grenzen der akzeptierten Prozessstreuung durch den Bauzusammenhang festgelegt werden (x_{min} und x_{max}).

Legende: M_k: Maß des Kompensationsglieds; α_k: Linearisierungskoeffizient des Kompensationsglieds; UGW: Unterer Grenzwert der Prozessstreuung; OGW: Oberes Grenzmaß der Prozessstreuung

Abbildung 77: Auswahl aus einer statistisch vorgefertigten Menge

5.1.2.6 Elastische und plastische Hilfsmittel zur Kompensation von Abweichungen

Im Kontext der Nennung von Justierarten in der Literatur werden sogenannte toleranzschluckende Elemente wie bei GAIROLA[682], GERBER[683] oder MÜLLER[684] immer wieder aufgeführt. Toleranzschluckende Elemente haben elastische Eigenschaften wie Druckfedern oder Elastomere. Diese Elemente sind auf Basis ihrer Eigenschaften sehr gut für die Kompensation von Abweichungen in Maßketten geeignet.

Elastische Materialeigenschaften treten bei fast allen Werkstoffen im sogenannten Proportionalitätsbereich auf. In diesem Bereich gilt das Hook´sche Gesetz. Dieses Gesetz beschreibt den Zusammenhang von Spannung ς und Dehnung ε in Abhängigkeit eines Elastizitätsmoduls E_M:[685]

$$\varsigma = \varepsilon * E_M \text{ , mit } \varepsilon = \frac{\Delta l}{l}$$

Wird eine äußere Spannung auf ein Bauteil im Proportionalitätsbereich aufgebracht, so staucht sich das Bauteil in Abhängigkeit seiner Länge und seines Elastizitätsmoduls. Diese Werkstoffeigenschaften sind häufig anisotrop. Die elastische Dehnung wird dazu genutzt, um in Baugruppen, die in sich durch eine äußere Vorrichtung oder andere Bauteile verspannt sind, unerwartete Abweichungen, die die Verspannung aufgrund der geringen Elastizität der übrigen Bauteile nach dem Hook´schen Gesetz weiter fördert, durch die Dehnung eines hoch-elastischen Elements zu kompensieren. Derartige Spannungszustände sind jedoch nur für den statischen Fall unveränderlich. Zudem werden Übermaße durch hochelastische Bauteile in Maßketten nur kompensiert. Das Schließmaß und damit der Spannungszustand

[682] Gairola 1971, S. 50
[683] Gerber 1988, S. 112
[684] Müller, R. in Pahl et al. 2013, S. 722f.
[685] Richard und Sander 2011, S. 149

wird weiterhin durch eine Vorrichtung oder andere Baugruppen und nicht durch das elastische Element bestimmt. Ein loses elastisches Element kann nicht das Schließmaß einer Maßkette definieren, so dass es nicht den geforderten Spannungs-Dehnungszustand für alle Abweichungen so einstellt, dass ein definiertes Schließmaß einer Maßkette erzeugt wird. Das Einfügen eines toleranzschluckenden Elements wirkt auf Basis seiner Elastizität genauso wie ein Mate (Slip-Joint) in Abbildung 63 und findet daher als eigene Justierart keine Betrachtung.

5.1.3 Zugriffsteil

Die Aufgabe des Zugriffsteils ist es, im Rahmen der Anwendung der Methodik, die auf Basis von Mindestanforderungen zugelassenen Lösungsraumteile des Lösungsraummodells für ein abstrahiertes Realproblem zu identifizieren. Es findet also eine Anwendung des Lösungsraummodells auf einzelne, analysierte Probleme statt. Das Vorgehen hierzu ist ausführlich in 5.2 beschrieben. Entscheidend ist, dass im Sinne der Lösungshypothese versucht wird, in frühen Produktentwicklungsphasen zu Beginn der Anwendung der Methodik so viele theoretisch mögliche Lösungen zu entwickeln, wie eben möglich. Dies wird gerade deswegen forciert, um zunächst abwegige Lösungsvarianten, die theoretisch zugelassen und denkbar sind zu entwickeln, um neue Wege zu beschreiten, die abseits des konventionellen Denkens und der Lösungen stattfinden und zudem, um die gesamte Lösungsraumbreite zu berücksichtigen.

Der Zugriffsteil orientiert sich im Kern an den konstituierenden Merkmalen der Lösungsräume und der einzelnen Gliederungsebenen des Lösungsraummodells. Konkret leiten sich die Fragen des Zugriffsteils aus den qualitativen Merkmalen des Hauptteils ab und sind stark anwendungsbezogen. Damit stellen die Fragen keine neuen Inhalte dar. Der Zugriff auf die Lösungen wird auf Basis von Mindestanforderungen vom Groben zum Feinen untersucht. Somit findet zunächst eine Überprüfung statt, ob ein Justieren für ein vorliegendes Problem im Bauzusammenhang und/ oder außerhalb des Bauzusammenhangs zugelassen ist. Kommt nur ein Teil der Lösungen in Frage, ist die fallspezifische anwendungsbezogene Lösungsraumbreite bereits stark eingegrenzt. Die Abfragen orientieren sich entlang der Gliederungsebene, in Anlehnung an eine ordnende Baumstruktur, vom Groben zum Feinen.

Das Vorgehen zur Überprüfung ist auf Basis einer Abfrage wichtiger Rahmenbedingungen, die sich aus den konstituierenden Merkmalen ergeben in Abbildung 78 dargestellt. Die Voraussetzungen für den Einsatz eines Kompensationsglieds sind dabei folgende:

Bedingungen für die Bestimmung von Kompensationsgliedern[686]:

1. Kompensationsglieder dürfen nur Maßkettenglieder bzw. optionale Glieder einer Maßkette sein, die in Form einer Butt-Joint Verbindung vorliegen bzw. zwischen eine Butt-Joint-Verbindung gefügt werden und damit in allen sechs Freiheitsgraden definiert sind.

2. Die Kontaktrestriktion der vor- und nachgelagerten Verbindungen müssen beachtet werden, damit eine formschlüssige Verbindung erfolgen kann. Ein nicht-optionales Kompensationsglied das zwischen den Komponenten A und B eingefügt wird, muss jeweils die negative Kontaktfläche von A und B abbilden.

[686] In Anlehnung an die konstituierenden Merkmale zu optionalen und nicht-optionalen Kompensationsgliedern.

3. Kompensationsglieder als ständige Maßkettenglieder müssen in ihrer Merkmalsausprägung veränderbar/ beeinflussbar sein.

4. Im Fall, dass eine Reversibilität des Eingriffs durch das Justieren oder im Fall, dass eine Wiederholbarkeit des Justiervorgangs notwendig ist, müssen die Kompensationsglieder zerstörungsfrei demontierbar und zu montieren sein.

Abbildung 78: Überprüfung der grundsätzlichen Möglichkeiten zum Justieren[687]

[687] Die Bedingungen für den Einsatz eines Maßkettenglieds als Kompensationsglied werden im Text erläutert.

Ist das Ergebnis dabei, dass ein Justieren im Bauzusammenhang zugelassen ist, muss überprüft werden, ob ein Justieren durch eine Änderung der räumlich geometrischen Anordnung möglich ist. Hierbei ist eine Abfrage nach Abbildung 79 entscheidend.

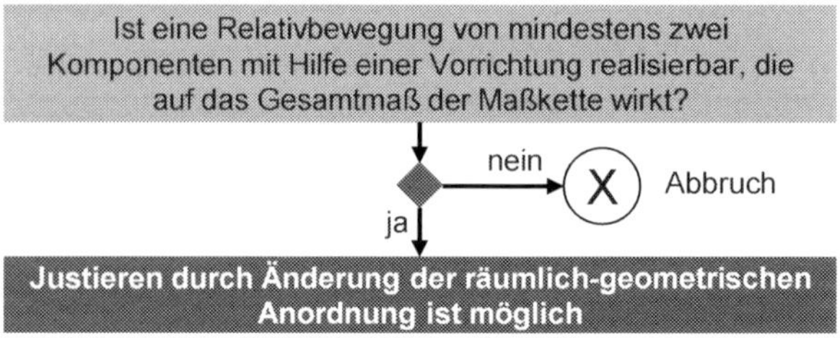

Abbildung 79: Überprüfung der Möglichkeiten zum Justieren mit Relativbewegung[688]

Dabei müssen insgesamt fünf Bedingungen erfüllt sein, damit eine Relativbewegung von mindestens zwei Komponenten zueinander möglich ist.

Bedingungen für eine Relativbewegung von mindestens zwei Komponenten[689]:

1. Zwischen zwei Komponenten, die Maßkettenglieder sind, muss ein Freiheitsgrad in Form einer Slip-Joint-Verbindung vorliegen, um eine in Maßkettenrichtung wirksame Relativbewegung zu ermöglichen.
2. Eine der Komponenten muss festgelagert, die andere muss in Richtung des Freiheitsgrads losgelagert sein und durch eine Vorrichtung fixiert und gezielt bewegt werden können.
3. Die Slip-Joint-Verbindung muss eine Relativbewegung ermöglichen, die eine Veränderung der wirksamen Länge in Maßkettenrichtung in Höhe der maximal zu erwartenden Abweichung zulässt.
4. Die Zugänglichkeit zum bewegbaren Maßkettenglied durch eine Vorrichtung muss gegeben sein.
5. Im Fall, dass eine Reversibilität des Eingriffs durch das Justieren oder im Fall, dass eine Wiederholbarkeit des Justiervorgangs notwendig sind, muss das anschließende Fügen der beiden Maßkettenglieder zerstörungsfrei aufzuheben sein.

Ergänzend muss für den Fall, dass ein Justieren im Bauzusammenhang möglich ist überprüft werden, ob ein Justieren durch eine stofflich-geometrische Änderung im Bauzusammenhang in Frage kommt. Hierzu ergibt sich die Abfrage über den Zugriff auf diesen Teil der Lösung nach Abbildung 80.

[688] Mechanismen müssen in der Funktionsstruktur in den entsprechenden Phasen des Konstruktionsvorgehens nach VDI 2221 berücksichtigt werden, weshalb hier auf eine Darstellung verzichtet wird.

[689] Angelehnt an die konstituierenden Merkmale zu dem Justieren durch Bewegungen durch Rotation und Translation.

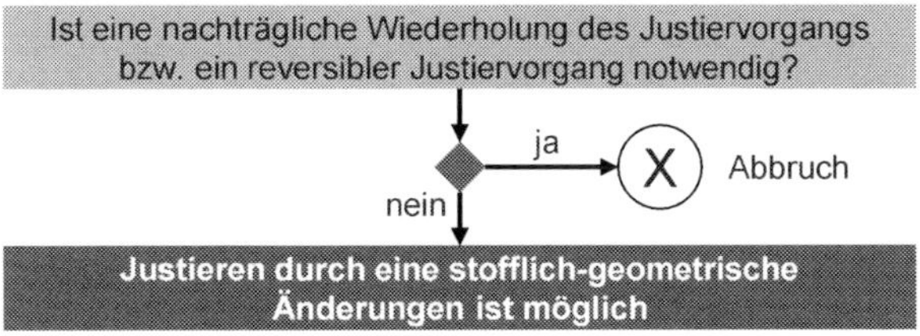

Abbildung 80: Überprüfung der Möglichkeiten zum Justieren durch stofflich-geometrische Änderungen im Bauzusammenhang

Ergänzend zu der bereits stattgefundenen Überprüfung, ob die Bedingungen für ein Kompensationsglied grundsätzlich für ein betrachtetes Objekt erfüllt sind, muss für die Anwendung von optionalen Kompensationsgliedern durch ein Wegnehmen bzw. Hinzufügen eine Abfrage nach Abbildung 81 positiv durchlaufen werden.

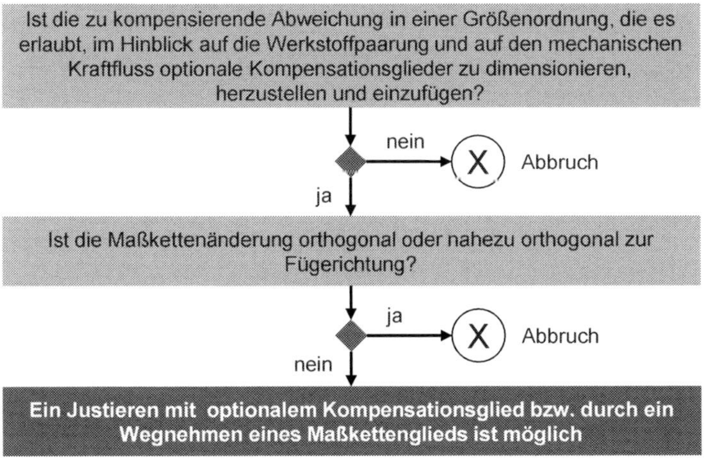

Abbildung 81: Überprüfung der Möglichkeiten zum Justieren durch Wegnehmen oder Hinzufügen von Kompensationsgliedern

Für eine Überprüfung der Anwendbarkeit von nicht-optionalen Kompensationsgliedern muss analog eine Abfrage nach Abbildung 82 erfolgen.

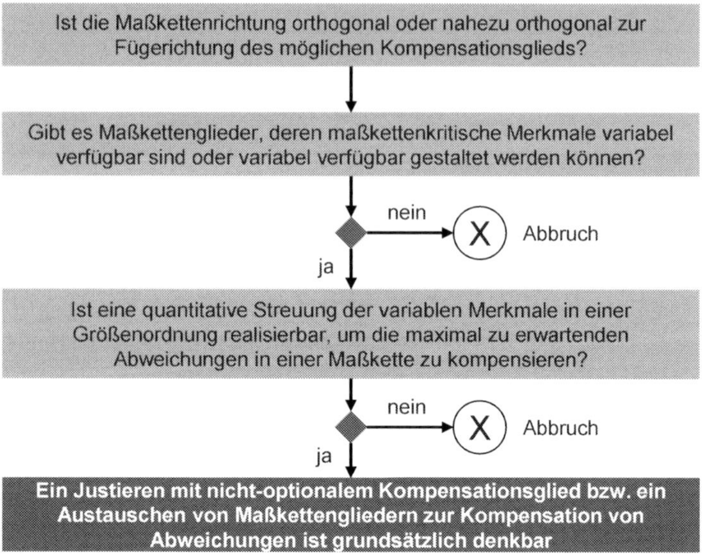

Abbildung 82: Überprüfung der Möglichkeiten zum Justieren mit nicht-optionalem Kompensationsglied[690]

Im Ergebnis sind die zentralen Gliederungsteile des Lösungsraumsmodells hinsichtlich ihrer Anwendbarkeit durch die Abfrage notwendiger Rahmenbedingungen auf ein konkretes Objekt, das im weiteren Verlauf als Zielobjekt bezeichnet wird, überprüft worden. Die Anwendung findet im Synthese-Analyse-Teil der Methodik statt. Die grundsätzlich zugelassenen Lösungen werden im Rahmen der Synthese-Analyse zur Anwendung gebracht. Hierbei entstehen zunächst prinzipielle Lösungen für alle zugelassenen Justierlösungen, die auf der untersten Ebene des Gliederungsteils des Lösungsraummodells beschrieben sind. Durch eine enge Verkopplung von Synthese und Analyse werden dabei konkrete Lösungen für die unterste Ebene des Gliederungsteils der Justierarten im Lösungsraummodell auf Basis der Analyse hinsichtlich aller Muss-Kriterien (vgl. Anforderungsliste als Ergebnis der Produktplanung, siehe 2.1.3.1) direkt überprüft und bei Verletzung ausgeschlossen.

[690] Die Differenzierung zwischen dem Fall, dass die Maßkettenrichtung in Fügerichtung liegt, und dem Fall, dass die Maßkettenrichtung und die Fügerichtung orthogonal bzw. nahezu orthogonal zueinander sind, ist wichtig für die Merkmalsbetrachtung.

5.2 Detaillierung der Module

Im Folgenden werden die Module der Methodik zur integrierten Produkt- und Justageprozessplanung detailliert. Die Methodik orientiert sich dabei am Vorgehen der Systemtechnik zur Gestaltung einer Mikro-Logik (vgl. 4.3.2). Die einzelnen Module werden wiederholend durchlaufen. Dabei nimmt der Detaillierungsgrad, der durch die Methodik erzeugten Prinziplösungen unter fortschreitender Erzeugung und Verwerfung von Lösungsvarianten konsekutiv zu. Als Konsequenz konvergiert der Lösungsraum und es entstehen ausgearbeitete Lösungen für die Produkt- und Prozessgestalt, vgl. Abbildung 83. Mit zunehmendem Detaillierungsgrad der Lösungsvarianten schreitet damit auch das Vorgehen der Makro-Logik fort, welches sich in dem Konstruktionsvorgehen nach VDI 2221 und VDI 2222 manifestiert (vgl. 4.3.2.1 und Abbildung 43). Das Lösungsraummodell findet in diesem Vorgehen in der Synthese-Analyse Anwendung. Die Anwendung des Lösungsraummodells hat besonders in den ersten Durchläufen Relevanz, um Prinziplösungen zu erzeugen, die dann weiter detailliert und mit Hilfe der Methodik systematisch ausgearbeitet werden. Das Ergebnis ist ein integrierter Produkt- und Prozessentwurf, der das Justieren berücksichtigt. Ein integrierter Produkt- und Prozessentwurf umfasst einen Entwurf oder ein Lösungskonzept sowohl für die Gestalt des Produktes als auch einen darauf abgestimmten Plan zur Herstellung des Produktes.

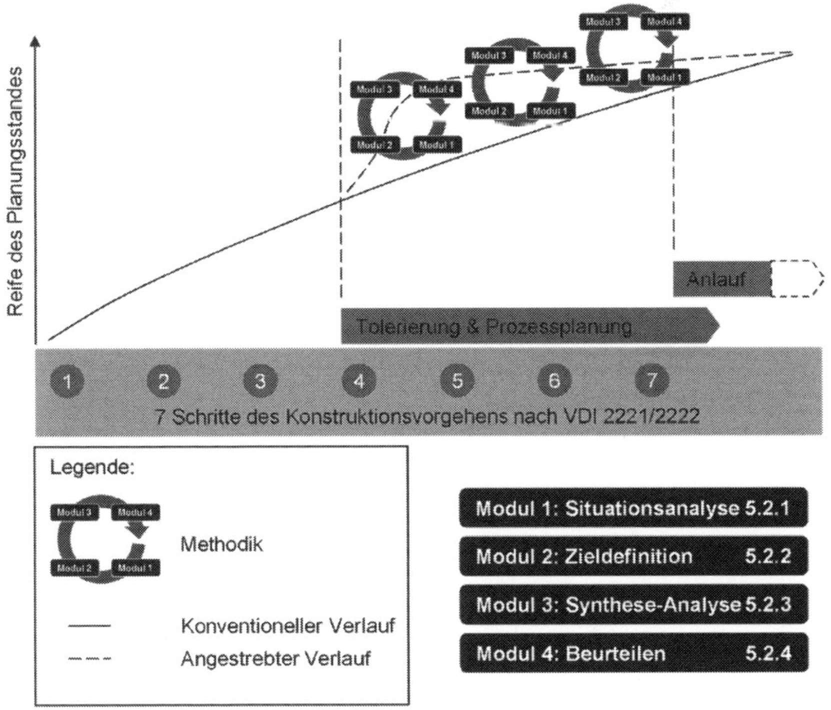

Abbildung 83: Module der Mikro-Logik zur integrierten Produkt- und Justageprozessplanung

Bei der Anwendung der Methodik spielen SE-Teams eine zentrale Rolle, um die unterschiedlichen Sichtweisen der Unternehmensfunktionen aufzunehmen. Die Steuerung der Methodik ist dabei die Aufgabe des Projektmanagements, da es sich bei derartigen Entwicklungsaufgaben per Definition um Projekte handelt und derartige Unternehmungen in der Praxis auch als Projekte organisiert durchgeführt werden[691].

Die vier Module der Mikro-Logik werden in den folgenden Unterkapiteln erläutert (vgl. Abbildung 83). So wird das Modul Situationsanalyse in Unterkapitel 5.2.1, das Modul Zieldefinition in 5.2.2, das Modul der Synthese-Analyse in 5.2.3 sowie schließlich das Modul Beurteilen in 5.2.4 erläutert.

Im ersten Durchlauf werden prinzipiell zugelassene Lösungsvarianten erzeugt, die mit zunehmender Anzahl an Durchläufen unter Anwendung des Handwerkszeugs des Konstrukteurs und Produktionsplaners in ihren Merkmalen und Merkmalsausprägungen detailliert werden. Im Folgenden werden die einzelnen Module in ihrer auftretenden Reihenfolge nacheinander erklärt und beschrieben. Für jedes Modul sind die erforderlichen Eingangsinformationen, die Ziele der Transformation sowie die Hilfsmittel und schließlich die Ergebnisse einleitend zusammengefasst. Eine vereinfachte Darstellung des Zusammenhangs der Module ist auf Basis der stark reduzierten und vereinfachten Ein- und Ausgangsbeziehung in Abbildung 84 dargestellt. So bilden bei jedem Durchlauf Entwürfe und Konzepte mit fortschreitendem Detaillierungsgrad zusammen mit den Ergebnissen der Produktplanung (z.B. Restriktionen und Anforderungen) die Eingangsinformation für die Situationsanalyse. Diese erzeugt eine formalisierte Problemstellung mit zahlreichen Erkenntnissen auf Basis der Untersuchung der aktuellen Situation. Die Erkenntnisse werden wiederum in der Zieldefinition zusammenhängend für alle Lösungsentwürfe und -konzepte verarbeitet und konkrete Zielobjekte und Zieldefinitionen für die Fokussierung folgender Aktivitäten erzeugt. Daraufhin werden in dem Synthese-Analyse Modul unter Anwendung des Lösungsraummodells Lösungsvarianten erzeugt und detailliert, um diese dann im Rahmen einer Beurteilung im letzten Modul zu bewerten und zu entscheiden, welche verworfen und welche als favorisierte Konzepte in einem weiteren Durchlauf ausgearbeitet werden müssen.

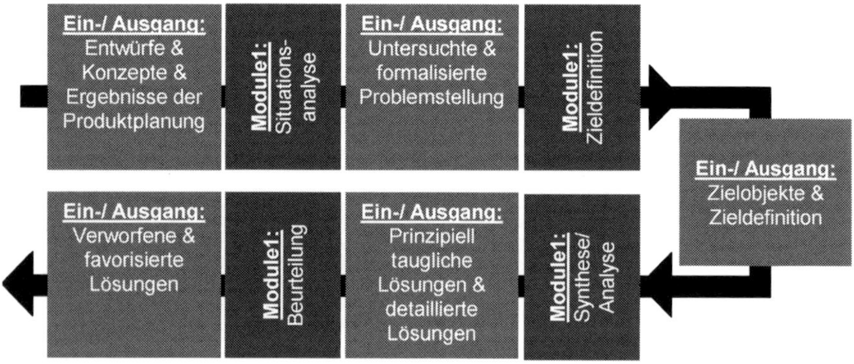

Abbildung 84: Vereinfachte Übersicht eines Durchlaufs der Mikro-Logik

[691] Vgl. Definition "A project is a temporary endeavor undertaken to create a unique product, service, or result". A guide to the Project Management Body of Knowledge (PMBOK guide) 2013, S. 2f.

5.2.1 Modul 1 – Situationsanalyse

Eingang:
- Ergebnisse der Produktplanung
- Konzepte und Entwürfe aus vorangegangenen Konstruktionsphasen
- Ergebnisse der vorangegangenen Moduldurchläufe
- Expertenwissen

Ziel der Transformation:
- Abbilden des Merkmals- und Funktionszusammenhangs für ein technisches System/ Subsystem bezogen auf die bauliche Struktur
- Ableiten von Erkenntnissen für die Zieldefinition
- Beschreibung von Eigenschaftswerten von Maßkettengliedern zur Vorbereitung der Anwendung des Zugriffsteils des Lösungsraummodells

Hilfsmittel:
- Key Characteristic Flow-Down und Fragenkatalog
- Datum-Flow-Chain-Modellierung
- Systemregeln für geometrisch bestimmte Systeme
- Grundregeln zum Justieren
- Maßkettenanalyse
  - Maßkettenanalyse bezogen auf vorgegebene Toleranzen
  - Maßkettenanalyse bezogen auf erwartete Abweichungen (Abschätzungen/ Erfahrungswerte/ Felddaten)
  - Maßkettenanalyse bezogen auf die Entstehung und Fortpflanzung von geometrisch-kritischen Abweichungen
- Portfolios und Fragelisten zur Klassifikation von Merkmalsausprägungen
- Ishikawadiagramm
- SE-Team-Workshops

Ergebnisse:
- Key Characteristic-Flow-Down und Verständnis über den Zusammenhang von Produktfunktion, baulicher Struktur und Herstellungsprozessen
- Identifizierte Maßketten, Maßkettenglieder und Merkmale, die die Produktfunktion oder kritische Merkmale beeinflussen
- Datum-Flow-Chain-Modellierung
- Untersuchte Entwürfe hinsichtlich der geometrischen Bestimmtheit der baulichen Struktur und hinsichtlich der Grundregeln zum Justieren
- Untersuchungsergebnisse der Maßkettenanalyse
- Merkmalsklassifikation der Glieder relevanter Maßketten

Abbildung 85: Prozessübersicht Modul 1 - Situationsanalyse

Die Situationsanalyse ist das erste Modul der Methodik. Die Situationsanalyse verfolgt das Ziel, den Merkmals- und Funktionszusammenhang für ein technisches System oder Subsystem bezogen auf die bauliche Struktur zu beschreiben sowie abzubilden und Erkenntnisse für die Zielformulierung und das weitere Vorgehen der integrierten Produkt- und Justageprozessplanung abzuleiten. Der genannte Zusammenhang wird abgebildet und auf einzelne Maßketten, die miteinander in Verbindung stehen können, heruntergebrochen. Im Fokus der Situationsanalyse stehen demnach Maßketten, die aus Maßkettengliedern bestehen und ein Schließmaß bilden. Das jeweilige Schließmaß ist hinsichtlich der zu erzeugenden Produktfunktion oder des Produktmerkmals toleriert.

Ergänzend werden Entwürfe aus den frühen Phasen der Konstruktion hinsichtlich der Veränderbarkeit von Maßkettengliedern einer Maßkette untersucht. Die Untersuchung der Veränderbarkeit ermöglicht es, die Anwendung von Justierarten zur Erzeugung geometrisch abhängiger Produktmerkmale und Produktfunktionen durch die Anwendung des Lösungsraummodells in dem Synthese-Analyse-Modul vorzubereiten. Die ausgewählten und zu untersuchenden Maßkettenglieder und deren Merkmale beziehen sich dabei in Anlehnung an das Lösungsraummodell auf die Veränderbarkeit der Nominalmaße, der Form und der Lage einzelner Maßkettenglieder im Bauzusammenhang oder auf die Integrationsmöglichkeit zusätzlicher, optionaler Kompensationsglieder. Die Situationsanalyse stellt darüber hinaus auch eine Überführung eines real vorliegenden Problems in ein formales Problem dar, um das reale Problem im weiteren Verlauf der Methodik formal zu lösen.

Als Eingang benötigt die Situationsanalyse mehrere Informationen. Zum einen werden die Ergebnisse der Produktplanung benötigt (vgl. 2.1.3.1). Diese umfassen zusammen mit der Anforderungsliste die Rahmenbedingungen für die Gestaltung des technischen Systems, die unterschiedlichster Art sind und sich neben den Kunden- und Marktanforderungen aus zahlreichen Umweltbedingungen und Stakeholder-Interessen zusammensetzen. Diese Informationen umfassen damit z.B. detaillierte und quantifizierte Anforderungen zu den zu erzeugenden Produktmerkmalen (vgl. 2.1.1) oder Restriktionen wie die vorgeschriebene Verwendung von spezifizierten Standard- und Normteilen oder Standardprozessen. Neben den Ergebnissen aus der Produktplanung dienen zu diesem Modul die Konzepte und Entwürfe aus den ersten Konstruktionsphasen als wichtige Eingangsinformation[692]. Diese Konzepte und Entwürfe liegen in Form von Handskizzen, 2-D-Zeichnungen oder ganzen CAD-Modellen vor und weisen damit ein unterschiedlich stark ausgeprägtes Detaillierungsniveau auf. Gerade in frühen Produktentwicklungsphasen sind für die Anwendung dieser Methode aufgrund des Erstellungsaufwands handschriftliche Skizzen oder einfache Zeichnungen ausreichend. Entscheidend ist, dass die Konzepte und Entwürfe in ihrer jeweiligen Darstellungsform den Zusammenhang der baulichen Struktur eines technischen Systems bzw. Subsystems darstellen. Da das übergeordnete Ziel der Methodik ist, das systematische Generieren von Konzepten und Entwürfen zu fördern, die das Justieren als Toleranzstrategie berücksichtigen, kommt die Methodik in den ersten Durchläufen der Mikro-Logik auch ohne Nominal- und Toleranzwerte der Einzelkomponenten aus. Allerdings müssen diese im weiteren Verlauf ergänzt bzw. festgelegt werden, um einerseits das technische System vollständig zu spezifizieren und anderseits den Justierprozess hinsichtlich der notwendigen Kompensationsfähigkeit auslegen zu können. Da Toleranzen definiert und nicht realisiert werden[693], sind Informationen über die zu erreichenden Genauigkeiten von ausgewiesenen Merkmalen ebenfalls zu erfassen. Hierauf wird im weiteren Verlauf dieser Ausführung näher eingegangen.

---

[692] Die ersten Konstruktionsphasen schließen mit der Überführung der Wirkstruktur in die Baustruktur ab. Die Ergebnisse bilden zunächst die zentralen, für die Funktionserfüllung wichtigsten Merkmale ab und lassen sich daher noch sehr gut beeinflussen, vgl. 2.1.3.2 und 4.3.2.1.

[693] Behrens 2011, S. 74

Die Konzepte und Entwürfe, die in Form einer Zeichnung vorliegen und den baulichen Zusammenhang des technisches Systems oder Subsystems darstellen, sind das Ergebnis und die Überführung der Funktions- und Wirkstruktur in eine physische modulare bzw. integrale Struktur aus Komponenten, die in ihrer Aggregation eine Baugruppe oder ein ganzes Produkt bilden. Das geometrische Zusammenspiel dieser Komponenten sichert dabei die geometrisch-abhängigen Merkmale und Produktfunktionen ab (vgl. 2.1.2).

In frühen Phasen der Produktentwicklung liegen zahlreiche Entwürfe vor, die besonders in den Merkmalen spezifiziert sind, die unmittelbar zur Funktionserfüllung beitragen[694]. Andere Merkmale sind häufig vorläufig spezifiziert oder orientieren sich an Vorstellungen bzw. ersten Ideen des Konstrukteurs oder auch an ähnlichen Produkten bzw. Vorgängerbaureihen. In diesen Phasen sind die Entwürfe daher häufig noch stark in ihren Merkmalen beeinflussbar. Diese Tatsache ermöglicht dem Prozessplaner und dem Einkäufer sowie anderen Unternehmensdisziplinen durch ihr Spezialwissen Einfluss auf die Konstruktion zu nehmen und damit Kosteneinsparungen in den Gesamtherstellkosten (vgl. 2.1.4.3) zu erzielen.[695]

Darüber hinaus werden als Eingangsinformation für den wiederholten Durchlauf der Methodik die Lösungsvarianten, sowie die Analyseergebnisse und die Beurteilungsergebnisse aus den vorangegangen Durchläufen benötigt. Diese liefern wichtige Erkenntnisse, die dem Problemverständnis in der Situationsanalyse und damit der Vorbereitung der Zielformulierung dienen.

Die leitende Frage der Situationsanalyse ist, wie durch die bauliche Produktstruktur geometrisch abhängige Produktmerkmale und Produktfunktionen erzeugt werden und welche Justage-befähigende Merkmale vorhanden sind bzw. noch berücksichtigt werden können, um weitere Lösungsvarianten zu erzeugen. Gerade hier bietet sich eine einfache Darstellung für den zuerst genannten Zusammenhang an, da derartige Zusammenhänge häufig nicht direkt ersichtlich sind. Mit der Überführung der Funktions- und Wirkstruktur in die Bauteilstruktur werden Rahmenbedingungen gesetzt, die die späteren Produktentwicklungskosten maßgeblich beeinflussen (vgl. 2.3). Um also Lösungsvarianten zu erzeugen, die das Justieren fördern, Toleranzen ausweiten und damit die Wahrscheinlichkeiten erhöhen, eine kostengünstigere Lösung zu finden, muss ein reales Problem zunächst formalisiert und dann untersucht werden. Eine derartige Formalisierung und Darstellung des o.g. Zusammenhangs sind also die Grundlage für gezielte Analysen durch SE-Teams (vgl. 2.1.4), die genau hier aktiv werden müssen. Hierzu wird in den folgenden Schritten unter Einbindung verschiedener Arbeiten besonders auf die Arbeiten von LEE und THORNTON und WHITNEY und MANTRIPRAGADA zurückgegriffen sowie auf die Arbeiten von MANNEWITZ und KLEIN. Aber auch die Gedanken von HANSEN, BEHERENS und MERGET stellen wichtige Impulse dar, die in der Situationsanalyse Berücksichtigung finden.[696]

Die vier zentralen Schritte werden in den folgenden Unterkapitel erläutert und sind Übersichtlich in Abbildung 86 dargestellt.

---

[694] Fallböhmer 2000, S. 37
[695] vgl. auch den Integrationsansatz von Fallböhmer 2000, S. 37
[696] Das Referenzieren auf die originalen Quellen erfolgt an den einzelnen Stellen.

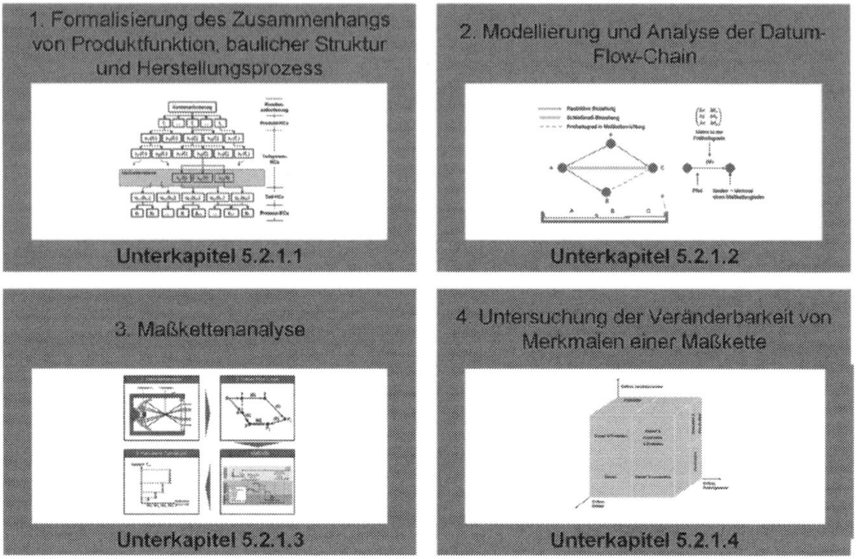

Abbildung 86: Übersicht der vier Hauptschritte der Situationsanalyse

5.2.1.1 Formalisieren des Zusammenhangs von Produktfunktion, baulicher Struktur und Herstellungsprozessen

Um diesen Zusammenhang zwischen übergeordneten und geometrisch-abhängigen Produktmerkmalen und Produktfunktionen einfach transparent zu machen, bietet sich das Vorgehen des KC-Flow-Downs an. Der Begriff Key Characteristic wurde bereits in 2.2.1.4 erläutert[697]. Der KC-Flow-Down schafft grafische Transparenz, wie ein Key Characteristic von der übergreifenden Kunden- bzw. Marktanforderung (Kundenanforderungen) auf der Produktebene (Produkt-KC), auf der Produkt-Subsystemebene (Teilsystem-KC), der Komponentenebene (Teil-KC) und schließlich der Herstellungsprozessebene (Prozess-KC) umgesetzt wird (vgl. Abbildung 87). Dieser KC-Flow-Down wird durch das interdisziplinäre Wissen des SE-Teams abgebildet.[698] [699] Dabei können bereits zahlreiche Informationen, Einflüsse und Erfahrungswerte zu erreichbaren Fertigungs- und Montagegenauigkeiten für die Lösungsvarianten im SE-Team diskutiert und gespeichert werden. Hierzu bietet sich insbesondere ein Ishikawa-Digramm an, das Ursachen aus den Bereichen Mensch, Maschine, Methode, Messung und Umwelt auf die Auswirkung auf Prozesse transparent darstellt[700].

[697] Ein Key Characteristic ist ein quantifizierbares Merkmal eines Produktes, dessen Nicht-Erfüllung im Sinne der Taguchi-Verlustkurve und des Kano-Modells signifikante negative Auswirkung auf die Leistungsfähigkeit, Kosten oder Sicherheit eines Produktes hat.

[698] vgl. Thornton 1999, S. 147

[699] vgl. Whitney 2004, S. 23f.. Whitney baut auf den Arbeiten von Thornton und Lee auf.

[700] Bredner 2015, S. 22f.

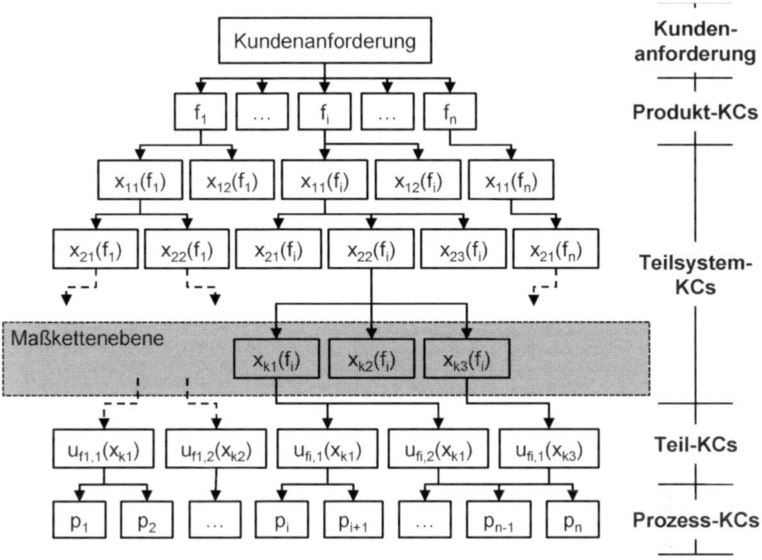

Legende:

KC: Key Characteristic

f_1-f_n: Produkt-KCs

$x_{Teilsystem,Teilsystemebene}(f_i)$: Teilsystem der Produkt-KC

$u_{Produkt\text{-}KC,Teil\text{-}KC}(x_{Teilsystem,Teilsystemebene})$: Teil-KC der Teilsysteme unterschiedlicher Produkt-KCs

p_1-p_n: Prozess-KCs

Abbildung 87: Abbildung des Zusammenhangs von Kundenanforderungen und Produktbaustruktur[701]

Unterstützung des KC-Flow-Downs durch einen Fragenkatalog

Das Verständnis des Zusammenhangs eines geometrisch-abhängigen Produktmerkmals bzw. einer Produktfunktion und der Baustruktur lässt sich gezielt mit Fragen vertiefen. Hierbei dienen insbesondere die Ergebnisse der Produktplanung als Eingangsinformation sowie die vorliegenden Konstruktionsstände[702]:

- Welchen Zweck hat die Funktion bzw. das Merkmal?
- Welche geometrischen bzw. physikalischen Größen sind für die Erfüllung der Funktion entscheidend?
- Kann die Funktion bzw. das Merkmal durch eine Abweichung der Lage oder des Nominalwertes von Elementen im KC-Flow-Down beeinflusst werden?
- Wie wirken sich derartige Abweichungen auf die Funktion oder das betrachtete Merkmal aus?
- Für welche Abweichungen ist die Funktion bzw. das Merkmal unempfindlich?

---

[701] In Anlehnung an Whitney 2004, S. 24

[702] Die Fragen bauen auf den von Hansen formulierten Fragen auf und erweitern diese. Hansen 1964, S. 35f.

- Was ist die Summentoleranz eines technischen Systems bzw. eines technischen Subsystems, die über die Einhaltung bzw. Erfüllung eines Merkmals bzw. einer Produktfunktion entscheidet?[703]
- Was sind kritische Merkmale der Komponenten im KC-Flow-Down, von denen auf Basis der Ursache-Wirkungsdiagramm-Analyse mit dem Ishikawa-Diagramm besondere Abweichungen zu erwarten sind, die sich auf das Merkmal bzw. die Produktfunktion auswirken?
- Sind die Einzeltoleranzen der im KC-Flow-Down enthaltenen Merkmale von den Komponenten bekannt (Maß-, Form- und Lagetoleranzen)?
- Sind die Nominalwerte und Maßtoleranzen bzw. Toleranzszenarien der im KC-Flow-Down enthaltenen Merkmale von den Komponenten bekannt?

Diese Fragen sammeln Wissen, welches zum einen in Form eines Fragenkatalogs gespeichert werden muss, zum anderen dem SE-Team hilft, den KC-Flow-Down zu realisieren. Ein Kernergebnis dieser Analyse ist die Identifikation von Maßketten und die Zuordnung von Maßketten zu Key-Characteristics. Außerdem werden Maßkettenglieder und Merkmale identifiziert, die signifikant Einfluss auf eine Produktfunktion oder ein produktkritisches Merkmal einer Baugruppe haben. Darüber hinaus ist das abgefragte Wissen die Grundlage für die Anwendung der nächsten beiden Vorgehensschritte, die das Verständnis über den Zusammenhang von Merkmals- bzw. Funktionserfüllung und der baulichen Struktur eines technischen Systems voraussetzen und noch eingehender analysieren.

Diese Methoden sind zunächst die Anwendung der Datum-Flow-Chain, die Aufstellung von Maßketten sowie die arithmetische und statistische Toleranzkettenanalyse.

5.2.1.2 Modellierung und Analyse der Datum-Flow-Chain

Die **Datum-Flow-Chain** leistet eine einfache Abstraktion von baulichen Zusammenhängen, die Key Characteristics bilden. Die von WHITNEY und MANTRIPRAGADA entwickelte Methode der Datum-Flow-Chain-Analyse baut explizit auf dem KC-Flow-Down von THORNTON und LEE auf[704] und weist darauf hin, dass sich die Ergebnisse sehr gut mit den Methoden der Toleranzanalyse verknüpfen lassen[705]. Die Darstellungsform ist der konsequent folgende Schritt, nachdem der KC-Flow-Down erfolgt ist und Informationen mit Hilfe des Fragenkatalogs gesammelt und gespeichert wurden. Bei einer Datum-Flow-Chain werden Merkmale von Komponenten, die im KC-Flow-Down bereits dargestellt wurden, verknüpft und formalisiert beschrieben (vgl. Erläuterung zur DFC-Modellierung in 5.1.2.1).

Folgende **System-Regeln** lassen sich mit Hilfe der Datum-Flow-Chain im Beziehungs-Diagramm überprüfen, die zwingend eingehalten werden müssen, damit ein System geometrisch bestimmt ist[706]:

- Ein Durchlauf von Pfeilen, die auf ein KC wirken, stellt eine kritische Verknüpfung von Merkmalen dar, die näher betrachtet und analysiert werden müssen.

[703] Im Sinne des in dieser Arbeit beschriebenen Qualitätsverständnisses ist die Schließmaßtoleranz eine Vorgabe, die über die Merkmals- bzw. Funktionserfüllung für einen Konstruktionsentwurf entscheidet und damit Qualität prägt. Eine Schließmaßtoleranz ist eine Vorgabe, die erfüllt werden muss und die nicht durch den Prozess oder die Konstruktion vorgegeben werden darf. Ist eine Vorgabe technisch nicht zu erreichen, muss ein anderer konstruktiver Entwurf, z.B. durch die Wahl eines anderen Wirkprinzips, gewählt werden.
[704] Mantripragada und Whitney 1998, S. 150
[705] Mantripragada und Whitney 1998, S. 163
[706] vgl. Mantripragada und Whitney 1998, S. 157

- Jedes Merkmal muss in seinen sechs Freiheitsgraden definiert sein. Eine Verbindung darf weder unterbestimmt noch überbestimmt sein.[707]
- Nur geschlossene Datum-Flow-Chains sind als geometrische bestimmte Systeme erlaubt.

Des weiteren lassen sich an diesem Modell ebenfalls die **Grundregeln zum Justieren** (vgl. 2.2.2) anwenden, die in jedem Fall berücksichtigt werden müssen und die für die weiteren Phasen und Module maßgebend sind[708]:

- Eine Justierung ist immer ein geometrisch-mechanischer Eingriff in eine Maßkette, um ein Merkmal in einer diskreten KC-Richtung einzustellen. Eine KC-Richtung entspricht einer Koordinatenachse in einem frei wählbaren Koordinatensystem, oder ein KC muss immer getrennt auf die Raumachsen differenziert werden.
- In Abhängigkeit der diskreten Kompensationsschritte, die notwendig sind, um ein KC einzustellen, ergeben sich die Anzahl der voneinander unabhängigen Justiervorgänge (vgl. vorherige Regel).
- Ein Eingriff soll jeweils immer nur auf eine Verbindung bzw. auf ein Kompensationselement wirken.
- Hängt eine Verbindung bzw. ein Element in zwei Datum-Flow-Chains bzw. hängen zwei Key Characteristics von ein und demselben Element bzw. ein und derselben Verbindung ab, so muss eine Reihenfolge zwischen den Justiervorgängen festgelegt werden.
- Ein Justiervorgang muss immer ein in sich abgeschlossener Vorgang sein. Erst nach dem Abschließen eines Justiervorgangs sollte ein Anderer beginnen.
- Die finale Ausgestaltung einer Justierung entscheidet über die Kompensationsfähigkeit.

Das Beziehungsdiagramm der Datum-Flow-Modellierung muss hinsichtlich der o.g. System-Regeln untersucht und abgesichert werden, sowie während der integrierten Produkt- und Prozessplanung hinsichtlich der Grundregeln zum Justieren überprüft und reflektiert werden. Die Äste der Datum-Flow-Chain (DFC) im Beziehungsdiagramm sind nach dieser Analyse der Ausgangspunkt für eine quantitative Maßkettenanalyse. Die Maßkettenanalyse kann dann erfolgen, wenn der Detaillierungsgrad der vorhandenen Zeichnungsstände so weit fortgeschritten ist, dass Maß-, Form- und Lagetoleranzen vorliegen. Zuvor kann die quantitative Maßkettenanalyse bereits mit Abschätzungen zu erwarteten geometrischen Abweichungen von Merkmalen durchgeführt werden. Die Maßkettenanalyse bildet ergänzend zu der Anwendung der DFC Informationen über den Einfluss von Nominalwerten und deren Toleranzen bzw. zu erwarteten Abweichungen auf ein KC ab. Dabei werden die Nominalwerte und alle Toleranzen bzw. Abweichungen in Maße übersetzt und mit Hilfe der Linearitätskoeffizienten in die Koordinatenrichtung des zu untersuchenden KCs projiziert. Die Untersuchungen müssen für jede Lösungsvariante einzeln erfolgen.

---

[707] Ein Element im Raum besitzt drei translatorische und drei rotatorische Freiheitsgrade. Die 3-2-1 Regel besagt, dass ein Element im Raum durch die Definition von drei Punkten in der z-Ebene, zwei Punkten in der y-Ebene und einem Punkt in der X-Ebene räumlich definiert ist. Ein Punkt ist dabei ein Aufnahmepunkt. Klein 2012, S. 238f.

[708] In Anlehnung an Hansen 1964, S. 33f..

5.2.1.3 Maßkettenanalyse

Das Vorgehen zur klassischen Maßkettenanalyse ergibt sich in Anlehnung an MANNEWITZ und KLEIN wie folgt (vgl. 2.2.1)[709 710]:

- Zählrichtung in KC-Richtung bzw. Maßkettenrichtung festlegen.
- Maßkettenbeziehung festlegen (d.h. Wirkrichtung der Maßkettenglieder richtig erfassen).
- Maßwirkung und Wirkung der Form- und Lagetoleranzen erfassen.
- Berechnung bzw. Ermittlung der Linearitätskoeffizienten α_i.
- Schließmaßkettengleichung aufstellen und Zeichnen der Maßkette.

				Berechnung aus vorgegebener Toleranz und Nennmaß	
Maßkettenglied		LK	Nennmaß	Höchstmaß	Mindestmaß
Nr.	Bezeichnung	-	[mm]	[mm]	[mm]
M_1	...	α_1	N_1	G_{oi}	G_{ui}
...	...	...	...	...	...
M_n	...	α_n	N_n	G_{on}	G_{un}

$$P_O = \sum_{i=1}^{n} |\alpha_i| * G_{O_{posi}} - \sum_{j=1}^{m} |\alpha_j| * G_{U_{posj}}$$

$$P_U = \sum_{i=1}^{n} |\alpha_i| * G_{U_{posi}} - \sum_{j=1}^{m} |\alpha_j| * G_{O_{posj}}$$

LK: Linearitätskoeffizient
P_o: Theoretisches Höchstmaß
P_u: Theoretisches Mindestmaß
G_{OI}: Höchstmaß der i-ten Komponente
G_{UI}: Mindestmaß der i-ten Komponente
T_a: Arithmetisches Schließmaß
$T_a = P_o - P_u$

Abbildung 88: Klassische arithmetische Maßkettenanalyse mit Toleranzwerten

Mit Hilfe der Maßkettengleichung und der Information über die Wirkung der Toleranzen, können nun verschiedene arithmetische Kennwerte berechnet und tabellarisch dargestellt werden (vgl. Abbildung 88).

$$M_0 = \sum_{i=1}^{k} \alpha_i * M_i$$

Zum einen muss das Nennschließmaß N_O aus den Einzelnennmaßen i der Kettenglieder (Anzahl Kettenglieder k) mit Hilfe der Linearitätskoeffizienten berechnet werden. Dabei müssen die Form- und Lagetoleranzen als eigene Maßkettenglieder enthalten sein.

$$N_0 = \sum_{i=1}^{k} \alpha_i * N_i$$

---

[709] In Anlehnung an Klein 2012, S. 148ff..
[710] In Anlehnung an Mannewitz, S. 1ff..

Zum anderen müssen für jede Komponente der betrachteten Maßkette, in Abhängigkeit der Toleranz, die zugelassenen Abweichungen, das Höchstmaß G_{Oi} und das Mindestmaß G_{Ui} bestimmt werden. Mit Hilfe dieser Darstellung lässt sich das Mindest- und Höchstschließmaß (P_U, P_O) der betrachteten Maßkette berechnen.

$$P_0 = \sum_{i=1}^{n} |\alpha_i| * G_{O_{posi}} - \sum_{j=1}^{m} |\alpha_j| * G_{U_{posj}}$$

$$P_U = \sum_{i=1}^{n} |\alpha_i| * G_{U_{posi}} - \sum_{j=1}^{m} |\alpha_j| * G_{O_{posj}}$$

Aus der Differenz der beiden Werte P_O und P_U ergibt sich dann die arithmetische Schließmaßtoleranz T_A:

$$T_A = P_0 - P_U$$

Wie bereits einleitend dargestellt wurde, liegen häufig zu Beginn der Entwurfsphase noch keine Toleranzwerte vor. Die Maßkettenanalyse mit realen Toleranzwerten ist zu Beginn der Anwendung dieser Methodik auch gar nicht zwingend notwendig. Die während der Maßkettenanalyse berechneten Kennzahlen auf Basis konkreter Toleranzwerte dienen auch primär zur Spezifikation sowie zur Grobgestaltung der Produkt- und Prozessmerkmale einer Lösungsvariante und im Besonderen zur quantitativen Auslegung der Justierung. Für die Lösungsfindung in frühen Phasen sind Toleranzwerte für die Maßkettenanalyse nicht zwingend notwendig. Hierfür können analog zum rechnerischen Vorgehen (vgl. 2.1.4.3) Abschätzungen zu den Abweichungen der kritischen Merkmale einer Maßkette und den damit verbundenen Produkt- und Prozesskonzepten für eine Lösungsvariante herangezogen werden. Diese unscharfen Informationen in Form von Abschätzung sind in frühen Phasen besonders dann geeignet, wenn Toleranzen noch nicht bestimmt sind. Derartige Erfahrungswerte zu Prozessgenauigkeiten für Eigen- oder Fremdfertigungsteile und zu erwartende Abweichungen von Kauf- und Normteilen sowie zu Abweichungen in der Montage liegen häufig als Erfahrungswissen in SE-Teams implizit vor. Diese Daten können aber auch angefragt oder im eigenen Unternehmen aus Datenbanken entnommen werden. Gerade in Betriebsdatenbanken, z.B. Betriebsmitteldatenbanken oder Betriebsdatenerfassungsdatenbanken, lassen sich explizite Felddaten zu Maschinen, deren technischen Grenzen und Prozessstreuungen finden[711]. Mit Hilfe dieser Daten lässt sich ebenfalls ein grobes, unscharfes Schließmaß, in Abhängigkeit der Produkt- und Prozessmerkmale einer Lösungsvariante berechnen.

Der Zweck dieser alternativen Maßkettenanalyse, im Vergleich zur der mit konkreten Toleranzwerten, erschließt sich zum einen darin, den Aufwand für die Festlegung der Toleranzen zu umgehen. Gerade bei einer Vielzahl an Lösungsvarianten kann durch grobe Abschätzungen ein erheblicher Aufwand eingespart werden. Zum anderen geht es darum, eine Einschätzung zu bekommen, ob eine Lösungsvariante mit konstituierenden Produkt- und Prozessmerkmalen fähig ist, ohne ein Justieren auszukommen. Oder es kann, wenn Lösungsvarianten erzeugt wurden, die ein Justieren vorsehen, mit Hilfe dieser unscharfen Analyse reflektiert werden, ob die Kompensationsfähigkeit der gewählten Justierung ausreichend ist, oder ob die Kompensationsfähigkeit die Möglichkeit bietet weitere Toleranzen/ bzw. größere

[711] Behrens 2011, S. 75f. Neben differenzierten Prozesszeiten (Fertigungs-, Stollstands-, Rüstzeiten, etc.), Ausschussraten lassen sich auch Daten aus der laufenden Produktion in Bezug zu Toleranzfeldbreiten finden. Behrens versteht unter Maschinendaten, Werte die sich auf die Maschinen-Werkzeug-Paarung beziehen.

Abweichungen zuzulassen. Letztere Informationen ergeben sich aus dem Vergleich zwischen der jeweils berechneten, erwarteten Schließmaßtoleranz bzw. der arithmetischen Schließmaßtoleranz und der vorgegebenen Funktionstoleranz einer Maßkette. Ein weiterer Vorteil der Analyse des Toleranzzusammenhangs bzw. des Zusammenhangs abgeschätzter Abweichungen in Maßketten bezogen auf die einzelnen Maßkettenglieder ergibt sich daraus, dass in Ergänzung mit dem Beziehungsdiagramm der Datum-Flow-Chain-Modellierung die signifikanten Abweichungen einzelner Maßkettenglieder in der Maßkette verortet werden können. Aufgrund dessen, dass die Datum-Flow-Chain-Modellierung die Beziehung der Bauteile untereinander und insbesondere den Zusammenhang, welches Bauteil durch welches andere Bauteil seine räumliche Restriktionen erhält darstellt, können weitere Erkenntnisse über die Wirkung von Abweichungen im Bauzusammenhang und die Fortpflanzung und Übertragung von Abweichungen abgeleitet werden. Dies ist eine weitere wichtige Information, die bei der Verortung des Eingriffs in die Maßkette durch das Justieren unterstützt. Die parallele Anwendung der Datum-Flow-Chain-Modellierung und der Maßkettenanalyse weisen also synergetische Effekte auf und unterstützen unterschiedliche Erkenntnisgewinne (siehe Abbildung 89).

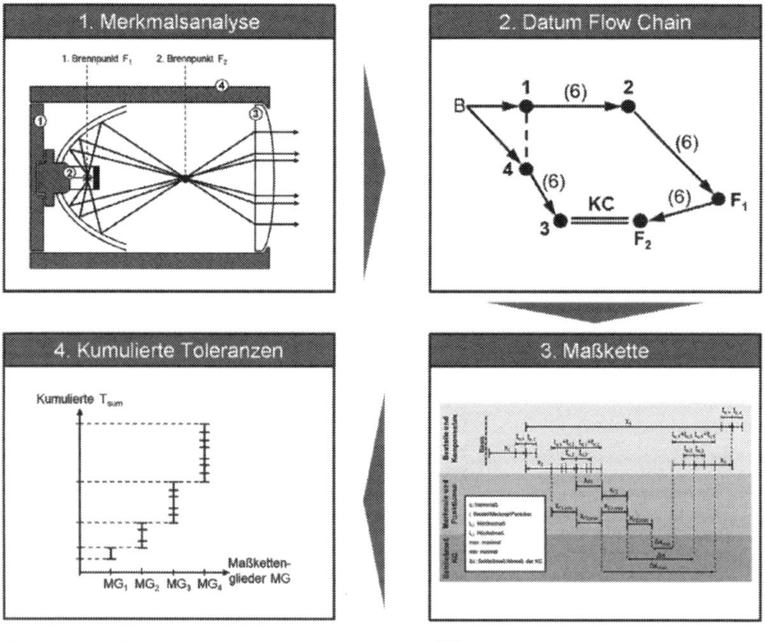

Abbildung 89: Vorgehen zur Analyse von Maßketten[712]

Ergänzend, um der statistischen Verteilung der Werte in einer Normalverteilung (vgl.2.2.1) gerecht zu werden, muss die statistische Toleranz T_w in Abhängigkeit der bekannten Verteilungsfunktionen berechnet werden, die durch den Wendepunkt bzw. die Standardabweichung σ_i und den Mittelwert μ_i der einzelnen Maßkettengliedern für die gesamte Maßkette gekennzeichnet ist. Dazu muss ein Sigma-Level gewählt werden. Da die typischen Kennwerte einer Verteilungsfunktion sowie das gewählte Sigma-

[712] In Anlehnung an Mantripragada und Whitney 1998.

Level für die zugelassenen Fehler einer Menge von Werten innerhalb einer Verteilungsfunktion über die statistische Toleranzfeldbreite entscheiden, können hier verschiedene Toleranzwerte in Abhängigkeit der beeinflussenden Parameter Szenarien basiert berücksichtigt werden.

Die analysierten Toleranzwerte aus der Toleranzanalyse werden in den weiteren Modulen als Kenngrößen herangezogen, um wie oben dargestellt Lösungsentwürfe hinsichtlich der Kompensationsfähigkeit zu dimensionieren, oder um Toleranzen auszuweiten. Hierzu ist immer ein Abgleich der Ergebnisse der Toleranzanalyse mit der vorgegebenen Toleranz des Schließmaßes notwendig.

Mit Hilfe der Datum-Flow-Chain-Modellierung und der aufgestellten Maßkette sowie der Analyse der Maßkette hinsichtlich des Einflusses der zu erwartenden geometrischen Abweichungen auf das Schließmaß, werden zusammenfassend zahlreiche wiederkehrende Erkenntnisse über Lösungsvarianten erfasst. Zudem wird die Grundlage geschaffen, dass die Maßkette hinsichtlich der Veränderbarkeit von Merkmalen gezielt untersucht werden kann, um die Voraussetzung für die Anwendung möglicher Justagearten auf den Entwurf vorzubereiten.

5.2.1.4 Untersuchung der Veränderbarkeit von Merkmalen einer Maßkette

Ein weiterer Schritt der Situationsanalyse ist, die Maßkette und die Maßkettenglieder hinsichtlich der Veränderbarkeit und den Möglichkeiten zur Integration der Justierarten zu untersuchen. Dabei wird einerseits das Ziel verfolgt, durch ein Justieren ein Schließmaß und damit eine Produktfunktion bzw. ein Produktmerkmal herzustellen. Andererseits wird forciert, die neu entstehenden Freiheitsgrade für die Produkt- und Prozessgestaltung auszunutzen, die daraus resultieren, dass Toleranzen ausgeweitet werden können. Wie im Folgenden argumentiert wird, darf dies niemals eine isolierte Aufgabe der Konstrukteure und Produktionsplaner sein, sondern es müssen auch der Einkauf und weitere Unternehmensfunktionen als interdisziplinäres SE-Team in den Entwicklungsprozess eingebunden werden.

Eine grobe Charakterisierung der Möglichkeiten der Veränderbarkeit von Bauteilen einer Maßkette lässt sich mit dem in Abbildung 90 illustrierten Portfolio vornehmen. Dabei werden die Möglichkeiten zur Veränderung den Unternehmensdisziplinen Konstruktion, Produktion und Einkauf/ Beschaffung zugeordnet. In dem Portfolio werden Bauteile nach den Beeinflussungsmöglichkeiten der Produkt- und Herstellparameter eingeordnet[713]. Anders als bei MERGET werden die Möglichkeiten zur Einflussnahme auf die Objekte einer betrachteten Maßkette jedoch nicht nur aus Sicht der Produktion und Entwicklung beurteilt, sondern es soll auch die wichtige Perspektive des Einkaufs aufgenommen werden. So ergeben sich verschiedene Klassen der Möglichkeiten Objekte einer Maßkette zu beeinflussen bzw. zu verändern (vgl. Abbildung 90). So lassen sich einige Bauteile besonders durch die Konstruktion und Produktion beeinflussen, da diese Teile eigens entwickelt und gefertigt werden.

[713] vgl. Merget 2004, S. 59f.

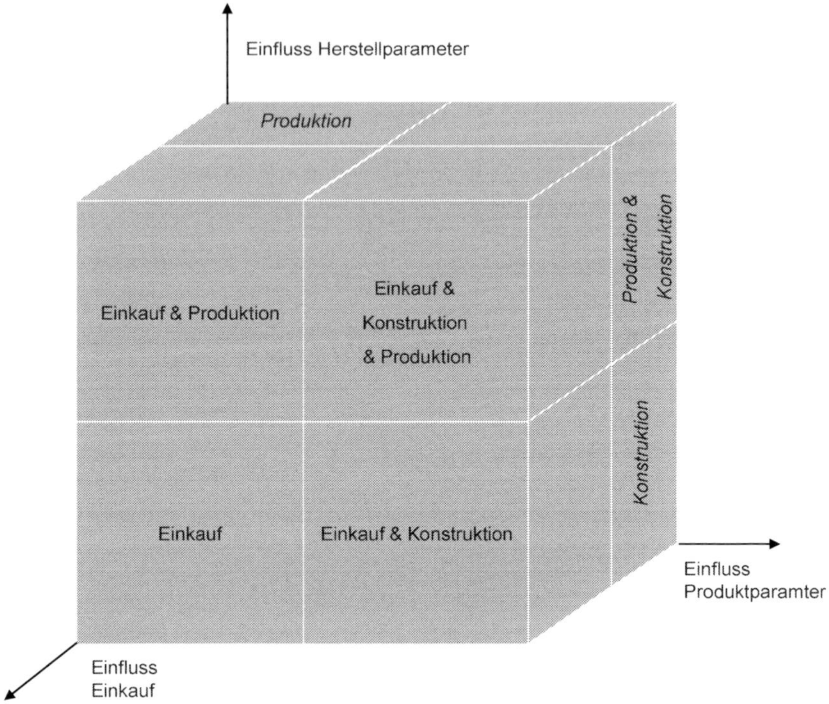

Abbildung 90: Möglichkeiten zur Einflussnahme auf Bauteile nach Unternehmensfunktion[714]

Andere Klassen sind Bauteile wie Lizenzprodukte oder Bauteile aus einem Produktbaukasten, die sich kaum beeinflussen lassen, lediglich durch die Herstellung, d.h. bezogen auf die herstellbedingte Streuung einiger Produktmerkmale. Wiederum andere Klassen von Bauteilen werden eigens entwickelt, die Fertigung wird jedoch ausgelagert. Hier ist für die Beeinflussbarkeit ein enger Austausch und ein kooperatives Spezifikationsmanagement mit möglichen Zulieferern notwendig, die die Herstellung übernehmen. Eine weitere Klasse umfasst Norm- und Kaufteile. Insbesondere hier lässt sich mit Hilfe des Einkaufs nach Alternativen suchen. Insbesondere der Einkauf hat hier einen größeren Handlungsspielraum, wenn die Spezifikationen bezogen auf die Toleranzen flexibler und gröber sind. Häufig lässt sich bei gröberen Tolerierungen von einzelnen Komponenten oder Funktionsträgern auf Standardteile zurückgreifen und aufwändige Eigenentwicklungen und sogar kostenintensive externe Zertifizierungen und Qualifizierungen vermeiden, wenn der Einkauf hinsichtlich der Spezifikationen mehr Handlungsfreiraum hat.

Neben dieser Klassifizierung der Bauteile hinsichtlich der Möglichkeit der Einflussnahme durch die Unternehmensfunktionen müssen die Merkmale einer Maßkette weiter untersucht werden.

---

[714] In Anlehnung an Merget 2004, S. 59

Hierzu werden die notwendigen Voraussetzungen zur Umsetzung der Justierarten merkmalsbasiert aus dem Lösungsraummodell abgeleitet. Für die Untersuchung dienen die Datum-Flow-Chain-Modellierung einer Maßkette sowie die Maßkettengleichung inklusive der Linearitätskoeffizienten als Unterstützung. Es sind vier grundlegende Untersuchungen zu unterscheiden. Zum einen muss die Möglichkeit untersucht werden, ob sich Maßkettenglieder als Kompensationsglieder eignen. Hierzu müssen Maßkettenglieder folgende Bedingungen erfüllen[715]:

1. Kompensationsglieder dürfen nur Maßkettenglieder bzw. optionale Glieder einer Maßkette sein, die in Form einer Butt-Joint Verbindung vorliegen bzw. zwischen eine Butt-Joint-Verbindung gefügt werden und damit in allen sechs Freiheitsgraden definiert sind.
2. Die Kontaktrestriktion der vor- und nachgelagerten Verbindungen müssen beachtet werden, damit eine formschlüssige Verbindung erfolgen kann. Ein nicht-optionales Kompensationsglied das zwischen den Komponenten A und B eingefügt wird, muss jeweils die negative Kontaktfläche von A und B abbilden.
3. Kompensationsglieder als ständige Maßkettenglieder müssen in ihrer Merkmalsausprägung veränderbar sein.
4. Im Fall, dass eine Reversibilität des Eingriffs durch das Justieren oder im Fall, dass eine Wiederholbarkeit des Justiervorgangs notwendig ist, müssen die Kompensationsglieder zerstörungsfrei demontierbar und wieder zu montieren sein.

Eine zweite Untersuchung muss die Möglichkeit einer Relativbewegung von mindestens zwei Komponenten in Maßkettenrichtung untersuchen. Hierzu müssen bezogen auf eine Verbindung folgende Bedingungen erfüllt sein[716]:

1. Zwischen zwei Komponenten, die Maßkettenglieder sind, muss ein Freiheitsgrad in Form einer Slip-Joint-Verbindung vorliegen, um eine in Maßkettenrichtung wirksame Relativbewegung zu ermöglichen.
2. Eine der Komponenten muss festgelagert sein, die andere muss in Richtung des Freiheitsgrads beweglich sein und durch eine Vorrichtung fixiert und gezielt bewegt werden können.
3. Die Slip-Joint-Verbindung muss eine Relativbewegung ermöglichen, die eine Veränderung der wirksamen Länge in Maßkettenrichtung in Höhe der maximal zu erwartenden Abweichung zulässt.
4. Die Zugänglichkeit zum bewegbaren Maßkettenglied durch eine Vorrichtung muss gegeben sein.
5. Im Fall, dass eine Reversibilität des Eingriffs durch das Justieren oder im Fall, dass eine Wiederholbarkeit des Justiervorgangs notwendig ist, muss das anschließende Fügen der beiden Maßkettenglieder zerstörungsfrei aufzuheben sein.

Die dritte Betrachtung betrifft die Fügerichtung der Komponenten einer Maßkette. Für die Anwendung von optionalen Kompensationsgliedern dürfen die in Frage kommenden Maßkettenglieder keine Fügerichtung orthogonal oder nahezu orthogonal zur Maßkettenrichtung besitzen.

---

[715] vgl. 5.1.2.4
[716] vgl. 5.1.2.3

Zuletzt, als vierter Untersuchungsschritt, muss geprüft werden, ob eine signifikante Variabilität der maßkettenkritischen Merkmale möglich ist. Hierzu müssen die Erzeugung der Variabilität und die Bandbreite der Variabilität grob bestimmt werden. Auch hier unterstützt die Maßkettenanalyse bei der Identifizierung der maßkettenkritischen Merkmale in Bezug auf die Maßkettenglieder, deren Nominalwerte, mögliche Abweichungen und der Linearitätskoeffizienten, die für ein Maßkettenglied ein Indikator für die Wirksamkeit der Veränderbarkeit sind. Bei diesem letzten Schritt kann das Portfolio in Abbildung 90 herangezogen werden. Mit dieser Analyse sind die Voraussetzungen im Rahmen der Situationsanalyse geschaffen, die nächsten Vorgehensschritte in den folgenden Modulen anzugehen.

5.2.2 Modul 2 – Zielformulierung

Eingang:
- Ergebnisse Situationsanalyse
- Entwicklungsprojektziele und Restriktionen aus der Produktplanung
- Expertenwissen
- Ergebnisse der vorangegangenen Moduldurchläufe

Ziel der Transformation:
- Benennung der Zielobjekte
- Formulierung von Zielen für jeden Durchlauf der Methodik zu Forcierung der Lösungsraumkonvergenz
- Festlegung von Justierreihenfolgen bzw. Justierreihenfolgealternativen und resultierende Restriktionen für die Veränderbarkeit von Gliedern einer Maßkette
- Ergänzung der Zielformulierung um Größen zur Aufwands- und Zeiteinschätzung der notwendigen Aktivitäten zur Zielerreichung
- Priorisierung von Zielen in Muss-, Soll- und Wunschziele unter Integration der Ergebnisse der Produktplanung

Hilfsmittel:
- Design Structure Matrix, Vorgangsmatrix, Montagevorgangsfolgegraph
- Dokumentationsvorlagen
- Projektmanagementplan
- SE-Team-Workshops

Ergebnisse:
- Eindeutige Zielformulierung für einzelne Zielobjekte und Definition von Aufwands- und Zeitrestriktionen für die Zielerreichung

Abbildung 91: Prozessübersicht Modul 2 - Zielformulierung

Die Zielformulierung baut auf dem in der Situationsanalyse erarbeiteten Problemverständnis auf und integriert die in der Produktplanung festgelegten Entwicklungsprojektziele und Restriktionen (vgl. 2.1.3.1 und 5.2.1). Für die Methodik dieser Arbeit leistet die Zielformulierung den Beitrag, dass alle nachfolgenden Aktivitäten nach der Situationsanalyse auf die Entwicklung und gleichzeitige Reduktion von Lösungsvarianten für ein vorliegendes Problem fokussiert und spezifisch ausgerichtet werden. Dabei werden konkrete Ziele bei jedem Durchlauf der Mikro-Logik in Abhängigkeit des Detaillierungs-

und Konkretisierungsgrades bestehender Lösungen definiert[717]. Damit wird dem Problemlösefortschritt und den Anforderungen der Systemtechnik Rechnung getragen und die schnelle Lösungsraumkonvergenz forciert (vgl. 4.3.1).[718]

Grundlage für die Zielformulierung bilden die Aufteilung und Analyse einer Produktfunktion bzw. eines Produktmerkmals in Produkt-Subsysteme und schließlich in einzelne Maßketten mit den zugehörigen Herstellungsprozessen, sofern diese bereits vorgedacht sind (vgl. 5.2.1.1 und 5.2.1.2). Auf Basis dieser Analyse können die konstituierenden Merkmale einer Zielformulierung benannt und dokumentiert werden, die sich nach DAENZER aus dem Zielobjekt, den Zieleigenschaften, dem Zielausmaß und dem Orts- und Zeitaspekt einer Zielformulierung ergeben[719]. Jede Maßkette[720] und damit jedes geometrisch bestimmte Subsystem stellt, sofern es in seinen Merkmalen beeinflussbar oder veränderbar ist, ein Untersuchungs- und potentielles Verbesserungsobjekt und damit in diesem Verständnis ein Problem für die Lösungssuche und für die Anwendung der Methodik dar. Konkret sind also einzelne Maßketten und die zugehörigen Maßkettenglieder das jeweilige initiale Zielobjekt (vgl. Abbildung 87). Mit fortschreitender Anzahl an Durchläufen sind es Prinzip- und Detaillösungen für die einzelnen Maßketten und Maßkettenglieder, die als Zielobjekte im Mittelpunkt der Betrachtung stehen.

Die Veränderbarkeit bzw. Beeinflussbarkeit von Gliedern einer betrachteten Maßkette wurde bereits im Rahmen der Situationsanalyse grundsätzlich hinsichtlich der Einflussbereiche Konstruktion, Produktion und Einkauf analysiert. Ergänzend muss es bei der Benennung der Zielobjekte eine Priorisierung der Justiervorgänge von Maßketten aufgrund der Abhängigkeiten der Maßketten untereinander geben (vgl. Grundregeln zum Justieren 5.2.1.2). Diese Priorisierung manifestiert zusätzliche Restriktionen einzelner Maßkettenglieder hinsichtlich der Veränderbarkeit und Beeinflussbarkeit. Ist ein Maßkettenglied ein Kompensationsglied einer Maßkette A und gleichzeitig ein Maßkettenglied einer anderen Maßkette B, so darf ein Justiervorgang der Maßkette B, nicht das Justierergebnis der Maßkette A verändern, sofern erst die Maßkette A und dann die Maßkette B justiert werden muss. Diese Grundregel zum Justieren ergibt folglich Restriktionen, die bei der Untersuchung der Lösungen zum Justieren in der Maßkette B, in Form der Veränderbarkeit und Beeinflussbarkeit einzelner Maßkettenglieder Beachtung finden muss. Die Möglichkeiten auf ein Glied einer Maßkette Einfluss zu nehmen, sollte hinsichtlich der vier Einflussfaktoren[721] qualitativ dokumentiert werden (vgl. Abbildung 90). Diese Dokumentation kann ergänzend mit Hilfe von qualitativen Bewertungsskalen transparenter gestaltet werden[722]. So lässt sich insbesondere die Experteneinschätzung zu den Möglichkeiten der Veränderbarkeit eines Maßkettenglieds in die Klassen Hoch, Mittel und Niedrig einstufen. Ergeben sich auf Basis von Abhängigkeiten zwischen Maßketten Justierreihenfolgealternativen, können bereits hier grundsätzliche Lösungsszenarien eröffnet werden. Allerdings können bei alternativen Justierreihenfolgen erzeugte Lösungen in Abhängigkeit der

---

[717] vgl. Daenzer 1976, S. 138: "Ziele sind Aussagen darüber, was mit einer zu gestaltenden Lösung und was auf dem Weg zu dieser Lösung erreicht bzw. vermieden werden soll".

[718] vgl. Daenzer 1976, S. 50f.

[719] Daenzer 1976, S. 138

[720] Es werden ausschließlich Maßketten eines technischen Systems betrachtet, die im Sinne dieser Arbeit ein Key Characteristic bilden und bei denen die Abweichung des Schließmaßes signifikante Auswirkungen auf die Produktfunktion bzw. das Produktmerkmal haben.

[721] Einflussbereiche: Konstruktion, Produktion, Einkauf und Abhängigkeiten durch die Justierreihenfolgen/ Justierreihenfolgealternativen.

[722] In Anlehnung an Murr 1999 S. 78f. Bei der qualitativen Bewertung werden keine numerischen werte für Ausprägungen gewählt, sondern Merkmale in Merkmalsklassen zugeordnet. Die Anzahl der Klassen sollte im Verhältnis zur Unschärfe der Information proportional klein gehalten werden.

betrachteten Justierreihenfolgen auch einfach hinsichtlich der jeweiligen zusätzlichen Restriktionen einer Lösungsvariante ausgeschlossen werden, wenn diese bereits für andere mögliche Justierreihenfolgen entwickelt wurden. Einflüsse, die zum direkten Ausschluss von Justierreihenfolgenalternativen führen, können auf Basis von Montagezwangsreihenfolgen in frühen Phasen identifiziert werden. Die zahlreichen Einflüsse, die bei der Definition von Montagereihenfolgen zu beachten sind, können dabei mit Hilfsmitteln wie der Design Strucutre Matrix[723], der Vorgangsmatrix, oder des Montagevorgangsfolgegraphs[724] einfach dargestellt und analysiert werden. Die Einflüsse auf die Reihenfolgebildung bei der Montage, die schließlich auch Einfluss auf die Justierreihenfolge von Maßketten haben, sind vielfältig. So müssen Aspekte der Konstruktion, Aspekte der Produktion und Montage, aber auch sehr operative Einflüsse der Produktionssteuerung berücksichtigt werden[725]. Diese Einflüsse lassen sich sehr gut durch die Einbindung interdisziplinärer SE-Teams erfassen und abwägen. Durch die Kombination aus den definierten zu untersuchenden Maßketten und ihren Maßkettengliedern als Zielobjekte und deren Möglichkeiten zur Beeinflussbarkeit bzw. Veränderbarkeit, sind die Zielobjekte unter Berücksichtigung des Ortsaspektes benannt.

Mit dem ersten Durchlauf der Methodik entstehen für diese Zielobjekte Lösungsvarianten. Mit jedem Durchlauf der Mikro-Logik nimmt der Detaillierungs- und Konkretisierungsgrad der Lösungsvarianten zu. So stehen zu Beginn der Problemstellung ausgewiesene Maßketten, Maßkettenglieder und Restriktionen zur Veränderbarkeit und Beeinflussbarkeit fest. Im weiteren Vorgehen unter Anwendung des Lösungsraummodells auf die Problemstellung im Synthese-Analyse-Modul der Methodik entstehen konkrete Lösungsvarianten, also Konzepte einer Lösung. Für jede dieser bereits erzeugten Lösungsvarianten müssen als Ergebnis der Situationsanalyse konkrete Probleme und Fragestellungen herausgearbeitet werden, die weiter detailliert werden müssen. Dieser Detaillierungs- und Konkretisierungsbedarf muss in der Zielformulierung verfasst und festgelegt werden. Aus vorangegangen Durchläufen und der Situationsanalyse liegen also für jede Lösungsvariante Produkt- und Prozessmerkmale vor, sowie eine spezifische Maßkettenanalyse auf Basis konkreter Toleranzwerte oder der erwarteten Abweichungen (vgl. Situationsanalyse, 5.2.1). Mit Hilfe der quantitativen Ergebnisse der Maßkettenanalyse müssen die nächsten Schritte in der Zielformulierung festgeschrieben werden. Zeigt die Maßkettenanalyse für eine Lösungsvariante, dass das Schließmaß in jedem Fall erreicht wird, so muss das Ziel sein, die Aufweitung von Toleranzen einzelner Maßkettenglieder zu untersuchen. Zeigt die Analyse, dass das Schließmaß eben nicht die Schließmaßtoleranz erfüllt, so kann eine quantitative Zielformulierung hinsichtlich der Kompensationsfähigkeit für die jeweilige Lösungsvariante der Justierart und den Justierort beschrieben werden. Mit fortschreitendem Detaillierungsgrad können hinsichtlich des Zielausmaßes sehr konkrete quantitative Zielformulierungen, entweder für die Ausweitung der Toleranzen zur Ausnutzung der möglichen Kompensationsfähigkeit einer Lösungsvariante oder für die Auslegung der Kompensationsfähigkeit einer Lösungsvariante verfasst werden.

Grundsätzlich muss bei der Zielformulierung zwischen Wunsch- und Sollzielen sowie Musszielen unterschieden werden. Mussziele müssen durch eine Lösung erfüllt werden. Wunsch- oder Sollziele müssen nicht in jedem Fall erfüllt werden. Insbesondere bei der Berücksichtigung der Ergebnisse der Produktplanung treten hier häufig eine Vielzahl von Wunsch- oder Sollzielen auf. Hierzu gehört der Wunsch im Bauzusammenhang zu justieren oder einen Justiervorgang reversibel zu gestalten oder nach

[723] vgl. Browning, S. 292ff.
[724] vgl. Spur et al. 1986S. 610 und S. 627
[725] vgl. Whitney 2004, S. 180f.

Möglichkeit die Toleranzen einer konkreten Komponente einer Maßkette auszuweiten. Weitere Muss- oder Soll-Ziele manifestieren sich auch in Synergieeffekten zwischen verschiedenen Justierprozessen. Müssen mehrere Justierungen an mehreren Zielobjekten vorgenommen werden, so ist es sinnvoll ähnliche Lösungen zu verwenden, um die Synergieeffekte z.B. in puncto Investitionskosten oder Qualifikationskosten gering zu halten. Diese weichen Forderungen führen nicht zum Ausschluss einer Lösungsvariante, werden aber bei der Bewertung der Lösung berücksichtigt und dienen als Auswahlkriterien.[726]

Zudem muss in Abhängigkeit der Anzahl der Lösungsvarianten mit jedem Durchlauf der Mikro-Logik der Detaillierungsgrad einer Lösungsvariante erhöht werden. Es ist eine Forderung der Systemtechnik, dass sich die Lösungsvarianten differenzieren[727]. Gleiche Prinziplösungen müssen mit fortschreitendem Detaillierungsgrad also in Einzelheiten differenziert und ausgearbeitet werden. In Produktentwicklungsprojekten werden übergeordnete Aktivitäten sukzessive mit fortschreitender Detaillierung und konsekutiven Erkenntnisgewinn abgearbeitet. Gleiches gilt für die Produktentwicklungsprojekte, die das Ziel haben, durch das Konvergieren des Lösungsraums die beste Lösung zu entwickeln. Entsprechend muss der Projektmanagementplan ständig konkretisiert und nächste Schritte und Aktivitäten fortschreitend geplant werden[728]. Der Projektmanagementplan der u.a. die Subziele, die Arbeitspaketstruktur, die Ressourcenallokation, sowie Budget- und Zeitziele enthält[729], wird also fortschreitend erarbeitet. Dieses Vorgehen wird häufig auch als Rolling Wave Planning bezeichnet und trägt dem Fakt Rechnung, dass Umstände, die auf dem Weg zur Lösung das Handeln beeinflussen, stochastisch im Projektverlauf auftreten und demnach berücksichtigt werden müssen[730]. Analog müssen auch in der Mikro-Logik situativ Ziele[731] für jeden Durchlauf festgelegt werden, die neben der inhaltlichen und ergebnisorientierten Zielformulierung (Zielobjekt, Zieleigenschaften, Zielausmaß), den Aufwand und die Zeit für einen Durchlauf definieren. Letzteres ist Aufgabe des Entwicklungsprojektmanagementteams. Je nach übergeordnetem Stage-Gate-Prozess der Makro-Logik, müssen gewisse Ergebnisse und Entscheidungen in Gate-Meetings überprüft und Aktivitäten freigegeben werden (vgl. 2.1.4.2). Mit der finalen Zielformulierung kann die Synthese begonnen werden.

5.2.3 Modul 3 – Synthese-Analyse

In der Synthese-Analyse geht es darum, auf Basis des Problemverständnisses (vgl. 5.2.1) und der Zielformulierung (5.2.2), ganzheitliche Lösungskonzeptvarianten unter Anwendung des Lösungsraummodells zu erzeugen. Die Lösungsvarianten müssen am Ende des Synthese-Analyse-Moduls eine prinzipiell taugliche Lösung darstellen. Varianten unterscheiden sich dabei in ihren Eigenschaftswerten, z.B. hinsichtlich der Erfüllung der Soll- und Wunsch-Ziele. Die Synthese stellt den konstruktiven und damit besonders kreativen Schritt dar, in dem Lösungen gefunden, konzeptioniert und ausgestaltet werden. Im

---

[726] vgl. Daenzer 1976, S. 51
[727] Daenzer 1976, S. 52
[728] vgl. A guide to the Project Management Body of Knowledge (PMBOK guide) 2013, S. 55
[729] vgl. A guide to the Project Management Body of Knowledge (PMBOK guide) 2013, S. 76f.
[730] Harrison und Lock 2004, S. 135
[731] Hierbei müssen Produktziele (vgl. S. 552) und Projektziele (vgl. S. 555) unterschieden werden. Projektziele umfassen Ergebnisse die im Rahmen der Projektaktivitäten erreicht werden müssen, während Produktziele sich auf das zu erzeugende Produkt als Entwicklungsgegenstand beziehen. A guide to the Project Management Body of Knowledge (PMBOK guide) 2013

Rahmen der Analyse werden Lösungsvarianten kritisch reflektiert, verbessert und hinsichtlich der Muss-Ziele überprüft. Das Synthese-Analyse-Vorgehen ist eng verkoppelt und häufig iterativ.[732]

Eingang:
- Ergebnisse Situationsanalyse
- Ergebnisse der Zieldefinition
- Bewertete und weiter zu detaillierende Lösungsvarianten
- Expertenwissen
- Ergebnisse der vorangegangenen Moduldurchläufe

Ziel der Transformation:
- Erzeugung von prinzipiell tauglichen Lösungsvarianten zum Justieren unter Berücksichtigung der gesamten Lösungsraumbreite zum Justieren
- Konsekutive Detaillierung und Ausarbeitung der Lösungsvarianten
- Analyse von erzeugten Lösungsvarianten

Hilfsmittel:
- Lösungsraummodell
- Sechs Schritte zum Vorgehen bei der Synthese-Analyse
- Einbindung von Hilfsmitteln des Konstrukteurs und Produktionsplaners (Planungsvorgehen, Modellierungstechniken, Kreativitätstechniken)
- Sechs Schritte zum Vorgehen bei der Analyse von Lösungsentwürfen
- Merkmalbaum der konsekutiven Lösungsentstehung
- Produkt- und Prozessprototypen und Simulationen
- SE-Team-Workshops und Expertenwissen

Ergebnisse:
- Prinzipiell taugliche Lösungsvarianten mit unterschiedlichen Eigenschaftswerten
- Fortschreitend detaillierte und konkretisierte Lösungsvarianten
- Favorisierter Gesamtentwurf als Ergebnis des konvergierten Lösungsraums
- Aktualisierung der Restriktionen für die zu erarbeitende Lösung

Abbildung 92: Prozessübersicht Modul 3 - Synthese-Analyse

Das Vorgehen zur Synthese-Analyse gliedert sich in Anlehnung an die Systemtechnik[733] in sechs Schritte und wird analog zur Methodik repetierend durchlaufen. Die sechs Schritte werden im Folgenden sequenziell erläutert.

Schritt 1: Reflektion der Zieldefinition

Im ersten Schritt müssen die Ergebnisse der Situationsanalyse und der Zielformulierung reflektiert werden.

Schritt 2: Problemlösung unter Anwendung des Lösungsraummodells

Nach dieser erneuten Analyse der Gestaltungsaufgabe muss im zweiten Schritt das abstrahierte und formalisierte Problem durch Anwendung des Lösungsraummodells abstrakt gelöst werden. In diesem Schritt wird mit Hilfe des Zugriffsteils für die einzelnen Zielobjekte separat (vgl. Abbildung 87) der

---

[732] vgl. Daenzer 1976, S. 157f.
[733] Daenzer 1976, S. 181f.

gesamte Lösungsraum zum Justieren auf die grundsätzliche Anwendbarkeit untersucht. Die nach Anwendung des Zugriffsteils zugelassenen Teile des Lösungsraums müssen dann unter zu Hilfenahme des Hauptteils des Lösungsraummodells auf die Zielobjekte angewandt werden. Hierdurch werden alle grundsätzlich tauglichen Justierarten als prinzipielle Lösung für die einzelnen Problemstellungen der Zielobjekte in Betracht gezogen. Es entstehen zahlreiche prinzipielle Lösungsvarianten. Die zentrale Leistung der Anwendung des Lösungsraummodells ist es dabei, dass zum einen Merkmale oder Merkmalsausprägungen von Entwürfen in frühen Phasen der Produktentwicklung die veränderbar sind, variiert oder verändert werden und dabei die gesamten zugelassenen Möglichkeiten zur Herstellung von geometrischen Produktfunktionen und Produktmerkmalen durch das Justieren in Betracht gezogen werden. Zum anderen wird durch die Erzeugung prinzipiell zugelassener Lösungsvarianten mit individuellen Produkt- und Prozessmerkmalen die Wahrscheinlichkeit erhöht, eine hinsichtlich der Zielkriterien optimale und vor allem kostengünstige Lösung zu entwickeln.

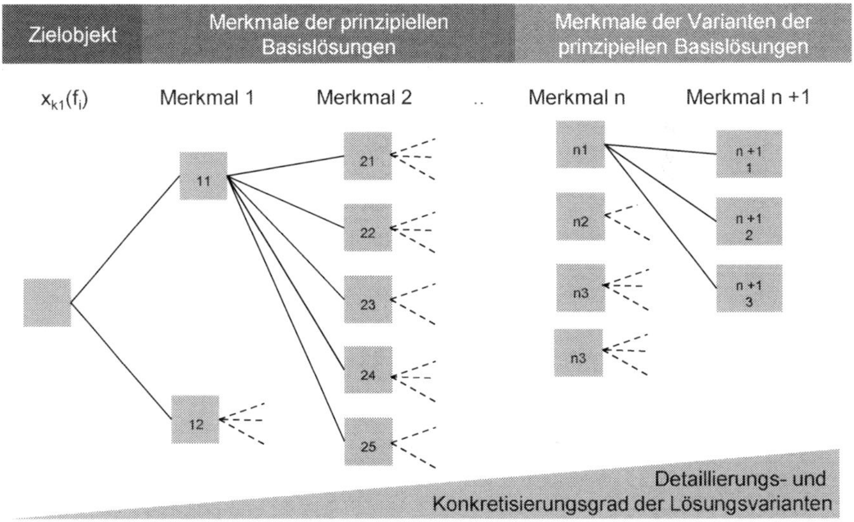

Abbildung 93: Merkmalbaum der konsekutiven Lösungsentstehung[734]

Die Entstehung und konsekutive Detaillierung der Lösungsvarianten lässt sich mit Hilfe des Merkmalbaums darstellen (vgl. Abbildung 93)[735].

Schritt 3: Ordnen und Analyse der Lösungsvarianten

[734] In Anlehnung an Schuh 2013, S. 99

[735] Ein Merkmalbaum ist eine bestimmte Form der Variantendarstellung. Pro Spalte bzw. Stufe wird eine Lösungsvariante hinsichtlich eines variantenbildenden Merkmals gegliedert. Ein Merkmalbaum schafft Transparenz über die Variantenvielfalt der Lösungen. Vgl. Bayer 2010, S. 71f.

Es ist die Aufgabe des dritten Schritts der Synthese-Analyse diese prinzipiellen Lösungsvarianten mit Hilfe des Merkmalbaums systematisch zu ordnen. Hierbei wird der Merkmalbaum der Lösungsvarianten als Werkzeug eingesetzt, um in SE-Teams Lösungen zu detaillieren, verschiedene Sichtweisen aufzunehmen, Lösungen zu analysieren und Transparenz über die Vielfalt zu schaffen[736].

Schritt 4: Ausgestaltung der Prinzipiellen Lösungen

Die Systematisierung wird mit der Detaillierung und Ausgestaltung der prinzipiell möglichen Lösungsvarianten im vierten Schritt ausgeführt. Die Systematisierung kann mit Hilfe des Merkmalbaums verdeutlicht werden. Ausganspunkt sind die zugelassenen Prinziplösungen für das Justieren, die durch die Anwendung des Zugriffsteils des Lösungsraummodells auf die Zielobjekte identifiziert wurden. Die in Frage kommenden Lösungsprinzipien müssen dann unter Berücksichtigung aller konstituierenden Merkmale der jeweiligen übergeordneten Gliederungsebenen einer Justierart detailliert werden. Dafür müssen Merkmale fortschreitend bestimmt werden, nach denen Lösungsvarianten hinsichtlich ihrer jeweiligen Merkmalsausprägung differenziert werden. Bezüglich der Produktmerkmale sind dies vor allem die jeweiligen in Frage kommenden Justierstellen, also der Ort des Eingriffs, der durch die Veränderbarkeit der Maßkettenglieder im Einzelfall vorgegeben wird. Außerdem müssen produktbezogene Merkmale wie die Geometrie, die erreichbaren Genauigkeiten bzw. Toleranzen[737] in Abhängigkeit von Prozesseigenschaften und Werkstoffen unterschieden werden, genauso wie gestalterische Alternativen. In Betrachtung der prozessbezogenen Merkmale spielen insbesondere die Prozesseigenschaften der Justierart, die möglichen Justierprozessgrundtypen, die konkrete Festlegung von Prozessreihenfolgen und Technologien eine zentrale Rolle, die u.a. mit Hilfe von Modellierungstechniken systematisch dargestellt werden können. Außerdem müssen die Justierreihenfolgealternativen Berücksichtigung finden. Die Stufen im Merkmalbaum, die die fortschreitende Detaillierung von Lösungsvarianten dokumentieren, sind also Merkmale nach denen die Lösungen differenziert werden[738] [739]. In Anlehnung an die Beschreibungslogik für technische Systeme und das Konstruktionsvorgehen (vgl. 2.1.2 und 2.1.3.2) und in Anlehnung an den Kerngedanken der Synthese wird empfohlen, für die Detaillierung von Produktmerkmalen nach der Bestimmung der Wirkprinzipien der Justierart durch das Lösungsraummodell physische und bauliche Merkmale sukzessive vom Groben ins Feine auszuführen. Hierbei können zahlreiche Konstruktionskataloge für die spezifischen Konstruktionsfälle Anwendung finden. Für die Detaillierung prozessbezogener Merkmale von Prinziplösungen müssen konkrete Technologien und Verfahren für die jeweilige formändernde oder formschaffende Hauptgruppe der Fertigungsverfahren nach DIN 8580 der betrachteten Justierart ausgewählt werden. Anschließend kann die Antizipation bzw. Modellierung eines ganzheitlichen Justierprozesses auf Basis der Grundprozesstypen zum Justieren unter Berücksichtigung der konstituierenden Merkmale einer Justierart erfolgen. Die zu detaillierenden Merkmale sind also nicht nur Produkt- sondern auch Prozessmerkmale. Anschließend müssen für die Grundprozesstypen konkrete Technologien für die Hilfsfunktionen Fügen, Handhaben oder Messen identifiziert werden.

[736] vgl. Lindemann et al. 2006, S. 229f.

[737] Toleranzen müssen mit zunehmendem Detaillierungsgrad in Abhängigkeit der Eigenschaften des integrierten Produkt- und Prozessentwurfs festgelegt werden.

[738] Analog zur Darstellung von Produktvarianten werden hier Lösungsvarianten für integrierte Produkt- und Prozessentwürfe dargestellt. Aus der Analogie ergibt sich, dass ein Merkmal die Eigenschaft einer Lösungsvariante ist. Die Lösungsvarianten unterscheiden sich in der Ausprägung ihrer Merkmale. Schuh 2013, S. 98f.

[739] Grundsätzlich lassen sich diese Merkmale in Merkmale der prinzipiellen Basislösung (z.B. Prozessgrundtyp, Justierart oder Justierstelle) und Merkmale der Varianten der Basislösung (z.B. die Art des Handhabungsprozesses: manuelle vs. automatisierte Handhabung zwischen den Prozessschritten) gliedern, vgl. Abbildung 93.

Hier ergeben sich unter Berücksichtigung der konstituierenden Merkmale der Justierarten erhebliche prozessseitige Unterschiede. So unterscheidet sich Umformen im Bauzusammenhang als Justierprinzip hinsichtlich der Prozessmerkmale wesentlich von einem Umformen zur Nacharbeit eines Kompensationsglieds. Es ergeben sich somit in Summe zahlreiche Lösungsvarianten.

Sind einmal die Zielobjekte, die auf der untersten Ebene einzelne Maßkettenglieder bzw. Maßkettengliederpaare darstellen können, den Justierarten auf der untersten Gliederungsebene des Gliederungsteils des Lösungsraummodells zugeordnet, ist der Lösungsraum bereits stark eingegrenzt. An dieser Stelle muss die Anwendung der Justierart auf das Zielobjekt in Form eines Kreativprozesses produkt- und prozessseitige Ideen für die Merkmale und Merkmalsausprägungen der integrierten Produkt- und Prozesslösungsentwurfsvariante hervorbringen. Methoden und Ansätze zur Detaillierung und Ausgestaltung von Lösungsvarianten können hierbei unmittelbar angewendet werden, da die Gestaltungsmöglichkeiten aufgrund der Eingrenzung der produkt- und prozessseitigen Wirkprinzipien durch die Anwendung des Lösungsraummodells bereits vorgegeben sind.

Für die Ausgestaltung der Produktmerkmale kann hierbei auf die Werkzeuge der Konstruktion zurückgegriffen werden. Hierzu zählen insbesondere Kreativitätstechniken, Experteninterviews oder Konstruktionskataloge. Besonders die Gestaltungsrichtlinien aus den in 3.2 analysierten Ansätzen lassen sich hier gut verorten und einsetzen. Wie das Ergebnis der Bewertung bestehender Ansätze zeigt, weisen die untersuchten Ansätze besonders bei den Gestaltungsrichtlinien und -empfehlungen Stärken auf (vgl. 3.3). So lassen sich u.a. die vorgestellten Arbeiten zur Vereinfachung und besseren Gestaltung von Maßketten und Justierungen von GAIROLA oder HESSE einbinden sowie die Arbeiten von BALAKSCHIN, die unter Einbindung der Maßkettentheorie die quantitative Auslegung eines Justiermechanismus unterstützen. Aber auch einfache Zeichnungen, Tabellen, Diagramme, Prototypen, Funktionscharts oder Systemhierarchien unterstützen diesen Detaillierungsprozess. Hinsichtlich der Ausgestaltung prozessbezogene Merkmale stehen ebenfalls zahlreiche Ansätze zur Verfügung. So auch diverse Modellierungstechniken für die prozessbezogene Abbildung einer Lösungsvariante, wie Systemdarstellungen (Mind-Maps, Wirkungsnetzte), Ursache-Wirkungs-Matrizen oder Ablaufdiagramme.[740] Favorisierte Prinziplösungen können dann auf Basis der Modellierung in den Ausprägungen der produkt- und prozessbezogenen Merkmale variiert werden. Zusätzliche Hilfsfunktion wie das direkte Messen und Prüfen, das Fügen oder weitere Hilfsfunktionen können hierzu in den Lösungsvarianten ausgestaltet und konfiguriert werden. Dabei unterstützen Workshops mit interdisziplinären SE-Teams unter Anwendung von Planungsmethoden. Hierbei sind insbesondere Arbeiten zur Prüfplanung und Prüfmittelauswahl, wie die von KLONARIS[741] zur Prüfmittelauswahl, die VDI/VDE/DGQ 2610 als Richtlinie zur Prüfplanung oder von KOTTERBA[742], der die Prüfplanung im Kontext des Produktentstehungsprozesses diskutiert, zu nennen. Die Ausgestaltung prozessbezogener Merkmale kann insbesondere durch die Arbeit von FALLBÖHMER[743] unterstützt werden, der einen zentralen Ansatz zur Generierung alternativer Technologieketten in frühen Phasen der Produktentwicklung anbietet. FALLBÖHMER macht sich analog die Freiheitsgrade der konstruktiven Produktgestaltung in frühen Phasen der Produktentwicklung zunutze, um auf Basis von Produktmerkmalsvariationen Technologien auszuwählen und um Technologiekettenalter-

---

[740] vgl. Daenzer 1976, S. 180
[741] vgl. Klonaris 1998
[742] vgl. Kotterba
[743] vgl. Fallböhmer 2000

nativen zu generieren. Weitere allgemeingültige Ansätze zur Technologieidentifizierung, Technologiebewertung und -auswahl, sowie zur Technologiekettenbildung und Analyse sind übersichtlich bei HEIMES[744] dargestellt. Wird die Planung des Montagesystems betrachtet, liegen ebenfalls zahlreiche Ansätze vor, die unterstützen, prinzipielle Lösungen zu detaillieren. Hierzu gehört das Vorgehen von BULLINGER zur systematischen Montageplanung[745], das Vorgehen zur Montageplanung nach REFA[746], die Systematik zur Optimierung von Montagen nach EVERSHEIM[747], oder die Montageplanungsvorgehen nach KONOLD[748] oder LOTTER[749].

Die fortschreitende Detaillierung der Merkmale und Merkmalsausprägungen von Lösungsvarianten findet nicht in einem sondern in zahlreichen Durchläufen der Mikro-Logik statt. Dabei werden konsekutiv Lösungsvarianten erzeugt und im Rahmen der Auswahl und Entscheidung verworfen, andere werden fortgeführt. Gleichzeitig wird mit steigender Anzahl der Durchläufe analog das Konstruktionsvorgehen als Makro-Logik (vgl. 4.3.2) durchlaufen. Zur Systematisierung eignet sich der in Abbildung 93 dargestellte Variantenbaum. Für jede Stufe, die durch Merkmalstypen charakterisiert wird, müssen für jede Lösungsvariante Merkmalsausprägungen angegeben werden und erzeugte Informationen dokumentiert werden (vgl. 3. Schritt). Damit können übersichtlich die Erzeugung und Verwerfung von Lösungsvarianten sowie Entscheidungen zur Auswahl nachvollzogen werden. Es wird empfohlen in den ersten Stufen eine mehrstufig-optimierende Suchstrategie zu verfolgen und zunächst keine Lösungen zu verwerfen. Damit wird dem Fakt Rechnung getragen, dass in den ersten Phasen zu wenig Informationen über die Lösungsvarianten vorliegen, die eine Bewertung objektiv zulassen. Mit Zunahme der Detaillierung und Anzahl der Lösungsvarianten müssen die Lösungsvarianten im Sinne eines einstufig-optimierenden Vorgehens eingegrenzt werden.[750]

Schritt 5: Analyse der Lösungsvarianten

Im vorletzten, fünften Schritt muss die Analyse der erzeugten bzw. detaillierten Lösungsvarianten erfolgen. Hierzu wird das sechs-schrittige Vorgehen der Systemtechnik herangezogen, das insbesondere die Ergebnisse der Zielformulierung einbezieht[751]:

1. Analyse formaler Aspekte (Mussziele).
2. Analyse der Integrierbarkeit (wirkungsbezogene Betrachtung in den produkt- und prozessbezogenen Kontext der Herstellung und Produktnutzung. Interaktion und Synergien sowie Schnittmengen und Unterschiede bei der Aggregation verschiedener Justierprozesse[752] für ein technisches System).
3. Analyse der Funktionen und Abläufe (Reflektion des Justierkreises).
4. Analyse der Betriebstüchtigkeit (Benutzer-, Bedienungs-, Wartungsfreundlichkeit, Sicherheit, Zuverlässigkeit).
5. Analyse der Voraussetzung und Bedingungen (Reflektion der Annahmen und Randbedingungen sowie Restriktionen, die die Lösungsvariante mitbringt).

---

[744] Heimes 2014, S. 68f.
[745] vgl. Bullinger und Lung 1994
[746] vgl. REFA 1990
[747] vgl. Eversheim et al. 1981
[748] vgl. Konold und Reger 2003
[749] vgl. Lotter 1992
[750] vgl. zu Suchstrategien Daenzer 1976, S. 170f.
[751] In Anlehnung an Daenzer 1976, S. 175f.
[752] Bei mehreren Zielobjekten.

6. Analyse der Konsequenzen der Lösungsvarianten (Reflektion, ob Wunsch- oder Sollziele erreicht werden bzw. Maßnahmen erforderlich sind, die zusätzliche Aufwände oder Risiken mit sich bringen).

Schritt 6: Kritische Reflektion

Im letzten Schritt der Synthese-Analyse kann auf Basis der Ergebnisse der Analyse ein erneuter Durchlauf zu Detaillierung der betrachteten Lösungsvariante optional notwendig werden. Genauso können Lösungen an dieser Stelle verworfen werden, die nicht den Muss-Kriterien entsprechen. Ebenso können durch das Generieren neuer Lösungen, insbesondere, wenn für den Anwender neuartige Lösungswege verfolgt werden, Eigenschaften einer Lösung identifiziert werden, die Fragen hinsichtlich der Realisierbarkeit aufwerfen. Nicht alle denkbaren Restriktionen für ein Produktentwicklungsprojekt sind zwingend initial definiert. So müssen bei Eigenschaften einer neuartigen Lösung, z.B. die Verwendung von Fügeverfahren mit neuen Klebstoffen, mögliche Restriktionen im SE-Team und dem Kunden im Sinne einer gemeinsamen Spezifikationsfestlegung diskutiert und definiert werden. Das Ergebnis ist die Aktualisierung der Ergebnisse der Produktplanung. Entwicklungsziele dürfen dabei jedoch nicht verändert werden.

Wenn die Mikro-Logik so häufig durchlaufen wurde, dass der Lösungsraum hinsichtlich der finalen Lösung konvergiert ist, kann mit den Hilfsmitteln des Konstrukteurs und des Produktionsplaners ein Gesamtentwurf im letzten und siebten Schritt des Makro-Vorgehens ausgearbeitet werden (vgl. 4.3.2).

5.2.4 Modul 4 – Beurteilung

Eingang:
- Ergebnisse der Produktplanung und Zieldefinition
- Lösungsvarianten
- Expertenwissen und Daten aus Betriebsdatenbanken

Ziel der Transformation:
- Wirtschaftliche und technische Bewertung von Lösungsvarianten
- Auswahl von Lösungen und Fortschritt der Lösungsraumkonvergenz

Hilfsmittel:
- Methoden und Hilfsmittel der technischen und wirtschaftlichen Bewertung und Auswahl, wie:
    - Nutzwertanalyse
    - Argumentenbilanz
    - Verfahren der Kurzkalkulation
    - Verfahren zum Abschätzen von Kosten
    - Relativbewertung
    - Wirtschaftliche und technische Wertigkeit
    - Portfolioansätze
    - Anwendungen der VDI Richtlinie 2225
- Target Costing
- SE-Teamworkshops
- Experteninterviews

Ergebnisse:
- Verworfene Lösungen
- Favorisierte Lösungen
- Wirtschaftliche und technische Bewertungen von Lösungsvarianten
- Erkenntnisse über die Leistungsfähigkeit von Lösungsvarianten

Abbildung 94: Prozessübersicht Modul 4 - Beurteilung

Im letzten Modul steht das Beurteilen mit den disjunkten Prozessen Bewerten und Auswählen im Vordergrund aller Aktivitäten (vgl. 2.1.4.3). Das Beurteilen wird als ein Prozess verstanden, der dazu dient, den gesamten Produkt- und Prozessentwurf einer Lösungsvariante hinsichtlich Kosten und Muss-, Soll- sowie Wunschzielen zu bewerten um schließlich favorisierte Lösungen auszuwählen und andere zu verwerfen. Die Auswahl impliziert, dass eine Entscheidung über die weiterzuverfolgenden Lösungsvarianten getroffen wird, um die Lösungskonvergenz mit jedem Durchlauf der Methode voranzubringen. Eine formale Bewertung ist dafür dann besonders sinnvoll, wenn eine Vielzahl von Lösungsvarianten existiert, deren differenzierende Merkmale und Eigenschaftswerte hinsichtlich der Wunsch- und Sollziele nicht direkt ersichtlich sind[753] oder die Auswirkungen auf die Kostenziele des Produktentwicklungsprojektes nicht direkt abschätzbar sind.

[753] vgl. Daenzer 1976, S. 53f.

Hierbei kann auf zahlreiche in der Literatur vorhandene Hilfsmittel zurückgegriffen werden, die diesen Prozess unterstützen. Im Sinne einer Beurteilung von Lösungsvarianten in frühen Phasen in Produktentwicklungsprojekten werden im Folgenden dahingehend besonders geeignete Ansätze hinsichtlich der relevanten Beurteilungsbereiche kontextbezogen empfohlen und die Beurteilungsaufgabe damit strukturiert.

Dazu werden zunächst die Zielgrößen der Bewertung diskutiert. Das Target Costing als Methode liefert auf Basis der vorherrschenden Marktbedingungen einen Zielpreis für ein konkretes Produkt mit konkreten Merkmalen und Funktionalitäten[754]. Die besondere Eignung dieser Methode und des Ergebnisses der Anwendung dieser Methode ergibt sich in der Eigenschaft, dass die Methode den zu erreichenden Marktwert eines Produktes einzelnen Merkmalen und Funktionalitäten zuordnet und damit eine monetäre Zielkostenbewertung einzelner Bauteile und Komponenten möglich ist[755]. Demnach können monetäre Zielkostenwerte für die Zielobjekte, die im Einzelfall Key Characteristics und damit signifikante Funktionen und Merkmale des Produktes für den Kunden darstellen, angenommen werden. Des Weiteren dienen für die technischen Bewertungen die Muss-, Soll- und Wunschziele als Ausgangsbasis, die als Ergebnis der Zielformulierung reduziert auf die Zielobjekte vorliegen.

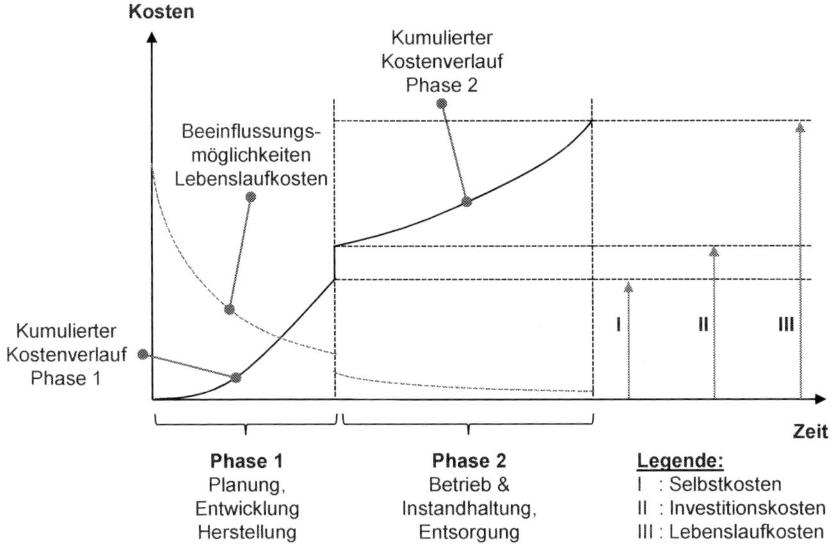

Abbildung 95: Lebenslaufkosten während der Produktlebensdauer[756]

Wie bereits in 2.3 dargestellt haben Kosten eine besondere Relevanz in den frühen Phasen des Produktentwicklungsprojektes, da dort ein hohes Maß an Beeinflussungsmöglichkeiten auf die spätere Kos-

[754] Clifton 2004, S. 1
[755] Chapman et al. 2007, S. 521
[756] Ehrlenspiel 2014, S. 126

tenentstehung während der Produktlebensdauer besteht. Wie in Abbildung 95 illustriert, stellen die Lebenslaufkosten eine vollständige Bilanz für eben diese Kosten dar. Die Lebenslaufkosten umfassen die Entsorgungs-, Betriebs- und Instandhaltungskosten, die im Rahmen der Nutzung entstehen, sowie schließlich die Investitionskosten für das Produkt. Die Investitionskosten manifestieren sich abzüglich des Ertrags in den Selbstkosten.[757] Diese wurden bereits in 2.1.4.3 als Selbstkosten für den Produkthersteller zusammengefasst, wobei insbesondere die Entwicklungskosten und die Herstellungskosten für die frühen Phasen der Kostenbewertung relevant sind (vgl. 2.1.4.3).

Die Kosten, die durch Entsorgung, Betrieb und Instandhaltung verursacht werden, können von Produkt zu Produkt stark variieren. EHRLENSPIEL erklärt Einflussfaktoren mit denen effektiv auf diese Kosten eingewirkt werden kann sowie Empfehlungen, wie diese Kosten gesenkt werden können[758]. Sofern diese Kosten jedoch für den Kunden relevante Kaufentscheidungen sind, müssen diese als Teil des Kundenwertes im Rahmen der Produktplanungsphase als Entwicklungsziele aufgenommen und im Rahmen einer technischen Bewertung berücksichtigt werden[759]. So können z.B. der Verbrauch von Betriebsstoffen oder erreichbare Geschwindigkeiten oder Transportvolumen von Fahrzeugen als Produkteigenschaften und damit als quantifizierte Zielkriterien in ein Produktentwicklungsprojekt aufgenommen werden. Die Bewertung technischer Zielgrößen wird im Folgenden aufgegriffen.

Für die Selbstkosten wurden bereits die Herstellkosten und die Entwicklungskosten als maßgebliche Kosten für die frühen Phasen der Produktentwicklung erwähnt.

Die Entwicklungskosten genauso wie die Entwicklungszeit lassen sich in Entwicklungsprojekten sehr gut mit den Werkzeugen des Projektmanagements kalkulieren und steuern, so dass die Entscheidung über die Verwerfung von Lösungsvarianten dahingehend auf Basis von Indikatoren der vorangegangenen Analysephase sehr gut getroffen werden können. Sind für eine Lösungsvariante grundsätzlich neue Fragestellung zu lösen und impliziert dies für den Projektmanagementplan unberücksichtigte Planungsaktivitäten, so müssen diese im Rahmen des integrierenden Projektmanagements als Änderung antizipiert und bewertet werden. Es ist dabei die Aufgabe des Projektmanagementteams für die neuen notwendigen Planungsziele Aktivitäten zu bestimmen und diese hinsichtlich Kosten und Zeit zu bewerten und dies gegenüber den Projektrestriktionen und besonders den begrenzten Ressourcen zu spiegeln.[760]

Für die Abschätzung und Kurzkalkulationen von Herstellungskosten (vgl. 2.1.4.3) in frühen Produktentwicklungsprojekten schlägt EHRLENSPIEL zahlreiche Ansätze vor[761]. Zudem gibt die Richtlinie VDI 2225 „Technisch-wirtschaftliches Konstruieren" in Blatt 1 „vereinfachte Kostenermittlung" Ansätze und Empfehlungen für die vereinfachte Erfassung von den gesamten Produktkosten[762], den Selbst- sowie besonders den Material- und Herstellkosten an[763]. Darüber hinaus eignen sich besonders Relativaussagen in Kombination mit Kurzkalkulationen. Dabei werden besondere Merkmale bzw. Ausprägungen einer Lösungsvariante als ergänzende Kosten-verursachende Faktoren relativ zu einer Referenz-

[757] vgl. Ehrlenspiel 2014, S. 123f.
[758] vgl. Ehrlenspiel 2014, S. 133 und 135
[759] vgl. Ehrlenspiel 2014, S. 133
[760] vgl. A guide to the Project Management Body of Knowledge (PMBOK guide) 2013, S. 63f.
[761] Ehrlenspiel 2014, S. 464f.
[762] Der Begriff Lebenslaufkosten ist ein Synonym für die gesamten Produktkosten. Ehrlenspiel 2014, S. 128
[763] Blatt 1 VDI/ VDE Richtlinie VDI 2225 - Blatt 1, S. 3f.

oder Basislösung bewertet. Die monetäre Relativbewertung eignet sich besonders gut für die Lösungsauswahl in frühen Phasen der Produktentwicklung[764]. Dieses Vorgehen ist insbesondere deshalb hervorragend geeignet, weil bei dem vorgeschlagenen methodischen Problemlösevorgehen häufig Varianten einer Prinziplösung mit großen Schnittmengen im integrierten Produkt- oder Prozessentwurf vorherrschen und ein Referenz- oder Basisentwurf besteht.

Als nicht-monetäre Methoden der Entscheidungstheorie lassen sich einfache und weitverbreitete Ansätze wie die Argumentenbilanz oder Nutzwertanalyse aufführen, die gerade in frühen Phasen der Produktentwicklung Anwendung finden können[765]. Die Wunsch- und Sollziele stellen dabei für die Nutzwertanalyse die relevanten Eingangsinformationen dar. Diese Eingangsinformationen dienen auch der Berechnung der technischen Wertigkeit eines Produktes, die eine Kenngröße der technisch-wirtschaftlichen Bewertung der Richtlinie VDI 2225 „Technisch-wirtschaftliches Konstruieren" in Blatt 3 „Technisch-wirtschaftliche Bewertung" ist. Die zweite komplementäre Kenngröße ist die wirtschaftliche Wertigkeit einer Lösungsvariante, die auf den Material- und Herstellungskosten basiert. Beide Größen werden zusammen in ein Bewertungsportfolio eingetragen, um die Stärken und Schwächen verschiedener Lösungsvarianten hinsichtlich monetärer und technischer Gesichtspunkte übersichtlich und schnell zu erfassen.[766] Die jeweiligen Bewertungen basieren zumeist auf Expertenwissen sowie Daten aus Betriebsdatenbanken und werden im Rahmen von SE-Team-Workshops durchgeführt. Abschließend können durch diese Bewertungsmöglichkeiten im Vergleich von Kennzahlen technischer und wirtschaftlicher Art, Lösungsvarianten ausgewählt und andere verworfen werden. Die Bewertung, die wiederum Transparenz gegenüber der Leistungsfähigkeit einzelner Lösungsvarianten hinsichtlich der Zielgrößen der Beurteilungsbereiche schafft, dient als Eingang für die Situationsanalyse und Zielformulierung, um weitere Detaillierungsaktivitäten in der Synthese-Analyse sinnvoll auszurichten.

5.3 Zusammenfassende Betrachtung der Ergebnisse

Mit der Methodik wurde nun unter Einbindung des Lösungsraummodells ein problemorientiertes Lösungsvorgehen detailliert, das die in 4.1 und 4.3 dargestellten inhaltlichen und formalen Anforderungen erfüllt und den Leitgedanken der Lösungshypothese (vgl. 4.2) systematisiert und formalisiert wiedergibt.

Die Methodik leistet es demnach im Kontext gängiger Entwicklungsvorgehen pragmatisch, unter Einbindung zahlreicher problemspezifischer Hilfsmittel sowie allgemeiner Hilfsmittel des Konstrukteurs und des Prozessplaners, zielorientiert und systematisch Lösungsvarianten eines integrierten Produkt- und Prozessentwurfs zu erzeugen, die das Justieren im Sinne der zweiten zentralen Toleranzstrategie (vgl. 2.2) berücksichtigen. In Kombination mit der zweiten Teilstrategie, die in ihrem Vorgehen unter dem Einsatz von Toleranzallokationsansätzen Entwürfe einer hochpräzisen Produktherstellung hervorbringt, ergibt sich eine Vorgehensstrategie, die vollumfänglich Lösungen für die Produktgestalt und Herstellung erzeugt, um aus einer größeren Menge einen insgesamt kostengünstigeren Entwurf auszuwählen. Final ausgewählte und damit favorisierte Entwürfe können dann im letzten Vorgehensschritt der Makro-Logik konstruktiv ausgestaltet und parallel im Rahmen der Arbeitsvorbereitung prozessseitig ausdetailliert werden (vgl. 2.1.3).

---

[764] vgl. Ehrlenspiel 2014, S. 75
[765] Schuh, G., et al. 2011, S. 324 und S. 327
[766] VDI-Richtlinie 2225 Blatt 3, S. 4f.

Besonders hervorzuheben ist, dass durch die Methodik und das Lösungsraummodell zunächst ein Produkt in Subsysteme bis auf Maßkettenebene und Maßkettengliedebene zergliedert wird. Ein Gesamtproblem wird also auf Einzelprobleme heruntergebrochen, wofür dann konkrete Lösungen erarbeitet werden. Durch die Verknüpfung eines Zielobjektes bzw. eines konkreten Problems mit einer zugelassen Justierart, unter Anwendung des Lösungsraummodells im Modul der Synthese-Analyse, sind bereits zahlreiche Merkmale möglicher Lösungen vorgegeben, so dass der Planer schnell die Gestalt des integrierten Produkt- und Prozessentwurfs sowohl hinsichtlich produkt- als auch prozessbezogener Merkmale antizipieren kann. Dabei unterstützt die Mikro-Logik die Vielzahl an Lösungen systematisch einzuschränken und favorisierte Entwürfe weiterzuentwickeln. Gleichzeitig findet sowohl während der Analyse als auch während der Beurteilung eine übergreifende Betrachtung der Lösungen der Einzelprobleme statt, um Synergien zu identifizieren bzw. Abhängigkeiten und Wechselwirkungen zwischen den Lösungen zu betrachten. Das Vorgehen und das Modell geben Transparenz und Orientierung im Entwicklungsprozess und gliedern sich dabei in den übergeordneten Produktentwicklungsprozess ein. Die Methodik schlägt eine Vielzahl von unterstützenden Hilfsmitteln in den einzelnen Schritten des Vorgehens gezielt vor, ohne dabei auf die pragmatische-kognitive und kreative Leistung und Erfahrung der Planer zu verzichten bzw. diese durch Vorgaben und Restriktionen einzuschränken.

6 Evaluierung der Methodik im Anwendungszusammenhang

Um in Anlehnung an den vorgestellten Forschungsprozess (vgl. 1.3) die entwickelte Methodik zur integrierten Produkt- und Justageprozessplanung als allgemeines Lösungsvorgehen für das vorgestellte Praxisdefizit (vgl. 2.3) zu validieren, wird im Folgenden die Methodik an einem Praxisproblem im Rahmen einer Fallstudie überprüft. Eine Fallstudie leistet es konkrete Fälle bezogen auf eine klare Fragestellung und gleichzeitig im Hinblick auf die umfassenden Einflussfaktoren kontextbasiert und unter Verwendung verschiedener Datenquellen und Erhebungsverfahren ganzheitlich empirisch zu untersuchen[767].

Die vorliegende Fallstudie ist eine eingebettete Einzelfallstudie[768], da zum einen der Rahmen des Problemlösevorgehens der Methodik und zum anderen die Wirksamkeit der einzelnen Hilfsmittel überprüft werden[769]. Die Bestandteile der Fallstudie ergeben sich aus der Forschungsfrage (vgl.1.2) sowie der Lösungshypothese (vgl. 4.2) und der formulierten Lösung (vgl. 5) in Form der Methodik, sowie schließlich der Dokumentation der Fallstudie selber[770]. In Anlehnung an MECKELNBORG, wird die Fallstudie nach einer Vorstellung des Praxisproblems (vgl. 6.1) narrativ analytisch geschildert und chronologisch von der Problemstellung bis zur Lösung beschrieben (6.2)[771]. Abschließend erfolgt eine kritische Reflektion der Anwendung hinsichtlich der inhaltlichen und formalen Anforderungen an die Methodik (vgl. 4.1 und 4.3). Um das Problemlösevorgehen in den Vordergrund zu stellen und um die Diskretion hinsichtlich der technischen Details der vorgestellten innovativen Technologiekette zu wahren sowie dezidierte monetäre Aussagen bezogen auf das Projekt und den Anwendungsfall zu vermeiden, werden die Ergebnisse qualitativ beschrieben.

6.1 Fallstudie

Als Ergebnis von zahlreichen Forschungsaktivitäten am Lehrstuhl für Production Engineering of E-Mobility Components und dem Werkzeugmaschinenlabor an der RWTH Aachen wurde eine innovative Technologiekette für den Karosseriebau entwickelt, die mit einem neuen, produktionsgetriebenen Gestaltungsansatz für die Konstruktion einhergeht.

Kern des neuen integrierten Produkt- und Prozessgestaltungsansatzes sind lasergeschnittene und anschließend gekantete Blechstücke. Die einzelnen Blechstücke einer übergeordneten Baugruppe sind so konstruiert, dass sie sich ineinanderstecken lassen. Gesteckte Verbindungen können dann im idealen Fall vorrichtungsfrei durch ein Laserschweißverfahren gefügt werden. Abbildung 96 zeigt in Bild a das Prinzip der Steckverbindung von zwei Blechen, die mit Hilfe eines Laserschweißverfahrens stoffschlüssig gefügt werden (Bild b), indem der Laserstrahl über die Steckverbindung oszillierend bewegt wird.

Diese Technologiekette bietet insbesondere für die Kleinserienproduktion von Fahrzeugen zahlreiche Vorteile, da für neue Produktvarianten kaum Investitionen in Werkzeuge oder Vorrichtungen not-

[767] vgl. Yin 2014, S. 16f.

[768] Eine Einzelfallstudie eignet sich besonders für die Überprüfung einer aussagekräftigen Theorie. Vgl. Yin 2014, S. 51f.

[769] vgl. Yin 2014, S. 53f.

[770] vgl. Yin 2014, S. 29f.

[771] vgl. Meckelnborg 2015, S. 183f.

wendig werden, wie es im konventionellen Karosseriebau üblich ist. Darüber hinaus lassen sich zahlreiche weitere Vorteile, wie verkürzte Herstellungszeiten, Gewichtsreduzierungen von Baugruppen und weniger Schweißnähte im Vergleich zu konventionellen Produktionsverfahren und Bauarten von selbsttragenden Karosseriestrukturen erschließen.

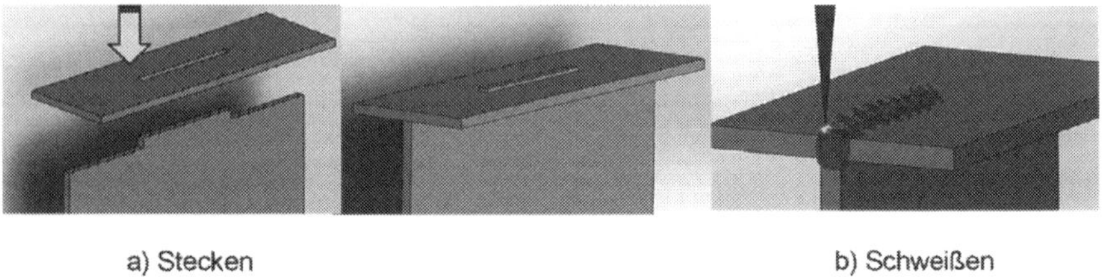

Abbildung 96: Prinzipbild der lasergeschweißten Steckverbindung

Aus diesem Grund wird am Lehrstuhl für Production Engineering of E-Mobility Components und dem Werkzeugmaschinenlabor der RWTH Aachen gemeinsam mit einem lokalen Elektrofahrzeughersteller[772] eine Karosserie entwickelt, die ausschließlich auf dieser Technologiekette und dem Gestaltungsansatz der Steckverbindung beruht. Das aktuelle Fallbeispiel repräsentiert im Rahmen dieses Projektes eine typische ungelöste Problemstellung, die sich bei der Entwicklung eines integrierten Produkt- und Prozessentwurfs für eine Baugruppe ergeben hat.

Konkret geht es um die Bodengruppe eines Elektrofahrzeugs, die die Batterie sicher tragen muss und dem Fahrzeug ein hohes Maß an Stabilität gibt. Die Bodengruppe befindet sich auf der Unterseite des Fahrzeugs (vgl. Abbildung 97). Insgesamt werden daher an die konstruktive Gestaltung besondere Anforderungen gestellt. Die besonderen produktseitigen Anforderungen führen unter anderem zu anspruchsvollen Forderungen an die Maßgenauigkeit sowie zu der Tatsache, dass aus Dichtigkeitsgründen eine U-förmige Grundplatte den Rahmen bilden muss.

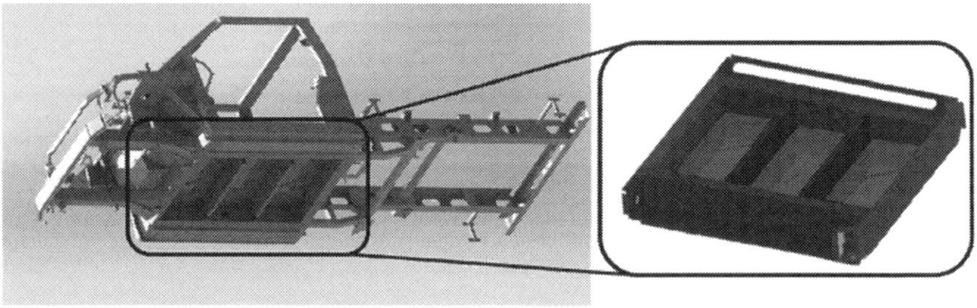

Abbildung 97: Bodengruppe am Elektrofahrzeug

Aus der vorgebenden Technologiekette ergeben sich weitere Grundforderungen an den integrierten Produkt- und Prozessentwurf. So werden die einzelnen Blechstücke auf der Lochmusterplatte eines ty-

[772] Das Unternehmen wird nicht genannt, um die Anonymität zu wahren.

pischen Schweißtisches zu einem festen Bezugssystem relativ zueinander positioniert. Die Steckverbindungen müssen dabei zu dem Bezugssystem sehr genau positioniert werden, damit der Laserstrahl die Verbindungsstellen einer Zusammenbaugruppe trifft. Denn der Laserstrahl ist wiederum über die Anlagentechnik relativ zum Lochmustertisch positioniert. Und genau hier manifestiert sich das konkrete Toleranzproblem, welches durch die vorliegende Methodik gelöst werden soll. Durch das Stecken der einzelnen lasergeschnittenen und gekanteten Blechstücke ergeben sich während des Zusammenbaus fertigungs- und montagebedingte Abweichungen zu der idealen Konstruktionslage. Obwohl der Laserstrahl bereits oszilliert und damit kleinere Abweichungen in der Position der jeweiligen Steckverbindung relativ zum Laserstrahl kompensiert werden können, zeigt die Herstellung eines ersten Prototypen, dass weitere Anstrengungen unternommen werden müssen, um das Toleranzproblem der aggregierten Abweichungen in den Griff zu bekommen (vgl. Prototyp in Abbildung 98). Projektbezogene Restriktionen erfordern es zudem, dass Strukturinvestitionen in neue Anlagenkomponenten oder teure Vorrichtungen sowie die Einführung neuer Prozesse vermieden werden. Explizit sollen mit Hilfe der Methodik toleranzkompensierende, kostengünstige, integrierte Produkt- und Prozessentwürfe für den Zusammenbau der Bodengruppe erarbeitet werden, um z.B. eine teure Kamera-basierte Steuerung des Laserstrahls relativ zu der jeweiligen Position der Fügestelle zu vermeiden. Genauso soll durch den Einsatz auf Entwürfe verzichtet werden, die auf engeren Produkt- und Prozesstoleranzen basieren und Prozessparameter erfordern, die insgesamt zu langsameren Prozesszeiten oder höheren Herstellungskosten führen. Eine resultierende Grundanforderung an die mit Hilfe der Methodik zu erarbeiteten integrierten Produkt- und Prozesslösung ist es daher, Abweichungen im Rahmen des Zusammenbaus zu kompensieren.

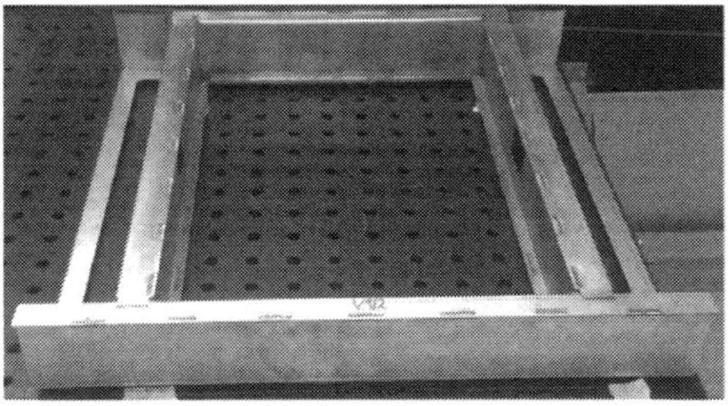

Abbildung 98: Prototyp einer Bodengruppe aus lasergeschweißten Steckverbindungen[773]

Als Ausgangsbasis für die Validierung der Methodik liegen aus den ersten Konstruktionsphasen konkret drei Entwürfe vor, von denen ein Favorisierter im verkleinerten Maßstab bereits als Prototyp hergestellt wurde, um Erkenntnisse über den Prozess abzuleiten (vgl. Abbildung 98). Die abgeleiteten Erkenntnisse zeigen, dass bei dem Zusammenbau mehrerer geschnittener und gekanteter Komponenten aggregierte fertigungs- und montagebedingte Abweichungen auftreten, die einen robusten Fügeprozess durch Schweißen nicht ermöglichen. Das vorliegende Problem ist also ein Toleranzproblem, das unter Anwendung der Methodik so gelöst werden soll, dass unter Einsatz des Justierens auf bekannte und hohe Investitionskosten oder Prozessparameter, die zu langsameren Prozesszeiten oder teureren Herstellungskosten führen, verzichtet wird.

[773] Verkleinerter Maßstab.

6.2 Validierung

Die Anwendung der Methodik wird im Folgenden modulweise erläutert. Im ersten Durchlauf der Methodik wurde zunächst das erste Modul der Situationsanalyse durchlaufen. Nachdem die Anforderungsliste reflektiert wurde, um die Restriktionen aufzunehmen und um im Besonderen das Problemverständnis zu schärfen, wurden für die Bodengruppe als Baugruppe der Karosserie und des gesamten Fahrzeugs die Key Characteristics identifiziert. Hierbei unterstützte der Fragenkatalog der entwickelten Methodik den Beitrag der Bodengruppe zur übergeordneten Produktfunktionalität zu verstehen und kritische geometrische Merkmale herauszuarbeiten, die es durch den Konstruktionsentwurf einzuhalten galt. Im Ergebnis zeigt sich, dass die volumetrische rechteckige Formgestalt (vgl. Abbildung 97) sowie die Maßhaltigkeit der Bodengruppe entscheidend auf die Steifigkeit und auf die gesamte Maßhaltigkeit der Karosserie einwirken. Die Maßhaltigkeit und Steifigkeit der Karosserie wirken wiederum auf die Fahrdynamik sowie die Maßhaltigkeit der äußeren Beplankung, die an die Karosserie angebracht wird. Letzteres beeinflusst wiederum das Spaltbild und damit die subjektiv wahrgenommene Wertigkeit des Fahrzeugs. Die Maßhaltigkeit in z-Richtung sowie die Parallelität der äußeren orthogonalen Ebenen des rechteckigen volumetrischen Körpers zur z-Richtung sind hierbei die zentralen kritischen Merkmale. Damit werden durch die Form- und Maßhaltigkeit der Bodengruppe über eine Wirkkette zwei Kundenanforderungen beeinflusst, nämlich die Fahrdynamik und das Spaltbild. Die Erreichung der Form- und Maßhaltigkeit der Baugruppe stellt jedoch aus produktionstechnischer Sicht während des Zusammenbaus eine deutlich größere Herausforderung dar, um die vorgestellte Technologiekette verwenden und die einzelnen Module der Karosserie sicher fügen zu können. Somit stellte die Verwendung der vorgestellten Technologiekette und die damit verbundene Gestaltungsweise der Karosserie in diesem Projekt ebenfalls eine zentrale Kundenanforderung dar, die es neben der Absicherung der Produktfunktionalität zu erreichen galt, damit der Kunde eine Vielzahl an Derivaten in kleinen Serien wirtschaftlich herstellen kann. Der wichtigste technische Grund für die produktionstechnischen Forderungen an die Form- und Maßgenauigkeit in diesem Projekt ist, dass die Steckverbindungen mit einem Laser verschweißt werden müssen, der ohne eine aufwändige und teure Positionierungsautomatik auskommen soll. Deshalb müssen die Verbindungen relativ zum Laser hochpräzise positioniert sein.

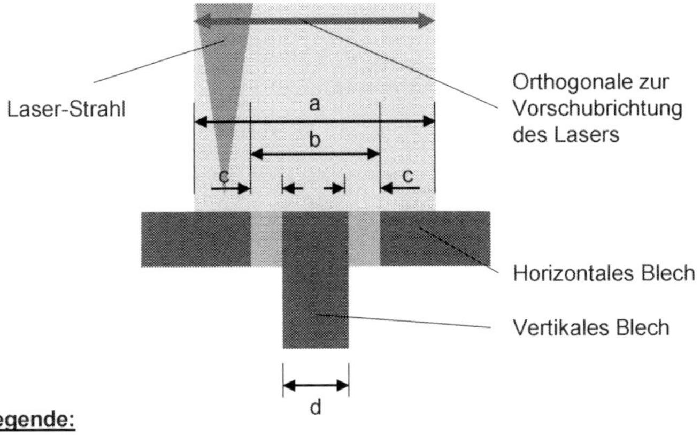

Legende:

a: Feldbreite, die durch den oszillierenden Laser abgedeckt wird.
a/2: Amplitude der Oszillationsbewegung des Lasers.
b: Maximale Spaltbreit, zum einfach Fügen der Steckverbindung.
c: Einzelspaltbreite bei symmetrischer Anordnung der Steckverbindung.
d: Blechdicke.

Abbildung 99: Toleranzproblematik beim Schweißen einer Steckverbindung

Abbildung 99 verdeutlicht das dargestellte Toleranzproblem beim Verschweißen der Steckverbindungen. Da für die Serienproduktion der Bodengruppe der Schweißprozess ohne eine Positionierungseinheit für den Laserstrahl auskommen soll, müssen zusammengesteckte Blechverbindungen, die auf einer Vorrichtung aufgebaut werden, sehr genau relativ zum Laser positioniert sein. Der Laserstrahl deckt orthogonal zur Schweißnaht- und zur Vorschubrichtung eine Feldbreite mit dem Wert a ab. Dieser Wert befindet sich im Millimeterbereich. Um die Steckverbindungen einfach zusammenführen zu können, muss zudem ein Spalt vorgesehen werden, der ebenfalls in seiner Breite technisch begrenzt ist, um eine stabile Fügeverbindung beim Schweißen zu ermöglichen. Im Idealfall ist das vertikale Blech symmetrisch im Loch des horizontalen Blechs positioniert. Da der Spalt jedoch im schlechtesten Fall nur auf einer Seite auftreten kann, muss dieser in seinen Abmaßen begrenzt sein, um eine stabile Schweißnaht herzustellen. Dieser Wert kann bezogen auf den in Abbildung 99 dargestellten Zusammenhänge, das Doppelte des Wertes c annehmen und befindet sich in der Größenordnung von wenigen zehntel Millimetern, wobei das Blech eine Dicke von etwa 2 Millimeter einnimmt (Größe d). Die Summe aus dem Doppelten des symmetrischen Spaltmaßes c und der Blechdicke d, ergibt den Wert b. Der Wert b muss sich also innerhalb des vorgegebenen Feldes mit der Breite a befinden, welchen der Laser in seiner oszillierenden Schweißbewegung abdeckt, um eine sicheres Fügen zu realisieren. Die Differenz zwischen dieser Feldbreite und dem Maß b ergibt also die erlaubte Abweichung der gesamten Steckverbindung mit der Breite b relativ zum Zentrum der orthogonalen Laserbewegung. Diese Abweichung ergibt sich aus der Differenz von a und b zu einem kleinen Wert im zehntel Millimeterbereich. Werden nun verschiedene geschnittene und gekantete Bleche auf einem Schweißtisch sukzessive zusammengefügt, um dann verschweißt zu werden, ergibt sich in Abhängigkeit der Zusammenbaufolge eine aggregierte Abweichung aus den Einzelabweichungen. Die Einflüsse auf die Abweichungen wurden mit Hilfe des Ishikawa-Diagramms identifiziert und mit Hilfe von Erfahrungswissen und dem ersten Prototypenbau quantitativ bestimmt. Im Ergebnis zeigt sich, dass Ungenauigkeiten beim Schneiden der Bleche im hundertstel Millimeterbereich sowie Abweichungen beim Biegen von mehreren zehntel Grad auftreten und diese Ursache neben Weiteren die signifikanten Abweichungen zur Konsequenz haben. Unter den gegebenen Produkt- und Prozessanforderungen kann festgehalten werden, dass die Anforderungen die aus den Produktrestriktionen (Product Key Characteristics) resultieren weniger relevant sind, als die Prozessrestriktionen, die sich aus den prozessualen Anforderungen beim Laserschweißen ergeben.

Nachdem nun die technischen Restriktionen auf Basis der vorgebenden Technologiekette und die zu erfüllenden Form- und Maßgenauigkeiten auf Basis des Key-Characteristic-Analyse verstanden wurden, wurde im nächsten Schritt der erste konstruktive Entwurf weiter qualitativ und quantitativ analysiert. Dieser Entwurf ist in Abbildung 100 dargestellt und berücksichtigt bereits wichtige konstruktive Restriktionen. Hierzu gehört als Ergebnis zum Beispiel die Gestalt der U-förmigen Grundplatte. Die Grundplatte bildet die Basis der Bodengruppe, auf die für den vorliegenden Entwurf zunächst die Front gesteckt wird und anschließend die Mittelteile drei und vier sowie fünf und sechs. Anschließend muss der innere Rücken als letztes Teil der gesamten Baugruppe, die als Steckverbindung ausgeführt ist, lose gefügt werden. Die Analyse der Veränderbarkeit der Bodengruppe zeigt, dass die Komponenten, die im Rahmen des Projektes eigens entwickelt und final auch auf den vorgesehenen Anlagen gefertigt werden sollen, grundsätzlich geändert werden können. Aufgrund der technischen Restriktionen reduzieren sich die Möglichkeiten zur Veränderbarkeit jedoch ausschließlich auf die Gestalt und Umsetzung der Fügeverbindungen zwischen den in Abbildung 100 dargestellten Komponenten.

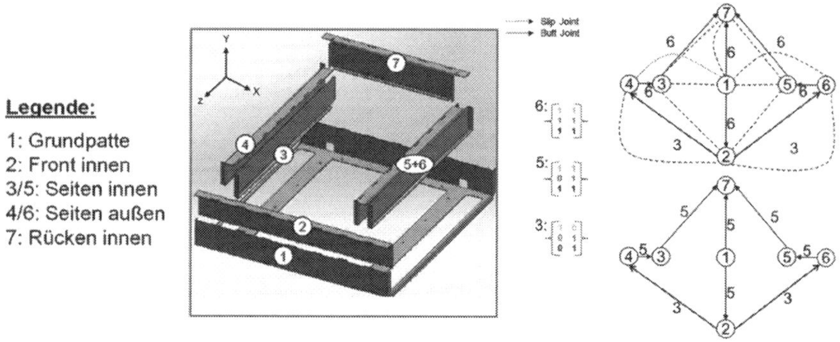

Abbildung 100: Erster Konstruktionsentwurf aus den frühen Entwicklungsphasen

Das Ergebnis der Datum-Flow-Chain-Analyse sowie die Anwendung der Regeln zur geometrischen Bestimmtheit zeigen die Abhängigkeiten zwischen den einzelnen Bauteilen (vgl. Abbildung 100). Schnell wird deutlich, dass die siebte Komponente, die als Letztes gefügt wird, geometrisch überbestimmt ist (vgl. Abbildung 100). Um die Auswirkung der signifikanten Abweichungen vom Schneid- und Kantprozess im Bauzusammenhang zu analysieren, wird eine Maßkettenanalyse ergänzend zur Datum-Flow-Chain-Modellierung durchgeführt. Das Ergebnis ist mit leicht modifizierten Kennwerten in Abbildung 101 ohne die aggregierte Abweichung dargestellt.

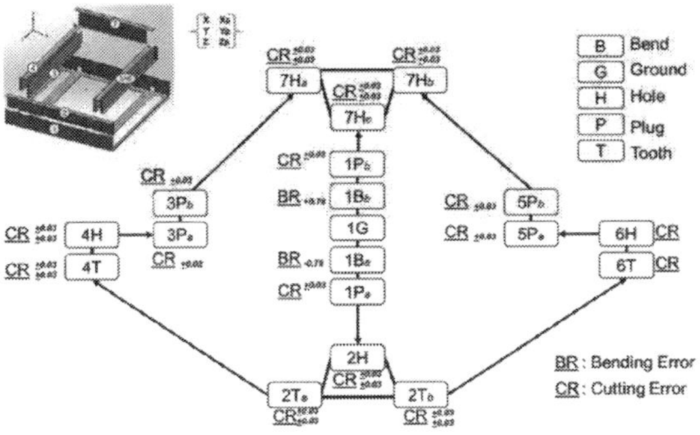

Abbildung 101: DFC-Analyse mit Angabe der signifikanten Abweichungen[774]

Die vorgenommene Berechnung des arithmetischen Schließmaßes unter Zuhilfenahme der Abweichungswerte für die Maßkette in z-Richtung, die die KC-kritische sowie die prozesstechnisch-kritische Richtung darstellt, ergibt einen Wert für die aggregierte geometrische Abweichung des Schließmaßes, der über dem Vierfachen der erlaubten Abweichung liegt. Die arithmetische Berechnung des aggregierten Schließmaßes stellt den schlechtesten Fall dar. Allerdings werden die Ergebnisse dieser als Worst-Case bezeichneten Variante der arithmetischen Maßkettenanalyse von den Erkenntnissen aus dem Prototypenaufbau unterstrichen, die ebenfalls ein frappantes Problem der Maßgenauigkeit beim Zusammenbau der Bodengruppe aufzeigen. Die Abweichungen führen in diesem Fall zum einen dazu, dass die siebte Komponente, da sie geometrisch überbestimmt ist, nicht mehr robust zusammengebaut und gefügt werden kann. Zum anderen führen die Abweichungen dazu, dass der Laserstrahl nicht die Fügestellen im Bereich der Steckverbindung ausschweißen kann. Die kritischste Funktionstoleranz ist hierbei wie dargestellt, nicht produktseitig, sondern prozessseitig getrieben, da die fügetechnisch geforderte Genauigkeit der Positionierung der Komponenten beim Zusammenbau höher ist, als die, die durch die produktseitigen Key Characteristics gefordert wird. Außerdem kann aus der Analyse der Abweichungen mit Hilfe der arithmetischen Toleranzrechnung synergetisch mit der Analyse des Datum-Flow-Chain-Modells die Erkenntnis abgeleitet werden, dass die Abweichungen beim Kanten der Seitenteile der Grundplatte (vgl. Abbildung 100) sowie die Aggregation der Abweichungen durch das Schneiden der Bleche und besonders der Löcher und Aussparungen an den Steckverbindungen in der Fehlerfortpflanzung stark auf die aggregierte Abweichung der idealen und realen Position am siebten Bauteil, dem inneren Rücken der Bodengruppe wirken. Die Abweichungen durch das Kanten stellen hierbei den größten Fehler dar.

Die Schlüsse, die aus der Analyse der vorliegenden Situation gezogen werden können, wurden im nächsten Schritt im Modul der Zielformulierung festgehalten, um die weiteren Aktivitäten im Entwicklungsprozess gezielt auszurichten. Der Ort der Fehlerentstehung, sowie das Ausmaß und die lokale, aggregierte Wirkung der Fehlerfortpflanzung des vorliegenden Toleranzproblems konnten durch die Situationsanalyse dezidiert verstanden werden. Dieses Toleranzproblem gilt es durch einen integrierten Produkt- und Prozessentwurf, der das Justieren berücksichtigt, zu kompensieren, um eine Alternative

[774] Aus Geheimhaltungsgründen wurden die Werte der Abweichungen leicht modifiziert.

zu einem Entwurf der präziseren Herstellung zu erzeugen. Dieser Entwurf muss dazu die aggregierte Fehlerfortpflanzung unterbrechen sowie die Überbestimmtheit der siebten Komponente auflösen. Außerdem muss der durch den Kantfehler erzeugte frappante geometrische Fehler in der Maßkette der Bodengruppe in z-Richtung durch einen gezielten Eingriff kompensiert werden. Aus diesen Zielforderungen konnten folgende konkrete Forderungen abgeleitet werden. Zum einen, dass die Seiteninnenteile der Bodengruppe nicht mehr über die geometrisch-fehlerbehafteten Oberkanten der Grundplatte geometrisch bestimmt werden dürfen. Der Biegefehler, der als quantitativ größter Fehler in der kritischen Maßkette in z-Richtung wirkt, muss dazu mit Hilfe einer Justierung kompensiert werden. Dies ist das priorisierte Ziel im ersten Durchlauf. In einem zweiten Durchlauf der Methodik muss in der Situationsanalyse erneut geprüft werden, ob gefundene Gestaltungsansätze quantitativ ausreichend sind, um die geometrischen Restriktionen zu erfüllen, oder ob weitere Justierungen zur Kompensation von fertigungs- oder montagebedingten Abweichungen vorgenommen werden müssen. Hieraus ergeben sich weitere Zieleigenschaften und auch eine Verortung der Problemstellung für einen schnellen und wirksamen Problemlöseprozess im Rahmen der Anwendung der Methodik. Hinsichtlich der Verortung einer gestalterischen Einflussnahme stehen somit im ersten Durchlauf der Methodik zum einen die Kompensation des quantitativ bekannten Biegefehlers von mehreren Grad zwischen den Außenwänden der Grundplatte und der planen Ebene der Grundplatte durch ein Justieren sowie die Gestalt der Verbindung zwischen der U-förmigen Grundpatte und den Seiteninnenteilen im Mittelpunkt der Lösungssuche. Die Beziehungen der genannten Bestandteile der Bodengruppe bilden die zu verändernden Objekte innerhalb der gesamten Bodengruppe, die das übergreifende Zielobjekt darstellen. Über die Art der Beziehung der Komponenten in Form der Verbindungsgestaltung konnte die grundsätzliche Gestaltung der Bodengruppe auf Basis einer U-förmigen Grundplatte sowie der Seiteninnenteile jedoch nicht verändert werden. Der Projektplan gab für die Entwicklung einen straffen Zeitplan vor, weshalb Entscheidungen hinsichtlich möglicher Lösungsvarianten schnell und souverän getroffen werden mussten.

Auf Basis der Zielformulierung wurden Forderungen an die Lösung für das in der Situationsanalyse verstandene Problem so gestellt, dass im Synthese-Analyse Modul der Methodik das entwickelte Lösungsraummodell gezielt angewendet werden konnte. Auf Basis der initialen Grundforderung im Entwicklungsprojekt, dass ein Justieren nur während des Zusammenbaus ohne eine Prozessunterbrechung stattfinden sollte, kam im Ergebnis der Anwendung des Zugriffsteils des Lösungsraummodells nur der erste Gliederungsteil für mögliche Lösungen zum Justieren in Frage. Diese Möglichkeiten sind also das Bewegen von Bauteilen einer Maßkette durch eine Vorrichtung oder einen Mechanismus relativ zueinander und die Form- und/ oder Maßänderung am offenen Ende durch das Beschichten, das Umformen und das Trennen. Entsprechend der Zielformulierung wurden diese möglichen Justierarten auf die fokussierten Komponenten der betrachteten Verbindung angewendet und ein grundsätzliches Lösungsprinzip mit Subvarianten erarbeitet. Für die betrachtete stoffschlüssige Verbindung der orthogonalen Seitenwände der integralen Grundplatte zur planen Ebene der Grundplatte eignet sich im Ergebnis der Anwendung des Zugriffsteils des Lösungsraummodells das Umformen durch Rotation um einen Drehpunkt ideal. Hierdurch kann prinzipiell der Kantfehler kompensiert werden. Weitere Lösungen kommen aufgrund der geforderten Kompensationsfähigkeit in Form einer Rotation und der notwendigen integralen U-förmigen Bauweise der Grundplatte nicht in Frage. Auf die Lösung konnte mit Hilfe des Hauptteils und explizit mit Hilfe der Justagematrix einfach und schnell zugegriffen werden. Um das Umformen durch Rotation der Seitenwände der Grundplatte relativ zur planen Grundebene der Grundplatte zur Kompensation des Biegefehlers wirksam auszuführen und zu steuern, wurde der Ansatz verfolgt, den Biegefehler als ein Unter- bzw. Überkanten gezielt zu provozieren. Dieser Ansatz eröffnet wiederum Freiheitsgrade, um die Verbindung zwischen den Seiteninnenteilen und der Grundplatte neu zu gestalten und feste sowie trotz auftretender Abweichungen funktionierende Fügefolgen sicherzustellen. Für diese Verbindung zwischen den Seiteninnenteilen und der U-förmigen Grundplatte wurden im Rahmen der Synthese-Analyse zwei Ansätze entwickelt, die das Justieren der Seitenaußenwände der Grundplatte durch Umformen beinhalten. Zum einen die Positionierung und Fixierung der Seiteninnenteile relativ zur Grundplatte mittels einer Arretierung bzw. Vorrichtung. Und zum anderen die Fixierung der Seiteninnenteile der Bodengruppe durch die justierten Seitenaußenwände der Grundplatte. Diese zwei Ansätze unterscheiden sich signifikant in ihrer geometrischen Bestimmtheit und Fügefolge und sind in Abbildung 102 plakativ dargestellt. Die erste grundsätzliche Lösungsalternative ist im Merkmalbaum der Lösungen (vgl. Abbildung 103) mit der Lösungsnummer 11 und die zweite grundsätzliche Lösungsvariante mit der Lösungsnummer 12 repräsentiert. Das unterscheidende Merkmal der beiden Lösungen ist als Merkmal 1 bezeichnet und umfasst die Art der Umsetzung des Justierens durch Umformen (Über- und Unterkanten, Richtung, etc.) sowie die Zusammenbaureihenfolge und den Ort der geometrisch-physischen Verbindung der Seiteninnenteile zur Grundplatte.

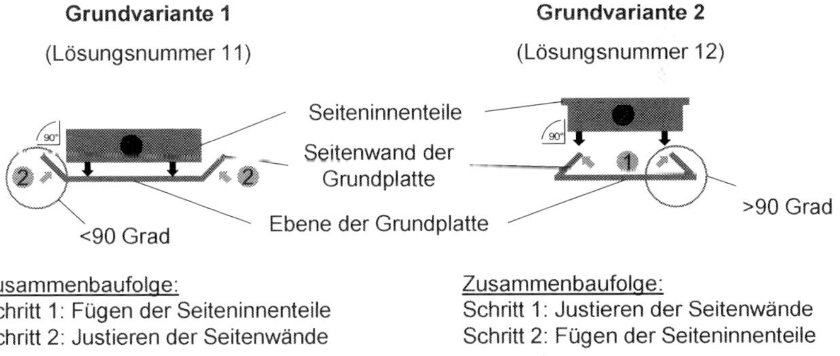

Abbildung 102: Grundsätzliche Lösungsvarianten

In dem kreativen Prozess der Synthese wurden eng gekoppelt mit der Analyse im Rahmen eines interdisziplinären SE-Workshops auf Basis der Erkenntnisse aus der Situationsanalyse und den abgeleiteten Rahmenbedingungen aus der Zielformulierung also zwei grundsätzlich unterschiedliche Lösungsvarianten erarbeitet, die in Abbildung 102 dargestellt sind. In der ersten Grundvariante (Lösungsnummer 11) werden die Seitenwände der Grundplatte unter Berücksichtigung des Kantfehlers so gekantet, dass der Winkel der ebenen Grundplatte und seiner Außenwände kleiner 90 Grad ist. Die inneren Seitenteile sollen direkt auf die gekantete Grundplatte positioniert und gefügt werden, um anschließend die Seitenwände relativ zu den Seiteninnenteilen zu justieren. In der zweiten Lösungsvariante (Lösungsnummer 12) müssen zunächst die Seitenaußenwände der Grundplatte, die in einem Winkel über 90 Grad unter Berücksichtigung der zu erwartenden Abweichungen gekantet wurden, justiert werden, um dann die Seiteninnenteile zu fügen und gleichzeitig zu positionieren. Hierbei erhalten die Seiteninnenteile durch die justierten Seitenwände der Grundplatte ihre Position. Die jeweiligen Ausführungen der Steckverbindungen müssen an die Lösungsvarianten angepasst werden. Für die einzelnen Schritte der Lösungsvarianten wurden in dem hoch iterativen Prozess der Synthese-Analyse verschiedene prinzipielle Basislösungen entwickelt, die im Merkmalbaum dargestellt sind.

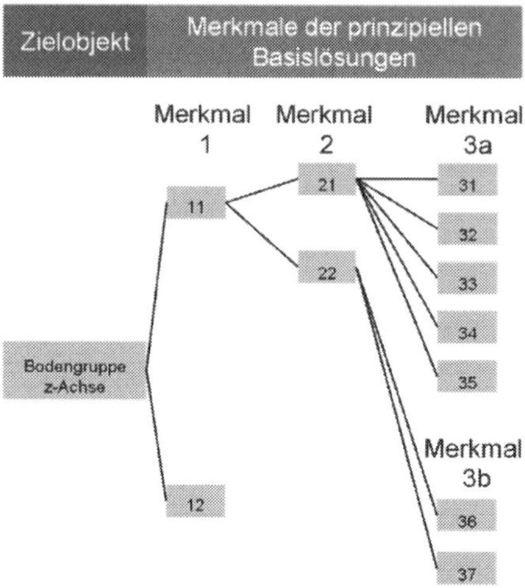

Nr.	Kurzbeschreibung
11	Seitenwände der Grundplatte mit Winkel kleiner 90 Grad kanten. Dann Seiteninnenteile (3 & 4) und (5 & 6) zur Grundplatte positionieren, dann Seitenwände durch Umformen justieren.
12	Seitenwände der Grundplatte in einem Winkel über 90 Grad kanten, dann Seitenwände der Grundplatte durch Umformen justieren. Anschließend Seiteninnenteile (3 & 4) und (5 & 6) positionieren und bis zum Schweißen fixieren.
21	Produktintegrierte Arretierung für Seiteninnenteile (3 & 4) und (5 & 6) schaffen.
22	Positionieren der Seiteninnenteile (3 & 4) und (5 & 6) auf der planen Ebene der Grundplatte mit Hilfe einer Vorrichtung.
31	Schneiden und Kanten von Steckverbindungen zwischen der planen Ebene der Grundplatte und den Seiteninnenteilen.
32	Kleben einer Arretierung mit Hilfe einer Schablone zur Positionierung der Seiteninnenteile
33	Herstellung einer Arretierung durch einen im Kantprozess geformten Anschlag zur Positionierung.
34	Bolzen als Arretierung auf Grundplatte aufschweißen.
35	Schneiden eines Lochs in die Grundplatte und Stecken von Bolzen zur Positionierung der Seiteninnenteile.
36	Zusammenbau der Seiteninnenteile durch ein aktives und iteratives Ausrichten, manuell oder automatisch, mit Hilfe einer Vorrichtung.
37	Zusammenbau der Seiteninnenteile durch eine integrale Vorrichtung um Seiteninnenteile relativ zur Grundplatte auszurichten.

Abbildung 103: Merkmalbaum als Ergebnis eines gesteuerten Kreativprozesses im Synthese-Analyse-Modul

Für die erste Lösungsalternative (Lösungsnummer 11) wurden zunächst zwei weitere untergeordnete Lösungsalternativen abgeleitet, zum einen die Positionierung der Seiteninnenwände mittels einer Arretierung (Lösungsnummer 21) und zum anderen die Positionierung und Fixierung der Seiteninnenteile mit Hilfe einer Vorrichtung (Lösungsnummer 22). Das zweite Merkmal manifestiert sich also darin, ob die Positionierung und Fixierung während des Zusammenbaus vor dem Fügen durch Schweißen der Seiteninnenteile und der Grundplatte durch eine produktintegrierte Arretierung oder eine Vorrichtung stattfindet. Folglich existieren für die erste Lösungsgrundvariante also wiederum zwei untergeordnete Lösungszweige, die sich in der Art der Positionierung und Fixierung der Seiteninnenteile relativ zur ebenen Grundfläche der Grundplatte im Zusammenbau unterscheiden. Alle Lösungen des Lösungszweigs mit der Lösungsnummer 21 umfassen eine produktintegrierte Arretierung, um die betrachteten Fügepartner zueinander auszurichten. Diese prinzipiellen Basislösungen sind im obersten Ast des Merkmalbaums dargestellt (vgl. Abbildung 103) und sind hier als Fügeverbindungen zur Vollständigkeit aufgeführt. Damit stellt das dritte Merkmal ein Unterscheidungskriterium hinsichtlich der prinzipiellen Ausführung der produktintegrierten Arretierung dar. Diese untergeordneten Lösungsvarianten leiten sich indirekt aus dem Lösungsraummodell aus den untergeordneten Justierarten Umformen und Trennen ab, wie eine weitere geschnittene und gekantete Steckverbindung (Lösungsnummer 31), das Schneiden von Löchern in die Grundplatte zur Positionierung von Arretierungsbolzen (Lösungsnummer 35) sowie das Einbringen einer formschlüssigen, integralen Arretierung in die Grundplatte durch Umformen beim Kanten der Grundplatte (Lösungsnummer 33). Grundsätzlich lassen sich diese Verbindungsschnittstellen in Form eines Justierens gezielt an den jeweiligen Komponenten einbringen, um individuell auftretende Abweichungen durch ein gesteuertes Setzen der Verbindungsarten zu kompensieren. Auf Basis der Situationsanalyse und der Zielformulierung gilt es im ersten Durchlauf jedoch zunächst, um das vorliegende Toleranzproblem zu lösen, die Kette der Fehlerfortpflanzung gezielt zu verändern und den Biegefehler zu kompensieren. Außerdem soll im Rahmen des Projektes ein Justieren außerhalb des Bauzusammenhangs in jedem Fall vermieden werden. Sollte in einem weiteren Durchlauf in der Situationsanalyse festgestellt werden, dass die Maßnahmen nicht ausreichen, müssen weitere Justierungen in Betracht gezogen werden.

Für diese diskutierten Lösungsvarianten sollen also die Verbindungen (Lösungsnummer 31, 33 und 35) als Arretierung direkt im Rahmen der Fertigungstechnologiekette Schneiden, Kanten, sowie durch im Einzelfall notwendige zusätzliche Prozessschritte, fertigungstechnisch in die jeweiligen Komponenten eingebracht werden. Ein maßgeschneidertes einbringen der Verbindungen in Form eines Justierens wird im ersten Durchlauf der Mikro-Logik nicht betrachtet.

Weitere prinzipielle Basislösungen zur produktintegrierten Einbringung einer Arretierung zur Positionierung der Seiteninnenteile relativ zur Grundebene der Grundplatte leiteten sich ebenfalls aus dem ersten Gliederungsteil des Lösungsraummodells ab und stellen die untergeordneten Lösungsvarianten der Lösungsnummer 21 dar. Neben der Schaffung einer produktintegrierten Arretierung zur Positionierung der Seiteninnenteile relativ zur Grundplatte kamen bei der Anwendung des Zugriffsteils das Aufbringen einer Arretierung mit Hilfe einer Vorrichtung in Form einer Schablone in Frage. Das Beschichten wurde aufgrund technischer Restriktionen in der Analysephase als potentielle Lösung hierfür zurückgestellt. Es wurden Lösungsvarianten erarbeitet, die die Positionierung einer Arretierung mit Hilfe einer Schablone in Form von aufgeschweißten oder aufgeklebten Bolzen vorsah (Lösungsnummer 24 und 32). Konstruktiv bedeuten diese Lösungen, dass ein zusätzliches dauerhaftes Maßkettenglied in die Maßkette eingefügt wird (die Arretierung), welches mit Hilfe einer Vorrichtung positioniert wird und wiederum weitere Maßkettenglieder, nämlich die Seiteninnenteile der Bodengruppe positioniert.

Diese Lösungsvarianten lassen sich neben der passiven Positionierung mit Hilfe einer Schablone als Vorrichtung auch grundsätzlich aktiv mit Hilfe eines Einmessens in Ergänzung zu einer aktiv gesteuerten Vorrichtung umsetzen, um individuelle Komponentenabweichungen durch das geregelte Festlegen der Position der Arretierung noch effektiver zu kompensieren. Analog zu den oberen Lösungsvarianten wurde für den ersten Durchlauf auch hier die Annahme getroffen, dass ein zusätzlicher Prozessaufwand in Folge eines aktiven Justierens entsteht und eine Kompensation des Biegefehlers in Kombination mit einer veränderten Maßkettengestalt und Fehlerfortpflanzung der geometrischen Abweichungen ohne eine gesteuerte Vorrichtung zu Positionierung der Arretierungen auskommt. Gegenmaßnahmen durch eine präzisere Fertigung der Komponenten wurden dabei nicht getroffen.

Der unterste Ast des Merkmalbaums der Lösungsnummer 22 bildet die Gruppe der Lösungen, die die Positionierung der Seiteninnenteile zur Grundplatte mit Hilfe einer Vorrichtung realisieren. Hierbei werden zwei Zusammenbauvarianten unterschieden. Die Erste (Lösungsnummer 36) sieht ein Positionieren der beiden Fügepartner durch ein aktives Justieren mit Hilfe einer messtechnisch geregelten Vorrichtung vor. Bei der zweiten Lösungsvariante wird auf ein Justieren verzichtet und ein passiver Zusammenbau mit Hilfe einer Vorrichtung als Montagehilfe vorgenommen. Die zweite Lösungsgrundvariante (Lösungsnummer 12) wurde nicht weiter detailliert.

Die dargestellten Lösungsvarianten im Merkmalbaum, die sich mit jedem zusätzlichen Merkmal weiter detaillieren und differenzieren stellen das Ergebnis eines gesteuerten Kreativprozesses für ein einfaches Toleranzproblem dar. Jede entwickelte Basislösung wurde im Rahmen von SE-Workshops und

Experteninterviews im Rahmen der eng gekoppelten Analysephase kritisch hinsichtlich der Projektrestriktionen hinterfragt (vgl. Abbildung 104). Hierzu wurden die im Rahmen der Methodik aufgeführten Fragestellungen zur Analyse gestellt, um sowohl negative als auch positive Konsequenzen einer Lösungsidee, wie auch zu validierende Annahmen und offene Fragestellungen herauszuarbeiten. Zudem wurde im Rahmen des Workshops der prinzipielle zusätzliche Prozessablauf in Referenz zum herkömmlichen Zusammenbau aufgenommen, zusätzlich benötige Ressourcen dokumentiert und handgezeichnete Prinzipskizzen der Fügestelle der Baugruppe angefertigt. Im Ergebnis der Analyse wurden Empfehlungen gegeben, wie Annahmen und offene oder unbekannte Fragestellungen im Rahmen eines Prototypenaufbaus gezielt überprüft werden können. Außerdem wurde bei Lösungsvarianten, die zusätzliche Prozessressourcen, zusätzliche Prozessschritte oder zusätzliche Entwicklungsaufwände mit sich bringen, auf eine notwendige Kostenbewertung hingewiesen, um Relativkosten zur klassischen Herstellungsweise einfach und schnell zu erfassen.

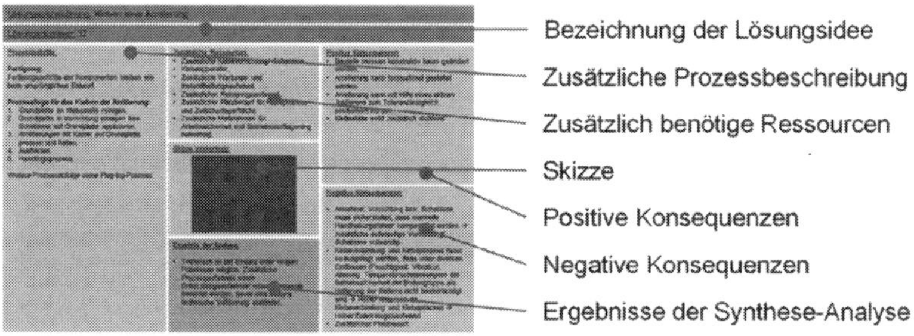

Abbildung 104: Steckbrief für eine Basislösung aus der Analysephase im ersten Durchlauf

Im Anschluss an die Synthese-Analyse wurde eine erste qualitative und quantitative Bewertung der Basislösungsvarianten durchgeführt. Die Ergebnisse werden hier aus Geheimhaltungsgründen nicht explizit und detailliert aufgeführt, stellen jedoch auch qualitativ keinen direkten Nutzen für die Validierung dieser Methodik dar. Im Kern wurden im Rahmen einer Relativkostenbewertung zusätzliche Entwicklungsaufwände, zusätzliche Investitionskosten und schließlich zusätzliche Prozessaufwände in Form von Prozesszeiten und Prozesskosten bewertet. Die Investitionskosten stellen unabhängig von den Prozesskosten, die über den Maschinenstundensatz bereits die Nutzung einer Ressource durch den jeweiligen Prozess monetär berücksichtigen, eine komplementäre Entscheidungsgröße über die Auswahl der Lösungsvariante dar, da das mögliche Investitionsvolumen in zusätzliche Anlageressourcen projektbedingt begrenzt war. Als qualitative Entscheidungsfaktoren wurden die Kann- und Soll-Forderungen an die Lösung durch Gewichtung priorisiert und jeweils mit Hilfe von SE-Workshops und Expertenbefragungen bewertet. Besonders Lösungen, die zusätzliche Entwicklungsaufwände oder zusätzliches, organisationsfremdes Expertenwissen sowie intensive Feldversuche erfordern sowie zusätzliche Prozessschritte, Lagerstufen und Prozesszeiten verursachen, schieden in der qualitativen Bewertung tendenziell schlechter ab. Um die qualitativen Bewertungsergebnisse in Kombination mit den monetären Bewertungsergebnissen transparent darzustellen, wurde eine Portfoliotechnik genutzt und schließlich favorisierte und gut bewertete Lösungen ausgewählt und andere in dem Lösungsspeicher archiviert und damit für das Projekt zunächst ausgeschlossen. Die ausgewählten und favorisierten Lösungsvarianten waren dann, mit allen offenen sowie unbekannten Fragestellungen und getroffenen Annahmen, wie auch auf

Basis des noch groben Detaillierungsgrades der Eingang für den nächsten Durchlauf der Methodik, die wiederum mit einer Situationsanalyse begann. Konkret mussten die Lösungsvarianten 12, 31 und 35 im Rahmen der Methodik weiterbearbeitet werden.

Im erneuten Durchlauf der Methodik lagen also drei prinzipielle Entwürfe vor, die hinsichtlich der qualitativen wie auch der monetär quantitativen Bewertung gegenüber anderen prinzipiellen Lösungen am besten abgeschnitten haben. Das Ziel der Situationsanalyse im zweiten Durchlauf war es zunächst, das Verständnis über die Leistungsfähigkeit der vorliegenden Prinziplösungen zu vertiefen, um den weiteren Entwicklungsprozess gezielt auszurichten. Die Problemstellung lag also konkret darin, die Leistungsfähigkeit der Entwürfe zu analysieren sowie die weiteren gestalterischen Aufgaben zu ermitteln, damit die weitere Detaillierung und Ausarbeitung der Lösung gezielt die Entwürfe voranbringt, um schließlich die am besten geeignete Lösung auszuwählen. Im ersten Schritt wurde dazu die Datum-Flow-Chain-Modellierung für die drei favorisierten Lösungen durchgeführt, um dann, auf Basis dieser Modelle, die geometrische Bestimmtheit der neuen Entwürfe wie auch die bereits im ersten Durchlauf identifizierten, kritischsten Abweichungen, kumuliert mit Hilfe einer arithmetischen Maßkettenanalyse für die vorliegenden Entwürfe zu untersuchen.

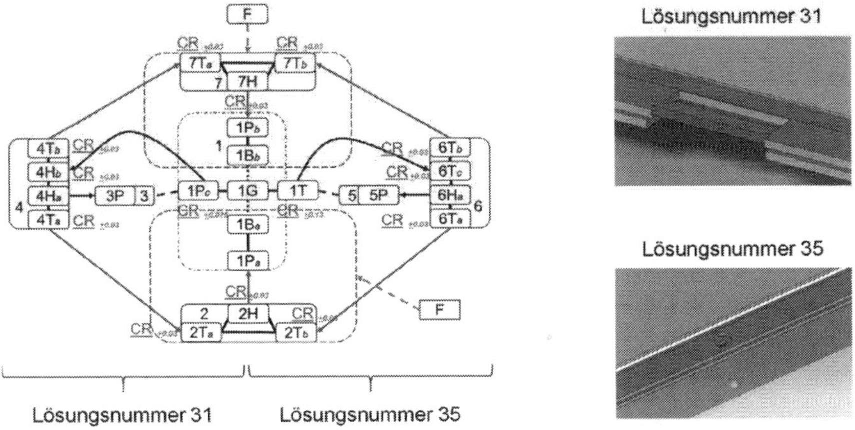

Abbildung 105: Erste Analyse der Entwürfe 31 und 35[775]

Abbildung 105 zeigt die Datum-Flow-Chain-Modellierung für einen kombinierten Entwurf der Lösungen 31 und der Lösung 35. Auf der linken Seite der symmetrischen Bodengruppe wurde die Arretierung der Seiteninnenteile zur planen Grundplatte mit Hilfe einer Steckverbindung realisiert (Lösungsnummer 31) und auf der rechten Seite mit Hilfe eines runden Bolzens und geschnittener Löcher (Lösungsnummer 35). Die Analyse des Datum-Flow-Chain-Modells zeigt deutlich, dass die Kette der Fehlerfortpflanzung dadurch verändert wurde, dass nun die einzelnen Komponenten sich untereinander, anders als im ersten Entwurf, geometrisch restriktiv bestimmen. Zusätzlich lässt sich erkennen, dass durch das Justieren durch Umformen der Biegefehler im Idealfall ganz kompensiert wird. Diese Tatsache wurde bereits im ersten Durchlauf angenommen und muss im weiteren Verlauf im Rahmen der

[775] Die Werte für die Abweichungen sind aufgrund von Geheimhaltungsgründen leicht modifiziert.

Analyse im Modul der Synthese-Analyse mit Hilfe eines Prototyps validiert werden. Durch die Veränderung der Wirkkette der geometrischen Bestimmtheit, das Auflösen der Überbestimmtheit der siebten Komponente sowie die Kompensation des Kantfehlers durch das Justieren ergab die arithmetische Berechnung des Schließmaßes der Bodengruppe für den schlechtesten Fall, dass das Schließmaß kleiner ist, als das durch den Schweißprozess im Zusammenbau geforderte funktionale Schließmaß. Damit zeigt die Analyse der Entwürfe mit der Lösungsnummer 31 und 35, aber auch die Analyse des Entwurfs mit der Lösungsnummer 12, eine Lösung der Toleranzproblematik. Für den weiteren Durchlauf der Methodik wurde daher in der Zielformulierung die gestalterische Ausdetaillierung der Lösungsvarianten hinsichtlich der Verbindungen zwischen den Komponenten sowie im Rahmen der Analyse ein Prototypenbau beschlossen, um die Annahme zu überprüfen, dass insbesondere der Kantfehler durch das geplante Justieren kompensiert werden kann. Zudem musste das Konzept für das Lösungsprinzip Justieren durch Umformen ausdetailliert und in Form einer Justiereinrichtung ebenfalls gestalterisch umgesetzt werden. Grundsätzlich sieht das Lösungsraummodell an dieser Stelle vor, dass auf Erfahrungswerte von vorangegangenen Entwicklungsprojekten zurückgegriffen werden kann, um derartige Lösungsprinzipien schneller auszuarbeiten und auszudetaillieren. Diese Erfahrungen werden in Form von Arbeitsergebnissen im Anhang zu dem Lösungsraummodell durch den jeweiligen Anwender gespeichert.

Im weiteren Verlauf des Entwicklungsprojektes wurden aufbauend auf der Zielformulierung im Rahmen der Synthese des kreativen und konstruktiven Teils der Mikro-Logik die Entwürfe ausdetailliert und dimensioniert sowie das Vorrichtungskonzept für das Lösungsprinzip Justieren durch Umformen konzeptioniert. In der Analyse-Phase wurden die Ergebnisse wiederum kritisch überprüft und analog zum ersten Durchlauf hinterfragt. Unterstützt wurde die Analyse durch den Prototypenaufbau und eine provisorische Umformvorrichtung, die für die Validierung manuell geregelt, mit Hilfe einer Messvorrichtung die Justierung der Seitenwände inklusive der Front- und Rückenkomponente der Bodengruppe vornahm, so dass der jeweils unter- bzw. übergekantete Fehler, der beim Kanten der Einzelkomponenten entstanden ist, kompensiert wurde. Die Analyse im Rahmen des Prototypenbaus erbrachte Erkenntnisse über die Aufwände hinsichtlich der Ressourcengestaltung und der Prozessdurchführung im Hinblick auf die Effizienz, aber auch bezüglich der Effektivität des entwickelten Justierprozesses. Diese Erkenntnisse waren wiederum eine zentrale Information, um die drei entwickelten Lösungen zu bewerten und qualitativ, wie auch monetär quantitativ zu vergleichen, um schließlich eine favorisierte Lösung auszuwählen. In diesem Fall wurde die Lösungsnummer 35 als final favorisierte Lösung ausgewählt, da sie sowohl hinsichtlich der Effizienz als auch hinsichtlich der Effektivität deutliche Vorteile gegenüber den anderen Lösungsvarianten aufzeigte.

Die zentralen Ergebnisse der Prototypenvalidierung sind in Abbildung 106 dargestellt. Zum einen illustriert die Darstellung die unterschiedlichen Verbindungstypen und insbesondere die Arretierungen der Seiteninnenteile relativ zu der Grundplatte. Außerdem werden die geometrischen Abweichungen vor dem Eingriff in die Maßkette durch das Justieren und nach dem Justieren deutlich. Insbesondere die Seitenansicht sowie die Draufsicht vor dem Justieren und die Draufsicht nach dem Justieren zeigen wie effektiv der Justierprozess die Abweichungen im Bauzusammenhang kompensiert. In diesem Fall wurde die umformende Vorrichtung auf dem typischen Schweißtisch mit dem Lochmuster aufgebaut und iterativ geregelt. Als Messeinrichtung diente ein im Laserschweißsystem integriertes Messsystem. Die Prototypenvorrichtung zum Umformen wurde auf Basis der Messwerte im Prototypenbau manuell geregelt. Anschließend konnte die Baugruppe auf dem Tisch direkt mit dem Roboter geführten Laserschweißsystem stoffschlüssig gefügt werden. Die Ergebnisse stellen ein Lösungskonzept für die konstruktive Gestaltung der Bodengruppe dar, das im Vergleich zum initialen Entwurf hinsichtlich der Verbindungsgestaltung verändert wurde. Außerdem wurde im Zusammenbau ein Konzept zum Justieren erarbeitet, das es leistet, die signifikanten fertigungsbedingten Abweichungen zu kompensieren. Durch die Beiträge, die Veränderung der geometrischen Bestimmtheit durch die Gestalt der Verbindungen der Komponenten der Bodengruppe, das Auflösen der Überbestimmtheit und ein veränderter Fehlerfortpflanzungsfluss von Abweichungen, konnte das zu Beginn des Projektes vorliegende Toleranzproblem schnell gelöst werden. Die Ergebnisse und Erkenntnisse dienen im Abschluss der Mikro-Logik als Eingang für die Ausdetaillierung und Ausgestaltung des letzten Schritts der Makro-Logik im Rahmen des übergeordneten Konstruktionsvorgehens.

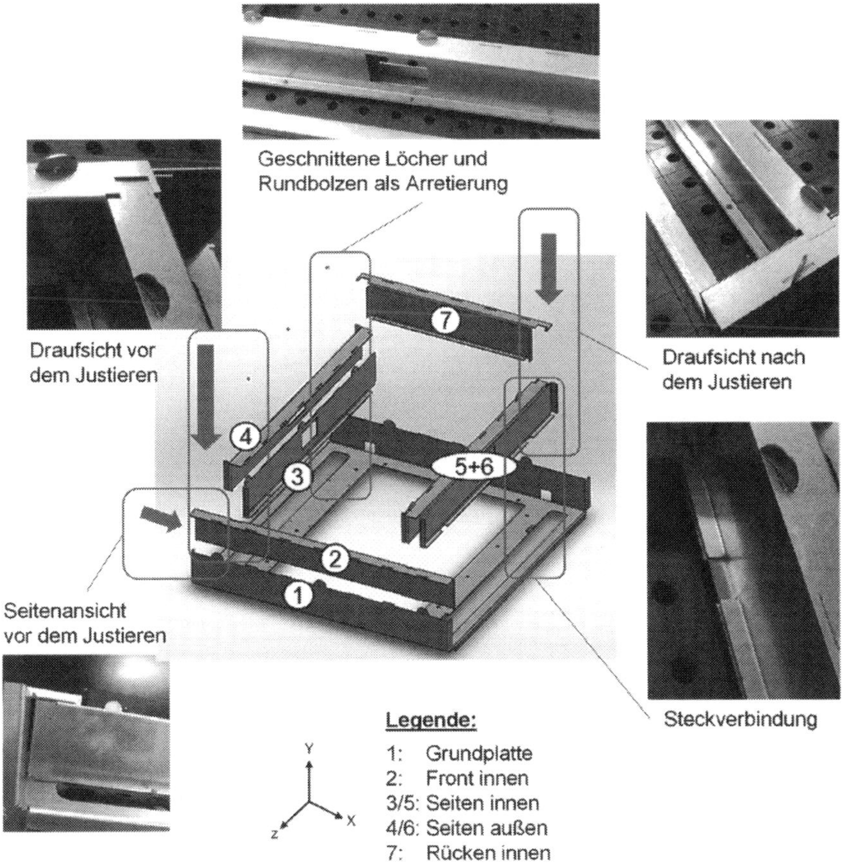

Abbildung 106: Validierung der favorisierten Konzepte mit Hilfe von Prototypen

6.3 Kritische Reflektion

Nachdem nun zusammenfassend eine Erläuterung des Fallbeispiels stattgefunden hat, sollen die Erkenntnisse und Erfahrung aus diesem Fallbeispiel nun kritisch hinsichtlich der dieser Arbeit zugrundeliegenden inhaltlichen Anforderungen diskutiert werden. Zum einen leiten sich diese Anforderungen aus der Zielstellung ab, die in 6.3.1 diskutiert werden, sowie aus den Anforderungen aus dem Praxis- und die Theoriedefizit, die jeweils in Abschnitt 6.3.2 und Abschnitt 6.3.3 erörtert werden.

6.3.1 Kritische Reflektion der Anforderungen aus der Zielsetzung der Arbeit

Das Ziel der vorliegenden Arbeit ist es, einen Beitrag zu leisten, um das Justieren als eine zentrale Strategie des Toleranzmanagements unter Ausnutzung der gesamten Lösungsraumbreite zum Justieren situativ und problemspezifisch sowie methodisch-unterstützt in den Prozess der integrierten Produkt- und Prozessentwicklung als prinzipielle Lösungsalternative effizient zu integrieren. Damit soll erreicht werden, dass integrierte Produkt- und Prozessentwürfe, die das Justieren beinhalten, als Alternative zu einer hochpräzisen Produktherstellung und damit verbundenen engeren Tolerierungen gezielt gefördert werden, um die Wahrscheinlichkeit zur erhöhen, eine kostengünstigere Lösung zu erzeugen. Im Ergebnis der Anwendung der entwickelten Methodik an einem vorliegenden Toleranzproblem im Rahmen des Fallbeispiels zeigt sich, dass mit Hilfe der vorliegenden Methodik, im Rahmen eines gängigen Entwicklungsvorgehens, gezielt ein Toleranzproblem analysiert und verstanden werden konnte und systematisch hinsichtlich der Möglichkeiten zum Justieren untersucht wurde. Die Anwendung der Methodik hat am konkreten Fallbeispiel unter Berücksichtigung der Projektrestriktionen und der gesamten Lösungsraumbreite zum Justieren eine Lösung hervorgebracht, die deutlich kostengünstiger als eine Lösung ohne Justieren ist, indem die Investition in eine neue, teure Überwachungs- und Positioniertechnik für den Projektsponsor vermieden wurde. In diesem konkreten Fall konnte systematisch und schnell eine Lösung eines integrierten Produkt- und Prozessentwurfs erarbeitet werden. Zahlreiche Anstrengungen die zuvor unternommen wurden, lösten einerseits das Toleranzproblem in dem Projekt nicht oder waren andererseits zeit- und kostenintensiv. Damit kann festgehalten werden, dass die vorliegenden Anforderungen aus der Zielstellung erfüllt wurden, indem durch die Anwendung der Methodik und durch das Lösungsraummodell genau die alternative und kostengünstigere Lösung im Vergleich zu einer hochpräzisen Herstellung erzeugt wurde.

6.3.2 Kritische Reflektion der Anforderungen aus dem Praxisdefizit

Die erste Forderung aus dem praktischen Defizit verlangt nach Transparenz über den Lösungsraum zum Justieren, in dem Justierarten hinsichtlich ihrer Wirkmechanismen sowie Fähigkeiten beschrieben werden, als auch produkt- und prozessseitige Merkmale einer Justierart erklärt werden. Durch das Lösungsraummodell wird genau diese Forderung erfüllt. Alle Möglichkeiten zum Justieren sind dort generisch abgebildet und in drei Hauptgruppen gegliedert, die sich insbesondere in ihren Fähigkeiten und Wirkmechanismen unterscheiden. Jede Justierart umfasst zahlreiche produkt- und prozessseitige Merkmale, die sich aus den Merkmalen der verschiedenen Gliederungsebenen des Lösungsraummodells aggregieren. Hierbei werden systematisch über das Wissen über die spezifische Kompensationsfähigkeit einer Justierart, die Wirkung und Realisierung einer Justierart sowie weitere konstatierende Merkmale aus der Vielzahl der Justierarten mit Hilfe eines Zugriffsteils geeignete Lösungen ausgewählt. Dadurch kann schließlich die produkt- und prozessbezogene Gestalt einer potentiellen Lösungsvariante einfach antizipiert werden. Besonders hervorzuheben ist, dass über den Zugriffsteil eine logische Abfrage erfolgt, die die Erfüllung notwendiger Bedingungen für den Einsatz einer Justierart abfragt, um für ein konkretes Problem relevante und geeignete Lösungen aus der Menge der generellen Lösungen vorzuschlagen und ungeeignete zu verwerfen. Damit kann für ein spezifisches Problem, wie in der vorliegenden Fallstudie, direkt eine Lösung unter Beachtung der Projektrestriktionen ausgewählt werden, um die Forderungen nach einem effizienten und systematischen Vorgehen zu erfüllen. Der Zugriffsteil, aber auch die Prinzipskizzen oder die Beschreibung der Kompensationsfähigkeit mit Hilfe der Justagematrix steigern die effiziente Anwendbarkeit in der Praxis.

Die zweite übergeordnete Forderung aus dem Praxisdefizit verlangt nach einer Methodik zur Lösung von Toleranzproblemen im Kontext der integrierten Produkt- und Prozessentwicklung. Die Merkmale dieser Forderungen umfassen eine Systematik im Problemlösevorgehen, die Einbindung von produkt- und prozessbezogenen Gestaltungsrichtlinien sowie eine Einordnung des Vorgehens in den Produktentstehungsprozess. Durch die vorliegende Methodik, die als Mikro-Logik vorliegt, wurde ein Problemlösevorgehen mit Hilfe der Systemtechnik entwickelt, das sich in das gängige Konstruktionsvorgehen eingliedert. Durch die Module, die sich aus dem Vorgehen der Systemtechnik ableiten, wird für den praktischen Anwender die Methodik einfach handhabbar, nachvollziehbar und allgemein und wiederholbar einsetzbar. Insbesondere die Ausgestaltung der Module mit diversen Hilfsmitteln leistet es, dass der Anwender ein Problem einfach und schnell erfassen und beschreiben kann und den Entwicklungsprozess gezielt ausrichtet. Zudem wird durch die Einbindung des Lösungsraummodells sukzessive Wissen zur Verfügung gestellt, um die Erzeugung und Detaillierung von Lösungskonzepten zu fördern. Um die Vielzahl an Lösungsentwürfen greifbar und handhabbar zu machen, schlägt die Methodik zahlreiche Hilfsmittel wie den Merkmalsbaum zu Objektivierung des Lösungsraums, aber auch einfache und praktisch anwendbare Bewertungs- und Auswahlmethoden vor, die situativ und fallspezifisch verwendet werden können. Damit schafft die Methodik für die praktische Anwendung die Balance zwischen einem deterministischen Prozessablauf und einem intuitiven, auf Erfahrungswissen sowie Kreativitätsleistung beruhenden Vorgehens. Das Vorgehen führt am Fallbeispiel dazu, dass das vorliegende Toleranzproblem, das zuvor abstrahiert wurde, direkt erfasst und verstanden werden konnte, wonach klare Entwicklungsaufgaben im Rahmen der Zielformulierung abgeleitet wurden und der Entwicklungsprozess fokussiert ausgerichtet wurde. Durch den Zugriffsteil konnte direkt die in Frage kommenden Lösungen unter Beachtung der Projektrestriktionen abgerufen werden und die Lösungsvarianten detailliert und gegeneinander verglichen werden, um schließlich eine favorisierte Lösung auszumachen.

Damit kann auch hinsichtlich der praktischen Anforderungen an die Methodik festgehalten werden, dass diese durch die Methodik erfüllt werden.

6.3.3 Kritische Reflektion der Anforderungen aus dem Theoriedefizit

Die Forderungen aus dem Theoriedefizit leiten sich grundsätzlich aus dem Praxisdefizit ab und werden daher in Teilen bzgl. der Erfüllung durch das Lösungsraummodell und der Methodik zur integrierten Produkt- und Justageprozessplanung bereits in 6.3.2 diskutiert. Ergänzend sollen daher im Folgenden die spezifischen Forderungen aus dem Theoriedefizit kommentiert werden. Zum einen zeigt sich, das die Ordnung und hergeleitete Gliederung der Justierarten und die Charakterisierung durch Ausweisung konstatierender Merkmale der Justierarten auf den einzelnen Gliederungsebenen eine deutliche Steigerung der Transparenz über die gesamte theoretische Lösungsraumbreite zum Justieren in Form einer Top-Down-Perspektive schafft. Dieses theoretische Merkmal des Lösungsraummodells unterstreicht die

Erfüllung der Forderung nach Transparenz über den Lösungsraum zum Justieren. Des Weiteren wird die Charakterisierung der Eigenschaften und Fähigkeiten der Justierarten dadurch geschärft, dass durch die Einbindung des Datum-Flow-Chain-Modells die Wirkung der Justierarten im Bauzusammenhang deutlich wird. Ergänzt wird die Beschreibung der Fähigkeiten der Justierarten zusätzlich durch die Einbindung der Maßkettengleichung, aus der der sich auch die Justagematrix als Beschreibungswerkzeug der Kompensationseigenschaft einer Justierart ableitet.

Des Weiteren werden die einzelnen Gruppen der Justierarten hinsichtlich prozessualer Merkmale unterschieden, die sich insbesondere von Prozessgrundtypen unterscheiden. Diese Prozessgrundtypen umfassen für das Justieren wichtige Grundfunktionen vor und während des Zusammenbaus, wie das Erfassen einer Ist-Soll-Abweichung, den Justiereingriff oder die Demontage. Mit Hilfe dieser Grundfunktionen und Prozessgrundtypen lassen sich die spätere Prozessabfolge und die Integrationsmöglichkeit eines Justierprozesses in eine Prozesslandschaft bzw. in bestehende Wertschöpfungsketten einer vorliegenden Problemstellung einfach und schnell antizipieren. Insgesamt leistet die vorliegende Lösung in Form des Lösungsraummodells und der Methodik durch die intensive prozessuale als auch produktseitige Betrachtung des Justierens damit genau die Erfüllung der Forderung nach einer integrierten Produkt- und Justageprozessplanung und eine ganzheitliche Lösungsraumbetrachtung. Ergänzend zu dem bereits diskutierten Problemlöseprozess in Form der Mikro-Logik, die sich in Anlehnung an die Systemtechnik in die Makro-Logik eingliedert, werden in der Methodik ebenfalls zahlreiche Gestaltungsrichtlinien vorgeschlagen und empfohlen. So werden Regeln und Fragenkataloge aufgeführt und auf Gestaltungsrichtlinien an ausgewiesenen Schritten der Methodik referenziert, die in der Literatur bereits zahlreich vorliegen.

Insgesamt führt genau diese Form der Erfüllung der theoretischen Anforderungen dazu, dass die Methodik mit dem Lösungsraummodell effizient eingesetzt werden kann und dabei handhabbar, wiederverwendbar, allgemeingültig, übertragbar und ganzheitlich dem praktischen Anwender bei der Erzeugung von Lösungsentwürfen im Rahmen gängiger Entwicklungsvorgehen unterstützt, die das Justieren als Alternative zur einer hochpräzisen Fertigung beinhalten.

7 Zusammenfassung und Fazit

Das Justieren ist die Handlungsalternative gegenüber einer hochpräzisen Produktherstellung, die bereits in frühen Phasen von Produktentwicklungsprojekten bei der Planung von Produkten und Herstellungsprozessen berücksichtigt werden muss, um ein möglichst gutes Planungsergebnis zu erzielen. In diesen Phasen sind die Gestaltungsfreiräume häufig noch offen, weshalb eine Vielzahl von Prinziplösungen zum Justieren noch vorstellbar ist und umgesetzt werden kann. Die vorliegende Arbeit hat das Ziel diese Handlungsopportunität des Justierens stärker in den Fokus von Entwicklungsteams zu rücken und auf die Potentiale dieser Handlungsopportunität in Form von reduzierten Herstellungskosten gegenüber einer hochpräzisen Produktherstellung hinzuweisen. Um diese Potentiale besser nutzbar zu machen, wurden im Rahmen dieser Arbeit zwei zentrale Lösungsbeiträge entwickelt, die aufeinander abgestimmt sind. Zum einen die Methodik zur integrierten Produkt- und Justageprozessplanung, als auch ein Lösungsraummodell, das den Lösungsraum generischer Prinziplösungen zum Justieren mit Hinweisen auf produkt- und prozessbezogene Merkmale gliedert, beschreibt und erklärt. Diese Ergebnisse sind die Antwort und das Produkt der initialen Zielstellung sowie des Forschungsprozesses dieser Arbeit.

Die Motivation für diese Arbeit ergibt sich aus den Herausforderungen aus der Praxis, die im Kapitel zwei im Anschluss an die Erörterung des Betrachtungsbereiches dieser Arbeit dargestellt sind. Eine zentrale Herausforderung und Motivation liegt darin begründet, dass das Justieren in der Praxis häufig auf eine zu vermeidende und nicht wertschöpfende Tätigkeit in der Montage reduziert wird. Das Justieren einer Baugruppe zur Erzeugung geometrischer Produktmerkmale wird daher häufig erst spät im Produktentwicklungsprojekt in Betracht gezogen, wenn sich andeutet, dass die Handlungsalternative der hochpräzisen Produktherstellung mit zu hohen Kosten einhergeht oder technisch nicht die geometrischen Produktmerkmale realisieren kann, die beabsichtigt sind. Dann wiederum ist der Lösungsraum stark eingegrenzt und es werden teure Sonderlösungen in der Montage notwendig, die wiederum den Ruf des Justierens als verschwenderische Tätigkeit im Herstellungsprozess fördern. Wenn ein Entwicklungsteam jedoch in frühen Entwicklungsphasen ein Justieren im Konzept für das Produkt und den Herstellungsprozess in Betracht ziehen will, zeigt sich, dass es an einer systematischen Vorgehensweise und Transparenz sowie Kenntnis über die Justierarten fehlt. Damit bleibt das Potential unerschlossen, welches sich durch das Justieren ergeben kann, nämlich die günstigere Herstellung von Einzelkomponenten durch die Aufweitung der Einzeltoleranzen. Diese Handlungsbedarfe und Herausforderungen manifestieren den übergeordneten Handlungsbedarf aus der Praxis.

Das formalisierte Praxisdefizit in Form von Kriterien wird im dritten Kapitel dieser Arbeit an bestehende theoretische Arbeiten gespiegelt, um eben diese hinsichtlich ihres Lösungsbeitrages für das vorliegende Praxisproblem zu untersuchen. Dabei zeigt sich, dass die in der Theorie vorhandenen Ansätze nicht ausreichend, ja sogar in Teilen mangelhaft sind, um das in der Praxis bestehende Problem zu lösen. Es ergibt sich ein Theoriedefizit, das die formale Existenzberechtigung dieser Arbeit mitbegründet. Aus dem Praxis- und Theoriedefizit ergeben sich somit in Kombination mit der Zielstellung der Arbeit Forderungen für die Lösung, die im Rahmen dieser Arbeit entwickelt wird. Dazu wird in Kapitel vier mit Hilfe der Systemtheorie und insbesondere der Systemtechnik eine Methodik für die integrierte Produkt- und Justageprozessplanung sowie ein Lösungsraummodell konzipiert.

Das Lösungsraummodell gliedert sich in vier Module, die Situationsanalyse, die Zieldefinition, die Synthese-Analyse sowie das Beurteilen. Diese Methodik ist eine Mikro-Logik im Verständnis der Systemtechnik und bindet sich in das gängige Konstruktionsvorgehen nach VDI 2221/2222 ein. Die Methodik zur integrierten Produkt- und Justageprozessplanung, die repetierend im Entwicklungsprozess angewendet wird, unterstützt das Entwicklungsteam erste Entwürfe und Skizzen mit Hilfe der Situationsanalyse zu untersuchen. Dabei werden Gestaltungsräume für das Berücksichtigen des Justierens herausgearbeitet. Ein real vorliegendes Problem in Form von Skizzen, Entwürfen oder ersten Zeichnungen wird also abstrahiert und mit Hilfe der Ergebnisse der Produktplanung formal beschrieben. Auf Basis der Situationsanalyse wird im Zuge der Zieldefinition das weitere Vorgehen im Hinblick auf den Durchlauf der Methodik hinsichtlich der Forderungen aus der Produktdefinition und der Entwicklungsprojektziele sowie der vorhandenen Gestaltungsfreiräume ausgerichtet, um Projektressourcen sinnvoll einzusetzen. In der folgenden Synthese-Analyse wird dann das abstrahierte Problem zielgerichtet mit dem Lösungsraum für das Justieren in Form des Lösungsraummodells verknüpft. Es entstehen prinzipielle Lösungsvarianten eines Produkt- und Prozessentwurfes, die in der konstruktiven Synthese-Phase weiter ausgestaltet und in der Analyse kritisch reflektiert werden. Die Vielzahl der dabei entstehenden Lösungsvarianten wird dann auf Basis der Ergebnisse der Analyse bewertet. Favorisierte Lösungsvarianten werden daraufhin für einen weiteren Durchlauf ausgewählt, andere werden verworfen. Damit leistet die Methodik es, in frühen Phasen den Lösungsraum zu öffnen und alle prinzipiell möglichen Lösungen für ein Justieren zuzulassen, ohne dabei Projektressourcen durch aufwändige Änderungen, Iterationen oder das Verwerfen von ausdetaillierten Konzepten zu überstrapazieren. Favorisierte Lösungen werden dann weiter sukzessive ausdetailliert, unter ständigem Verwerfen und Auswählen konkretisierter und neuer Detaillösungsvarianten. Mit fortschreitenden sowie repetierenden Durchläufen der Methodik konvergiert der Lösungsraum. Die Lösungsvarianten differenzieren sich dann nur noch in Nuancen. Die Bedeutung der Anwendung des Lösungsraummodells verändert sich von einer Quelle zur Erzeugung von Prinziplösungen zu einem Katalog mit Hinweisen zur Ausdetaillierung der Prinziplösungen. Mit abnehmender Bedeutung des Lösungsraummodells im Verständnis einer Ideenquelle für Prinziplösungen nimmt die Bedeutung einzelner Werkzeuge der einzelnen Module der Methodik zu. Die Werkzeuge der einzelnen Module leisten es, Lösungsvarianten immer wieder formalisiert zu beschreiben oder den Gestaltungsprozess in der konstruktiven Synthese-Phase hinsichtlich notwendiger Dimensionierungen zur Erzielung der erforderlichen Kompensationsfähigkeit einer Justierlösung auszurichten. Die einzelnen Werkzeuge in Form von Methoden und Hilfsmitteln werden in Kapitel fünf in der Detaillierung der Methodik intensiv vernetzt und im Kontext der Methodik eingeordnet.

Die entwickelte Lösung in Form der Methodik zur integrierten Produkt- und Justageprozessplanung stellt damit eine Systematik zur Verfügung, um gezielt abgestimmte Entwürfe einer Produkt- und Prozesslösung zu erzeugen und zu entwickeln, die ein Justieren berücksichtigen. Diese Lösungen können dann mit Lösungen einer hochpräzisen und Justage-vermeidenden Herstellung verglichen werden. Insgesamt steigen durch die Anwendung der Methodik die Auswahlmöglichkeiten an Lösungen für einen integrierten Produkt- und Prozessentwurf sowie die Qualität des Planungsergebnisses. Dabei gewinnt das Justieren an Bedeutung und kann dem Entwicklungsteam sein inhärentes Potential anbieten. Durch die Integration der Methodik in das Konstruktionsvorgehen lässt sich die Methodik für den Praktiker einfach und unkompliziert anwenden. Die Methodik leistet es darüber hinaus, die Brücke von der Aufnahme von Kundenanforderungen im Sinne von Qualitätsmerkmalen bis hin zur Umsetzung in eine integrierte Produkt- und Prozesslösung strukturiert, im Sinne eines moderndn Qualitätsverständnisses, zu bauen.

Die praktische Tauglichkeit der Methodik wurde aufgrund des gewählten Forschungsansatzes und im Rahmen des Forschungsprozesses in der Praxis an einem Fallbeispiel angewendet und überprüft. Das Ergebnis in diesem Fall zeigt deutlich, dass komplizierte Zusammenhänge bei der Planung von integrierten Produkt- und Prozesslösungen, die ein Justieren berücksichtigen, die zuvor durch die kreative und subjektive Leistung der Entwickler nicht ausreichend erfasst werden konnten, nun mit Hilfe der Methodik und der einzelnen Bausteine und Werkzeuge der Methodik schnell greifbar werden. Damit leistet die Methodik den beabsichtigten Effekt, dass Entwicklungsprojekte in frühen Phasen konsequent ausgerichtet und in frühen Phasen Prinziplösungen entwickelt werden, die ein Justieren berücksichtigen. Durch die frühe Berücksichtigung können mehr Prinziplösungen in Betracht gezogen und geeignete Lösungen schneller detailliert werden. Durch die ständige Ausrichtung der Aktivitäten an den offenen Fragestellungen bei der Detaillierung der Lösungsvarianten stieg die Effizienz des Entwicklungsprozesses signifikant. Auch konnten in frühen Phasen mit Hilfe des Lösungsraummodells Konzepte eines integrierten Produkt- und Prozessentwurfs in ihrer finalen Gestalt besser antizipiert und damit Fakten im Rahmen einer Analyse und Bewertung besser erhoben werden, um favorisierte Lösungen auszuwählen und andere zu verwerfen. Neben der Effizienz konnte damit auch das Planungsergebnis und damit die Effektivität des Planungsprozesses verbessert werden. Die Anwendung der Methodik sowie des Lösungsraummodells in der Praxis unterstreicht, dass im Ergebnis dieses Forschungsprozesses eine Lösung in Form der Methodik zur integrierten Produkt- und Justageprozessplanung und des Lösungsraummodells zur Verfügung steht, die das Justieren in frühen Entwicklungsphasen in den Fokus des Entwicklers stellt.

Die vorliegende Arbeit adressiert mit der Methodik und dem Lösungsraummodell ein sehr breites Spektrum der Handlungsfelder des vorliegenden Betrachtungsbereichs. Durch die Breite der Betrachtungen ergeben sich weitere Handlungsbedarfe für weitere Forschungsarbeiten. So kann das Lösungsraummodell im Hauptteil weiter detailliert werden, z.B. durch das Aufführen von Beispielen oder das Detaillieren und Ausarbeiten der konstatierenden Merkmale des Hauptteils. Das Lösungsraummodell ist so konzipiert, dass es sich auf Basis seiner generischen Struktur und Allgemeingültigkeit im Gesamten detaillieren, wie auch branchen- und anwenderspezifisch konkretisieren lässt. Ein weiterer Handlungsbedarf ergibt sich zudem darin, dass mit jedem Durchlauf der Methodik, mit fortschreitendem Detaillierungsgrad der Lösungsvarianten, die Konstruktionsaufgabe und die Prozessplanungsaufgabe in ihren inhaltlichen Schwerpunkten verändert wird. So steht zu Beginn die Erzeugung von Prinziplösungen und zum Ende die gestalterische Dimensionierung hinsichtlich der Kompensationsfähigkeit einer Justierlösung im Vordergrund. Somit können weitere Arbeiten die Gewichtung der Anwendung der Lösungsbausteine der Methodik im Rahmen der Systematik untersuchen sowie ordnen und dem Vorgehen dadurch noch mehr Transparenz und Struktur verleihen.

8 Summary

Adjustment is a process in the assembly of technical products that is in terms of cost, time and quality significantly influenced by both, product and process planning. Adjustment yields great potential to accomplish proper geometric and functional product requirements and to achieve less production costs by choosing less accurate tolerance allocations at the same time.

This thesis is motivated by the fact that adjustment is mostly dismissed as a not value-adding task. This misunderstanding leads to the problem that adjustment is mostly avoided in product development projects. This in turn results in a very late identification of the necessity to consider adjustment to reach geometric and functional product features. In this late point in time during product development projects the solution space to design a product in a way that an appropriate adjustment process can be chosen is already limited which leads again to costly solutions. Furthermore there is no accurate and comprehensive knowledge about the solution space of adjustment types. Both, product and process oriented features are missing to characterize adjustment types in a comprehensive framework including the broad variety of adjustment types. This deficit is not only present in practical daily engineering work but also when it comes to literature. Another issue project teams have to deal with is the deficit of a comprehensive and systematic procedure that supports to design products that are taking adjustment in the best possible way into account by considering the full range of adjustment types systematically.

Motivated by this practical and theoretical findings two solution modules have been developed in this thesis. Firstly a framework that clusters the adjustment types according to product and process oriented features and characteristics. This framework is based on the theoretical recognition that there is a limited solution space for adjustment types. This framework does not only describe the different adjustment types but also helps to choose the appropriate one for a particular problem. This framework is based on theoretical methodical tools used for design catalogues and is expandable for different applications. Secondly a methodological procedure has been developed to design comprehensive adjustment solutions for both, product and process design. This procedure has been elaborated with the help of system theory and system engineering. This procedure is a micro logic that can be used along defined phases of the well-known macro logic for designing technical products, the VDI 2221/2222. This micro logic which is the methodological procedure has four modules that are applied over and over along the phases of the macro logic VDI 2221/2222. The baseline for the application of the procedure is a first draft of a drawing in a product developing project. In the first module, the situation-analyses premises, restrictions and the geometrical and functional problem are analyzed in detail to sharpen the fundamental problem statement. In a second step, based on the situation analyze, a concrete objective is formulated to give following steps in the procedure a clear guidance to comprise the problem and to allocate and focus resources during the design. Based on the objective the third module syntheses-analyses follows in which with the help of the developed framework a solution for a comprehensive product and process design sketch is developed (indeed several variants of solutions are created). In the last step in the fourth module evaluation the elaborated solution variants are being assessed and favorited solution variants are being chosen for further itemization in further passing's of this procedure. At the end a detailed solution for both, product and process design taking advantage of adjustment is developed. The procedure uses different tools and methods for the corresponding tasks in the different modules. The developed results are being evaluated at an example of the development of a new body design and body production process.

9 Literaturverzeichnis

A guide to the Project Management Body of Knowledge (PMBOK guide) (2013). 5. Auflage. Newtown Square, Pennsylvania: Project Management Institute.

Albeck, Wolfgang (2016): Geschäftsmodellinnovationen für das mittlere Marktsegment. Eine empirische Untersuchung deutschsprachiger Maschinenbauunternehmen in China. Wiesbaden: Springer Gabler (Research).

Arnoscht, Jens (2011): Beherrschung von Komplexität bei der Gestaltung von Baukastensystemen. 1. Aufl. Aachen: Apprimus-Verl. (Ergebnisse aus der Produktionstechnik, 2011).

Bachmann, F. (2013): Selbstverstärkungseffekte in Produktionssystemen in kleinen und mittleren Unternehmen. Aachen: Apprimus Verlag.

Balakschin, B. S. (1953): Technologie des Werkzeugmaschinenbaus. Zweite, überarbeitete Auflage des sowjetischen Originals. 2. Aufl. Berlin: VEB Verlag Technik.

Barthelmess, Peter (1987): Montagegerechtes Konstruieren durch die Integration von Produkt- und Montageprozessgestaltung. Berlin, New York: Springer-Verlag (IWB Forschungsberichte, Bd. 9).

Bayer, Tobias (2010): Integriertes Variantenmanagement. Variantenkostenbewertung mit faktorenanalytischen Komplexitätstreibern. 1. Aufl. München [u.a.]: Hampp (Schriften zu Management, Organisation und Information, Bd. 25).

Behrens, Carsten (2011): Quality-Stream-orientierte Toleranzallokation. 1. Aufl. Aachen: Apprimus-Verl. (Ergebnisse aus der Produktionstechnik, 2011).

Bibliographisches Institut GmbH: (Hg.) (2013): Duden. Die deutsche Rechtschreibung. 26. Aufl. Berlin: Dudenverlag GmbH.

Binder, V.; Kantowsky, J. (1996): Technologiepotentiale - Neuausrichtung der Gestaltungsfelder des strategischen Technologiemanagements. Wiesbaden: Gabler.

Bohn, Martin; Hetsch, Klaus (2013): Toleranzmanagement im Automobilbau. München: Hanser.

Boothroyd, G.; Dewhurst, P.; Knight, W. A. (1994): Product design for manufacture and assembly. New York: M. Dekker.

Bors, Matthias Ernst (1994): Ergänzung der Konstruktionsmethodik um quality function deployment. Ein Beitrag zum qualitätsorientierten Konstruieren. München, Wien: Hanser (Produktionstechnik - Berlin, Bd. 159).

Borsdorf, Reiner (2007): Methodischer Ansatz zur Integration von Technologiewissen in den Produktentwicklungsprozess. 2. Aufl. Aachen: RWTH Aachen (Berichte aus der Produktionstechnik, Bd. 17).

Bralla, James G. (Hg.) (1986): Handbook of product design for manufacturing. A practical guide to low-cost production. New York: McGraw-Hill.

Brankamp, Klaus (1975): Handbuch der modernen Fertigung und Montage. München: Verlag Moderne Industrie.

Brecher, Christian (2011): Integrative Produktionstechnik für Hochlohnländer. Berlin, Heidelberg: Springer-Verlag Berlin Heidelberg (VDI-Buch).

Bredner, Barbara (2015): NOT-Statistik. Nachweise führen, Optimierungen finden, Toleranzen berechnen mit Minitab und R. Münster: Monsenstein und Vannerdat (MV-Wissenschaft).

Bronner, Albert (2008): Angebots- und Projektkalkulation. Leitfaden für Praktiker. 3., aktualisierte Aufl. Berlin, Heidelberg, New York, NY: Springer (VDI).

Browning, T.: Applying the Design Strucutre Matrix to System Decomposition and Integration Problems. A Review and New Directions. In: IEEE Transactions on Engineering Management, Bd. 48, Nr. 3, S. 292–306.

Bruns, Michael (1991): Systemtechnik. Ingenieurwissenschaftliche Methodik zur interdisziplinaeren Systementwicklung. Berlin: Springer.

Bullinger, Hans-Jörg; Lung, Martin M. (1994): Planung der Materialbereitstellung in der Montage. Stuttgart: Teubner.

Bürgel, Hans Dietmar; Haller, Christine; Binder, Markus (1996): F- & -E-Management. München: Vahlen.

Chandler, A. D. (1962): Strategy and Structure. Cambridge, Massachusetts: Press.

Chapman, Christopher S.; Hopwood, Anthony G.; Shields, Michael D. (Hg.) (2007): Handbook of management accounting research. 1. Aufl. Amsterdam, Boston: Elsevier.

Chase; K. W.; Greenwood, W. H.; Hauglund, L. F.; Loosli, B. F.: Least Cost Tolerance Allocation for Mechanical Assemblies with Automated Process Selection. Unter Mitarbeit von William H. Greenwood, Loren F. Hauglund, Bruce G. Loosli. In: Manufacturing Review, 1990, ADCATS Report Nr. 89-4, S. 49–59.

Chase, K. W.; Parkinson, A. R.: A survey of research in the application of tolerance analysis to the design of mechanical assemblies. In: Research in Engineering Design, Bd. 3, Ausgabe 1, 1991, S. 23.

Clifton, M. Bradford (2004): Target costing. Market-driven product design. New York: Marcel Dekker (Mechanical engineering).

Cooper, Robert G. (1994): Third-Generation New Product Processes. In: *Journal of Product Innovation Management* 11 (1), S. 3–14.

Cooper, Robert G.; Edgett, Scott J. (2012): Best Practices in the Idea-to-Launch Process and Its Governance. In: *Research-Technology Management* 55 (2), S. 43–54.

Daenzer, W. F. (1976): System Engineering. Leitfaden zur methodischen Durchführung umfangreicher Planungsvorhaben. ETH Zürich, Zürich. Betriebswirtschaftliches Institut Zürich.

Dangelmaier, W. (1997): Fertigungslenkung. Planung und Steuerung des Ablaufs der diskreten Fertigung. Berlin: Springer.

Dangelmaier, Wilhelm (1999): Fertigungsplanung. Planung von Aufbau und Ablauf der Fertigung Grundlagen, Algorithmen und Beispiele. Berlin, Heidelberg: Springer Berlin Heidelberg (VDI-Buch).

Dantan, J.-Y.; Landmann, T.; Siadat, A.; Martin, P.: Information Modeling to Manage Tolerances during Product and Process Development, In: Models for Computer Aided Tolerancing in Design and

Manufacturing. Selected Conference Papers from the 9th CIRP International Seminar on Computer-Aided Tolerancing, gehalten in Arizona State University, Tempe, Arizona, USA, 10-12 April, 2005, S. 55–64.

Debler, E.; Zander, K.: Fehlerbetrachtung und Messung für das Justieren einer Längsführung (Wälzkörperschubführung) mit einem Neigungsmeßverfahren. In: Serie der Physikalisch-Technischen Bundesanstalt, 65, 1984, S. 20.

Derichs, Thomas (1997): Informationsmanagement im Simultaneous Engineering. Systematische Nutzung unsicherer Informationen zur Verkürzung der Produktenentwicklungszeiten. Aachen: Shaker (Berichte aus der Betriebswirtschaft).

Diekhöner, Günther W. (1981): Erstellen und Anwenden von Konstruktionskatalogen im Rahmen des methodischen Konstruierens. Düsseldorf: VDI-Verlag (Fortschritt-Berichte der VDI-Zeitschriften Konstruktionstechnik/ Maschinenelemente, Reihe 1).

Dilling, H.-J.; Rauschenbach, Th. (Hg.) (1975): Rationalisierung und Automatisierung. 1. Aufl. 2 Bände. Düsseldorf: VDI-Verl. (Stand der Technik - Entwicklung und Fortschritte, 1).

Dilthey, Ulrich; Brandenburg, Anette (2005): Montage hybrider Mikrosysteme. Handhabungs- und Fügetechniken für die Klein- und Mittelserienfertigung. Berlin, New York: Springer (VDI).

DIN EN 60617-2, 1997-08: DIN EN 60617-2: Graphische Symbole für Schaltpläne - Teil 2: Symbolelemente, Kennzeichen und andere Schaltzeichen für allgemeine Anwendungen.

DIN8580, 2003-09: DIN8580: Fertigungsverfahren - Begriffe und Einteilung.

DIN8953, 2003-9: DIN8593: Fertigungsverfahren Fügen, Teil 0: Allgemeines Einordnung, Unterteilung, Begriffe.

Dong, Z.; Hu, W.; Xue, D. (1994): New Production Cost-Tolerance Models for Tolerance Synthesis. In: *J. Eng. for Industry* 116 (2), S. 199–2006.

Döring, Sebastian Thimo (2010): Konfliktmanagement in der technischen Auftragsabwicklung im Werkzeugbau. 1. Aufl. Aachen: Apprimus-Verl. (Ergebnisse aus der Produktionstechnik, Bd. 20).

Dreibholz, D.: Ordnungsschemata bei der Suche von Lösungen. In: Konstruktion im Maschinen- Apparate- und Gerätebau, 27 Jg. 1975, S. 233–240.

Eckert, Alexander (2012): Prognose der Maßhaltigkeit punktförmig mechanischer gefügter Karosseriebauteile. Dissertation. Schaffhausen.

Ehrlenspiel, K. (2014): Kostengünstig entwickeln und konstruieren. Kostenmanagement bei der integrierten Produktentwicklung. Unter Mitarbeit von Klaus Ehrlenspiel. 7. Aufl. Berlin u.a.: Springer (VDI).

Ehrlenspiel, Klaus (1995): Integrierte Produktentwicklung. Methoden für Prozeßorganisation, Produkterstellung und Konstruktion. München [u.a.]: Hanser.

Ehrlenspiel, Klaus; Meerkamm, Harald (2014): Integrierte Produktentwicklung. Denkabläufe, Methodeneinsatz, Zusammenarbeit. 5. Aufl. München: Hanser.

Eklund, Pentti (2002): Mechanics for electronics. VTT Research Programme 2000-2002: Espoo, December 4, 2002. Espoo, Finland: VTT (VTT symposium, 223).

Evens, D. H.: Statistical Tolerancing: The State of the Art. Part II. Methods of Stimated Moments. In: Journal of Quality Technology, 7 Jg., 1975, Nr. 1, S. 1–11.

Eversheim, W.; Roggatz, A.; Zimmermann, H. J.; Derichs, T.: Kurze Produktentwicklungszeiten durch Nutzung unsicherer Informationen. Modelle zur datentechnischen Umsetzung. In: Informationstechnik und Technische Informatik, 37, 1995, S. 47–53.

Eversheim, W.; Witte, K. W.; Peffekoven, K. H. (1981): Montage richtig planen. Methoden und Hilfsmittel zur rationellen Gestaltung der Montage in Unternehmen mit Einzel- und Serienfertigung. Düsseldorf: VDI Verlag.

Eversheim, Walter (1989a): Organisation in der Produktionstechnik. 2., neubearb. u. erw. Aufl. Düsseldorf: VDI-Verl. (Studium und Praxis).

Eversheim, Walter (1989b): Organisation in der Produktionstechnik. Arbeitsvorbereitung. Zweite, neubearbeitete Auflage: Springer Berlin Heidelberg (Studium und Praxis).

Eversheim, Walter (1996): Organisation in der Produktionstechnik. 3., neu bearb. und erw. Aufl. Düsseldorf: VDI-Verl. (Studium und Praxis, / Walter Eversheim; Bd. 1).

Eversheim, Walter; Schuh, Günther (2005): Integrierte Produkt- und Prozessgestaltung. 1. Aufl. Berlin: Springer (VDI).

Eversheim, W., In: Selzle, H. Planung und Produktion, Jahrbuch 1991, S. 32-40 (Hg.) (1991): Neue Produkte in kürzerer Zeit. Mit der Strategie des Simultaneous Engineering die Entwicklungszeit reduzieren. Werkzeugmaschinenlabor RWTH Aachen. Jahrbuch 1991. Landberg: Moderne Industrie.

Ewald, O. (1975): Lösungssammlungen für das methodische Konstruieren. Düsseldorf: VDI Verlag.

Fallböhmer, Markus (2000): Generieren alternativer Technologieketten in frühen Phasen der Produktentwicklung. Aachen: Shaker (Berichte aus der Produktionstechnik, Bd. 2000,23).

Feldhusen, J.; Grote, K. H. (2004): Dubbel - Taschenbuch für den Maschinenbau. Mit Tabellen. 21., neubearbeitete und erweiterte Auflage. Berlin [u.a.]: Springer.

Feldmann, K.; Schöppner, V.; Spur, G. (Hg.) (2014): Handbuch Fügen Handhaben, Montieren. Handbuch der Fertigungstechnik. 2. Aufl. München: Hanser.

DIN Norm 8591, September 2003: Fertigungsverfahren Zerlegen - Einordnung, Unterteilung, Begriffe.

Frankenberger, Eckart (1997): Arbeitsteilige Produktentwicklung. Empirische Untersuchung und Empfehlungen zur Gruppenarbeit in der Konstruktion. Als Ms. gedr. Düsseldorf: VDI-Verl. (Fortschritt-Berichte / VDI Konstruktionstechnik, Maschinenelemente, Nr. 291).

Friedli, Thomas; Schuh, Günther (2012): Wettbewerbsfähigkeit der Produktion an Hochlohnstandorten. 2. Aufl. Berlin: Springer Vieweg.

Fuchs, Andreas (2006): Entwicklung eines hochpräzisen Justagesystems für die UV-Nanoimprint-Lithographie. Aachen: Shaker (Berichte aus der Halbleitertechnik).

Gairola, A. (1971): Montagegerechtes Konstruieren. Ein Beitrag zur Konstruktionsmethodik. Dissertation. Darmstadt: Hochschuldschrift Technische Hochschule Darmstadt.

Gartzen, T. (2012): Diskrete Migration als Anlaufstrategie für Montagesysteme. Dissertation. Aachen: Apprimus Verlag.

Gaus, Fabian (2010): Methodik zur Überprüfung der Logik eines Geschäftsmodells im Werkzeugbau. 1. Aufl. Aachen: Apprimus-Verl. (Produktionssystematik, Bd. 18).

Gausemeier, Jürgen; Fink, Alexander (1996): Neue Wege zur Produktionsentwicklung - Erfolgspotentiale der Zukunft. Eine szenariobasierte Leitlinie zur Stärkung der Innovationskraft in Deutschland. 1. Aufl. Paderborn: HNI-Verlagsschriftenreihe (HNI-Verlagsschriftenreihe, Bd. 18).

Gerber, H. (1988): Grundlagen für die Entwicklung und Anwendung von Einrichtungen zum automatisierten Justieren im allgemeinen Maschinen- und Fahrzeugbau. Dissertation.

Gerst, Manuel (2002): Strategische Produktentscheidungen in der integrierten Produktentwicklung. Dissertation. Technische Universität München, München.

Gerth, Richard J.; Klonaris, P.; Pfeiffer, T.: Cost Tolerance Sensitivity Analysis for Concurrent Engineering Design Support. Konferenzschrift der Konferenz: 6 th CIRP International Seminar on Computer-Aided Tolerancing, University of Twente, Enschede, Niederlande, 22–24 März, 1999. In: Global Consistency of Tolerances, S. 313–324.

Gerybadze, Alexander (2004): Technologie- und Innovationsmanagement. Strategie, Organisation und Implementierung. München: Vahlen (Vahlens Handbücher der Wirtschafts- und Sozialwissenschaften).

Göbel, Gerd (1999): Konstruktionsbegleitende Montageprozessplanung. Ein Beitrag zur Qualitätsverbesserung in der automatisierten Montage. Als Ms. gedr. Aachen: Shaker (Schriftenreihe des Arbeitsbereichs Werkzeugmaschinen und Automatisierungstechnik der Technischen Universität Hamburg-Harburg, Bd. 11).

Göpfert, Jan (1998): Modulare Produktentwicklung. Zur gemeinsamen Gestaltung von Technik und Organisation. Wiesbaden: Dt. Univ.-Verl. (Gabler Edition Wissenschaft: Markt- und Unternehmensentwicklung).

Grady, Jeffrey O. (1993): System requirements analysis. 2. Aufl. (Elsevier insights).

Gramann, W.: Industrielle Montage mikrooptischer Halbleiterbauelemente (1999). In: Reinhart G., Automatisierte Mikromontage, Nr. 44.

Grübler, M. (1921): Lehrbuch der Technischen Mechanik. Dritter Band: Dynamik starrer Körper. Berlin, Heidelberg: Springer Berlin Heidelberg.

Haberfellner, Reinhard; Daenzer, Walter F. (1997): Systems Engineering. Methodik und Praxis. 9. Aufl., erg. mit dem SE-Wissensbaum. Zürich: Verlag Industrielle Organisation.

Hansen, F.: Einfluß der Justierung auf die Konstruktion. In: Feingerätetechnik, 6 Jg., Nr. 9, S. 419–422.

Hansen, F. (1964): Justierung. Eine Einführung in das Wesen der Justierung von technischen Gebilden. Berlin: VEB Verlag Technik.

Hansen, F. (1967): Justierung. Eine Einführung in das Wesen der Justierung von technischen Gebilden. 2., überarb. Berlin: Verlag Technik.

Harrison, F. L.; Lock, Dennis (2004): Advanced project management. A structured approach. 4. Auflage. Aldershot, England, Burlington, VT: Gower.

Heimes, Heiner (2014): Methodik zur Auswahl von Fertigungsressourcen in der Batterieproduktion. 1. Aufl. Aachen: Apprimus Verlag (Edition Wissenschaft - Apprimus, Bd. 2014,41).

Hesse, S.; Nörthmann, K. H.; Krahn, H.; Strzys, P. (1994): Montage- und automatisierungsgerecht konstruieren. Montage-Atlas. Atlas Konstruktion. Darmstadt: Hoppenstedt-Technik-Tab.-Verlag.

Hesse, Stefan (1997): Vorrichtungen für die Montage. Praxisbeispiele für Planer, Konstrukteure und Betriebsingenieure. Renningen-Malmsheim: Expert-Verl.

Heyn, Markus (1999): Methodik zur schnittstellenorientierten Gestaltung von Entwicklungskooperationen. Als Ms. gedr. Aachen: Shaker (Berichte aus der Produktionstechnik, Bd. 99,6).

Hilchner, Rick (2012): Typenorientiertes Lösungsraum-Management in der Fabrikplanung. 1. Aufl. Aachen: Apprimus-Verl. (Ergebnisse aus der Produktionstechnik, Bd. 2012,13).

Hoenow, Gerhard; Meissner, Thomas (2010): Entwerfen und Gestalten im Maschinenbau. Bauteile - Baugruppen - Maschinen. 3., aktualisierte Aufl. München: Fachbuchverl. Leipzig im Carl-Hanser-Verl.

Hoischen, Hans; Hesser, Wilfried (2005): Technisches Zeichnen. Grundlagen, Normen, Beispiele, darstellende Geometrie; Lehr-, Übungs- und Nachschlagewerk für Schule, Fortbildung, Studium und Praxis, mit mehr als 100 Tabellen. 30., grundlegend überarb. und aktualisierte Aufl. Berlin: Cornelson.

Hub, Hanns (1994): Ganzheitliches Denken im Management. Komplexe Aufgaben PC-gestützt lösen. Wiesbaden: Gabler (Gabler Wirtschaft).

Huber, Alexander (2001): Justieren vormontierter Systeme mit dem ND. YAG-Laser unter Einsatz von Aktoren. Bamberg: Meisenbach (Fertigungstechnik Erlangen, 114).

Hubka, V. (1976): Theorie der Konstruktionsprozesse. Analyse der Konstruktionstätigkeit. Berlin, New York: Springer-Verlag.

Hubka, Vladimir (1984): Theorie technischer Systeme. Grundlagen einer wissenschaftlichen Konstruktionslehre. 2., völlig neu bearbeitete und erw. Aufl. Berlin, New York: Springer (Hochschultext).

Hubka, Vladimir; Eder, W. E. (1988): Theory of technical systems. A total concept theory for engineering design. Berlin, New York: Springer-Verlag.

Irgel, Lutz (2014): Gablers Wirtschaftswissen für Praktiker. Zuverlässige Orientierung in allen kaufmännischen Fragen. 5. vollständig neubearbeitete Auflage. Wiesbaden: Gabler.

Kano, N.; Seraku, N.; Takahashi, F.; Tsuji (1984): Attractive Quality and Must-be Quality. In: *Journal of the Japanese Society for Quality Control* Jg. 14 (Nr. 2), S. 147–156.

Kern, Werner; Schröder, Hans-Horst; Weber, Jürgen (1996): Handwörterbuch der Produktionswirtschaft. 2., völlig neu gestaltete Aufl. Stuttgart: Schäffer-Poeschel Verlag (Enzyklopädie der Betriebswirtschaftslehre, Bd. 7).

Klein, Bernd (2012): Toleranzmanagement im Maschinen- und Fahrzeugbau. Dimensionelle und geometrische Toleranzen (F+L) - Geometrische Produktspezifizierung (GPS) - CAD-Tolerierung - Tolerierungsprinzipien - ASME-System - Maßketten - Oberflächen. 2., völlig neu bearb. Aufl. München: Oldenbourg.

Klein, Bernd; Mannewitz, Frank: Statistische Tolerierung. Qualität der konstruktiven Gestaltung. Wiesbaden: Vieweg+Teubner Verlag (Qualitäts- und Zuverlässigkeitsmanagement).

Klocke, F.; König, W. (1997): Fertigungsverfahren. 3. Aufl. Düsseldorf: VDI-Verl. (Studium und Praxis).

Klonaris, Pavlos (1998): Systemkonzept zur frühzeitigen Einsatzplanung von Prüfmitteln. Als Ms. gedr. Aachen: Shaker (Berichte aus der Produktionstechnik, Bd. 98, Nr. 22).

Koller, Rudolf (1994): Konstruktionslehre für den Maschinenbau. Grundlagen zur Neu- und Weiterentwicklung technischer Produkte mit Beispielen. 3., völlig neubearbeitete und erw. Aufl. Berlin, New York: Springer-Verlag.

Koller, Rudolf (1998): Konstruktionslehre für den Maschinenbau. Grundlagen zur Neu- und Weiterentwicklung technischer Produkte mit Beispielen. 4., neubearb. und erw. Aufl. Berlin: Springer.

Komorek, Christian (1998): Integrierte Produktentwicklung. Der Entwicklungsprozess in mittelständischen Unternehmen der metallverarbeitenden Serienfertigung. Berlin: S + W Steuer- und Wirtschaftsverlag (Duisburger betriebswirtschaftliche Schriften, Bd. 18).

Konold, Peter; Reger, Herbert (2003): Praxis der Montagetechnik. Produktdesign, Planung, Systemgestaltung. 2., überarb. und erw. Aufl. Wiesbaden: Vieweg (Vieweg Praxiswissen).

Norm VDI 2222, Juni 1997: Konstruktionsmethodik - Methodisches Entwickeln von Lösungsprinzipien, zuletzt geprüft am August 2012.

VDI/ VDE Richtlinie VDI 2225 - Blatt 1, 1997: Konstruktionsmethodik- Technisch-wirtschaftliches Konstruieren - Vereinfachte Kostenermittlung.

DIN 32990 Teil 1, 1989: Kosteninformation - Begriffe zu Kosteninformationen in der Maschinenindustrie.

Kotterba, B.: Prüfprozesse planen, überwachen und verbessern. In: DGQ Schrift "Prüfmittelplanung", 13-61, 2003.

Kratzsch, Sabine (2000): Prozess- und Arbeitsorganisation in Fließmontagesystemen. Essen: Vulkan-Verl. (Schriftenreihe des IWF).

Krause, Werner; et al. (2000): Gerätekonstruktion. In Feinwerktechnik und Elektronik. 3., stark bearb. Aufl. München, Wien: Hanser.

Krüll, G. (1993): Automatisierung der Justage von Drehankerrelais. Berlin, Heidelberg: Springer Berlin Heidelberg (IPA-IAO Forschung und Praxis).

Kubicek, H. (1976): Forschungskonzeption. Heuristischer Bezugsrahmen und heuristisch angelegte Forschungsdesigns als Elemente der Konstruktionsstrategie empirischer Forschung -Empirische und handlungstheoretische Forschungskonzeption in der Betriebswirtschaftslehre. Berlin.

Labriola, Fabio (2007): Strategisches "Time-to-Market"-Management. In: Kai Engel und Michael Nippa (Hg.): Innovationsmanagement. Heidelberg: Physica-Verlag HD, S. 193–213.

Laufenberg, Ludger (1996): Methodik zur integrierten Projektgestaltung für die situative Umsetzung des simultaneous engineering. Als Ms. gedr. Aachen: Shaker (Berichte aus der Produktionstechnik, Bd. 96, Nr. 9).

Lee, D. J.; Thornton, A. C.: The Identification and Use of Key Characteristics in the Product Development Process. In: Konferenzschrift der 1996 ASME Design, ASME, S. 1–14.

Lenders, M. (2009): Beschleunigung der Produktentwicklung durch Lösungsraum-Management. Aachen: Apprimus-Verl. (Ergebnisse aus der Produktionstechnik, Bd. 1).

Leuschel, Roland (2010): Toleranzmanagement in der Produktentwicklung am Beispiel der Karosserie im Automobilbau. Disseration. Freiberg.

Lindemann, Udo; Reichwald, Ralf; Zäh, Michael F. (2006): Individualisierte Produkte-Komplexität beherrschen in Entwicklung und Produktion. 1. Aufl. Berlin: Springer (VDI).

Linner, Stefan (1995): Konzept einer integrierten Produktentwicklung. Berlin, New York: Springer-Verlag (IWB Forschungsberichte, Bd. 88).

Lotter, B.; Wiendahl, Hans-Peter (2012): Montage in der industriellen Produktion. Ein Handbuch für die Praxis. 2., Aufl. Berlin: Springer Berlin (VDI-Buch).

Lotter, Bruno (1992): Wirtschaftliche Montage. Ein Handbuch für Elektrogerätebau und Feinwerktechnik. 2., erw. Aufl. Düsseldorf: VDI-Verl.

Lotter, Bruno; Wiendahl, Hans-Peter (2006): Montage in der industriellen Produktion. Ein Handbuch für die Praxis. Berlin, New York: Springer (VDI-Buch).

Malik, Fredmund (2011): Strategie. Navigieren in der Komplexität der Neuen Welt. Frankfurt/M.: Campus Verlag.

Mannewitz, F.: Komplexe Toleranzanalysen einfach Durchführen. Complex Tolerance Analyses. In: Konstruktion, Springer-VDI-Verlag GmbH & Co. KG, 7, 2005, S. 1–6. Online verfügbar unter http://www.casim.de/seminare/.

Mannewitz, Frank (1997): Prozessfähige Tolerierung von Bauteilen und Baugruppen - ein Lösungsansatz zur Optimierung der Werkstattfertigung im Informationsverbund zwischen CAD und CAQ. Als Ms. gedr. Düsseldorf: VDI-Verlag (Fortschritt-Berichte / VDI Rechnerunterstützte Verfahren, Nr. 256).

Mantripragada, R.; Whitney, D. E. (1998): The Datum Flow Chain. A systematic approach to assembly design and modeling. In: *Research in Engineering Design* Jg. 10 (Nr. 3), S. 150–165. DOI: 10.1007/BF01607157.

Masing, W.; Pfeifer, T.; et al. (2007): Handbuch Qualitätsmanagement. 5., vollst. neu bearb. Aufl. München: Hanser.

Meckelnborg, Alexander (2015): Integrative Fabrikplanung durch effiziente Koordinationsmodelle. 1. Aufl. Aachen: Apprimus-Verl. (Ergebnisse aus der Produktionstechnik, Bd. 23).

Meier, M. (2002): Auswählen und bewerten, the key to innovation. Vorlesungsskript ZPE, Version 2002, 1. Semester. ETH, Eidgenössische Technische Hochschule Zürich, Zürich. Institut für Mechanische Systeme, Zentrum für Produkte-Entwicklung.

Merget, Michael (2004): Kostenoptimierung durch Toleranzvariation im Simultaneous Engineering. Aachen: Shaker Verlag (Berichte aus der Produktionstechnik, Bd. 8).

VDI2860, 1982-10: Montage- und Handhabungstechnik; Handhabungsfunktionen, Handhabungseinrichtungen; Begriffe, Definitionen, Symbole.

Murr, Otto (1999): Adaptive Planung und Steuerung von integrierten Entwicklungs- und Planungsprozessen. München: Utz (Forschungsberichte / IWB, Bd. 130).

Neuhausen, J. (2001): Gestaltung modularer Produktionssysteme für Unternehmen der Serienproduktion. Dissertation. Aachen.

Obering, Hans-Heinrich (Hg.) (1950): Handbuch der Feinmechanik und Optik. Das Justieren. Unter Mitarbeit von R. Hohnhold, Rathenow und H.-H. Obering. Mühlhausen: Verlag für Fachliteratur Rich Markewitz.

Olowinsky, Alexander (2003): Laserstrahlmikroumformen. Neues Justageverfahren in der Mikrotechnik. Aachen: Shaker (Berichte aus der Lasertechnik).

Pahl, G.; Beelich, K. H.: Lagebericht - Erfahrungen mit dem methodischen Konstruieren. In: Werkstatt und Betrieb, 11, 1981, S. 773–782.

Pahl, G.; Beitz, Wolfgang; Feldhusen, J.; Grote, Karl-Heinrich (2005): Pahl/Beitz Konstruktionslehre. Grundlagen erfolgreicher Produktentwicklung Methoden und Anwendung. 6. Aufl. Berlin: Springer.

Pahl, Gerhard; Beitz, Wolfgang; Feldhusen, J.; Grote, K. H. (2006): Pahl/Beitz Konstruktionslehre. Grundlagen erfolgreicher Produktentwicklung. Methoden und Anwendung. 7., neu bearb. u. erw. Aufl. Berlin: Springer.

Pahl, Gerhard; Beitz, Wolfgang; Feldhusen, J.; Grote, K. H. (2013): Pahl/Beitz Konstruktionslehre. Methoden und Anwendung erfolgreicher Produktentwicklung. Berlin, Heidelberg: Springer.

Pahl, Gerhard; Beitz, Wolfgang; Feldhusen, Jörg; Grote, Karl-Heinrich (2007): Konstruktionslehre. Grundlagen erfolgreicher Produktentwicklung Methoden und Anwendung. 7. Aufl. Berlin, Heidelberg: Springer-Verlag Berlin Heidelberg (Springer-Lehrbuch).

Patzak, G. (1982): Systemtechnik, Planung komplexer innovativer Systeme. Grundlagen, Methoden, Techniken. Berlin, New York: Springer-Verlag.

Petersen, Bernd (2003): Flexible Handhabungstechnik für die automatisierte Mikromontage. Aachen: Shaker (Berichte aus der Produktionstechnik, Bd. 17).

Pfeifer, Tilo; Schmitt, Robert (2010a): Fertigungsmesstechnik. 3., überarb. und erw. Aufl. München: Oldenbourg.

Pfeifer, Tilo; Schmitt, Robert (2010b): Qualitätsmanagement. Strategien, Methoden, Techniken. 4., vollst. überarb. Aufl. München: Hanser, Carl.

Ponn, J.; Lindemann, U. (2011): Konzeptentwicklung und Gestaltung technischer Produkte. Systematisch von Anforderungen zu Konzepten und Gestaltlösungen. 2nd Aufl. Heidelberg: Springer.

Ponn, Josef; Lindemann, Udo (2008): Konzeptentwicklung und Gestaltung technischer Produkte. Optimierte Produkte - systematisch von Anforderungen zu Konzepten. Berlin, Heidelberg: Springer (VDI).

Porter, Michael E. (2014): Wettbewerbsvorteile (competitive advantage). Spitzenleistungen erreichen und behaupten. Frankfurt: Campus Verlag GmbH.

Praun, Stefan von (2003): Toleranzanalyse nachgiebiger Baugruppen im Produktentstehungsprozess. München: H. Utz (Forschungsberichte IWB, Bd. 171).

Pucko, Walter A. (2010): Kundenzufriedenheit in der Werbevermarktung durch Online-Werbebörsen. Eine explorative Analyse aus Sicht der Inhalteanbieter: Diplomica Verlag.

REFA (1985): Methodenlehre der Planung und Steuerung. 4. Aufl., 44. - 53. Tsd. München: Hanser.

REFA (1990): Planung und Gestaltung komplexer Produktionssysteme. 2. Aufl. München: Hanser (Methodenlehre der Betriebsorganisation, REFA, Verband für Arbeitsstudien und Betriebsorganisation).

Renninger, M.: Neue Wege für die Justierung kristallographischer Objekte. Kristallographisches Institut der Universität Marburg/L. In: Zeitschrift für Kristallographie, 114 Jg., 1960, S. 468–475.

Richard, Hans Albert; Sander, Manuela (2011): Festigkeitslehre. Lehrbuch mit Praxisbeispielen, Klausuraufgaben und Lösungen. 3., erw. Aufl. Wiesbaden: Vieweg + Teubner (Technische Mechanik).

Richter, E.; Schilling, W.; Weise, M. (1974): Montage im Maschinenbau. Berlin: VEB Verlag Technik.

Rodenacker, W.G (1991): Methodisches Konstruieren: Grundlagen, Methodik, praktische Beispiele. 4. Aufl. Berlin: Springer (Konstruktionsbücher Bd. 27).

Ropohl, Günter (2009): Allgemeine Technologie. Eine Systemtheorie der Technik. 3., überarb. Aufl. Karlsruhe: Univ.-Verl. Karlsruhe.

Roth, Karlheinz (1982): Konstruieren mit Konstruktionskatalogen. Systematisierung und zweckmäßige Aufbereitung technischer Sachverhalte für das methodische Konstruieren. Berlin, Heidelberg: Springer Berlin Heidelberg.

Roth, Karlheinz (1994a): Kataloge. 2. Auflage. Berlin: Springer (Konstruieren mit Konstruktionskatalogen).

Roth, Karlheinz (1994b): Konstruieren mit Konstruktionskatalogen. 2. Aufl., wesentl. erw. und neu gestaltet. Berlin, Heidelberg: Springer (Konstruieren mit Konstruktionskatalogen, / Karlheinz Roth; Bd. 1).

Roy, Ranjit K. (2010): A primer on the Taguchi method. 2. Aufl. Dearborn, MI: Society of Manufacturing Engineers.

Schallmo, Daniel (2013): Geschäftsmodell-Innovation. Grundlagen, bestehende Ansätze, methodisches Vorgehen und B2B-Geschäftsmodelle. Wiesbaden: Springer Fachmedien Wiesbaden; Imprint: Springer Gabler (Springer Link: Bücher).

Schanz, G.: Wissenschaftstheoretische Grundfragen für Führungsforschung. Handwörterbuch der Führung. Enzyklopädie der Betriebswirtschaftslehre. Schäffler-Poeschel. In: Kieser, A., 10, 1987, S. 2039–2047.

Schäppi, Bernd (2005): Handbuch Produktentwicklung. München, Wien: Hanser.

Schilling, W.: Zum Begriff Justieren. In: Der Maschinenbau. Fachzeitschrift für Ökonomie u. Technik im Maschinenbau, 18. Jg., Nr. 4, 1969, S. 174–175.

Schillings, Dirk; Wach, Jörg Johannes; Tretow, Gerhard; Göpfert, Jan (2009): Mehr Effizienz im Engineering. Praxisbewährte Instrumente für ein kontinuierliches F&E-Controlling und Implementierung eines Programms zur Performance Steigerung. Norderstedt: Books on Demand.

Schleich, Benjamin; Wartzack, Sandro (2014): How can Computer Aided Tolerancing Support Closed Loop Tolerance Engineering? In: *Procedia CIRP* 21, S. 312–317.

Schlick, Christopher (2010): Arbeitswissenschaft. 3., vollst. überarb. und erw. Aufl. Berlin, Heidelberg: Springer.

Schlottmann, D.; Heider F.; Habedank, F.; Goetze, P. (1977): Konstruktionslehre. Grundlagen. 1. Aufl. Berlin: VEB Verlag Technik.

Schuh, Günther (2012): Innovationsmanagement. Handbuch Produktion und Management 3. 2. vollst. neu bearb. u. erw. Aufl. Berlin, Heidelberg: Springer Vieweg (VDI-Buch).

Schuh, Günther (2013): Lean Innovation. Berlin, Heidelberg: Imprint: Springer Vieweg (VDI-Buch).

Schuh, Günther; Kampker, Achim (2011): Handbuch Produktion und Management 1. Strategie und Management produzierender Unternehmen. 2. Auflage. Berlin, Heidelberg: Springer-Verlag Berlin Heidelberg (VDI-Buch).

Schuh, G., et al. (2011): Handbuch Produktion und Management 2. Technologiemanagement. 2. vollst. neu bearb. u. erw. Aufl. Berlin, Heidelberg: Springer Vieweg (VDI-Buch).

Schulte-Zurhausen, Manfred (2005): Organisation. 4., überarb. und erw. Aufl. München: Vahlen.

Schwab, Adolf J. (2014): Managementwissen für Ingenieure. Wie funktionieren Unternehmen. 5. Auflage. Berlin, Heidelberg: Springer (VDI-Buch).

Seidel, Michael (2005): Methodische Produktplanung. Grundlagen, Systematik und Anwendung im Produktentstehungsprozess. Karlsruhe: Univ.-Verl. (Reihe Informationsmanagement im Engineering Karlsruhe, Bd. 1).

Spur, G.; Stöferle, T.; Helwig, H.-J. (1986): Handbuch der Fertigungstechnik. Fügen, Handhaben, Montieren. München: Hanser (Handbuch der Fertigungstechnik, Bd. 5).

Stachowiak, Herbert (1973): Allgemeine Modelltheorie. Wien, New York: Springer-Verlag.

DIN 7186, August 1974: Statistische Tolerierung.

Steinhilper, Waldemar (2008): Konstruktionselemente des Maschinenbaus. 7. Aufl. Heidelberg: Springer.

Stöferle, Th.; Dilling, H.-J.; Rauschenbach, Th.: Handhabung im Produktionsbereich. In: Werkstatt und Betrieb, 106 Jg., Nr. 11, 1973, S. 873–875.

VDI-Richtlinie 2225 Blatt 3, 1998: Technisch-wirtschaftliches Konstruieren - Technisch-wirtschaftliche Bewertung.

Thornton, Anna C. (1999): A Mathematical Framework for the Key Characteristic Process. In: *Research in Engineering Design* 11 (3), S. 145–157.

Tomczak, T.: Forschungsmethoden in der Marketingwissenschaft. In: Marketing/Zeitschrift für Forschung und Praxis, Bd. 2, S. 77–87.

Trumpold, Harry; Beck, Christian; Richter, Gerhard (1997): Toleranzsysteme und Toleranzdesign - Qualität im Austauschbau. Mit 34 Tabellen und 22 Tafeln. München, Wien: Hanser.

Ulrich, H.: Angewandte Sozialwissenschaften. Die Betriebswirtschaftslehre als angewandte Sozialwissenschaft. In: Dyllick, T./Probst, 1984, S. 168–199, 1984.

Ulrich, H.: Betriebswirtschaft. Die Betriebswirtschaft als anwendungsorientierte Sozialwissenschaft. In: Geist, M. N./Köhler R, 1981, S. 1–26, 1981.

Ulrich, H.: Betriebswirtschaftslehre. Die Betriebswirtschaftslehre als anwendungsorientierte Sozialwissenschaft. In: Dyllick, T./Probst, 1984, S. 168–199, 1984.

Ulrich, H.: Der systemorientierte Ansatz in der Betriebswirtschaftslehre. Wissenschaftsprogramm und Ausbildungsziele der Betriebswirtschaftslehre, 1971. In: Von Kortzfleisch, 1971.

Ulrich, H.; Probst, G. J. B. (1991): Ganzheitliches Denken und Handeln. Anleitung zum ganzheitlichen Denken und Handeln - Ein Brevier für Führungskräfte. 4. Aufl. Bern: Paul Haupt Verlag.

Ulrich, K. T. (1992): The role of product architecture in the manufacturing firm.

Ulrich, P.; Hill, W.: Grundlagen der Betriebswirtschaftslehre. Wissenschaftstheoretische Grundlagen der Betriebswirtschaftslehre (Teil I). In: Wirtschaftswissenschaftliches Studium, 7, Jg. 5, 1976, S. 304–309.

VDI2220, 1980-05: VDI2220: Produktplanung; Ablauf, Begriffe und Organisation.

VDI2221, 1993-05: VDI2221: Methodik zum Entwickeln und Konstruieren technischer Systeme und Produkte.

Vogel-Heuser, Birgit (2003): Systems Software Engineering. Angewandte Methoden des Systementwurfs für Ingenieure. München: Oldenbourg-Industrieverlag.

Warnecke, H.-J.; Langebeck, K.; Eichendorf, A.; Heusel, K. (1996): Die Montage im flexiblen Produktionsbetrieb. Technik, Organisation, Betriebswirtschaft. Berlin, Heidelberg [u.a.]: Springer.

Weber, Wolfgang; Baum, Matthias; Kabst, Rüdiger (2014): Einführung in die Betriebswirtschaftslehre. 9., aktualisierte und überarb. Aufl. Wiesbaden: Springer Gabler (Lehrbuch).

Westkämper, Engelbert; Warnecke, Hans-Jürgen (2006): Einführung in die Fertigungstechnik. Mit 10 Tabellen. 7., bearb. und erg. Aufl. Wiesbaden: Teubner (Lehrbuch: Maschinenbau).

Whitney, D. E. (1999): Toward a Theory for Design of Kinematically Constrained Mechanical Assemblies. In: *The International Journal of Robotics Research* 18 (12), S. 1235–1248.

Whitney, Daniel E. (2004): Mechanical Assemblies. Their Design, Manufacture, and Role in Product Development. New York: Oxford University Press (Oxford series on advanced manufacturing).

Wiendahl, Hans-Peter (2010): Betriebsorganisation für Ingenieure. 7. Aufl. München: Hanser.

Wissenschaftsstatistik GmbH im Stiftungsverband für die Deutsche Wissenschaft (Hg.): a:ren'di: Analysen 2015. Forschung und Entwicklung in der Wirtschaft 2013. Essen.

Yin, Robert K. (2014): Case study research. Design and methods. Unter Mitarbeit von Donald Thomas Campbell. 5 Aufl. Los Angeles, London, New Delhi [etc.]: Sage (Applied Social Research Methods Series).

Yubing, Li; Guanlong, Chen; Cheng, Zheng; Xinmin, Lai (2008): Active variation compensation in vehicle body conceptual assembly. In: *Int J Adv Manuf Technol* 37 (1-2), S. 178–190.

Zhang, Hong-Chao (1997): Advanced tolerancing techniques. New York: Wiley (Wiley series in engineering design and automation).

Zimmermann, H. J.; Rödder, W.: Analyse, Beschreibung und Optimierung von unscharf formulierten Problemen. In: Zeitschrift für Operation Research, 21, 1975, S. 1–18.

Zingler, Julius (1928): Theorie der zusammengesetzten Waagen. Waagen mit Gewichtsschale, Laufgewichtswaagen Neigungswaagen, Balkenwaagen, Brückenwaagen. Berlin, Heidelberg: Springer Berlin Heidelberg.

Zwicky, Fritz (1966): Entdecken, Erfinden, Forschen im morphologischen Weltbild. München: D. Knaur.

10 Anhang

<table>
<tr><th colspan="5">Gliederungsteil I</th><th colspan="3" rowspan="2">Hauptteil I</th><th colspan="2" rowspan="2">Zugriffsteil I</th></tr>
<tr><td colspan="5">Justageart</td></tr>
<tr><td rowspan="10">Justage im Bauzusammenhang</td><td rowspan="10">Verändern oder Verschieben von Maßkettengliedern</td><td rowspan="6">Änderung der räumlich-geometrischen Anordnung</td><td rowspan="3">Translation</td><td>Längs-achse</td><td rowspan="3">Hauptteil 1</td><td rowspan="3">Hauptteil 2</td><td rowspan="10">Hauptteil 9</td><td rowspan="10">Zugriffsteil 1</td><td rowspan="6">Zugriffsteil 3</td></tr>
<tr><td>Hochachse</td></tr>
<tr><td>Querachse</td></tr>
<tr><td rowspan="3">Rotation</td><td>Neigen</td><td rowspan="3">Hauptteil 3</td><td rowspan="3">Hauptteil 4</td></tr>
<tr><td>Schwen-ken</td></tr>
<tr><td>Kippen</td></tr>
<tr><td rowspan="4">Stofflich-geometrische Änderung im Bauzusammenhang</td><td colspan="2" rowspan="2">Umformen</td><td colspan="2">Hauptteil 5</td><td rowspan="4">Zugriffsteil 2</td></tr>
<tr><td colspan="2">Hauptteil 6</td></tr>
<tr><td colspan="2">Beschichten</td><td colspan="2">Hauptteil 7</td></tr>
<tr><td colspan="2">Trennen</td><td colspan="2">Hauptteil 8</td></tr>
</table>

Abbildung 107: Lösungsraummodell Teil I: Konsolidierung Gliederungs-, Haupt- und Zugriffsteil

<table>
<tr><th colspan="5">Gliederungsteil II</th><th colspan="2" rowspan="2">Hauptteil II</th><th colspan="2" rowspan="2">Zugriffsteil II</th></tr>
<tr><td colspan="5">Justageart</td></tr>
<tr><td rowspan="8">Justage außerhalb des Bauzusammenhanges</td><td rowspan="8">Hinzufügen oder Wegnehmen von optionalen Kompensationsgliedern</td><td rowspan="7">Optionales Hinzufügen</td><td rowspan="2">Auswahl</td><td>Auswahl aus Menge gestuft vorgefertigter Kompen-sationsglieder</td><td>Hauptteil 11</td><td rowspan="8">Hauptteil 14</td><td rowspan="8">Zugriffsteil 1</td><td rowspan="8">Zugriffsteil 4</td></tr>
<tr><td>Selektion aus Menge charakterisiert durch Prozess-streuung</td><td>Hauptteil 13</td></tr>
<tr><td rowspan="5">Spezifisch gefertigtes Kompensationsglied</td><td>Urformen</td><td rowspan="5">Hauptteil 10</td></tr>
<tr><td>Umformen</td></tr>
<tr><td>Trennen</td></tr>
<tr><td>Fügen aus Einzelteilen</td></tr>
<tr><td>Beschichten</td></tr>
<tr><td>Optionales Wegnehmen</td><td colspan="2">Wegnehmen durch Zerlegen</td><td>Hauptteil 12</td></tr>
</table>

Abbildung 108: Lösungsraummodell Teil II: Konsolidierung Gliederungs-, Haupt- und Zugriffsteil

<table>
<tr><th colspan="5">Gliederungsteil III</th><th colspan="2" rowspan="2">Hauptteil III</th><th colspan="2" rowspan="2">Zugriffsteil III</th></tr>
<tr><th colspan="5">Justageart</th></tr>
<tr><td rowspan="10">Justage außerhalb des Bauzusammenhanges</td><td rowspan="10">Verändern oder Austauschen eines nicht optionalen Kompensationsgliedes</td><td colspan="2" rowspan="2">Auswahl</td><td>Auswahl aus Menge gestuft vorgefertigter Kompensations-glieder</td><td>Hauptteil 11</td><td rowspan="10">Hauptteil 15</td><td rowspan="10">Zugriffsteil 1</td><td rowspan="10">Zugriffsteil 5</td></tr>
<tr><td>Selektion aus Menge charakterisiert durch Prozessstreuung</td><td>Hauptteil 13</td></tr>
<tr><td rowspan="8">Veränderung durch Fertigung</td><td rowspan="5">Spezifisch gefertigtes Kompensationsglied</td><td>Urformen</td><td rowspan="5">Hauptteil 10</td></tr>
<tr><td>Umformen</td></tr>
<tr><td>Trennen</td></tr>
<tr><td>Fügen aus Einzelteilen</td></tr>
<tr><td>Beschichten</td></tr>
<tr><td rowspan="3">Nacharbeit</td><td>Umformen</td><td rowspan="3">Hauptteil 16</td></tr>
<tr><td>Trennen</td></tr>
<tr><td>Beschichten</td></tr>
</table>

Abbildung 109: Lösungsraummodell Teil III Konsolidierung Gliederungs-, Haupt- und Zugriffsteil

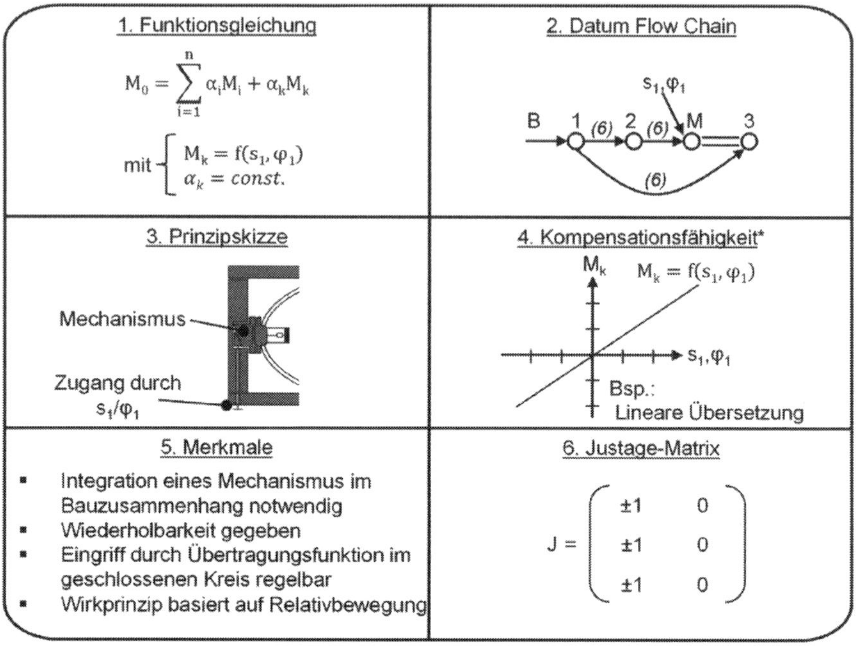

Legende: M_k: Maß des Kompensationsglieds; α_k: Linearisierungskoeffizient des Kompensationsglieds; M: Mechanismus; B: Basis; s: Strecke; φ: Winkel; J: Justage-Matrix; *: beispielhafter Verlauf

Abbildung 110: Hauptteil 1 (Lösungsraummodell Teil I, Hauptteil I)

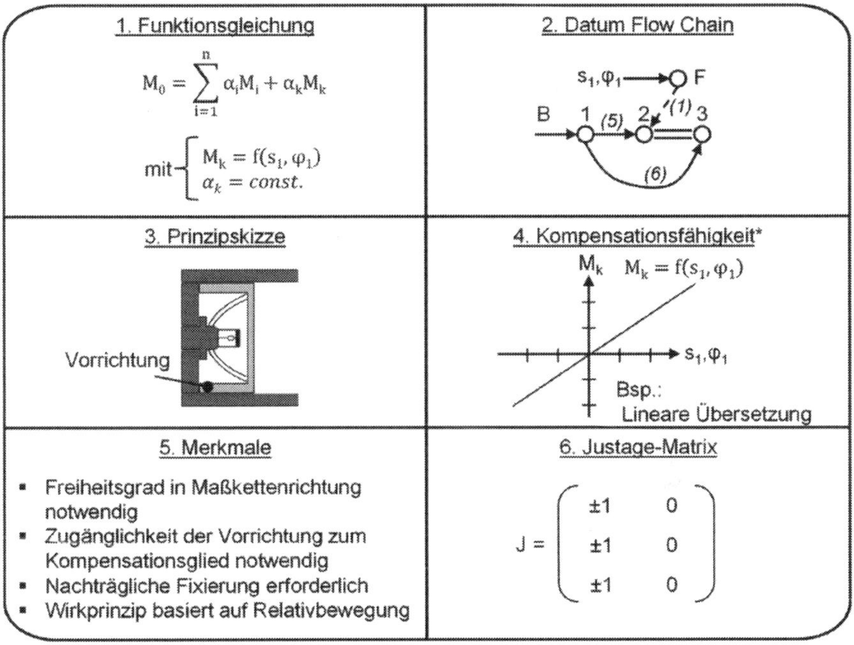

Legende: M_k: Maß des Kompensationsglieds; α_k: Linearisierungskoeffizient des Kompensationsglieds; F: Vorrichtung; B: Basis; s: Strecke; φ: Winkel; J: Justage-Matrix; *: beispielhafter Verlauf

Abbildung 111: Hauptteil 2 (Lösungsraummodell Teil I, Hauptteil I)

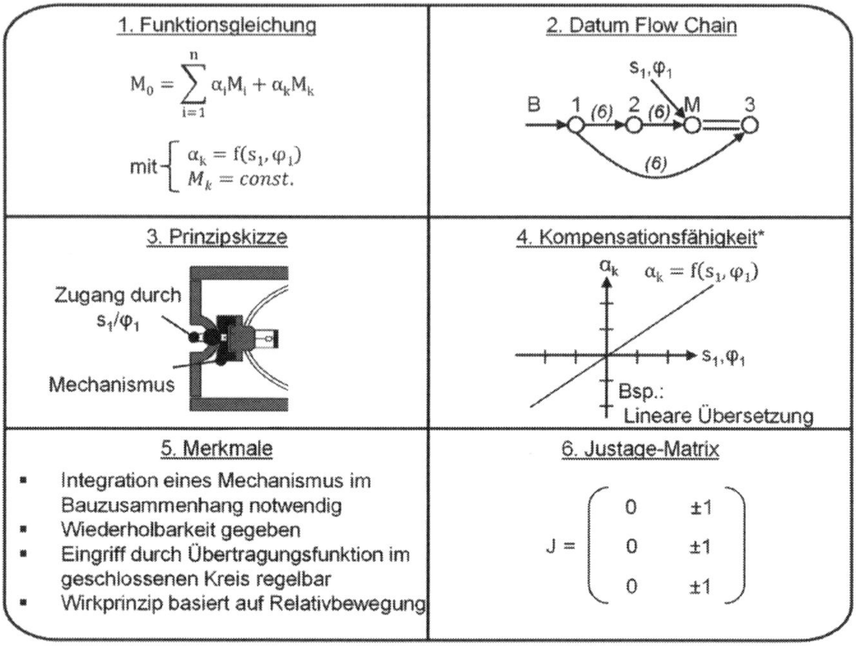

Legende: M_k: Maß des Kompensationsglieds; α_k: Linearisierungskoeffizient des Kompensationsglieds; M: Mechanismus; B: Basis; s: Strecke; φ: Winkel; J: Justage-Matrix; *: beispielhafter Verlauf

Abbildung 112: Hauptteil 3 (Lösungsraummodell Teil I, Hauptteil I)

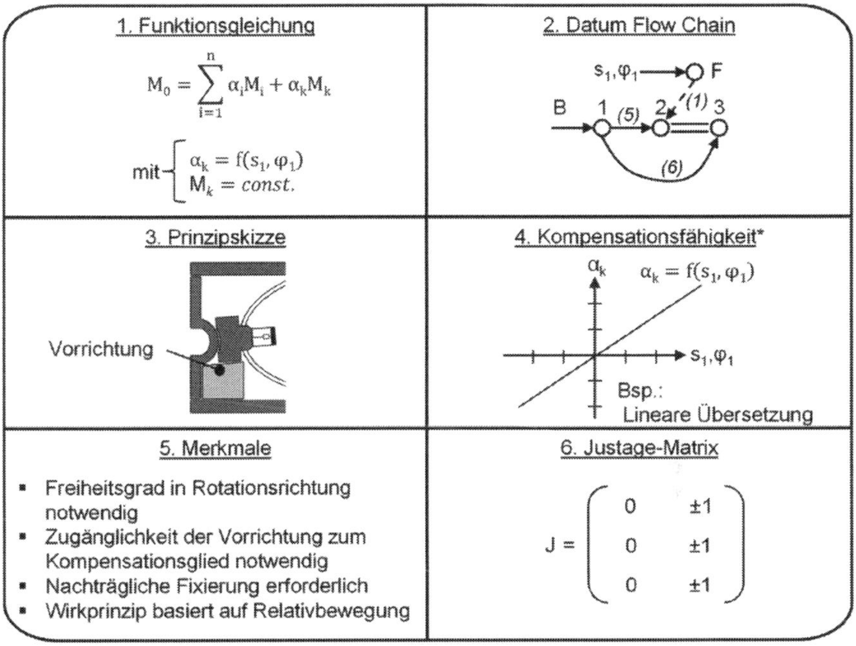

Legende: M_k: Maß des Kompensationsglieds; α_k: Linearisierungskoeffizient des Kompensationsglieds; F: Vorrichtung; B: Basis; s: Strecke; φ: Winkel; J: Justage-Matrix; *: beispielhafter Verlauf

Abbildung 113: Hauptteil 4 (Lösungsraummodell Teil I, Hauptteil I)

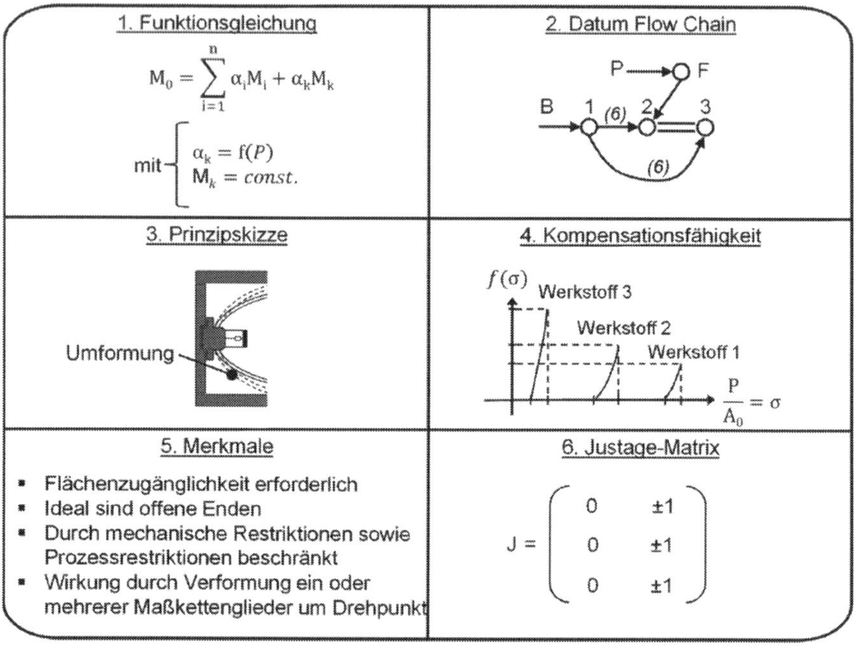

Legende: M_k: Maß des Kompensationsglieds; α_k: Linearisierungskoeffizient des Kompensationsgliedes; F: Vorrichtung; B: Basis; P: Kraft; A_0: Ausgangsquerschnitt; σ: Spannung; J: Justage-Matrix

Abbildung 114: Hauptteil 5 – Umformen als Rotation (Lösungsraummodell Teil I, Hauptteil I)

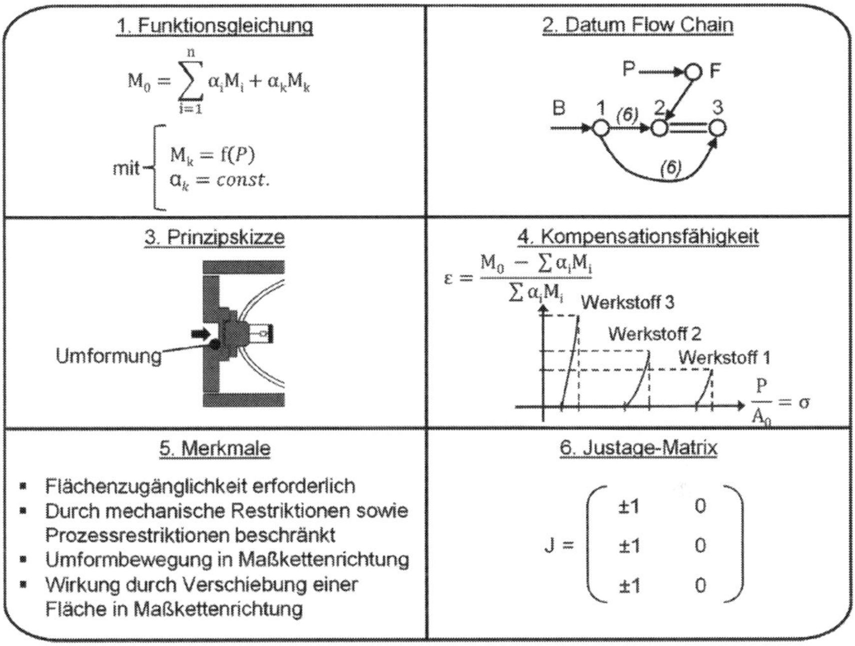

Legende: M_k: Maß des Kompensationsglieds; α_k: Linearisierungskoeffizient des Kompensationsgliedes; F: Vorrichtung; B: Basis; P: Kraft; A_0: Ausgangsquerschnitt; σ: Spannung; ε: Dehnung; J: Justage-Matrix

Abbildung 115: Hauptteil 6 – Umformen als Translation (Lösungsraummodell Teil I, Hauptteil I)

1. Funktionsgleichung

$$M_0 = \sum_{i=1}^{n} \alpha_i M_i + \alpha_k M_k$$

mit $\begin{cases} M_k = f(Schichtdicke, \#BG) \\ \alpha_k = const. \end{cases}$

2. Datum Flow Chain

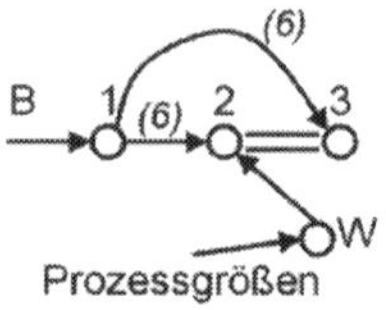

3. Prinzipskizze

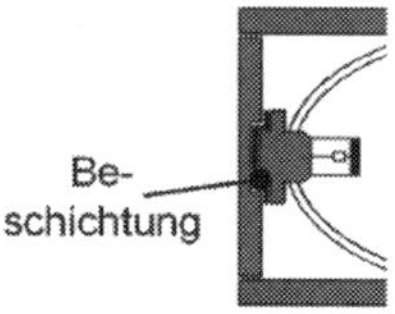

4. Kompensationsfähigkeit

5. Merkmale

- Fläche muss in Orientierung zur Maßkettenrichtung vorhanden sein
- Wirkt durch Auftragen einer Schicht auf Fläche Maß-addierend
- Zugänglichkeit erforderlich
- Prozessrestriktionen sind zu beachten

6. Justage-Matrix

$$J = \begin{pmatrix} +1 & 0 \\ +1 & 0 \\ +1 & 0 \end{pmatrix}$$

Legende: M_k: Maß des Kompensationsglieds; α_k: Linearisierungskoeffizient des Kompensationsgliedes; W: Beschichtungsverfahren; B: Basis; #: Anzahl; BG: Beschichtungsgänge; J: Justage-Matrix

Abbildung 116: Hauptteil 7 – Beschichten (Lösungsraummodell Teil I, Hauptteil I)

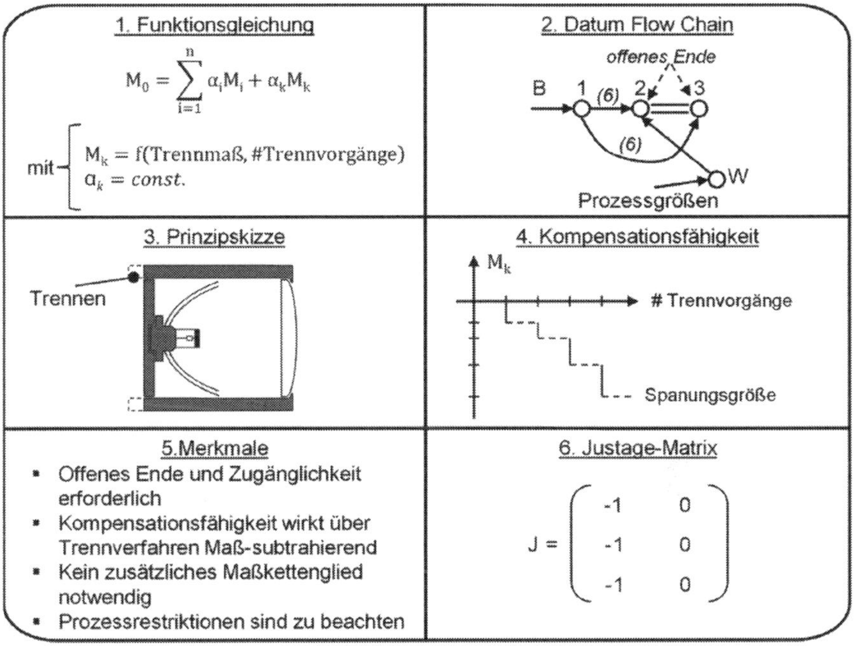

Legende: M_k: Maß des Kompensationsglieds; α_k: Linearisierungskoeffizient des Kompensationsgliedes; W: Trennverfahren; B: Basis; #: Anzahl; J: Justage-Matrix

Abbildung 117: Hauptteil 8 – Trennen (Lösungsraummodell Teil I, Hauptteil I)

Tabelle 8: Hauptteil 9 - Konstituierende Merkmale für das Justieren im Bauzusammenhang (Lösungsraummodell Teil I, Hauptteil I)

Das Justieren im Bauzusammenhang ist gekennzeichnet durch:
1. Dass alle Prozessfunktionen, der reine Zusammenbau, das Erfassen der Abweichung sowie der Eingriff in die Maßkette durch die gewählte Justierart geschlossen im Rahmen der Montage erfolgen. 2. Die Möglichkeit einer direkten Messung des geometrischen Merkmals oder der Funktionsgröße selber. 3. Die Möglichkeit alle Abweichungen zu kompensieren, auch die, die während der Montage entstehen. 4. Die Möglichkeit auf eine Demontage komplett zu verzichten. 5. Die Möglichkeit einen geregelten, kontinuierlich gekoppelten und damit geschlossenen Justierprozess zur Kompensation von Abweichungen zu implementieren. 6. Beim Justieren durch eine Relativbewegung durch Rotation und/ oder Translation eines Kompensationsglieds kann der Justiervorgang wiederholbar und reversibel gestaltet werden (vgl.5.1.2.2).

3. Prinzipskizze

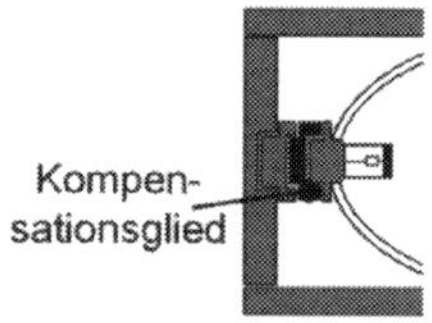

4. Kompensationsfähigkeit

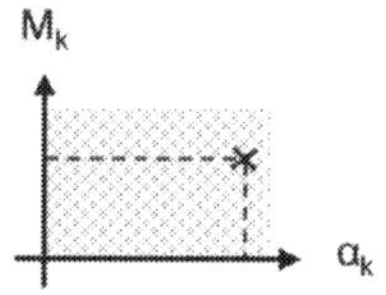

Allgemeine Bemerkung: In Abhängigkeit der erforderten Kompensationsfähigkeit der Kompensationsgrößen α_k und M_k müssen die Fertigungsverfahren gemäß DIN 8580 nach den formschaffenden bzw. formverändernden Eigenschaften passend ausgewählt werden.

Legende: M_k: Maß des Kompensationsglieds; α_k : Linearisierungskoeffizient des Kompensationsglieds

Abbildung 118: Hauptteil 10 – Spezifisch gefertigtes Kompensationsglied am Beispiel "Urformen" (Lösungsraummodell Teil II & Teil III, Hauptteil II & Teil III)

3. Prinzipskizze	4. Kompensationsfähigkeit
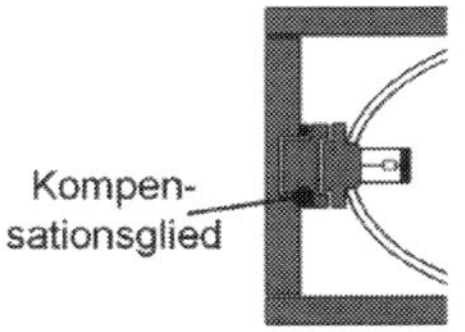	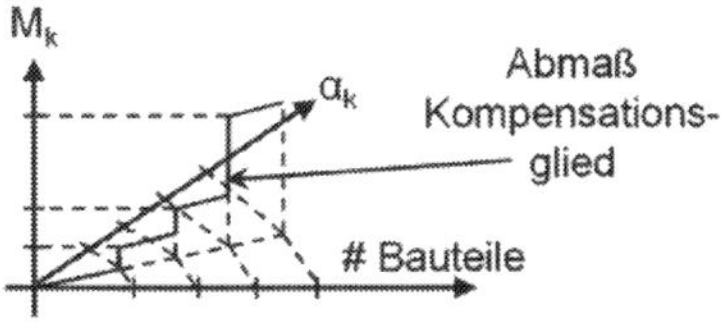

Allgemeine Bemerkung: Das Abmaß des Kompensationsglieds bestimmt die Stufenbreite. Damit hängt die Kompensationsfähigkeit von der Wahl der Dicke des Kompensationsglieds ab. Es können grundsätzlich beide Größen (M_k und α_k) einzeln oder gemeinsam in Abhängigkeit der Geometrie variiert und kompensiert werden.

Legende: M_k: Maß des Kompensationsglieds; α_k: Linearisierungskoeffizient des Kompensationsglieds; #: Anzahl

Abbildung 119: Hauptteil 11 - Auswahl aus Menge gestuft vorgefertigter Kompensationsglieder (Lösungsraummodell Teil II & Teil III, Hauptteil II & Teil III)

3. Prinzipskizze	4. Kompensationsfähigkeit
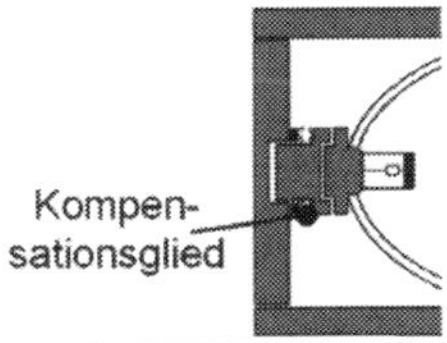	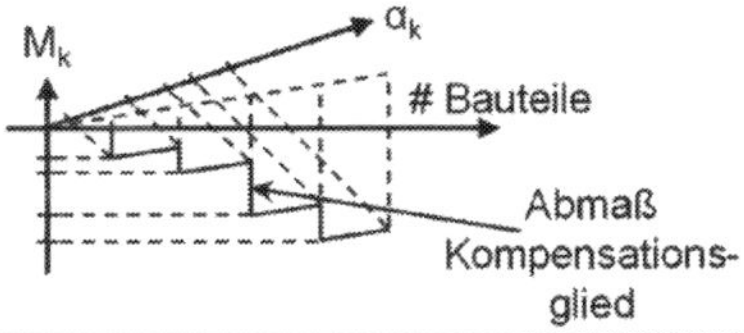

Allgemeine Bemerkung: Nach DIN 8591 ist das Zerlegen die Umkehrung des Einfügens (gestuft gefertigter Elemente). Damit gelten grundsätzlichen Eigenschaften und Merkmale wie beim Fügen gestuft vorgefertigter Bauteile.

Legende: M_k: Maß des Kompensationsglieds; α_k: Linearisierungskoeffizient des Kompensationsglieds; #: Anzahl

Abbildung 120: Hauptteil 12 – Zerlegen (Lösungsraummodell Teil II, Hauptteil II)

3. Prinzipskizze	4. Kompensationsfähigkeit
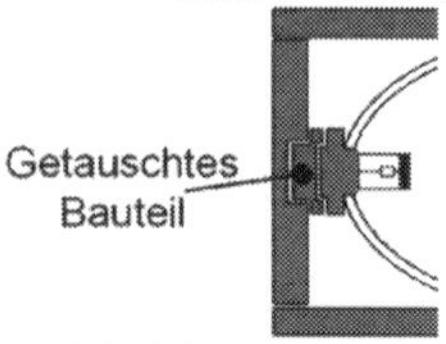	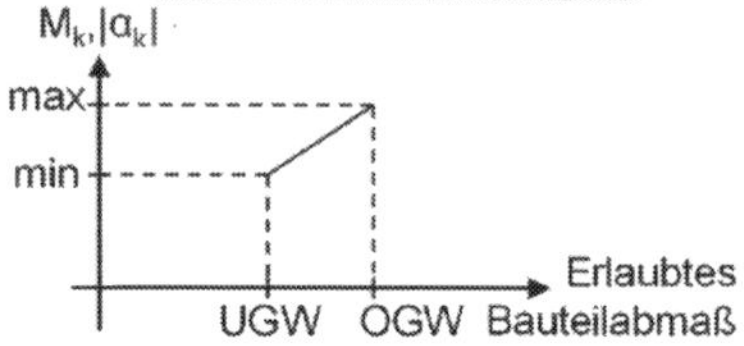

Allgemeine Bemerkung: Zur Bestimmung der Kompensationsfähigkeit wird die Prozessstreuung eines fertigungsbedingten Merkmals ausgenutzt. Dieses fertigungsbedingte Merkmal bezieht sich auf α_k oder M_k. Damit ist entweder M_k oder α_k variabel. Die Prozessstreuung, charakterisiert durch den unteren und oberen Grenzwert (UGW & OGW), entscheidet über die Kompensationsfähigkeit. Zusätzlich müssen die Grenzen der akzeptierten Prozessstreuung durch den Bauzusammenhang festgelegt werden (x_{min} und x_{max}).

Legende: M_k: Maß des Kompensationsglieds; α_k: Linearisierungskoeffizient des Kompensationsglieds; UGW: Unterer Grenzwert der Prozessstreuung; OGW: Oberes Grenzmaß der Prozessstreuung

Abbildung 121: Hauptteil 13 - Selektion aus Menge charakterisiert durch Prozessstreuung (Lösungsraummodell Teil II, Hauptteil II)

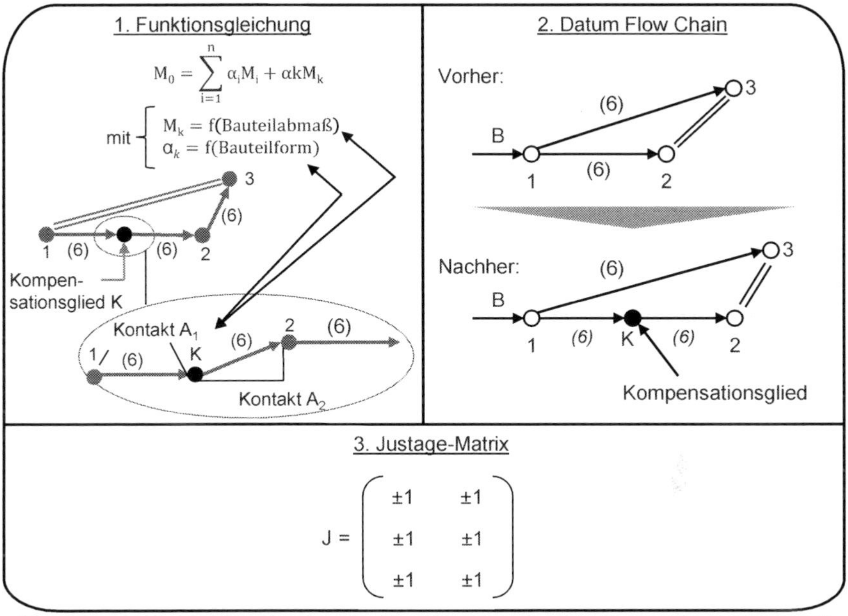

Allgemeine Bemerkung: Die Justage-Matrix gilt hier für die oberste Gliederungsebene des zweiten Gliederungsteils. Sie stellt die Aggregation der unterschiedlichen Justage-Matrizen der weiteren Justagearten dar. Es bleibt die Restriktion des Fertigungsverfahrens auf die Kompensationsfähigkeit zu beachten.

Legende: M_k: Maß des Kompensationsglieds; α_k: Linearisierungskoeffizient des Kompensationsglieds; K: Kompensationsglied; A_1/A_2: Kontaktflächen; B: Basis; J: Justage-Matrix

Abbildung 122: Hauptteil 14 - Teil 1 - Allgemeine Informationen zur Kompensation mit nicht-optionalen Kompensationsgliedern (Lösungsraummodell Teil II, Hauptteil II)

Tabelle 9: Hauptteil 14 - Teil 2 - Konstituierende Merkmale (Lösungsraummodell Teil II, Hauptteil II)

Merkmale für das Justieren außerhalb des Bauzusammenhangs:
1. Wird die Abweichung im Bauzusammenhang erfasst, ist eine Demontage oder Montage zum Einfügen des Kompensationsglieds notwendig. 2. Wird die Abweichung indirekt über das Vermessen der Einzelglieder erfasst, so kann das Kompensationsglied direkt der Montage beigestellt werden. Eine örtliche und zeitliche Trennung von den eigentlichen Justiertätigkeiten und der reinen Montage ist dann möglich. Allerdings können Abweichungen, die durch die Montage verursacht werden, nicht durch das Justieren berücksichtigt werden. 3. Der Eingriff in die eigentliche Maßkette erfolgt immer über ein Einzelglied durch Auswahl eines Kompensationsglieds aus einer Menge m, durch eine geplante Nacharbeit, im Sinne einer Änderungsarbeit oder durch die spezifische Herstellung eines Kompensationsglieds. 4. Ein Justieren außerhalb des Bauzusammenhangs findet immer im offenen also diskontinuierlich gekoppelten Justierkreis statt. 5. Eine Wiederholbarkeit der Justierung ist nur dann gegeben, wenn das Kompensationsglied zerstörungsfrei gegen ein gleiches, mit anderer Ausprägung ausgetauscht werden kann.
Merkmale für das Justieren mit optionalen Kompensationsglied:
1. Optionale Kompensationsglieder dürfen nur in Butt-Joint Verbindungen in Form von Bindegliedern eingefügt werden. Diese Verbindungen bzw. Bindeglieder müssen in den sechs Freiheitsgraden ihrer Verbindungen definiert sein. 2. Die Kontaktrestriktion der vor- und nachgelagerten Verbindungen müssen beachtet werden, damit eine formschlüssige Verbindung erfolgen kann. Ein optionales Kompensationsglied, das zwischen den Komponenten A und B eingefügt wird, muss jeweils die negative Kontaktfläche von A und B abbilden. 3. Die Wirkung der Kompensation durch optionale Kompensationsglieder wird dadurch erreicht, dass zwischen den Kontaktflächen der vor- und nachgelagerten Verbindung der Abstand und/ oder die Orientierung verändert werden. 4. Ein Kompensationsglied kann nur in der zulässigen Fügerichtung zwischen A und B unter Berücksichtigung weiterer räumlicher Restriktionen eingefügt werden. 5. Für die Kompensation von kleinen Abweichungen sind optionale Kompensationsglieder nur dann sinnvoll, wenn ihre Fügerichtung kongruent bzw. nahezu kongruent mit der Richtung der Maßkette ist. Je größer der Winkel zwischen der Fügerichtung des Kompensationsglieds und der Maßkette bezogen auf das Intervall von 0 bis 90 Grad ist, desto geringer ist die Kompensationseigenschaft des Kompensationsglieds in Maßkettenrichtung. 6. Es gibt eine vom Herstellungsprozess abhängige minimale Größe eines Kompensationsglieds, was hinsichtlich der kleinsten zu kompensierenden Abweichung beachtet werden muss.

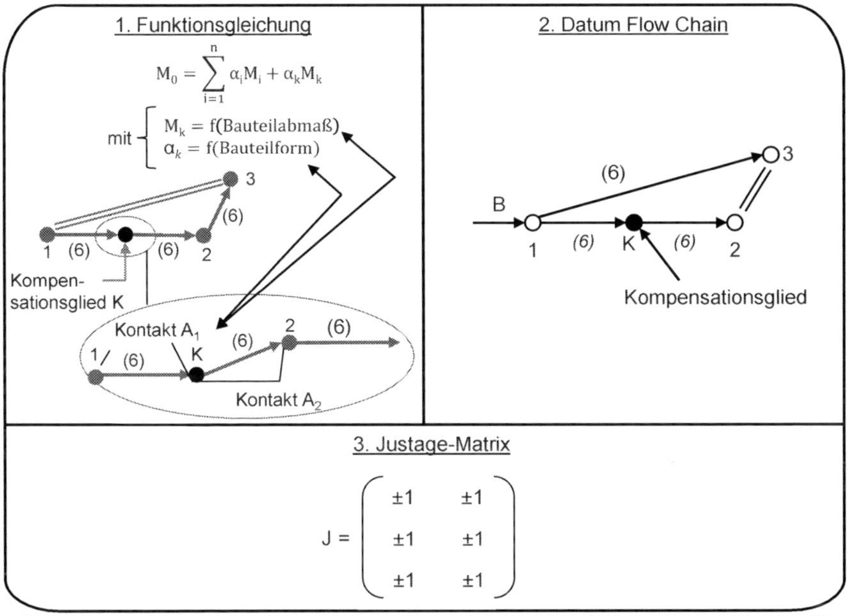

Allgemeine Bemerkung: Die Justage-Matrix gilt für die oberste Gliederungsebene des zweiten Gliederungsteils. Sie stellt die Aggregation der unterschiedlichen Justage-Matrizen der weiteren Justagearten dar. Es bleibt die Restriktion des Fertigungsverfahrens auf die Kompensationsfähigkeit zu beachten.

Legende: M_k: Maß des Kompensationsglieds; α_k: Linearisierungskoeffizient des Kompensationsglieds; K: Kompensationsglied; A_1/A_2: Kontaktflächen; B: Basis; J: Justage-Matrix

Abbildung 123: Hauptteil 15 - Teil 1 - Allgemeine Informationen zur Kompensation mit nicht-optionalen Kompensationsgliedern (Lösungsraummodell Teil III, Hauptteil III)

Tabelle 10: Hauptteil 15: Teil 2 - Konstituierende Merkmale (Lösungsraummodell Teil II & Teil III, Hauptteil II & Teil III)

Merkmale für das Justieren außerhalb des Bauzusammenhangs:
1. Wird die Abweichung im Bauzusammenhang erfasst, ist eine Demontage oder Montage zum Einfügen des Kompensationsglieds notwendig. 2. Wird die Abweichung indirekt über das Vermessen der Einzelglieder erfasst, so kann das Kompensationsglied direkt der Montage beigestellt werden. Eine örtliche und zeitliche Trennung von den eigentlichen Justiertätigkeiten und der reinen Montage ist dann möglich. Allerdings können Abweichungen, die durch die Montage verursacht werden, nicht durch das Justieren berücksichtigt werden. 3. Der Eingriff in die eigentliche Maßkette erfolgt immer über ein Einzelglied durch Auswahl eines Kompensationsglieds aus einer Menge m, durch eine geplante Nacharbeit, im Sinne einer Änderungsarbeit oder durch die spezifische Herstellung eines Kompensationsglieds. 4. Ein Justieren außerhalb des Bauzusammenhangs findet immer im offenen also diskontinuierlich gekoppelten Justierkreis statt. 5. Eine Wiederholbarkeit der Justierung ist nur dann gegeben, wenn das Kompensationsglied zerstörungsfrei gegen ein gleiches, mit anderer Ausprägung ausgetauscht werden kann.
Merkmale für das Justieren mit nicht optionalen Kompensationsglied:
1. Nicht-optionale Kompensationsglieder dürfen nur Maßkettenglieder sein, die in Form einer Butt-Joint Verbindung vorliegen und damit in allen sechs Freiheitsgraden definiert sind. 2. Die Kontaktrestriktion der vor- und nachgelagerten Verbindungen müssen beachtet werden, damit eine formschlüssige Verbindung erfolgen kann. Ein nicht-optionales Kompensationsglied das zwischen den Komponenten A und B eingefügt wird, muss jeweils die negative Kontaktfläche von A und B abbilden. 3. Die Wirkung der Kompensation wird durch nicht-optionale Kompensationsglieder dadurch erreicht, dass der Abstand und/ oder die Orientierung zwischen den Kontaktflächen der vor- und nachgelagerten Verbindung verändert wird. 4. Ein nicht-optionales Kompensationsglied ist grundsätzlich sehr gut geeignet, um Abweichungen in einer Maßkettenrichtung zu kompensieren, die orthogonal zur Fügerichtung der Komponenten ist. 5. Es gibt eine vom Herstellungsprozess abhängige minimale Größe eines Kompensationsglieds, was hinsichtlich der kleinsten zu kompensierenden Abweichung beachtet werden muss.

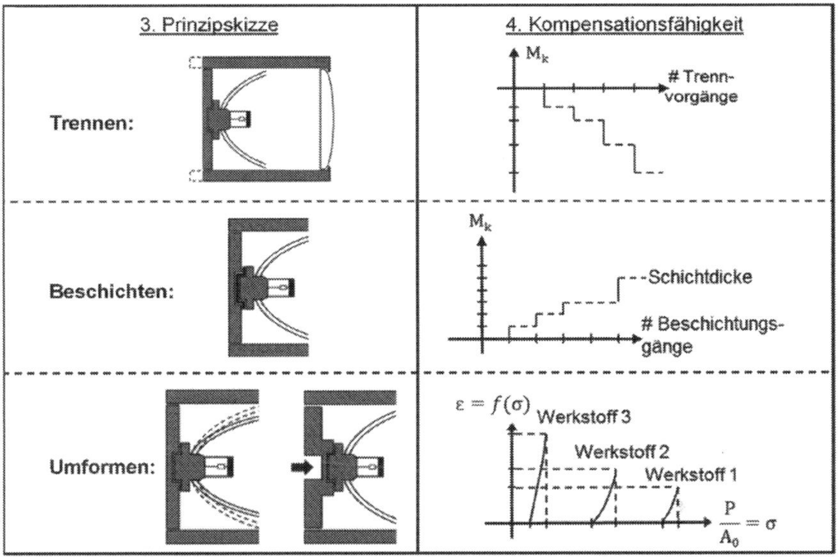

Allgemeine Bemerkung: Bei Auswahl des Nacharbeitsverfahrens müssen wechselseitig prozessuale Restriktionen der Fertigungsverfahren sowie werkstoffseitige und konstruktive Restriktionen berücksichtig und abgewogen werden.

Legende: M_k: Maß des Kompensationsglieds; ε: Dehnung; σ: Spannung; P: Kraft; A_0: Ausgangsquerschnitt; #: Anzahl

Abbildung 124: Hauptteil 16 – Nacharbeit (Lösungsraummodell Teil III, Hauptteil III)

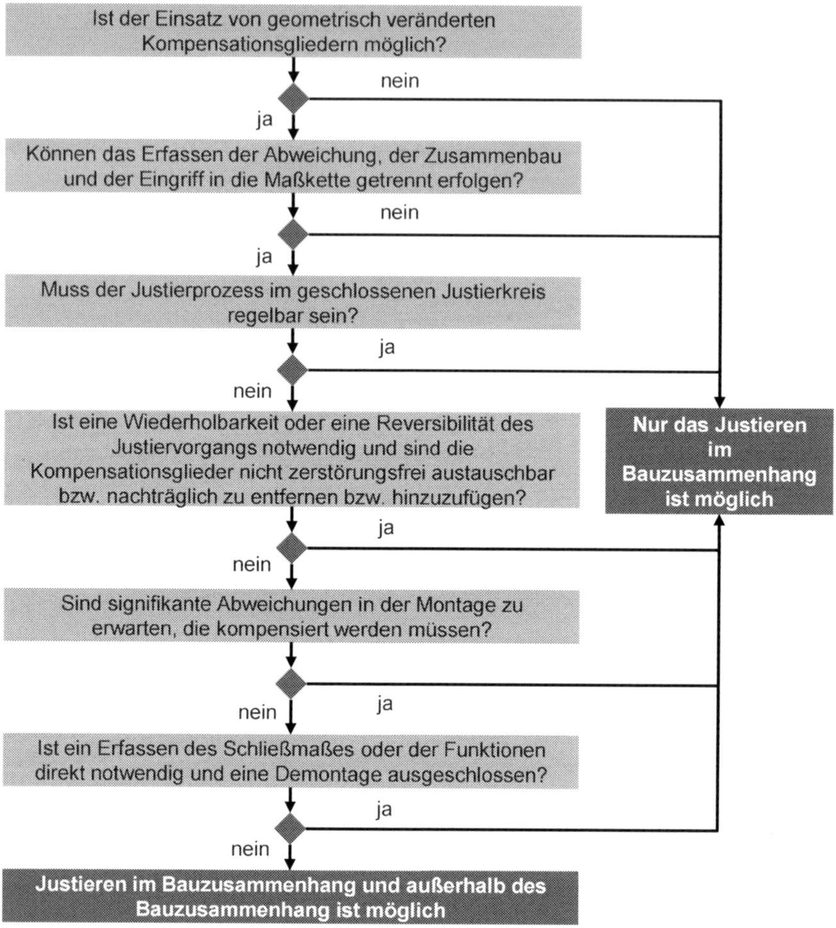

Abbildung 125: Zugriffsteil 1 (Lösungsraummodell Teil I & Teil II & Teil III)

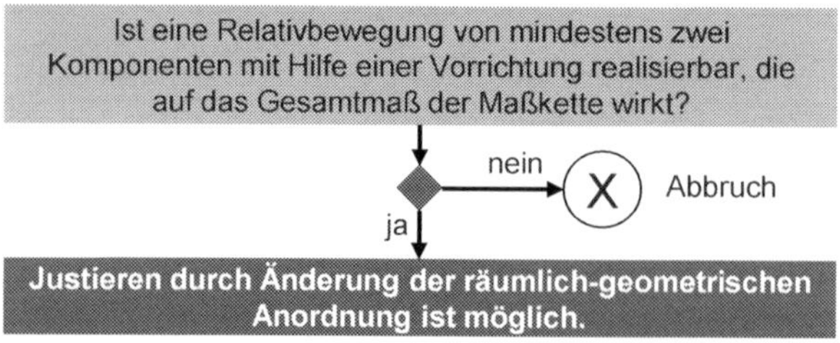

Abbildung 126: Zugriffsteil 2 (Lösungsraummodell Teil I)

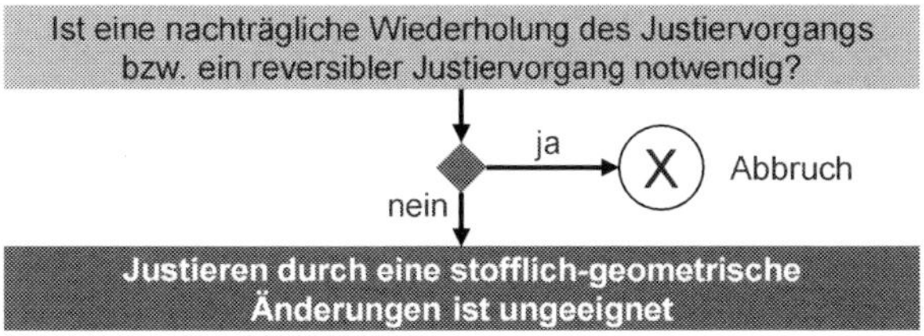

Abbildung 127: Zugriffsteil 3 (Lösungsraummodell Teil I)

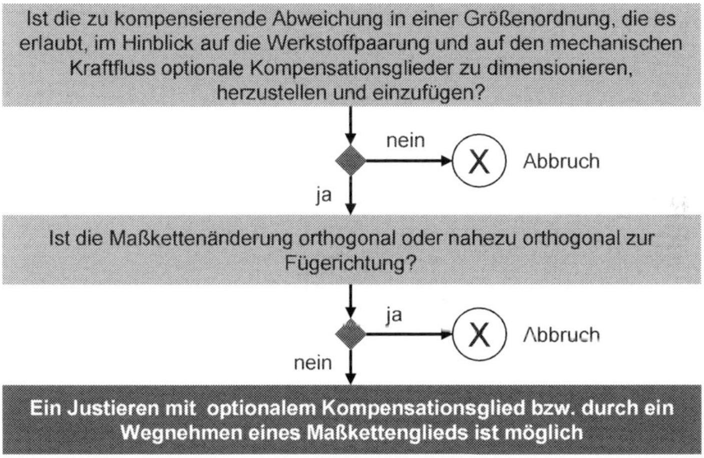

Abbildung 128: Zugriffsteil 4 (Lösungsraummodell Teil II)

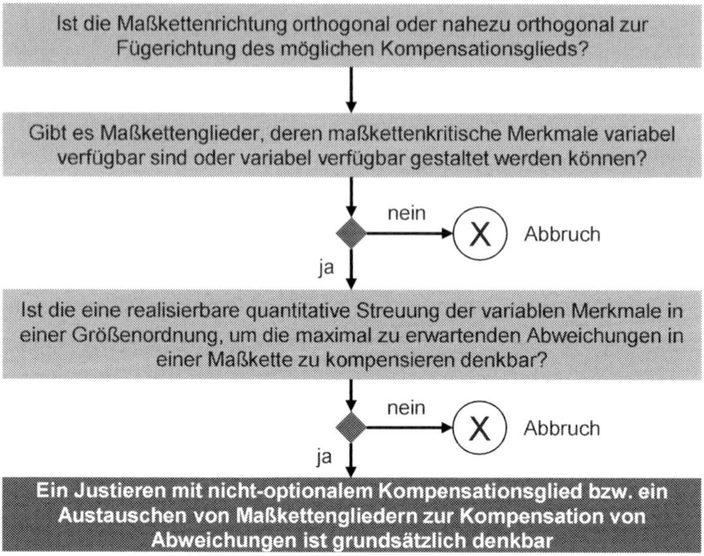

Abbildung 129: Zugriffsteil 5 (Lösungsraummodell Teil III)

FSC
www.fsc.org
MIX
Papier | Fördert
gute Waldnutzung
FSC® C083411

Kolibri 360 GmbH
Ferdinand-Jühlke-Straße 7
99095 Erfurt, Deutschland
produktsicherheit@kolibri360.de